西北农林科技大学
经济管理学院院史
（1936—2022）

赵敏娟　夏显力　主　　编
龙清林　王礼力　执行主编

西北农林科技大学出版社
·杨凌·

图书在版编目（CIP）数据

西北农林科技大学经济管理学院院史（1936—2022）/
赵敏娟，夏显力主编. —杨凌：西北农林科技大学出版
社，2024.2

ISBN 978 - 7 - 5683 - 1404 - 6

Ⅰ. ①西… Ⅱ. ①赵… ②夏… Ⅲ. ①西北农林科技
大学经济管理学院—校史—1936 - 2022 Ⅳ. ①S - 40

中国国家版本馆 CIP 数据核字（2024）第 044592 号

西北农林科技大学经济管理学院院史（1936—2022）

XIBEI NONGLIN KEJI DAXUE JINGJI GUANLI XUEYUAN YUANSHI

赵敏娟 夏显力　主编

出版发行	西北农林科技大学出版社
地　　址	陕西杨凌杨武路 3 号　　　　　邮　编:712100
电　　话	总编室:029 - 87093195　　　发行部:029 - 87093302
电子邮箱	press0809@163.com
印　　刷	陕西天地印刷有限公司
版　　次	2024 年 3 月第 1 版
印　　次	2024 年 3 月第 1 次
开　　本	787 mm × 1092 mm　　　1/16
印　　张	26.75
字　　数	612 千字

ISBN 978 - 7 - 5683 - 1404 - 6

定价：160.00 元

本书如有印装质量问题,请与本社联系

《西北农林科技大学经济管理学院院史（1936—2022）》

编委会

顾　　问：郑少锋　罗剑朝　霍学喜

主　　任：赵敏娟　夏显力

委　　员：姚晓霞　张岁平　王礼力　王　青

　　　　　孙养学　姚顺波　杨文杰　王云峰

　　　　　刘天军　温晓林　吴清华　朱　敏

主　　编：赵敏娟　夏显力

执行主编：龙清林　王礼力

编写人员：龙清林　蒋尽才　刘慧娥　王礼力

　　　　　王　青　孙养学　杨文杰　孟全省

　　　　　王云峰　李淑英　张建生　杨　恒

西北农林科技大学校训

诚朴勇毅

经济管理学院院训

厚德载物
博学明理

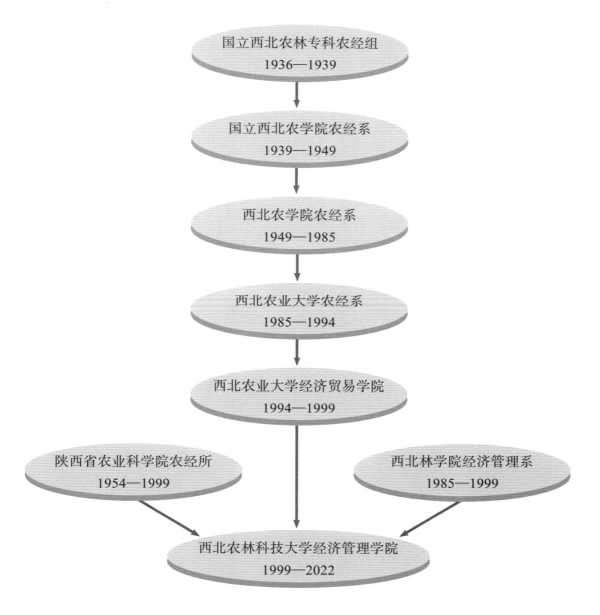

西北农林科技大学经济管理学院历史沿革图

　　正值学校 90 周年华诞之际,经济管理学院组织编纂了学院史(1936—2022),记载了经管人 86 年的奋斗足迹以及经管专业的变迁轨迹。在此,我要向历代经管人的奋斗精神致以敬意,并对 86 年院史的编纂完成表示祝贺!

　　国立西北农林专科学校,筹建于 1934 年。1936 年 7 月,农经组首次招生;1939 年,农业经济学系成立,成为西北地区最早的农业经济管理人才培养基地,也是我国农业经济管理学科的奠基者之一。

　　学校成立到 1965 年,我校农业经济管理学科聚集了一批优秀的海外归国人才。以万建中、王广森为代表的农经"八大教授",成为当时学科界的美谈。

　　1983 年,农业经济及管理专业获得博士学位授予权;1987 年,在全国农业经济及管理专业硕士研究生培养质量评估中排名第一;1989 年,农业经济及管理学科被评为国家级重点学科(学校当时唯一的国家级重点学科);1992 年,在农学博士后流动站招收农业经济及管理专业博士后研究人员;1994 年,以经济学和管理学为主体,成立经济贸易学院(农业经济系与社会科学系合并);1998 年,获批农业经济及管理专业博士后流动站。

　　1999 年,7 家科教单位合并组建西北农林科技大学,学校组建成立了经济管理学院。学院设置了经济学系、管理学系、农业经济学系,涵盖了农林经济管理、土地资源管理、会计学、工商管理、市场营销、经济学、金融学、保险学、国际经济与贸易 9 个本科专业;农业经济管理、林业经济管理、区域经济学、金融学、土地资源管理等 13 个二级学科硕士学位授权点,以及农业经济管理、林业经济管理、农业技术经济与项目管理、农业与农村社会发展等 7 个二级学科博士学位授权点;还有农林经济管理博士后流动站,陕西工商管理硕士(MBA)教学点,农业推广和高校教师专业学位硕士授权点。

　　2019 年以来,农林经济管理、金融学、土地资源管理以及会计学,先后获批国家级一流本科专业;经济学、工商管理先后获批陕西省一流本科专业。学院还拥有"陕西农村经济与社会发展协同创新研究中心""陕西省乡村振兴发展智库""中俄农业科技发展政策研究中心"等 10 个省部级研究中心(基地、智库)。截至 2022 年年底学院累计培养了近千名博士,

3500 余名硕士，以及 17000 余名本专科学生。

鉴往知来。《西北农林科技大学经济管理学院院史（1936—2022）》的出版，是一件大事，也是一件非常有意义的事。

新时代赋予新使命。我坚信经济管理学院师生员工一定会传承历史谱新曲，与时俱进展新颜，在建设中国特色世界一流农业大学方面，尤其在推动乡村振兴战略和建设"宜居宜业"美丽中国的新征程中，做出新的更大的贡献！

2023 年 12 月

前 言
PREFACE

　　《西北农林科技大学经济管理学院院史（1936—2022）》（以下简称《院史》）记载着经济管理学院从 1936 年至 2022 年的事业发展轨迹。以国立西北农林专科学校的农业经济组（1936 年）为起点，经历国立西北农学院（1939—1949）、西北农学院（1949—1985）、西北农业大学（1985—1999）、西北农林科技大学（1999—2022）时期。在此期间，其系、学院名称多变，变化顺序为：农业经济学系、农业经济系、人民公社经济系、农业经济系、经济贸易学院、经济管理学院。在几代人接续奋斗下，学院全体师生踔厉奋发，携手共进，各项事业蓬勃发展。

　　《院史》编写以发展年代为序，共分四个部分，分别是历史影集、发展简史、大事记、附录。第一部分"历史影集"，展示学校和学院发展方面的图片；第二部分"发展简史"，以时序为篇章，共三篇：第一篇 初创奠基（1936—1949）、第二篇 开拓前行（1949—1999）、第三篇 跨越发展（1999—2022）；第三部分"大事记"，分别记载了国立西北农林专科学校时期（1936—1939）、西北农学院时期（国立西北农学院 1936—1949、西北农学院 1949—1985）、西北农业大学时期（1985—1999）、陕西省农科院农业经济研究所暨农业区划研究所时期（1954—1999）、西北林学院经济管理系时期（1985—1999）、西北农林科技大学经济管理学院时期（1999—2022）的一些大事；第四部分"附录"，附有历届党政工团机构、重要人事与变迁、民主党派组织、人大政协与社会兼职、出版专著与科研项目、历届毕业生人数与名录。

　　《院史》编写坚持以下原则：一是坚持以马克思主义历史唯物主义观点为指导，突出师生员工是学院历史的创造者，充分记述其各个时期的教学与学科建设、科研与社会服务、党建与学生工作等方面的工作业绩；二是以史实为依据，客观真实，尊重历史；三是力求系统、全面反映学院发展历史进程中的重要工作及重大事件。

　　本《院史》主要依据学校与学院档案记载、工作总结报告、工作研究报告、学科建设资料、学院年鉴、西北农业大学校史、陕西省农科院史、中国农业经济教育史、经管学院史料、西北农业大学大事记、西北农林科技大学大事记，走访听取健在的老教授、老领导的回忆，参考学院办公室人员提供的相关史料编写。

　　从院史 86 年的发展历程可以看到曾经的曲折和辉煌。新中国成立后农业经济学科发展比较平稳，"文化大革命"时期一度解散农经系。党的十一届三中全会之后，以万建中、王广森等著名农业经济学家为代表的一批先贤传承历史谱新曲,励精图治铸华章,在学科建设、人才培养、科学研究、社会服务、文化传承、国际交流与合作等方面做出了卓越贡献。

1999年合校后,于2000年4月成立了西北农林科技大学经济管理学院,自此学院进入了全面快速发展且发生翻天覆地的变化阶段。

从《院史》中我们可以看到前人所总结的办学规律和教书育人的经验,以及几代众多热爱并终生献身农业经济管理教研事业的前辈们的辛劳业绩、光辉风范和可亲可敬的感人形象,给人启迪,催人奋进。

《院史》编写是学院几代师生的心愿。2015年,在时任院长赵敏娟教授、书记姚晓霞研究员的提议下,成立了《院史》编写小组,聘请了蒋尽才、李淑英、龙清林、刘慧娥等老师参与院史编写工作,经学院新老教职工的共同努力,《院史》初稿于2020年年底得以完成。2021年春,新任学院院长夏显力教授成立了《院史》初稿修订小组,成员有王礼力、王青、孙养学、杨文杰等,王礼力牵头对院史初稿体系进行了梳理调整与修改完善。

《院史》展示了以往的办学经验,是对师生进行爱国爱校爱院教育的有效方式。"读史使人明智",了解院史和先辈们在学院发展中的奉献和建树,将会照亮我们今日的选择和未来的前程。今日的经济管理学院朝气蓬勃,在立德树人、办学规模、教育水平、科研质量、社会影响等方面的综合实力不断迈上新台阶,在创建"双一流"道路上阔步前进。

编委会

2023年12月

目 录
CONTENTS

第一部分 历史影集

第二部分 发展简史

第三部分　大事记（1936—2022）

第四部分　附录

立足生命与环境科技前沿

面向中国现代化为建设大

西北宏伟事业培养一流的

经济管理专门人才

西北农林科技大学经济管理学院七十周年志庆 王广森

学科领军人物王广森教授题字

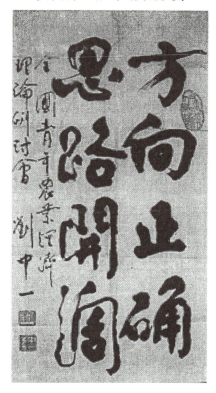

方向正确 思路开阔

全国青年农业经济理论研讨会 刘中一

1992 年农业部部长刘中一为全国青年农业经济研讨会题字

第一部分
历史影集

西北农林科技大学南校区

西北农林科技大学成立大会（1999 年）

于右任(1879年4月11日—1964年11月10日),陕西三原人,祖籍泾阳,是中国近现代著名的政治家、教育家、书法家。原名伯循,字诱人,尔后以"诱人"谐音"右任"为名,别署"骚心""髯翁",晚年自号"太平老人"。于右任早年系同盟会成员,长年在国民政府担任高级官员,同时也是中国近代书法家,复旦大学、上海大学、国立西北农林专科学校(今西北农林科技大学)等中国近现代著名高校的创办人。

辛树帜(1894年8月8日—1977年10月24日),生物学家,湖南省临澧县人。1918年毕业于武汉高等师范学校生物系,1924年至1927年先后在英国伦敦大学、德国柏林大学留学。历任中山大学教授、中央大学教授,西北农林专科学校校长、兰州大学校长、西北农学院院长。

康迪(1913年10月3日—1983年1月20日),著名农业教育家,江苏省淮安人。原名金光祖,抗日战争时期为表示抗击日本侵略军之决心,以"抗敌"两字的谐音,改名康迪。1935年毕业于浙江大学农学院植物病虫害系,1940年11月奔赴延安投身革命,成为陕甘宁边区早期把农业科学技术和生产实践相结合的专家。1949年5月以军代表身份参加了西北农学院的接管工作,历任西北农学院教务长、副院长、院长、党委副书记、代理党委书记等职务。

西北农学院（1959 年）

西北农业大学（1985 年）

1964 年建成的图书馆

三号教学楼

「学院记忆」

◎ 难忘时光

1984 年校庆农经系师生与校友合影

1994 年 4 月 20 日经济贸易学院宣告成立

北校区三号教学楼(20世纪80年代初农业经济系办公室)

经济管理学院办公室大楼(2000—2017)

经济管理学院新大楼

◎ 知名专家、教授

南秉方（1879—不详），黑龙江省双城镇东南隅人，少年慷慨，即有报国之志。1913 年，考入天津南开学校，分配至第十次第二组，与周恩来为同组同学。1917 年，南秉方赴美留学，就读于孟他那省公园专科大学。学成归国，受聘于吉林第一师范学校，作英语教员。后再次赴美留学深造，改学现代经济专业，1936—1937 年在西北农林专科学校创办了农业经济组，并任第一任主任。

熊伯蘅（1903—1968），湖北省嘉鱼县人。1933 年，熊伯蘅留学日本东京帝国大学农学部攻读农业经济，1937 年 5 月学成毕业回国，被国民政府教育部授予"金牌教授"荣衔，并任命为教育部农业教育委员会委员。1938 年，熊伯蘅应辛树帜之聘，先后任国立西北农学院农业经济系教授、系主任、教务处长，讲授"农业经济学""农政学"。

◀ 张丕介（1905—1970），字圣和，河北省馆陶县人，著名农业经济学专家。1928 年赴德国留学，1935 年获德国弗莱堡大学农业经济学博士学位，1938—1939 年任国立西北农林专科学校农业经济组教授、主任。

　　王德崇（1900—1984），陕西省高陵县人，著名农业经济学家。1930 年北京大学毕业后，在南开大学任秘书兼教员，1939 年获哥伦比亚大学教育硕士和康奈尔大学农业经济学博士学位，1939—1944 年任国立西北农学院农经系教授、主任。

　　刘潇然（1903—1999），河南省偃师县人，著名经济学家、教育家、多种语言翻译家，中国农业经济学开拓者之一。1931—1935 年先后赴日本早稻田大学、德国柏林大学哲学院国家学系留学，1944—1946 年任国立西北农学院教授、农业经济系主任。

　　龚道熙（1906—不详），江苏省铜山县人，著名农业经济学家。法国巴黎大学统计学院毕业，法国巴黎大学特授统计师学位。1937—1949 年任国立西北农学院教授，1946—1949 年兼任农业经济系主任，主讲"高等统计学""统计学"，编写了《高等统计学》《农业统计学》等多部教材。

　　杨亦周（1900—1969），河北省行唐县人，著名农业经济学专家。1925 年于天津公立法政专门学校毕业并留校任教。1933 年毕业于日本东京明治大学政治经济学部，历任河北省立法商学院教授、院长，国立西北农学院教授（1936—1939）。

乔启明（1897—1970），山西省临猗县人，著名农业经济学家、农村社会学家、农业推广专家。1924 年金陵大学毕业留校任教，1933 年获美国康奈尔大学农业经济硕士学位，历任金陵大学农学院农经系主任、国立西北农学院教授等职。

张德粹（1900—1987），湖南省攸县人，农业经济学家、农业教育家。丹麦皇家农学院及英国曼彻斯特大学合作学院毕业，毕生从事农业经济学科的科学研究和教学工作，在农业合作和农产品运销领域造诣尤深，是我国农业经济学奠基人之一。1938—1941 年受聘为国立西北农学院农业经济系教授，为大学本科和专修科学生讲授"农业合作"和"产品运销"两门课程。

甄瑞麟（1910—1993），陕西省麟游县人，著名经济学家。上海法学院政治经济系毕业后，在丹麦国际民众教育学院及皇家大学学习农业经济与合作经济。曾任国立西北农学院农业经济系教授兼农业经济专修科主任。

邢润雨（1912—2012），山西省崞县（今原平县）人，我国金融理论发展奠基人。1935 年毕业于北平大学商学院，1937 年获日本东京帝国大学博士学位，1942—1948 年在国立西北农学院任教授。

　　黄毓甲（1907—1984），山西省万荣县人，教授。1932 年毕业于北京师范大学历史系，1935—1937 年在日本东京帝国大学研究生院农经系留学。1946 年到国立西北农学院任教，历任农业经济系教授、农业经济系主任，西北农学院总务长、农业推广处处长。

　　季陶达（1904—1989），浙江省义乌市人，政治经济学家。1927 年至 1930 年在苏联莫斯科东方大学、中山大学求学游历，曾任北平大学女子文理学院讲师、副教授，西北大学、西北联合大学、西北农学院教授。

　　王立我（1901—1974），河南省罗山县人，教授，九三学社社员。1929 年 12 月毕业于金陵大学农经系，1936 年自费在美国康奈尔大学研究生院农经系留学，获硕士学位。1950 年 5 月任西北农学院农经系教授。

　　杨尔璜（1906—1995），陕西省榆林市人。1932 年毕业于北京大学经济系，1933—1937 年在日本东京留学。1946—1976 年任西北农学院农经系教授。

刘宗鹤(1913—2011),湖南省临澧县人。我国当代著名统计学家,1943年毕业于厦门大学经济系,先后任教于兰州大学、西北农学院和中国农业大学。他毕生致力于统计学的教学与研究工作,对农业统计学、农业抽样调查、农业普查的研究更是独树一帜。他创造性地提出了多阶段、有关标志排队对称等距抽样方法,对我国农业抽样调查、农业普查制度的建立与完善做出了杰出贡献,是我国农业抽样调查与农业普查理论与实践的奠基人。

安希伋(1916—2009),河南省汤阴县人,农业经济学家,教育家。1940年毕业于国立西北农学院农业经济系,1949年末任西北农学院教授,1953年院系调整时被教育部调到北京农业大学任教授。

万建中(1917—1991),湖北省大冶县人,中国民主同盟盟员、中共党员,我国著名的农业经济学家、农业教育家、博士生导师。1940年毕业于国立西北农学院农业经济系,1950年获美国威斯康星大学农业经济学博士学位。历任西北农学院教授、农业经济系主任、西北农学院教务长、图书馆馆长、副院长、院长,陕西省武功农业科学研究中心协调委员会主任,陕西省政协常委、民盟陕西省委第五届副主任委员、陕西省第七届人大常委会副主任,第三届全国人大代表。

王广森(1920—2008),河南省长垣县人,中国民主同盟盟员、中共党员,我国著名的统计学家、农业教育家,博士生导师、农业部优秀教师和"陕西科技精英"。1943年毕业于金陵大学农学院农业经济系,1946年获金陵大学农业科学研究所农业经济学部农学硕士学位,1949年获美国康奈尔大学研究生院哲学博士学位。1950年任西北农学院农业经济系教授,历任农经系副主任、主任,学校学位委员会副主任,西安统计学院副院长、院长。

　　贾文林(1918—2007),山西省原平县人,教授,中共党员,中国民主同盟盟员。1945 年毕业于重庆中央大学农经系,1947—1950 年在美国威斯康星大学农经系留学,1951 年回国,任教于西北农学院农经系。

　　刘均爱(1916—2006),河南省伊川县人,教授,中共党员。1942 年毕业于国立西北农学院农经系,1957—1959 年在苏联基辅大学留学。历任西北农学院农经系副主任、西北农学院试验农场场长、西北农学院农经系主任。

　　黄升泉(1919—1997),福建省福州市人,教授,博士生导师。1947 年获重庆中央大学硕士学位。历任中央大学、南京大学、湖南农学院、西北农学院教授,西北农学院农经系农业经济教研室主任,国务院农村发展研究中心研究员。

　　刘广镕(1925—),山西省黎城县人,研究员。1949 年毕业于西北农学院农业经济系,先后在陕甘宁边区政府农业厅、西北农业科学研究所、陕西省农业科学院从事农业经济与农业区划研究工作。

丁荣晃（1923—2023），河南省罗山县人，教授，中共党员。1950年2月毕业于西北农学院农业经济系，历任西北农业大学农业经济系讲师、教授、硕士研究生导师。

魏正果（1931—2008），陕西省咸阳市人，教授，博士生导师。1953年毕业于西北农学院农业经济系，1956年毕业于中国人民大学农业经济系研究生班并分配到西北农学院农业经济系任教。国务院学位委员会第三届学科评议组成员。

马鸿运（1923—2013），陕西省杨陵区人，教授，中共党员，硕士生导师。1942年7月毕业于西北农学院农业经济系。历任西北农学院农业经济系主任、系总支书记、农业经济研究所所长。

吴永祥（1926—2010），宁夏回族自治区中卫县人，教授，硕士生导师。1951年毕业于西北农学院农业经济系，任教授、会统教研室主任。曾获农牧渔业部优秀教师、西北农学院优秀教师。

黄德基（1930—），四川省康定县人，研究员，中共党员。1947年毕业于四川大学，先后在陕西省宝鸡市国营秦岭伐木场、陕西省农业经济研究所工作。历任陕西省农业经济研究所生产结构研究室主任、陕西省农业经济研究所所长。

朱丕典（1932—2004），甘肃省民乐县人，教授，中共党员，硕士生导师。1958年8月毕业于西北农学院农业经济系。先后任学校教学实习农场农作站主任，农业经济系副主任、主任，农业部经营总站西北农业大学经管服务中心主任。

包纪祥（1936—），陕西省大荔县人，教授，中共党员，博士生导师。1960年8月毕业于西北农学院农业经济系并任教。曾获国家土地管理局"全国土地管理系统优秀教师"。

张襄英（1936—2022），女，山西省万荣县人，教授，中共党员，博士生导师。1961年8月毕业于西北农学院农业经济系，历任西北农业大学农业经济系副主任、主任，农业部经管总站西北农业大学经管服务中心主任。

徐恩波（1937—2018），湖北省鄂州市人，教授，中共党员，博士生导师。1963年8月于西北农学院农业经济系研究生毕业并留校任教，历任教研组副主任、系副主任、校研究生部主任、国务院学位委员会第四届学科评议组成员。

王忠贤（1938—2019），甘肃省正宁县人，教授，九三学社成员，博士生导师。1961年毕业于西北农学院农业经济系。历任经济管理教研室主任、农业部经管总站西北农业大学经管服务中心常务副主任、农业经济研究所所长。曾获西北农业大学先进个人、优秀教师、农业部成人教育先进个人、陕西省优秀博士生导师。

齐霞（1938—），女，安徽省凤阳县人，教授，中共党员，硕士生导师。1961年8月毕业于西北农学院农业经济系。历任西北农业大学农经系金融教研室主任、西北农业大学农业经济系党总支书记。

白志礼（1945—2022），陕西省扶风县人，中共党员，教授（研究员），博士生导师。1969年毕业于北京农业大学农业经济系，历任陕西省农业经济研究所（农业区划研究所）副所长、所长，陕西省农业科学院副院长、院长、党委副书记（主持党委工作），西北农林科技大学党委副书记、副校长。曾获农业部全国农业资源调查和农业区划先进工作者。

◎知名校友代表

李易方，先后毕业于西北农学院农业经济学系、贵州国立浙江大学研究院农业经济学部。1945 年回到西北农学院，1946 年奔赴革命圣地延安，投身解放和建设事业，几十年从事农业、畜牧业、奶业经济工作实践和理论研究。

戴思锐，教授，中共党员，博士生导师。西北农业大学农业经济系硕士研究生毕业，历任西南农业大学经济管理学院院长、西南农业大学党委书记。

庹国柱，教授，中共党员，博士生导师。西北农业大学本科、硕士研究生毕业，历任西北农业大学农业经济系副主任、主任，经贸学院院长；首都经济贸易大学金融系教授、博士生导师，农村保险与社会保障研究中心主任。

冯海发，中共党员，教授，博士生导师。西北农业大学农业经济系博士研究生毕业，历任西北农业大学农业经济研究所所长、中共中央政策研究室农村局局长。

刘登高，中共党员。西北农学院农经系农业经济管理本科毕业。历任农业经管总站副站长、农业部体制与管理司巡视员，中国农村合作经济管理学会顾问，中国大豆产业协会常务副会长。

刘振伟，中共党员、研究员。西北农学院农经系农业经济管理专业毕业，历任第十三届全国人民代表大会常务委员会委员、农业与农村委员会副主任委员。

陈彤，中共党员。1988年西北农业大学农业经济及管理博士毕业。国家"百千万人才工程"第一、二层次人选，教育部"新世纪人才支持计划"入选者，享受国务院政府特殊津贴，历任西北农业大学农经系讲师、副教授，西北农业大学农经系副主任、副教授，新疆农业大学经贸分院副教授，新疆农业大学经贸分院院长、教授，新疆农业大学副校长、教授，新疆科协副主席（兼），新疆农业科学院党委副书记、院长，新疆政协农业农村委员会党组副书记、副主任（不驻会）。

江秀凯，博士，中共党员，经济学人兼文化学者，曾任外交官数年。1982年获西北农学院农业经济管理学士学位，攻读硕士并提前转读博士，1987年留学联邦德国吉森大学获博士学位，1994年作为海外引智人才回国，先后在青岛市高科园、招商委、外经贸委工作，任青岛市旅游局副局长，兼任中国海洋大学、青岛科技大学、青岛大学客座教授，国家海洋局第一海洋研究所客座研究员。2003年被选派中国驻联邦德国大使馆，从事经济调研工作，关注

世界经济走势、德国发展经验、欧盟东扩影响、欧元发展前景、国际并购浪潮、主权财富基金、能源资源市场、贸易摩擦应对、企业海外投资、中国崛起影响等,向国内决策高层报送大量研究报告。2008年回国任青岛市旅游局常务副局长、青岛市旅游协会副会长,中国海洋大学和青岛大学学科建设专家组成员。2012年起任青岛当代中德艺术交流创作中心主任,以建筑、雕塑、绘画为载体,梳理青岛与德国的特殊历史渊源,推动文化理解,构建面向未来的中德关系。

　　叶敏,中共党员。先后获西北农学院农业经济管理学士、硕士学位并留校任教,1994年获联邦德国吉森大学博士学位,同年作为海外引智人才在青岛市发改委及商务局任职,兼任青岛科技大学、青岛大学客座教授及国家海洋局第一海洋研究所客座研究员。2000年任中国驻德国大使馆一秘,从事经济外交工作,密切关注德国及世界经济发展及对中国的启示,为国家宏观决策提供研判依据。2005年回国任青岛市商务局副局长。2006年任中国驻汉堡总领馆经济商务参赞,为国内商务决策提供信息参考,为中国企业在欧洲开展业务提供指导帮助。2012年后回国履职,主要负责青岛对外开放城市与世界各国的经贸往来及投资合作工作,以及中德文化交流工作。

　　肖芳,中共党员,农业经济师,党校研究生。1982年毕业于西北农学院农业经济管理专业。历任陕西省咸阳市人大常委会党组副书记、副主任,主持常委会日常工作。历任咸阳地区行政公署计划委员会农业财贸科科员,咸阳市计划委员会农业财贸科科员、农业科副科长,农业国土科、农村经济科科长,咸阳市计划委员会党组成员、副主任,咸阳市发展计划委员会(物价局)党组成员、副主任,咸阳市妇联党组书记、主席,陕西省妇联第十一届常委,咸阳市人大常委会副主任,市妇联党组书记、主席,咸阳市人大常委会党组成员、副主任,市妇联党组书记、主席,咸阳市人大常委会党组成员、副主任,咸阳市人大常委会党组副书记、副主任,主持市人大常委会日常工作;陕西省第十三届人民代表大会代表,中共咸阳市委五届候补委员、七届委员,陕西省妇联十一届常委。现任一级巡视员,咸阳市见义勇为基金会理事长。

李仲为，中共党员，中央党校研究生学历，高级统计师。1983年毕业于西北农学院农业经济系农业经济管理专业。历任陕西省统计局政治处干事，副处长，陕西省统计局综合处副处长，陕西省统计局咨询服务部副主任、主任，陕西省农村社会经济调查队队长，省统计局党组副书记，副局长，陕西省统计局党组书记、局长，陕西省商洛地委副书记、行署专员，陕西省商洛市委书记，陕西省工商行政管理局党组书记、局长，中共陕西省委高教工作委员会委员、书记，省政府参事。

袁惠民，男，汉族，研究生毕业，中共党员。1983年毕业于西北农业大学农业经济管理专业。历任农牧渔业部农村合作经济经营管理总站干部，农业部办公厅副处长、处长、副主任，农业部农村合作经济经营管理总站站长兼农业部农村经济体制与经营管理司副司长，中国农业出版社总编辑等职务。

刘培仓，中共党员，1983年毕业于西北农业大学农业经济管理专业。历任榆林市委组织部部长，榆林地区行政公署副专员，《陕西誌》办公室主任，陕西省行政学院(陕西经济管理职业技术学院)党委书记、副院长，政协第十一届陕西省委员会文化教育委员会副主任。

韩立民，二级教授，博士生导师。1988年7月获西北农业大学农业经济及管理首届博士学位。现任中国海洋大学海洋发展研究院院长。

韩俊，1989年5月参加工作，中共党员，研究员，博士生导师。西北农业大学农业经济系硕士、博士毕业。历任《中国农村经济》杂志编辑部主任、副总编、社长，中国社会科学院农村发展研究所副所长，国务院发展研究中心农村部部长，国务院发展研究中心副主任、党组成员，中央财经领导小组办公室副主任、中央农村工作领导小组办公室副主任、主任，农业农村部党组副书记、副部长，第二十届中央委员，吉林省委副书记，省政府党组书记，省长。现任安徽省委书记。

贾生华，浙江大学二级教授，中共党员，博士生导师。西北农业大学农业经济系本科、硕士、博士毕业。历任西北农业大学经贸学院副书记、浙江大学经济管理学院副院长、人文部副部长。

荆建林，清华大学经济管理学院教授，北京市"高等学校优秀骨干教师、部级"十佳青年"。1983年7月西北农业大学农业经济管理专业毕业。历任北京石油化工学院经济管理学院副院长，中国石化集团公司人力资源培训中心培训部副主任，北京钟岭管理咨询研究院副院长，中国战略研究会特约研究员、企业经营与战略部主任。先后给清华大学、北京大学和中国人民大学等院校研究生、MBA和总裁班讲授《市场营销管理》《营销研究》《国际市场营销》《工业企业管理》等课程。先后赴日本东京大学、美国休斯敦大学访学，研修市场营销、企业发展战略专题，考察壳牌、美孚等世界著名公司。出版专著教材《多维视界中的企业文化》《管理创新》《现代市场营销学》《营销博略》。在国际、国家级、省部级报刊发表学术论文103篇。参加大型权威工具书《新帕尔格雷夫经济学大辞典》《现代国外经济学论文选》《农业经济译丛》等书的翻译工作。主持翻译《海外经典市场营销项目、案例选集》，发表译文和英文学术论文10余万字。出席国际学术会议，在联合国教科文组织主持的"中小企业发展国际学术研讨会"上做专题发言。主持国际、国家自然科学基金、部级和企业课题20项。获部级科技进步二等奖。

　　张建设,高级经济师,中国畜牧业协会副会长,香港上市公司中国中地乳业控股有限公司董事会主席。1984年7月毕业于西北农学院农业经济管理专业,获学士学位,历任农业部农村合作经济经营管理总站干部,中国农业物资供销总公司财务处长,北京建农顺物资商贸公司总经理。2000年开始自主创业至今,建立中地乳业控股有限公司,主要经营奶牛牧场,从事原料奶生产,在行业中名列前茅。

　　王雅鹏,二级教授、博士生导师。西北农业大学博士毕业,历任陕西省农业经济、农业区划研究所所长、华中农业大学经济贸易学院及土地管理学院院长。

　　李微,中央财经大学二级教授,博士生导师。西北农业大学农业经济系硕士、博士毕业。现任中央财经大学培训学院院长。

　　石忆邵,同济大学教授,博士生导师,1995年西北农业大学经济贸易学院首届博士后。从事城市与区域经济发展、土地资源管理、城市地理信息系统等方面的研究与教学工作。

侯军岐,北京信息科技大学二级教授、中共党员,博士生导师。先后获西北农业大学农业经济管理专业学士、硕士和博士学位。历任西北农业大学经济贸易学院数量经济教研室主任、院办公室主任、副院长,西北农林科技大学经济管理学院常务副院长,学院党委书记,院学位委员会、学术委员会、院教授委员会主任和西北农林科技大学西部农村发展研究中心常务副主任。创建我国第一个农业技术经济与项目管理博士点。先后获陕西省"五四奖章"、陕西省"青年突击手"、陕西省"青年优秀理论工作者"、"在工作中做出突出贡献的中国硕士学位获得者"和北京市优秀教育工作者等荣誉。

张俊飙,华中农业大学二级教授,博士生导师。西北农业大学农业经济管理本科、硕士研究生毕业。国家"万人计划"哲学社会科学领军人才。历任湖北省人文社会科学重点研究基地——湖北农村发展研究中心主任、湖北省新型智库湖北生态文明建设研究院执行院长。

马亚教,中共党员,经济师、农艺师。1986年毕业于西北农业大学农业经济管理专业。西北农林科技大学北京校友会企业委员会主任、农经分会秘书长。现为资深企业投资人、北京泰信泰富投资顾问有限公司执行董事、国家农业部三农项目咨询论证专家库专家、国家科技部果酒产业科技创新战略联盟投融资专家。30多年来先后从事国家农业商品生产基地建设、全国名特稀优新农产品开发、农村发展信托投资、企业综合管理、产业咨询和股权投资工作,创建了亚洲最大的现代化、国际化的花卉拍卖交易中心,曾任昆明国际花卉拍卖交易中心有限公司总经理、董事长。他从20世纪90年代开始参与资本市场业务的运作及管理,曾任职于全国性金融机构、担任过国内主板上市公司高管,2005年起专业从事产业咨询和证券投资工作,多年来积累了比较丰富的投资理财实际运作和管理经验。同时,还先后兼职于国内多所高校,积极开展投资管理、项目分析、项目管理实务、市场营销和个人理财业务等专业课程的教学工作。

张磊，中共党员。1986年7月毕业于西北农业大学农业经济管理专业。现任内蒙古自治区政协副主席。历任农业部办公厅秘书，河南省政府办公厅秘书，河南省政府办公厅助理巡视员，国务院扶贫开发领导小组办公室副主任，国务院扶贫开发领导小组办公室党组成员、计划财务司司长、中国国际扶贫中心主任、国际合作和社会扶贫司司长，内蒙古自治区发展和改革委员会党组书记、副主任，内蒙古自治区住房和城乡建设厅党组书记、厅长，内蒙古自治区财政厅党组书记、厅长，内蒙古自治区政协副主席，第十三届全国人大代表，中共内蒙古自治区第九、第十届党委委员。

牛宝俊，1986年本科毕业于西北农业大学农业经济及管理专业，1989年硕士研究生、1996年博士研究生毕业于西北农业大学。历任华南农业大学经济管理学院副教授、教授、教研室主任，华南农业大学继续教育学院院长、高等职业技术教育学院院长兼华南农业大学高等教育自学考试办公室主任，广东省供销合作联社理事会党组成员、副主任，广东省农业厅党组成员、副厅长，广东省农业农村厅一级巡视员。广东省政协农业和农村委员会副主任，并获2021年政协广东省委员会履职优秀委员。

唐云岗，中共党员。1986年7月获西北农业大学农业经济管理学士学位。历任铜川市国土资源局党委委员、副局长，铜川市文广局党工委委员、副局长，市文联调研员。政协铜川市第十四届委员会委员。20世纪80年代在校时即开始文学创作，多年来笔耕不辍，佳作频出，现为中国作家协会会员，陕西省作家协会会员，陕西省戏剧家协会会员，陕西省文艺志愿者协会理事，陕西文学研究所重点研究作家，第一届陕西百名优秀中青年作家艺术家入选人才。主要作品有长篇小说《城市在远方》(上下)、《大孔》，中短篇小说集《永远的家事》《罕井》《雪落大地》，散文集《苜蓿》等。《城市在远方》获全国梁斌小说奖长篇小说一等奖，第三届柳青文学奖长篇小说荣誉奖，北方十三省市文艺图书奖，入选陕西省农家书屋配送图书。散文《回家》获全国孙犁散文奖三等奖。中篇小说《请神容易送神难》获第四届延安文学奖。中篇小说《精准扶贫》获第二届西北文学奖小说佳作奖。中短篇小说集《罕井》获铜川市委、市政府精品文艺奖一等奖。戏曲剧本《你若是我的妹妹呦》获陕西省剧协大戏类剧本奖。《城市在远方》和《永恒的秦腔》分别入选《陕西文学六十年(1954—2014)》长篇小说卷和散文卷。《大孔》入选中国作协定点深入生活项目。短篇小说《罕井》和中篇小说《饲养室》参评第六、第七届鲁迅文学奖。长篇小说《大孔》参评第十一届茅盾文学奖。被陕西文学研究所授予"有突出文学贡献作家"。

吴以环,高级经济师。1987年8月毕业于西北农业大学经济贸易学院,获得硕士研究生学位。现任深圳市政协副主席,民盟中央常委,民盟广东省委会常委、深圳市委会主委,深圳中华职教社主任,全国政协第十四届委员会委员,广东省第十四届人大常委。历任中国科技大学系统科学与管理科学系助教、讲师,深圳市龙岗区横岗镇投资股份公司副经理,深圳市龙岗区横岗镇投资管理公司常务副经理(法人代表),深圳市龙岗区横岗镇政府科技办副主任,深圳市龙岗区政府经发局局长助理,深圳市龙岗区南澳镇副镇长(正处级),深圳市龙岗区人大常委会副主任,深圳市龙岗区投资管理公司副总经理,深圳市龙岗区政府副区长,深圳市政府副市长,深圳市政协副主席,深圳市第二、三、四、五、六届人大代表,广东省第十届人大代表,广东省第十届政协委员、第十一届政协常委,民盟深圳市第五、六、七届委员会主委,民盟广东省第十四、十五届委员会副主委,民盟广东省第十六届委员会常委,民盟中央第十一届委员会委员,民盟中央第十二、十三届委员会常委,全国政协第十三、十四届委员会委员,广东省第十四届人大常委,深圳中华职业教育社第六届社务委员会主任。

王和山,高级会计师,中共党员。1988年7月获得西北农业大学农业经济管理硕士学位。历任宁夏回族自治区财政厅预算处副处长、处长、财政厅副厅长、党组成员、厅长、党组书记,宁夏回族自治区人民政府副主席、党组成员,第十一届全国人大代表、第十二届全国人大代表,中国共产党宁夏回族自治区第十二届委员会委员。

姜长云,研究员(二级),博士生导师。1989年西北农业大学经济贸易学院硕士研究生毕业。现任国家发展改革委产业经济与技术经济研究所副所长,国家"万人计划"哲学社会科学领军人才、文化名家暨"四个一批"人才、"百千万人才工程国家级人选"。

史清华,上海交通大学特聘教授,安泰经济与管理学院二级教授,博士生导师。1989年西北农业大学经济贸易学院硕士研究生毕业。

乔光华,内蒙古农业大学二级教授,博士生导师。1989年西北农业大学农业经济管理硕士研究生毕业。现任内蒙古农业大学经济管理学院院长。

冯玉华,中共党员。师从万建中教授,1989年12月获得西北农业大学农业经济系博士学位,成为我国农业经济及管理学科领域的第一个自己培养的女博士。历任华南农业大学经济贸易学院副教授,海南证监局党委书记、局长,中国资本市场学院党委书记。

王文博,1989年获西北农业大学农业经济管理硕士学位。现任深圳前海大一投资基金管理有限公司董事长,广州大一私募基金管理有限公司董事长,陕西高校深圳校友联合会轮值理事长,西北农林科技大学校友企业家联盟理事长,西北农林科技大学深圳校友会理事长,西安市城市发展合伙人。西北农林科技大学经济管理学院兼职教授,西北工业大学管理学院企业导师。

宋海燕，1988年获西北农业大学农业经济管理学士学位。1984年7月毕业于西北农业大学农经系农业经济管理专业。现任宁夏回族自治区审计厅党组成员、副厅长，宁夏回族自治区十三届纪委委员。历任宁夏回族自治区财政厅预算处副处长、宁夏回族自治区财政厅预算处（绩效管理处）处长、调研员，国库处处长，国库支付中心主任，宁夏吴忠市人民政府副市长，其间挂任中国证监会非上市公众公司部副主任。

张琦，教授，中共党员，西北农业大学农经系本科、硕士毕业。现任北京师范大学经济与资源管理研究院书记、北京师范大学中国扶贫研究院院长。

迪力夏提·柯德尔汗，中共党员。1990年7月西北农业大学农业经济系农业经济管理专业毕业。历任新疆维吾尔自治区畜牧厅办公室副主任、机关服务中心主任，畜牧厅兽医局综合处处长，新疆维吾尔自治区招商发展局党组成员、副局长，新疆维吾尔自治区克州常委、党委副书记、代州长、州长，新疆维吾尔自治区政协副主席，新疆维吾尔自治区人大常委会副主任，全国第十三届人大代表。

唐玉明,我国保险业资深高管。西北农林科技大学土地规划与利用专业毕业,高级工商管理硕士及博士。曾任新华保险西南区域管理中心总经理、财信吉祥人寿保险公司总裁、中国保险学会理事。

曾福生,二级教授,博士研究生导师。西北农业大学经济贸易学院硕士、博士毕业。历任湖南农业大学及湖南中医药大学副校长。

李明贤,湖南农业大学二级教授,博士生导师。西北农业大学经济贸易学院本科、硕士毕业。曾任湖南农业大学经济管理学院党委书记。

慕好东,二级教授,中共党员,博士生导师。1988 和 1997 年西北农业大学经济贸易学院硕士、博士毕业。曾任山东财经大学副校长。现任山东财经大学特聘教授。

◎ 教学活动

1978 级本科"统计学"教学实习

1984 年《土地规划与管理》全国统编教材研讨会在杨陵举行

1983 年全国高等农业院校农经专业硕士学位研究生培养方案审订会在杨陵召开

1989 年博士研究生与答辩评委及相关老师合影

◎ 重要会议

1978 年在西北农学院召开全国农业经济专业会议

1981 年庐山全国农业经济教学研讨会合影

1981 年国家农委在西北农学院主办农业电算计术教学研讨会

1982 年全国农经专业经济数量分析讲习班在杨陵举办

1985 年南京农经教学研讨会合影

1994 年建校五十周年农经科学讨论会

◎ 毕业生留影

西北农学院农业经济系 1960 级本科三班毕业生合影

改革开放后西北农学院农经系首届本科毕业生合影（1982 年）

1990 年西北农业大学农经系农业经济管理专业首届民族班毕业合影

1998 年西北林学院首届会计专业本科毕业生合影

1982 年西北农学院农经系欢送毕业研究生合影

1989 年西北农学院农经系欢送八九届毕业博士、硕士研究生合影

1987 年西北农业大学农经系欢送农业经济管理专科 85 级毕业生合影

◎ 社会工作

1947 年国立西北农学院农业经济系农村经济调查组成员合影

万建中教授（左四）深入农民之中调查研究

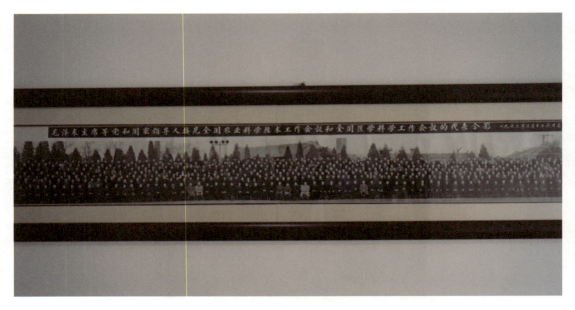

1963年3月10日，毛泽东主席等党和国家领导人接见全国农业科学技术工作会议
和全国医学科学工作会议的代表合影。刘广镕位于第二排右起第六位

1980 年刘均爱教授主持的陕西省武功县农业综合考察组成员合影

前排左起：朱德昭、李亚英、刘均爱、李志民（武功县）、焦兴国（武功县）

◎ 科研、学术活动

1979 年 9 月万建中教授（左二）出席加拿大国际农业经济学家协会第十四届年会

1991 年陕西省农村劳动资源开发与利用研讨会在杨陵举行

1986 年乾县领导慰问西北农业大学乾县农业综合试验研究课题组成员

美国康奈尔大学著名金融专家卡拉姆·特维教授来我院进行学术交流

2018 年举办国际金融和会计会议

2021 年举办第一届"三农"发展前沿学术论坛

◎ 校园文化生活

1958 年西北农学院农经系学生党支部欢送毕业生

1987 年西北农业大学农业经济系学生获春季运动会四连冠

1993 年西北农业大学农经系教职工参加学校歌咏比赛

2011 年西北农林科技大学经济管理学院教工合唱队在学校庆祝建党 90 周年歌咏赛中喜获佳绩

2016 年西北农林科技大学经济管理学院师生元旦文艺晚会

2018 年 10 月西北农林科技大学经济管理学院领导及教职工代表与离退休教职工合影

2022 年西北农林科技大学经济管理学院举办教职工子女联欢晚会

2022 年西北农林科技大学经济管理学院为离休老干部丁荣晃教授百岁祝寿

◎ 领导关怀

辛树帜院长与黄升泉、马宗申、万建中、王殿俊等教授商讨工作

1992 年 6 月国家教委国际合作司司长于富增（右起三）来校视察

第二部分

发展简史

第一篇 初创奠基
1936—1949

第一章 国立西北农林专科学校农业经济组
（1936—1939）

20 世纪 30 年代初,中华民族正处于内忧外患的苦难岁月,军阀混战,列强侵凌,西北灾荒连年,民生日益凋敝,山河危如累卵。1934 年 4 月 20 日,出于对民族存亡和人民生计的关切,在一大批有识之士大力倡导"开发西北""建设西北"的呼声中,国民政府在中华农耕文明的发祥地武功张家岗(后稷故里杨陵)开始筹建国立西北农林专科学校。1936 年 7 月,国立西北农林专科学校筹备委员会工作结束,国民政府教育部任命辛树帜为校长,同年 8 月 1 日,辛树帜到校视事,学校开始招收农艺、森林、园艺、畜牧、农业经济、水利等六组新生 101 名。农经组开始招生,标志着我校农业经济学科自此开篇起步。由 1936 年农经组的初创到 1949 年农经系的奠基,在 13 年的初创进程中,国立西北农林专科学校农经组、农经系为我国农经学科发展,农经人才培养奠定了坚实的基础。它是我国在西北创建最早的农业经济管理人才培养基地,也是享誉全国的农经学界的一颗明星。

第一节 农业经济学科的形成背景

"食为人天,农为正本"。乡土文化、乡土中国在我国历史上占有绝对比重。中国以农立国,农业、农村、农民历来是国家兴衰所系的重大问题。可是,研究"三农"问题的主导学科——农业经济学科发展与乡土中国的社会需求并不同步,而是滞后生长。在 20 世纪初,农业经济学科传入国内,至 20 世纪 20 年代末,农业经济学科在我国建立,农业高等院校农经系逐渐增多,北京的京师大学堂农科、广东中山大学农科、金陵大学农业经济系、浙江大学农业社会学系、中央大学农政科等先后成立。各地农业高校农经系在培养目标、学科建设、课程设置、培养方式方法,教学、科研与农业推广以及研究生的培养等方面,积累了一定的教学经验和学科基础,在综合国外农业经济学科的基础上,开始探索切合国情的农业经济学科体系。

抗日战争时期,高等教育因日寇入侵受到了很大冲击,损失惨重,农业经济学科也不例外。在战略转移西迁的过程中,在大后方的战时环境里,农业经济学科仍能坚持建设和发展,弦歌不辍,并结合战时形势,开展农业经济问题研究和农村经济调查,对战时物价、粮食、农产品运销、农村金融与合作等做了深入调查研究,发表了有关农业生产、稳定大后方经济等多篇水平高、决策性强的报告和论文。从抗战胜利至全国解放,农业经济学科呈现迅速发展的态势,被学界称为"欣欣向荣的应用学科"。

20世纪30年代,农业经济学科初步形成了专业课程体系。在专业培养上,重视德、智、体全面发展,要求有广博的基础知识、广泛的农业生物科学技术知识和全面系统的农业经济专业知识,善于经济分析并具有农村调查研究的独立工作能力。不仅重视学生的理论学习,为学生打下扎实的理论基础,而且重视调查研究,进行农村调查,参与农事推广活动,从实践出发了解农村的真实情况,分析问题并提出解决问题的对策。实践证明,将教学、科研和农事推广有机结合是促进农业经济学科发展和专业人才培养的最佳途径。在课程设置上,设有宽广的理论基础课和比较深细的专业课,从生产、流通到分配,都设有专门课程。"农村调查"是农业经济系的必修课,既是一门理论课,也是一门实践课,是农经专业的"必备本领";"农村社会学"是农业经济学的姊妹学科,农业经济问题研究与农村社会研究密切相关,农业经济重大研究成果的获得都离不开农村社会支撑。为使农业经济学科体系向更高层次发展,各高等农业院校农业经济系在办好四年制本科的基础上,还创办农业经济研究所,开始招收研究生。

第二节　设立农业经济组

1934年3月21日,国立西北农林专科学校筹备委员会常务委员于右任提出的本校学科编制原则经筹委会第六次会议决议通过。该学科编制原则明确提出了农业经济组为学校本科应开办的九个组之一。鉴于当时西北各省农业凋敝、农村残破,国立西北农林专科学校本科学生除学习农业技术外,必须对西北农业经济问题有全面的了解,这样才能在参加工作后,利用所学知识有针对性地解决西北农村经济问题,开展农业推广工作。因此,农业经济组应及早成立、统筹安排,明确农业经济学科发展方向,确立农业研究与推广的基本方针。

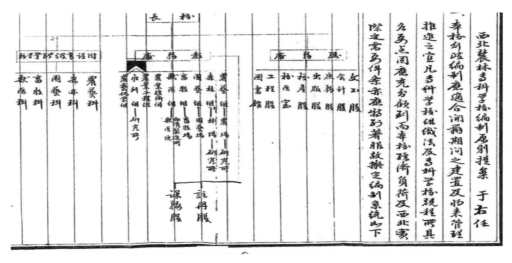

图1-1　于右任提出的《国立西北农林专科学校农业经济组计划草案》提案

在《国立西北农林专科学校农业经济组计划草案》中,将农业经济组主要工作概括为三个方面:一是研究工作。凡是农业上各种改进措施,其第一要义为适应环境需要与不悖经济原则。面对农村社会经济发展现状,农经组要深入研究西北各种农村经济问题,分析造成农村经济衰落的症结和原因,然后对症下药,找到具体有效的改进方案。二是教学工作。根据书本知识和经济规律,从西北农村社会经济实际出发,不断完善教材内容,革新教学方式,加强教学管理工作,提高教学效果。三是推广工作。根据学理及研究,因地制宜地倡办各种乡村经济组织(如农民合作社),并有针对性地提出有利于农业、农村和农民的各种政策建议、实施计划和发展规划,积极推进农业科技推广工作,实现农村经济社会整体改善。

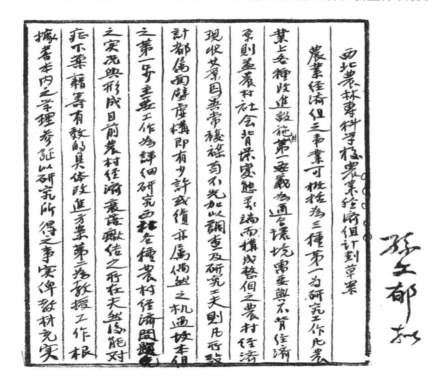

图1-2 《国立西北农林专科学校农业经济组计划草案》

1936年8月,国立西北农林专科学校农业经济组正式成立。按照国立西北农林专科学校制定的学校本科各组设立程序,1936年8月,南秉方先生筹备成立了农业经济组,并任首届主任。成立之初,农业经济组有教师3名,分别是南秉方教授、乔启明教授、张履鸟副教授。1938年7月,国立西北农林专科学校奉教育部令与国立西北联合大学农学院合并改组,农业经济组有组主任兼教授1人,教授及副教授3人,助教5人,助理8人。1938年7月21日,设立农林学、园艺学及农业经济学专修科(1939年2月20日招收首届农业经济学专修科新生)。1938年9月25日,教育部批准国立西北农林专科学校设立农学、森林学、园艺学、畜牧兽医学、农业化学、农业水利学等六个系,规定农学系之中包含农艺、病虫害、农经组,并聘张丕介教授兼农业经济组主任。农业经济组秉持学校提出的"研究应用科学,养成技术人才,改良西北农林事业,增进社会生产"的办学宗旨,克服重重困难,为"裕民生而固国防"造就了一批农业经济专门人才。

第三节　办学章程与教学

在农业经济组学程总则、课程设置及教学安排中，着重强调了两个方面：一是教学内容上要求结合西北实际，为西北农业生产服务；二是重视学生实际工作能力和科研工作能力的培养。在农业经济组的"设计实习"中，规定"要教导学生结合实际分析研究农业经济问题，并将研究所得成果作为毕业论文"。

一、农业经济组学程总则

为适应西北建设需要，培养乡村建设及各种农业经济人才，要求学生学习农林、园艺、畜牧等农业生产基本科学，学习经济学基本原理，以及农业经济各类专业知识。重视实地调查研究，使理论学习与实践训练并重，以达到学生毕业后能胜任行政、经济、金融、贸易、管理等各项工作，独立研究各种农村问题的目的。

二、农业经济本科课程设置

（一）农业生产基本科学
植物学、果树园艺学、作物学通论、农田水利、垦殖学等。
（二）经济学基本原理
经济学原理、经济地理、经济思想史、经济史、法学通论、统计学、会计学、银行学等。
（三）专业课
农村经济学、土地经济学、农产贸易学、农村社会学、农业金融学、农村合作、农业推广、农村教育、农业仓库、农业政策、合作金融、农场管理、农业经营、设计实习等。
（四）体育课
四年内均设体育课，体育为必修课程。
（五）选修课
应用化学、货币学、土壤学、气象学、农具学、肥料学等。

三、农业经济专修科课程设置

（一）专科共同必修课
军训、国文及外国文等。
（二）农业基本原理课程
农学概论、林学概论、作物学、畜牧学、测量学及农场实习等。
（三）经济学原理及专业课程
必修课有农业经济学、农场合作、农场管理、农业金融、农产贸易、农业仓库、农村社会学、农业政策及土地法等；选修课有应用化学、货币学、土壤学、气象学、农具学、肥料学等。
（四）实践课
农业经济专修科高度重视调查与实习，凡设有实习的功课，必须依规定时间，切实完成实习任务;此外,在校内进行各类实践活动,也可寻找实习机会,如寒暑假组织学生赴咸阳、三原、泾阳等县进行调查实习。

四、修业年限

(一)本科修业年限

1936年,国立西北农林专科学校招生,曾暂定修业年限为三年,后由于抗日战争、院校合并等原因,实际按四年制大学办学。1939年,学校重新修订本科修业年限,明确规定修业年限为四年。

(二)专修科修业年限

1939年2月20日招收首届农业经济学专修科新生,将专修科修业年限定为两年。

五、学籍管理与成绩考核

(一)智育考核与管理

学生学习成绩考核的计算,实行等级和学分结合制。国民政府教育部《施行学分制划一办法》规定大学四年内必须修满132学分。规定前两年每年修36~40学分,后两年每年修30~36学分。学校采用学分制与"积点"结合的考核办法。其办法如下:

各课程分为六个等级,以等级"积点"为计算成绩的标准。各等级与"积点"的折合关系见表1-1。每学期所得的"积点"总数除以该学期所学的学分总数,即为学期总平均成绩。

表1-1　考试成绩等级与"积点"折合关系表

等级	甲	乙	丙	丁	戊	己
百分制分数	100~90	89~80	79~70	69~60	59~50	49
每学分积点	2.0	1.5	1.0	0.5	0	0

学生所选课程成绩列戊等者,无"积点",但可以补考。补考后仍然不及格者,允许毕业前补习,补习完毕,再进行补考。成绩列为己等者,如是必修课,须重修。

各科成绩涉及学生升、留级及毕业与否。学生在一个学年内,有三门主要课程或四门其他课程列为戊等者,不得升级。按照规定允许毕业前补习,补习完毕并进行补考的课程,如补考不及格或四年内学期总平均成绩低于0.8"积点"者,均不得毕业。

教育部规定:"学期成绩不及格科目,在40分以上不满60分者,可予补考,一次为限。其不满40分者,不得补考,应令其重读。如不及格科目的学分数超过该学期修习学分总数1/3者,应令其留级;逾1/2以上者,应令其退学。"

(二)德育考核与管理

根据学校档案记载,训育大纲规定:"学生须打破一切陈腐思想与恶习及个人主义""学生应极力养成为全社会谋福利之公德心""学生应养成勤俭朴实的美德,平等互助的精神,入孝出悌的修养及尊师敬友的习惯""一切行动须恪守纪律,不逾校规""学生应切实从事农场、林场等实际工作,与周围农民生活发生密切联系,以获得丰富的经验与能力","学生应养成吃苦耐劳的精神,以期担负发展西北经济事业的重任"。

学校对学生操行成绩规定的考查办法为:思想 15%、行动 20%、语言 20%、态度 20%、整洁 15%、气质 10%,凡分数在 80 分以上者为甲等,70 分以上者为乙等,60 分以上者为丙等,60 分以下者为丁等。

学生若不恪守校规,依照奖惩办法分别予以惩处。学校地处农村,民情敦厚,学风朴实。自 1938 年,学校提出并制定"诚朴勇毅"为校训,相沿成习,激励师生,以诚为本,以朴修身,以勇求进,以毅建功,促进"朴素、切实、坚强、博大"的独特校风形成。

（三）体育考核与管理

学校规定开设体育课。学校筹备委员会常务委员戴季陶在建设西北专门教育之初期计划中特别强调:"体育之奖励,特为必要。其利益不仅在于强健身体,而尤足以养成自爱与合群之学风。球类之运动,尤为有益,不可忘也。"学校认为"体育课是训练学生整个集体生活的重要科目,同时也是学校所注意的延续民族生命的重要途径。"体育分正课、早操、课外活动和各种竞赛。正课每班每周两小时,每学期一学分,不及格者,不得升级或毕业。其成绩占体育总成绩 50%。早操冬夏无间,考察勤惰,占体育总成绩 30%。课外活动每班每周两小时,每学期举行技能测验一次,其成绩占体育总成绩 20%。每年学校都要定期举行春季运动会和冬季越野赛跑,为学校系组之间的体育交流搭建平台。

第四节　教师队伍建设

国立西北农林专科学校从筹建开始就十分重视教师的选聘与培养,当时学校出台了"用人大政方针":一是如何招揽和培养人才;二是如何营造学术氛围,吸引高质量的科研人才。人才的标准是性情忠厚、勤俭、身心强健;学识经验丰富,专业基础扎实;年富力强,兴趣浓厚,愿以校业为其世业。在抗日战争的艰苦岁月里,教师以身作则,忍辱负重,谆谆教导学生;学生则专心致志,刻苦学习,弦歌不辍,以图报国。战争锻炼了人,培养了追求真理、实事求是的学风,也树立了艰苦朴素的生活作风,为后人留下了极为宝贵的人才道德品质和用人的经验财富。

表 1-2　1936—1939 年农经组主要教授名单

序号	姓名	职称	任职时间	留学经历
1	南秉方	教授	1936—不详	美国斯洛文尼亚大学经济学博士
2	杨亦周	教授	1936—1939	日本东京明治大学和美国伦敦大学
3	乔启明	教授	1936—不详	美国康奈尔大学农业经济学博士
4	龚道熙	教授	1937—1949	法国巴黎大学统计学院
5	熊伯蘅	教授	1938—1948	日本东京帝国大学
6	陶孟和	教授	1938—不详	英国伦敦大学经济学博士
7	王德崇	教授	1939—1946	美国哥伦比亚大学和康奈尔大学
8	张丕介	教授	1939—不详	德国弗莱堡大学农业经济学博士

续表

序号	姓名	职称	任职时间	留学经历
9	张德粹	教授	1938—1940	英国威尔斯大学
10	胡自翔	教授	1939—不详	法国巴黎大学经济学博士
11	王毓瑚	教授	1937—不详	德国慕尼黑大学与法国巴黎大学经济系
12	刘潇然	教授	1903—1999	日本早稻田大学、德国柏林大学哲学院
13	张之毅	副教授	1936—1939	美国斯坦福大学与约翰斯·霍普金斯大学

在国立西北农林专科学校，农经组的教授阵容，无论在数量还是质量上都名列前茅。他们在各自的学科领域内造诣深厚、颇有建树，享有很高的学术和社会威望。

南秉方，出生于 1897 年，黑龙江双城人，著名经济学家。1936 年 8 月任西北农林专科学校农经组教授。毕业于天津南开学校，是周恩来总理的中学同班同学。1920 年毕业于上海圣约翰大学，同年 6 月，考取公费生留学美国，后获得美国斯洛文尼亚大学经济学博士。作为首任国立西北农林专科学校农业经济组教授，他负责筹备农业经济组并任主任。他在完成课程教学与教育教学管理工作的基础上，还深入广大农村开展经济问题调研，发表了颇有影响的调查研究报告与论文：《陕西关中区农村金融问题之初步分析》《西北农业金融之探讨》《宁夏省之农业金融与农贷》《甘肃平市官钱局之发展》《湖北黄陂农村金融调查记》《湖北省孝感县农村金融调查记》。其调研报告至今都是学者研究民国时期农村经济与金融问题的重要参考文献，对推动农业经济与金融学科的发展有着重要作用。

杨亦周，出生于 1900 年，河北唐县人，著名农业经济学家，民主革命时期北方著名实业家、爱国人士。1925 年天津公立政法专门学校毕业后留校任教。1933 年毕业于日本东京明治大学政治经济学部，后在美国伦敦大学政治经济学院从事理论研究。回国后任河北省立法商学院教授、院长，同时担任陕甘实业公司经理、中国纺织建设公司天津分公司经理，成为名震北方的实业家。国民政府曾委任他担任行政院善后救济总署冀热平津分署副署长，在救济灾民及善后建设工作中做出了贡献。1936—1939 年任国立西北农林专科学校（国立西北农学院）教授，讲授"经济史""经济思想史"课程。新中国成立后曾任华北纺织管理局副局长、天津市副市长、河北省副省长、全国人大代表、政协委员、民革中央委员等职，为新中国建设做出了重要贡献。

乔启明，出生于 1897 年，字映东，山西临猗人，著名农业经济学家、农村社会学家、农业推广专家。1924 年金陵大学毕业并留校任教。1936 年获美国康奈尔大学农业经济博士学位，回国后任金陵大学农经系系主任、国立西北农学院教授。新中国成立后，先后任中国人民银行总行农业金融局副局长、山西农学院教授兼副院长。他的主要论著有《中国土地利用》《中国农村社会经济学》(1946)、《中国人口与粮食问题》(1941，与蒋杰合著)、《农业推广论文集》(1941)、《江苏昆山、南通、安徽宿县农佃制度比较及改良农佃问题之建议》(1926)、《农村社会调查》(1928)、《中国农村人口之结构及其消失》(1935)、《中国乡村人口问题之研究》(1928)、《山西人口问题的分析研究》(1923)、《山西清源县 143 农家人口调查之研究》(1932)、*Rural Population and Vital Statistics for Selected Area of China*(1931—1932)。

20世纪30—40年代,乔启明的农村社会经济学思想,是中国社会学发展史上最珍贵的学术遗产和研究成果,后来逐步成为中国农村社会经济研究中的一个学术流派。

陶孟和,出生于1887年,浙江绍兴人。1910年,陶孟和赴英国伦敦大学经济政治学院学习社会学和经济学,1913年获经济学博士学位。同年回国后任北京高等师范学校教授。1914—1927年任北京大学教授、系主任、文学院院长、教务长等职,1938年在国立西北农学院任教。1948年当选为中央研究院院士,在中国人民政治协商会议第一届会议上被选为政协全国委员会常务委员,1949年10月担任中国科学院副院长。陶孟和代表作有《贫穷与人口问题》《中国乡村与城镇生活》《社会调查(一)导言》《中国之工业与劳工》《中国社会之研究》《北京人力车夫之生活情形》《北平生活费之分析》《北平生活费指数》《指数公式总论》《欧洲和议后之经济》《中国劳工生活程度》《社会与教育》《公民教育》《社会问题》《中国之县地方财政》《孟和文存》等。1929年,由陶孟和创办的社会调查所,被中华教育文化基金董事会改组为我国最早的社会学研究机构,并创办了《社会科学杂志》《中国近代经济史研究集刊》等中国近代最早的社会学刊物。陶孟和用英文编写的《中国乡村与城镇生活》一书,是我国研究社会学最早的著作。

张丕介,出生于1905年,字圣和,山东临清人。1935年在德国弗莱堡大学获经济学博士学位。回国后参加连云港建设的设计工作,后受聘于南通学院农科,抗战爆发后,任国民政府教育部农业教育委员会专任委员。1939年,参与创立国立西北农学院农经系,任教授兼训导长,为学生讲授土地经济学和农业政策,注重战时经济问题及西北农业问题研究。1940—1945年,在中央政治学校任教,其间曾被贵州大学借聘为农学院院长兼农经系主任;参加创办中国地政研究所,并任董事兼教育及土地经济组主任;当选为土地改革协会第一届常务理事;主编《土地改革半月刊》。他的代表作为《战后土地问题》,并在地政学会出版。张丕介认为土地问题为我国两千年来社会经济的基本问题,合乎国情有益民生的土地改革,是解除民困、繁荣社会经济的善策。

王毓瑚,出生于1907年,字连伯,河北高阳人。农业史学家、经济史学家、农业教育家、农书目录专家。王毓瑚教授早年留学欧洲八年,先后就读于德国慕尼黑大学与法国巴黎大学经济系。完成学业后,于1934年回国,随即投身学术研究和教学工作。1937年任国立西北农林专科学校农业经济组讲师,主讲"经济学理论"课。1949—1980年间执教于北京农业大学农业经济系,主要研究并讲授"中国经济史"和"中国农业科学技术发展史"。主要著作有《秦汉帝国之经济及交通地理》(1943年)、《中国经济史资料》、《隋唐两代的钱币》(1948年)、《中国农业经济史大纲》(1950年)、《我国历史上的土地利用》、《中国农业发展中的水和历史上的农田水利问题》(1975年)、《我国历史上农业地理的一些特点和问题》(1978年)、《读〈史记·货殖列传〉杂识》(1979年)、《我国历史上农耕区的向北扩展》(1977年)等。王毓瑚教授治学精神气度恢宏,学术造诣博大精深,为后人留下了一份宝贵的精神遗产。

龚道熙,出生于1906年,江苏铜山人,著名农业经济学家。法国巴黎大学统计学院毕业,获法国巴黎大学特授统计师学位。1937—1949年任国立西北农林专科学校、国立西北农学院教授,1946—1949 年兼农业经济系主任,主讲"高等统计学""统计学",编写了《高等统计学》《农业统计学》等多部教材。

熊伯蘅,出生于 1903 年,湖北嘉鱼人。1933 年,熊伯蘅留学日本东京帝国大学农学部攻读农业经济,1937 年 5 月学成毕业回国。被国民政府教育部授予"金牌教授"荣衔,并任命为教育部农业教育委员会委员。1938 年,熊伯蘅应辛树帜之聘,先后任国立西北农学院农业经济系教授、系主任、教务处长,讲授"农政学"。他认真研究我国农业土地问题,颇有成效。1946 年,他在《西北农报》上发表了《农业建设与土地改革》;1947 年 10 月,他在《中农月刊》发表了《租佃问题的对策及佃农保护法》,著有《关于土地问题的研究》,并与他人合著《陕西农业经济调查研究》《陕西省土地制度调查研究》等书。在西北这片荒凉的大地上,熊伯蘅把满腔的热血洒在后稷教民稼穑的根基上,浇灌出一朵朵农业科技之花。新中国成立后,熊伯蘅潜心研究社会主义农业经济,编写《农业经济调查报告》,著有《农业经济学》,撰写《北京市农业合作社劳动生产力与劳动利用率的研究》等论文。

王德崇,出生于 1900 年,陕西高陵人。1925 年考入北京大学,参加"共进社",任《共进》杂志主编。1930 年北京大学毕业后回陕,任西安高级中学注册主任、咸林中学校长等职。1936 年以优异成绩考取公费赴美留学。在美国先后获得哥伦比亚大学教育学硕士、康奈尔大学农业经济学博士。1939 年回国后,长期从事高等农业教学工作,历任国立西北农学院、浙江大学农学院、中央大学农学院教授。1939 年任国立西北农学院教授,兼任农业经济系主任,讲授"农场管理学",著有《农场管理学》教材,在农业经济学术研究上有较深的造诣。

张德粹,出生于 1900 年,湖南攸县人。农业经济学家、农业教育家。1936 年 9 月获得英国威尔斯大学硕士学位,后在牛津大学农业经济研究院从事研究工作。1938 年 8 月回国,同年受聘国立西北农学院农经组教授,为大学本科和专修科学生讲授农业合作、产品运销、经济学、土地经济学、农业经济学等课程。张德粹教授毕生从事农业经济学研究和教学工作,研究方向为农业合作和农产品运销,撰写研究报告 30 多篇、学术论文 100 多篇,代表作有《土地经济学》《陕西合作与农村金融》《农村建设与农业合作之相关分析》《论农业保险合作》等,在农业经济理论与政策上有深远的影响,对经济发展与宏观经济理论做出了突出贡献,是我国农业经济学奠基人之一。

张之毅,出生于 1914 年,天津人。1935 年毕业于哈尔滨政法大学,1956 年加入中国共产党,曾任中央研究院社会科学研究所助理研究员,国立西北农学院、浙江大学副教授,中央研究院社会科学研究所副研究员。1946 年赴美国留学,次年获斯坦福大学社会科学院硕士学位,1948 年后在约翰斯·霍普金斯大学国际关系学院进修,1950 年回国,后任中国科学院社会科学研究所研究员、外交部政策委员会专员,历任驻印度大使馆一等秘书,外交部亚洲司专门委员、印度研究所副所长,外交学院教授,北京大学国际关系研究所兼任教授。1937 年在国立西北农林专科学校任副教授期间,讲授"农产品运销学""美国不同农业经济学派比较研究"及"农村调查设计"3 门课。《云南三村》(1942 年)是我国著名社会学家、人类学家费孝通先生和他的助手张之毅先生于 20 世纪 30 年代末 40 年代初在云南农村所作的调查报告,三个村庄的调查报告,超过 30 万字,将 1938—1942 年农村社会生活,一目了然地展

现在世人面前。

刘潇然（1903—1999），河南偃师人，著名经济学家、教育家、多种语言翻译家，中国农业经济学开拓者之一。1931—1935 年先后赴日本早稻田大学、德国柏林大学哲学院国家学系留学，1944—1946 年任国立西北农学院教授、农业经济系主任。

第五节　学生工作

农经组制定了严格规范的入学考试程序、比较完善的学生资助与奖励体系和积极主动的就业渠道拓展制度，为农经学生顺利完成学业，走上理想工作岗位提供了有力保障。

一、招生工作

农经组对招生工作非常重视，专门成立了招生委员会，下设命题委员会、阅卷委员会、监考委员会以及事务组、印刷组、考务组。事务组，主要负责管卷、拆弥、刻试题、缮写、核算、报名、登记等工作；印刷组，主要负责刻印有关招生文件、打印弥号、装订试卷、加盖试卷上科目名称、粘贴试卷卷面弥号及明号签等；考务组，主要负责布置考场，布置监试委员休息室，办理考生住宿膳食、登载招生简章及录取广告等。

（一）报考农经专业的资格要求

一是毕业于公立或私立的高级中学者；二是毕业于公立或已立案与高级中学同等程度的学校者；三是毕业于大学预科，其修业年限与中学修业年限合计满 6 年者；四是具有与高级中学毕业同等学力者（但此项录取至多不得超过录取总额 1/5）。

（二）招考科目

公民、国文、算学、史地、物理学、化学、生物学。

二、学生资助

（一）免费生与公费生资助

学校开办之初，仅有 4% 的免费生、5% 的公费生，其余的 91% 均为自费生。免费生和公费生除免交学杂费外，每学期可有 75 元（法币）的津贴。但享受公费的学生，学习成绩都须在 75 分以上。

（二）贷金

1938 年，学校实行战区学生贷金，金额每月 4 元，曾决定于抗日战争结束后三年内还清。

（三）奖学金与助学金

为勉励学生勤奋求学，努力上进，特设奖学金以兹鼓励；为维护贫苦学生安心求学，力求上进，特设补助金以兹资助。奖学金及补助金分为以下三种：国费奖学金、省费奖学金、县费奖学金。凡本科生品学优异、思想纯正，其学年考试成绩总平均分数在 85 分者，由本校给予 150 元的奖学金；凡本科生其学年考试成绩总平均分数在 80 分者，由省政府给予 120 元的奖学金；凡本科生其学年考试成绩总平均分数在 60～80 分者，由该生所在县政府给予 80 元的补助金。凡领取奖学金或补助金的学生均以一年一次为限,学年考试成绩公布后给予发放。对于因成绩差而留级补习的学生或其成绩虽已及格而平日品行不良,曾受学校惩戒的学生,学校会通知该生所在县政府停发其补助金。

三、首届本科、专科在校学生

农经组首届本科、专科毕业学生名单,见表1-3。

表1-3 农经组首届本科、专科毕业学生名单

姓名	性别	专业	毕业年份	备注
安希仅	男	农业经济	1940	本科
陈秀	男	农业经济	1940	本科
卜兆祥	男	农业经济	1940	本科
万建中	男	农业经济	1940	本科
王殿俊	男	农业经济	1940	本科
王瑞麟	男	农业经济	1940	本科
王家义	男	农业经济	1940	本科
李世享	男	农业经济	1940	本科
王文灿	男	农业经济	1940	本科
倪方儒	男	农业经济	1940	本科
余慧	男	农业经济	1940	本科
何代昌	男	农业经济	1941	专科
王敬燮	男	农业经济	1941	专科
杨月殿	男	农业经济	1941	专科

四、学生参加中共西农地下党组织情况

农业经济组学生李焕章1936年就成为中共地下党员,为西农早期的地下党员之一。1937年,李焕章和陈志远介绍黄绪森、黄荣第办理了入党手续。不久,党组织确定在西北农专建立党支部,李焕章任支部委员,从此开启了农专地下党员发展和党的建设新局面。

第二章　国立西北农学院农业经济学系
（1940—1949）

国立西北农学院成立之后,农业经济组也改为农业经济学系,凸显了学科发展的综合实力。尤其是师资队伍开始壮大,科研能力增强,教学水平提高,农经学科步入快速发展轨道。

第一节　组建农业经济学系

1938年6月,国立西北联合大学农学院、河南大学农学院畜牧系与国立西北农林专科学校合并,组建为国立西北农学院。1938年7月,国立西北农学院筹备委员会成立,辛树帜为筹备委员会主任委员,国民党教育部农业教育委员会委员曾济宽、原国立西北联合大学农学院院长周建侯为委员。1938年10月,又增派教育部农业教育委员会委员张丕介为国立西北农学院筹备委员会委员,并确定以国立西北农林专科学校校址作为国立西北农学院院址。1939年4月,筹备工作结束,国立西北农学院正式成立,任命辛树帜为院长,曾济宽、张丕介分别为教务长和训导长。1940年2月19日,教育部指令国立西北农学院农学系原来的农艺、植物病虫害、农业经济三组,准予于暑假后分别改为农艺学系、植物病虫害学系、农业经济学系。

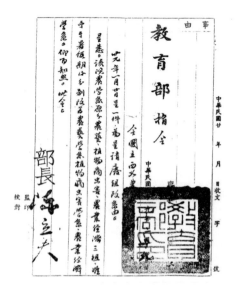

图2-1　教育部指令准予国立西北农学院农业经济学系成立

1940年3月,农业经济学系正式成立。农经系设主任一人,总理系务。农业经济学系下设农业经济组、农场管理组、乡村社会组、农村合作组,各组的功能范围分别如下:

农业经济组:农村经济、农业政策、农产运销、农产物价等;

农场管理组:农场组织、农事改善、土地整理、农家副业等;

乡村社会组:乡村社会、乡村组织、地方自治、农佃制度等;

农村合作组:乡村金融组织及各种经济合作社等。

第二节 课程设置与学科建设

一、国内农业高校农经学科课程设置

与国立西北农学院农经系同时期的国内农业高校农经学科有浙江大学的农业社会学系、金陵大学的农业经济组、中山大学的农政门、中央大学的农政科。其农经学科建设和课程设置都具有以下共同性:一是强调学生基础知识广博性;二是强调农业技术知识对农业经济学科发展的基础性;三是强调农业经济学科的专业基础课与专业课的协同性;四是强调农业经济学科建设中理论课与实践课的结合性。归纳各农业高校农经学科课程设置,主要表现在以下四个层面:

(1)基础知识课程:现代文学、英文、动物学、普通植物学、普通化学、高等数学、国文、伦理学、社会心理学、地质学、气象学等。

(2)农业技术课程:农业概论、土壤学、普通园艺学、肥料学、蚕桑学、普通作物学、森林学、普通畜牧学、农具学、垦殖学等。

(3)经济学基础知识课程:经济学、经济史、货币银行(选)、会计学、经济学说史、国际贸易(选)、统计学、经济地理、中国农业史等。

(4)农业经济专业课程:农业经济学、农产品运销学、农场管理、土地经济学、农业合作、农业政策、农业法规、农业经济学说、农产价格、农业推广、农业金融、中国农业经济问题、粮食问题、农村社会学、农业理财学、农业行政学、农村自治学、农业组织、农政研究、农业新闻、农业书报、农村教育、农村调查、论文等。

从国内农业高校农经系农业经济学科建设和课程设置来看,其学科发展的主流仍然遵循经济学、农业经济学为主导,而农业管理学科很少涉及,在课程设置中仅有四门课程涉及管理,如农场管理、农业行政学、农村自治学、农业组织。

二、国立西北农学院农经系课程设置

为适应西北建设需要,培养乡村建设及各种农业经济人才,国立西北农学院农业经济学系的学程总则要求学生在学校四年中,要认真学习农林、园艺、畜牧等农业生产基础科学,学习经济学基本原理,以及农业经济各种专业知识和应用知识。重视实地调查训练,强调理论学习与实践实习并重,以达到学生毕业后独立研究各种农村问题的目的。在学生教学过程

中,强调三个方面:一是教学内容要结合西北实际,为西北地区农业发展服务;二是重视学生的实际工作能力及独立从事科研能力的培养;三是要重视实验、实习和农村调查,实践环节在全学程中约占40%。

表 2 - 1   国立西北农学院 1942 年农经系课程表

课程名称	年级	必修或选修	上学期			下学期		
			学分	课程	实验/小时	学分	课程	实验/小时
国文	1	必修	2	2				
英文	1	必修	3	3		3	3	
高等数学	1	必修	3	3		3	3	
有机化学	1	必修	3	2	3	2	2	
植物学	1	必修	3	2	3	3	2	3
动物学	1	必修	3	2	3			
农艺概念	1	必修	2	2				
经济学	1	必修	3	3		3	3	
地质学	1	选修				3	3	
军训	1	必修						
体育	1	必修						
作物通论	2	必修	3	3				
农业经济	2	必修	3	3		3	3	
农业统计	2	必修	3	2	3	3	3	
会计学	2	必修	3	3		3	3	
农村社会	2	必修	2	2				
农村合作	2	必修	3	3		3	3	
园艺学	2	必修	3	2	3			
国文	2	选修	3	3		3	3	
第二外国语 *	2	选修	3	3		3	3	
货币银行	2	必修				2	2	
社会调查	2	必修				2	2	
土壤学	2	必修				3	2	3
普通畜牧学	2	必修				2	2	1
体育	2	必修	2			2		
货币银行	3	必修	2	2				
农产贸易	3	必修	2	2		2	2	
农业金融	3	必修	2	2		3	3	

课程名称	年级	必修或选修	上学期			下学期		
			学分	课程	实验/小时	学分	课程	实验/小时
农场管理	3	必修	2	2		3	3	
经济史及经济思想史	3	必修	3	3		3	3	
第二外国语*	3	选修	3	3		3	3	
农业政策	3	必修				3	3	
农业仓库	3	必修				3	3	
国文	3	必修				2	2	
政府会计	3	必修				3	3	
法学通论	3	必修	2	2				
体育	3	必修						
军训	3	必修						
农业政策	4	必修	3	3		2	2	
土地经济	4	必修	3	3		4	4	
农业推广	4	必修				3	3	
财政学	4	必修				3	3	
银行会计	4	必修				3	3	
毕业论文	4	必修						

＊第二外国语语种有德语、法语、日语、俄语等。

四年内均设体育课。从 1941 年起,一年级军训分为军训学科和军训术科。对女生开设救护训练。

农经系成立后,对原农经组开设的课程进行了分析评判,保留了一些师生评价好的课程,删减了一些不必要的课程,增设了一些基础性、专业性强的高级课程和新课程,并增开了选修课。这有利于拓展学生的知识面,强化了学生基础知识和专业知识,提升了学生毕业后适应工作的能力。

第三节 科研与推广

一、农业经济研究所(室)

国立西北农学院农经系为新中国成立前全国唯一的一家独立设有专门农业经济研究所(室)的机构。农学院为农业经济研究所(室)开辟了专门的工作场所,面积 120 平方米,可容纳 50 名科研人员工作、研究和阅览学习。研究所(室)拥有大量统计学、经济学、社会学、农村社会学、农业经济学、商业实践、经济地理、财政学、农村合作、政治学等学科的图书，以及农经系历年调查所得农村经济资料，各种统计图表及国内外报纸杂志、中国经济年鉴、内政年鉴、英文版中国年鉴等，还有各类科研办公仪器与设备，能够博览全国农经学科发展和跟踪最新研究前沿。

研究所（室）十分重视理论联系实际，深入农村进行专题调查研究，提出切合实际的改革建议。1940—1949 年具有代表性的科研项目有以下三项：（1）创设自耕农政策的意义和方法；（2）高陵 56 村经济现状调查（主持人：王德崇教授）；（3）宝鸡县产业发展现状调查（主持人：王永棠教授）。

二、农业经济学会

（一）农业经济学会的成立

该学会是学校成立最早的学会组织，经过前期举行的两次筹备会，1938 年 12 月 15 日，农业经济学会召开成立大会。农经学会是本院的第一个学会，具有创新精神与引领作用。

农业经济学会组织以农经系各班级为单位，共产生干事 5 人组成干事会，每学期改选一次，会员有 200 余人。

（二）农业经济学会的主要工作

1940 年，学会主办的《农业经济通讯》在学校出版。后来由于处于抗战时期，学校经费紧张及其他种种原因于 1945 年 5 月停刊，共出版 4 卷。《农业经济通讯》的出版发行，引起了全国社会各界的关注，圆满完成了推介农业经济学科和提高学会地位的任务。

为了交流各会员有关农经研究的心得，便于相互间讨论、质疑，农经学会创刊了《农经学报》，以壁报的方式每月刊发一期，期望找到一条具体的共同的研究道路。1946 年 6 月，学会主编的《农经汇刊》创刊。此外，农经学会还经常组织读书活动和演讲活动。

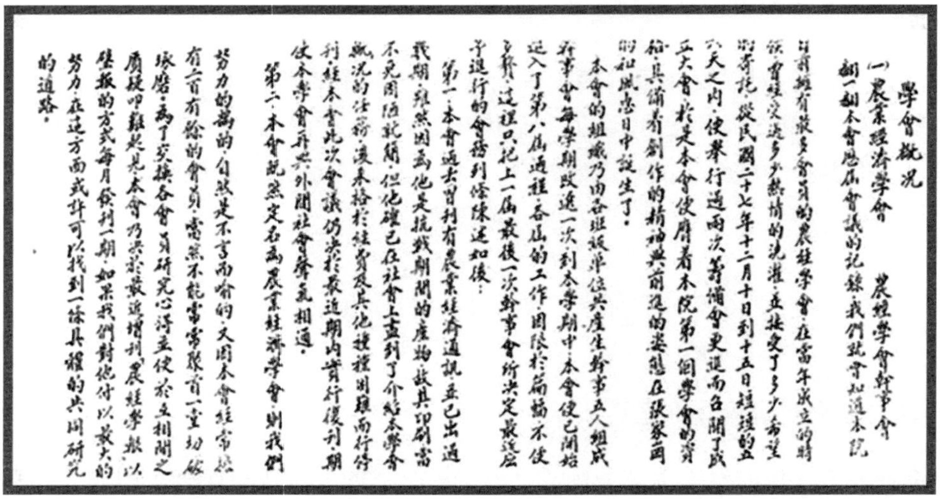

學會概況

(一)農業經濟學會　農經學會幹事會

翻一翻本會歷屆會議的記錄，我們就可知道本院目前擁有數百會員的農經學會，在當年成立的時候，曾經受過多少熱情的洗灌，並甚受了多少希望與寄託。從民國二十七年十二月十日到十五日短短的五六天之內，便舉行過兩次籌備會，更進而召開了成立大會。於是本會便成為本院第一個學會的資格，具備着創作的精神與前進的姿態在張家崗的和風恬日中誕生了。

本會的組織乃由各班級單位共產生幹事五人組成幹事會，每學期改選一次，到本學期中，本會便已開始進入了第八屆過程，各屆的工作因限於篇幅，不便多贅，這裡只把上一屆最後一次幹事會所決定最近應予進行的會務列條陳述如後：

第一，本會過去曾刊有農業經濟通訊，並已出過四期，雖然因為他是抗戰期間的產物，故其印刷當不免因陋就簡，但他確已在社會上盡到了介紹本學會概況的任務，後來始於經費及其他種種困難而行停刊，經本會此次會議仍決於最近期內當行復刊，期使本學會與外間社會聲氣相通。

第二，本會既然定名為農業經濟學會，則我們努力的鵠的，自然是不言而喻的，又因本會經常擁有三百有餘的會員，當然不能常常聚首一堂切磋琢磨，為了交換各會員研究心得並使於互相間之質疑叩難起見，本會乃決最近增刊「農經學報」以壁報的方式每月發刊一期，如果我們對他付以最大的努力，在這方面或許可以找到一條具體的共同研究的道路。

图 2－2　国立西北农学院关于农业经济学会的报道

三、农村推广服务

农经系农村推广服务主要体现在农村经济调查和农业社会服务两个方面。把科学研究和农村调查融合在一起，是农经系一条成功的经验，取得了良好的社会效益。这不仅是为了提高办学水平，也是在战时条件下服务农业、振兴农业的重要手段。

（一）农村经济调查及报告

农经系开展的社会调查有关中人口调查、陕西土地制度调查、陕西农业经济调查、陕西合作金融调查、陕西棉花生产成本调查、关中农家经济概况调查、关中农家信用调查、关中战时农民负担调查、关中土地利用调查等，出版的调查报告有《关中人口调查》（蒋杰执笔）、《陕西农业经济调查研究》（熊伯蘅、万建中执笔）、《陕西土地制度调查研究》（熊伯蘅、王殿俊执笔）、《陕西合作金融调查研究》（安希伋执笔）等。

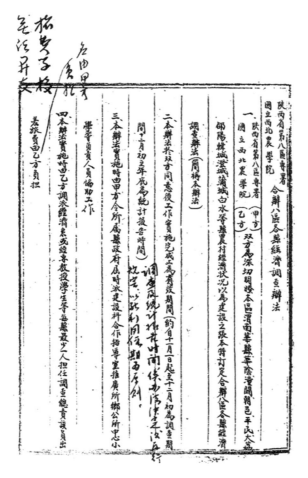

图 2—3　国立西北农学院与陕西省八区各县经济调查办法（草案）

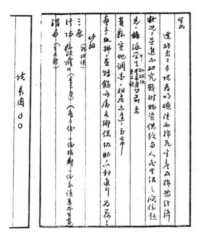

图 2-4　1947 年,国立西北农学院院长周伯敏给渭南、泾阳、三原县政府关于
学生进行棉花生产及棉农经济状况调查函和与农经系学生调查团成员合影

（二）编制武功县乡村物价指数

为准确地获得农产品、农用品价格指数,1945 年 1 月开始,农经系派出师生花费两年多时间对武功县乡村各月物价指数进行持续调查、统计分析,编制形成了《武功县乡村物价指数报告》,取得了良好社会效果。

（三）农村合作

从 1936 年到 1949 年,在学校周边的武功县和扶风县,学校指导成立了信用业务、产销业务、麦产业务、棉产业务、麦产运销、棉产运销、麦棉运销、棉花产销、麦棉产销、棉菜产销、蔬菜产销、棉豆产销合作社 77 个,合作社成员达 6406 人,股金总额 12956 元,得到中国农民银行和交通银行的肯定,推动了两县农业的发展。

四、论文与著作

在抗日战争全面爆发后的艰难困苦与动荡不安的岁月里,农经系教师克服重重困难,潜心调查研究,编著出版教材、撰写调查报告与论文,成果丰硕。据不完全统计,新中国成立前农经系已出版著作 24 部,发表论文 10 多篇。

表 2-2　农经系教师部分著述一览表

姓名	职称	著作
龚道熙	教授	《高等统计学》《农业统计学》
熊伯蘅	教授	《农业政策》《农业经济学》
王德崇	教授	《农场管理学》《农村社会学》
黄毓甲	教授	《中国农村经济研究》《农村社会学》
邢润雨	教授	《货币银行学》
邵敬勋	教授	《经济学原理》《日本问题研究》

续表

姓名	职称	著作
孙得中	讲师	《会计学》
王殿俊	讲师	《农产物价学》《农业仓库论》
宋介民	讲师	《农业推广》
刘均爱	助教	《农产品运销学》
蒋杰	讲师	《关中人口调查》
熊伯蘅 王殿俊	教授 讲师	《陕西土地制度调查研究》
安希伋	助教	《陕西合作金融调查研究》
熊伯蘅	教授	《关于土地问题的研究》
乔启明 蒋杰	教授 讲师	《中国人口与粮食问题》
安汉 李自发	讲师	《西北农业考察》
蒋杰	讲师	《乌江乡村建设研究》
刘潇然（卜凌宽曼著， 刘潇然译）	教授	《农业经营经济学》
熊伯蘅	教授	《农业政策》

第四节　师资队伍建设

在抗日战争烽火中，大批国内外著名学者怀着满腔热情和科学救国的宏愿云集西农。抗战胜利后，西农的知名教授纷纷东进南下，而农经系当时仍是名师荟萃、学者云集，旷观全国，无出其右，享誉国内外。1940 年到 1949 年，农经系先后拥有 26 名教师，其中具有国外留学经历的教授多达 20 人，占教授总数的 80%。由此形成了建系初期农经人第一代教师队伍，始称"八大教授"。

表 2-3　1940—1949 年主要教授名单

序号	姓名	任职年份	国外经历
1	龚道熙	1937—1949	法国巴黎大学统计学院
2	熊伯蘅	1938—1948	日本东京帝国大学
3	王德崇	1939—1946	美国哥伦比亚大学硕士、美国康奈尔大学经济学博士
4	刘潇然	1940—1946	日本早稻田大学、德国柏林大学
5	王金铭	1940—1942	不详
6	刘景向	1940—1946	留学日本

序号	姓名	任职年份	国外经历
7	杨觉天	1940—不详	不详
8	叶守济	1942—不详	日本东京大学研究生院
9	刘鸿渐	1943—1946	日本东京帝国大学
10	陈建辰	1943—1944	不详
11	季陶达	1944—不详	苏联莫斯科东方大学
12	甄瑞麟	1943—1948	丹麦国际民众教育学院、丹麦皇家大学
13	邢润雨	1944—1949	日本东京帝国大学博士
14	武创西	1945—不详	不详
15	吴春科	1945—1946	不详
16	黄毓甲	1945—1976	日本东京帝国大学研究生院
17	邵敬勋	1945—1950	日本东京早稻田大学政治经济学部
18	杨尔璜	1946—1976	留学日本

第五节　学生工作

农业经济系制定了严格、规范的入学考试程序,完善的学生资助与奖励体系,以及积极主动的就业渠道拓展制度,为农经系学生顺利完成学业,走上理想工作岗位提供了保障。

一、招生工作

农经系对招生工作非常重视,专门成立了招生委员会,下设命题委员会、阅卷委员会、监考委员会,以及事务组、印刷组、庶务组。发挥各组的功能,共同完成招生考试工作。

考试科目:公民、国文、算学、史地、物理、化学、生物。

二、奖学金与助学金

为勉励学生勤奋求学,努力上进,特设奖学金予以鼓励;为了使贫困学生安心求学,力求上进,特设补助金给予资助。

奖学金分为三种:国费奖学金、省费奖学金、县费奖学金。

凡本科生品学优异、思想纯正,其学年考试成绩总分平均分数在 85 分者,由学校给予 150 元奖学金。

凡本科生其学年考试成绩总分 80 分以上者,由省政府给予 120 元奖学金。

凡本科生其学年考试成绩总分不及 80 分仅能及格者,由该生所在县政府给予 80 元补助金。

凡领到奖学金或补助金的学生均以一年一次为限,学年考试成绩公布后发放。

三、历届毕业学生人数

农经系历届本科、专科毕业生人数,见表2-4。

表2-4 农经系历届本科、专科毕业生人数统计表

年代	本科		专科	
	届别	人数	届别	人数
1940	第一届	11	—	—
1941	第二届	47	第一届	3
1942	第三届	49	第二届	66
1943	第四届	35	第三届	40
1944	第五届	33	第四届	8
1945	第六届	23	第五届	27
1946	第七届	39	第六届	34
1947	第八届	40	第七届	18
1948	第九届	33	第八届	25
1949	第十届	42		
合计		352		221

四、学生深造就业

(一)考研深造

农经系具有深造愿望的毕业生,可通过考试前往浙江大学、中央大学等农业经济研究所、地政研究所、西北经济研究所等研究机构攻读硕士学位,在农业经济专业上继续深造。

(二)留校工作

农经系部分品学兼优、热爱教育事业的本科生留校从事教学、科研工作,他们有万建中、马宗申、左嘉猷、安希伋、刘均爱、杨笃等。

(三)赴台工作

1945年抗战胜利后,农经系陆续有22位本、专科同学赴台工作,在台湾经济建设及发展中做出了重要贡献。他们是蔡鹤年、李润海、张守恭、王金贵、刘人纪、刘怂蕴、刘开瑗、鲍昆、周来宜、范顺义、吴淑厚、赵发旺、徐建河、肖孟侠、沈荣江、季世亨、李建民、张蕴田、刘衡、殷宗元、张文华、李箴铭。

(四)奔赴农业主战场

农经系培养的学生供不应求。首届本科毕业11人,赴农业局受训后,在各地合作仓库工作;第二届本科毕业47人,有的在研究机关工作,有的在事业机关工作,各随志愿决定。他们成为战时我国西北地区和战略后方具有创新和实践能力的农业振兴的重要力量。

第六节　抗日救亡

一、抗战宣传,慰问抗日负伤将士

1940 年 2 月 9 日至 15 日,国立西北农学院学生以每队 15 人为编制,共编为 39 个分队,在学校附近(15 公里以内)各乡镇村庄,沿街进行扩大兵役宣传。农经系学生安希伋担任第 30 分队队长,带领同学们在绛帐中堡、西堡、周家、毕公庄等村动员民众,参加抗日救亡和服兵役活动。

抗日战争期间,农经系师生经常参与慰问抗日负伤将士工作,曾多次随慰问团赴西安慰问。对转移到武功第七十一后方医院的伤员,在每次下火车时,农经系师生都会组织起来到车站欢迎,扶助下车、搬运行李,送上茶水和食品进行慰问,同时利用周末到武功后方医院教伤员唱歌,为伤员演话剧,活跃负伤将士生活氛围。

面对中华民族生死存亡的危急时刻,农经系师生和全国民众一样,以大无畏的气概,不怕牺牲、投笔从戎、报效国家,积极投身到保卫国家和抗击日本侵略的战斗之中,为国尽忠。从抗战爆发到抗战结束,农经系的赤诚学子一批又一批地奔赴抗日战场。

二、奔赴延安,参加红军,投入抗日

"西安事变"和平解决后,国共第二次合作,共同团结抗日,形成了抗日民族统一战线。在这种举国抗战的形势下,陕西乃至全国的青年集结陕北,寻求抗战报国之路。在此期间,许多西农师生满怀爱国激情,奔赴陕北参加红军,积极投入抗日前线。农经系学生李焕章、曹正经(曹正之)等人,由李道煊写信给三原中学训育主任朱茂青,朱茂青将他们介绍给胡乔木,由胡乔木转介去延安。曹正经到延安后给在学校的工人邱宝树、消费合作社营业员李进臣、印刷厂排字工人乔文彬等来信动员,这些人也先后到达延安,后全部奔赴抗战第一线。

三、踊跃报名加入"中国青年远征军"

1944 年初,随着世界反法西斯战争的节节胜利,日本侵略者在海上交通线被切断后,急于打通从中国东北到印度的陆上交通线,中国军队在正面战场与日军作战中遭受重大挫折,长沙、衡阳接连失守,短短几个月,豫、湘、桂、粤、闽等大部失守。当时中国政府急欲组建一支身体素质好、文化素质高的军队,提出"一寸山河一寸血,十万青年十万军"的号召,发起了知识青年从军运动,这就是著名的中国青年远征军。

在全国掀起的知识青年从军热潮中,国立西北农学院也发布号召。时任宝鸡行署专员温崇信来校开会动员,一时学校师生员工报名参军气氛高涨。时任国立西北农学院院长邹树文带头报名参军,学校教职工、院本部、附高、附中学生纷纷踊跃报名。据档案资料统计,全院报名从军者达 247 人,后经体格检查、政治审查,最后确定合格参军者 68 人,其中农经系 7 人。农经系从军青年名单见表 2 - 5。

表 2-5　中国青年远征军国立西北农学院农经系从军青年名单

序号	姓名	性别	专业、级别
1	殷宗元	男	农经二年级
2	邢吉喆	男	农经四年级
3	高自昉	男	农经四年级
4	白天良	男	农经三年级
5	李旭阳	男	农经四年级
6	杨庆康	男	农经三年级
7	张艺舲	男	农经二年级

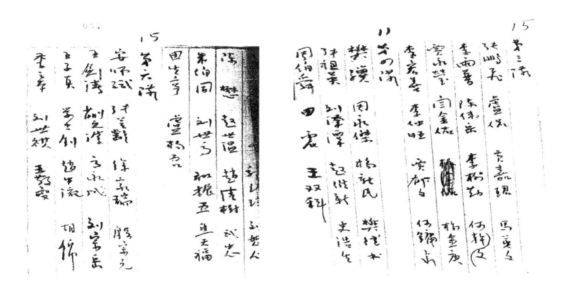

图 2-5　国立西北农学院正式从军学生分队名单原件(部分)

　　参军出发之日,学校为他们举行了隆重的欢送仪式。参军学生从武功车站(今杨陵站)乘车前往西安集结,直赴云南曲靖编入青年军 207 师。在军营先接受军事训练,后调往印度兰姆军事训练基地接受军用汽车等机械驾驶训练。训练结束后,在印度、缅甸执行军运任务。此后又被调到印缅的雷多,穿梭于被称为野人山的深山丛林中,执行军用战略物资等运输任务,过着极其艰苦的野营生活。印缅抗战结束,国内抗战烽火正炽,他们又奉命回国参战,接收并运输一批外援汽车,沿着尚未完工的滇缅公路,冒着大雨,在泥泞中向国内进发,经历生死考验,圆满完成任务,班师回国,抵达昆明。

　　抗日战争胜利后,1946 年暑假前,国立西北农学院参加青年远征军的学生退役。在南京,经时任国立西北农学院院长章文才批准,按有关规定,其中大部分学生又重回母校,继续入学完成学业。

图 2-6 1946 年从青年远征军复员后回到学校学习的部分学生合影

1946 年 8 月,中国青年远征军部分有志献身我国农业振兴事业的退伍青年,慕名进入国立西北农学院继续深造。鱼闻诗(1926—1992),复员后进入国立西北农学院农经系学习,并参加西农地下团组织。新中国成立后调任青训班,曾任西北青年干校干事、西北团校教育科长,后任西安市文化局艺术科副科长、西安易俗社副社长等职,曾被评为西安市劳模。赵学用,复员后进入国立西北农学院农经系学习。1948 年在校加入中共地下党组织,1949 年上半年受地下党组织安排,曾往返边区与学校,护送部分学生进入边区。新中国成立后参加工作,离休前曾任中国科学院西北水土保持研究所党委副书记。

四、创办进步社团,开展爱国民主活动

1945 年 8 月 15 日,日本帝国主义宣布无条件投降。1945 年 8 月 25 日,中国共产党发表了《对目前时局的宣言》,号召全国人民"在和平民主团结的基础上,实现全国的统一"。为了达到这个愿望,毛泽东同志 8 月 28 日亲自到重庆和国民党进行谈判。经过四十多天的努力,于 1945 年 10 月 10 日签订了"双十协定"。但国民党故意在和平统一道路上设置障碍,抛出所谓"军令统一"和"政令统一"两条无理要求,妄图从根本上取消八路军和解放区。当蒋介石撕毁《双十协定》,向解放区发起进攻的时候,全国人民对此无不义愤填膺,立即开展了对美蒋破坏《双十协定》、破坏和平统一罪行的声讨,并采用了多种形式进行斗争。国立西北农学院在抗战胜利前夕及抗战胜利以后,成立了各种进步社团,在西农地下党组织的领导

下,有组织地掀起了西农爱国民主革命活动的热潮。

（一）进步组织亢丁社

1944 年夏天,学校一部分曾经受过不同程度党的启蒙教育的进步学生开始酝酿在学校建立进步组织。进步组织亢丁社,首先由农经系 1946 届学生曹方久等四人提出,后与农经系 1948 届学生胡琛等商议发起筹备亢丁社。1944 年 10 月亢丁社正式成立,并立即出版了第一期壁报《亢丁》创刊号——《哭与笑》。亢丁社成立后,曹方久担任《亢丁》编辑,胡琛曾担任社长,起核心作用的农经系学生还有 1948 届的樊守杰、樊守衡。

1946 年 3—4 月,国民党策划了以反共为目的的"反苏游行",亢丁社在地下党领导下,组成了"反'反苏游行'领导小组",研究制定了斗争对策。在校方召开的游行筹备会议上,农经系学生曹方久代表亢丁社针对国民党提出"要求苏联军队撤出中国"的口号,提出"一切外国军队撤出中国"的口号,把矛头指向美帝国主义,得到很多人的响应。亢丁社的活动在国立西北农学院历史上影响很大,是党领导下学生民主革命的先锋。

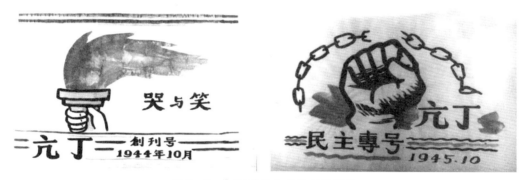

图 2-7　《亢丁》民主专号壁报报头

（二）左嘉猷领导的邠岗书刊供应社

1945 年 10 月,国共重庆谈判签订了《双十协定》,全国民主运动出现新高潮。为了配合当时的政治斗争,学校筹建邠岗书刊供应社。农经系青年教师左嘉猷任董事长并组建供应社的领导班子。参加供应社的人员中,除亢丁社社员外,还有其他同学、教师、职工入股参加,社员 70~80 人。

邠岗书刊供应社采取入股购书优待、登记预订书刊等办法,广泛地联系了同学和教师,并向他们供应了来自不同渠道的书籍杂志。当时书籍的主要来源是生活·读书·新知三联书店及桂林出版的一些书籍,有少量从秘密渠道来的书刊如《论联合政府》《新华日报》《民主周刊》,还有一部分香港出版的书刊,如《文汇报》《时与文》《文萃》等。大部分书刊是公开供应,个别书刊则只是在一定范围内供应。这些书刊受到广大师生的欢迎。

（三）马宗申创建的新根社

新根社于 1946 年 3 月创建成立,"新根"寓意"野火烧不尽,春风吹又生",表明先进的、革命的力量是永扑不灭的。新根社的成员有农经系马宗申等四位教师及学校四名学生。新根社的活动是西农地下党组织领导下的爱国民主革命斗争的一个有机组成部分。新根社的主要活动如下:一是出《新根》墙报（五期）,所刊用的文稿说理深透、叙述详实,充分揭露国家重大事件的真相;二是开办《新根剪报》,剪报的材料来源主要是《新华日报》,报道各地学生运动的情况和反压迫反迫害的斗争;三是在校外开办《大家看》街头报,主要内容是揭露四大家族的黑暗统治和农民被压迫剥削的痛苦,也有政治新闻。《大家看》的读者主要是农民,因此,文章多用顺口溜一类文体,主要张贴在校门口。

亢丁社、邰岗书刊供应社和新根社在宣传进步思想、团结青年的同时,对西农的爱国民主革命活动的发展,起了积极的推动作用。

五、农经系师生参加党组织情况

农业经济系学生李焕章 1936 年就成为中共地下党员,为西农早期的地下党员之一。1937 年,李焕章还和陈志远介绍黄绪森、黄荣第办理了入党手续。不久,党组织确定西北农林专科学校建立党支部,李焕章任支部委员,从此开启了学校党员发展和地下党的建设的新局面。

据校史资料统计,新中国成立前,农经系加入中国共产党的师生共有 11 名。名单见表 2 – 6。

表 2 – 6　新中国成立前农经系党员名单

序号	姓名	性别	入党时间	籍贯	在校单位及职务
1	李焕章	男	1936 年	山西平遥	农业经济组学生
2	高世杰	男	1938 年	陕西宝鸡	农业经济组学生
3	刘声远	男	1947 年	陕西千阳	农业经济系学生
4	左嘉猷	男	1948 年	陕西渭南	农业经济系教师
5	赵学用	男	1948 年	陕西米脂	农业经济系学生
6	张来恭	男	1948 年	陕西临潼	农业经济系学生
7	朱维雄	男	1948 年	陕西临潼	农业经济系学生
8	刘广镕	男	1949 年	山西新绛	农业经济系学生
9	刘均爱	男	1949 年	河南伊川	农业经济系教师
10	杨笃	男	1949 年	陕西凤翔	农业经济系学生
11	邵敬勋	男	1949 年	辽宁义县	农业经济系教师

图 2-8　中共西农地下党组织的活动地点——张家岗小学窑洞

图 2-9　1986 年 4 月 27 日地下党校友座谈会合影

第二篇 开拓前行
1949—1999

第三章　西北农学院农经系
（1949—1994）

1949 年 5 月国立西北农学院解放，自西北农学院农业经济系到 1985 年西北农业大学（改名）农业经济系，再到 1994 年 4 月西北农业大学经济贸易学院成立，农经系经历了我国社会主义改造和全面建设社会主义、"文化大革命"、改革开放几个阶段。1954 年农业经济学系改为农业经济系，1958 年开设公社经济专业，1959 年恢复农业经济系（简称农经系），1994 年组建成立西北农业大学经济贸易学院（简称经贸学院）。

第一节　新中国成立初期的农业经济教育改革与发展

在 20 世纪三四十年代国民政府时期，中国农业经济教育制度基于资本主义市场经济体系，当时各大学农业经济学系的课程设置、教学内容、教学环节等，都是为那时还不发达的市场经济而设立。1949 年中华人民共和国成立以后，虽然那种旧的教育体系还没有与经济基础产生重大矛盾，且在 1956 年之前，中国还没有建成社会主义的农业计划经济体系，粮食统购制度也于 1953 年才开始实行，但旧的农业经济教育制度已是风雨飘摇，且在意识形态上失去了它存在的价值。

一、农业经济学系教学计划的形成

1953 年之前，中央人民政府没有宣布对于农业经济教育的新政策，中国农业经济教育的前途和命运很不明朗；有的学校，例如北京农业大学农业经济学系一度奉命停止招收新生。直到 1953 年，中央教育部才做出决定，对农业经济教育进行改革。这次教改的成果之一是颁布了适应社会主义计划经济体制的新教学计划。

这次教育改革，是从 1952 年暑假中央教育部调集全国各大学农业经济学系教师集中学习开始的。集结地点在北京农业大学校园内，共有 121 名教师参加了这次学习，他们来自全国 29 所大专院校、科研单位的农业经济学系，包括北京农业大学、中国科学院、南开大学、北京农业机械化学院、沈阳农学院、东北人民大学、东北农学院、黑龙江农专、哈尔滨机械农校、山西农学院、河南农学院、南京农学院、苏北农学院、华东机械化农校、山东农学院、安徽农学院、浙江农学院、江西农学院、华中农学院、福建农学院、华南农学院、广西农学院、湖南农学院、四川大学、西南农学院、贵州农学院、西北农学院、西北畜牧学校、八一农学院等。参与者有教授、副教授、讲师和助教，西北农学院农业经济学系教授、副教授及助教共计 12 人参加了该次集中学习，在北京集中学习的人员名单见表 3－1。

表 3-1　西北农学院农业经济学系北京集中学习教师

序号	姓名	性别	年龄	级别	实习场址
1	王立我	男	50	教授	德茂农场
2	杨尔璜	男	46	教授	大名合作社
3	黄毓甲	男	45	教授	大名合作社
4	安希伋	男	37	教授	德茂农场
5	万建中	男	36	教授	芦台农场
6	王广森	男	33	教授	芦台农场
7	刘宗鹤	男	40	副教授	汉沽农场
8	贾文林	男	35	副教授	大名合作社
9	麻高云	男	32	助教	大名合作社
10	吴兴昌	男	31	助教	芦台农场
11	马鸿运	男	30	助教	德茂农场
12	吴永祥	男	27	助教	德茂农场

20 世纪 50 年代初期,农业经济学领域只有很少学者专做科学研究工作,所以这次集会是中国农业经济学者一次空前的盛会。这次采用集中学习、集体讨论方式进行的教育改革,分为三个阶段,最后由中央教育部颁布新的教学计划并宣布调整全国各院校农业经济系科设置。

第一阶段:1952 年暑假期间,全国农业经济学系教师在北京农业大学校园内集中学习,主要内容为农业经济领域学术观点的讨论、分析与批判,涉及意识形态问题。

第二阶段:1952 年 9 月—1953 年 5 月,全国在校的农业经济学系的全体学生也加入其中,与全体教师混合编组,统一分配到国营农场和农村地区实习。大多数被分配到东北和华北地区的大、中、小国营农场,以东北的军垦农场为多,许多教师还受聘参加了农场的管理工作。这也是全国农业经济学系师生第一次大规模地下基层实践锻炼的一种形式。这段较长期的实习,可以说是试图为教育改革在实践方面做准备。

第三阶段:1953 年 5—7 月,主要活动是在前两段学习和实习基础上,集中讨论农业经济教育改革的具体问题,诸如培养目标、教学环节、课程设置、教学内容等。就本次活动的成果而言,学习苏联农业经济学系的教学计划,对于中国新的农业经济教育体系的建立起到了催生作用。第三阶段末期,中央教育部颁布了新的全国农业经济学系教学计划,并宣布了全国院系调整方案。这次调整,把原来分设在各院校的 14 个农业经济学系缩减为 7 个,每个大行政区留下一个。新方案中的农业经济学系设在北京农业大学、沈阳农学院、南京农学院、华中农学院、西南农学院、西北农学院及新疆八一农学院。连同中国人民大学的农业经济学系,全国共计 8 个系。西北农学院的安希伋、刘宗鹤调至北京农业大学。从此揭开中国农业经济教育崭新的一页。1953 年,中央教育部颁发的《农业经济学系教学计划》,是这次教改的主要成果。不论从内容还是实质来看,这个教学计划实为当时苏联农业经济学系教学计划的中国版。

二、培养目标、课程设置与教学方式

《农业经济系教学计划》的指导思想和具体形式都强调"全面学习苏联"。按照苏联高校的模式,教学计划中包括农经专业的"培养目标""学制""课程设置""教学方式"等项目。培养目标规定,全国高校农业经济专业应是培养"能坚持社会主义的方向,掌握马列主义的基本理论和政治经济学的系统知识,对社会主义农业经济学、社会主义农业企业管理学有坚实的基础,有丰富的农业生产科学技术知识,熟悉党和国家关于农业的方针政策,能够阅读外文资料,专长于社会主义农业经济的教学、科研和管理工作的又红又专、身体健康的高级农业经济专门人才"。毕业后的去向主要是在高、中等农业学校担任教师,到农业科研单位从事科研和到社会主义农业企业从事经营管理工作,也可以到政府机关从事农业经济的计划管理工作。

全部课程规定为3300个学时左右,其中马列主义政治理论课约占20%,农业生产技术课约占35%,农业经济专业课约占30%,文体课约占15%。

为了改变旧学校培养的大学生不善于独立思考、动手操作能力差的缺陷,在教学方式上规定了各门课程的"课堂讲授""实习试验""课堂讨论"和"课程论文"等不同教学方式(或教学环节)所占的学时数。理论性强的课程,如哲学、政治经济学、社会主义农业经济学等课程,课堂讨论一般占其总学时数的1/3以上。操作实践性强的课程,如各门农业生产技术课、会计、统计课,实习实验等教学环节一般占其总学时的2/5以上。

图3-1 西北农学院农业经济系教师北京集中学习合影

注:后排左起为安希伋 黄毓甲 刘宗鹤 万建中 王广森王立我 麻高云;前排左起为贾文林 吴兴昌 吴永祥 马鸿运

在教学方式上,对"生产实习"和"毕业实习"作了规定。生产实习在第 1、2、3 学年内,分别集中 1 个月左右的时间进行,并要求由教师直接指导,在学校农场或农村进行,其目的在于使学生逐步了解农业生产实际和农村问题。毕业实习规定在第四学年进行,规定为 15 周左右,地点必须在农村或国营农场,同时要求学生必须在所在单位的领导安排下,独自承担和完成一定的具体工作任务,其目的在于培养学生的独立工作能力。

在毕业实习中,要求学生结合工作实际选定题目,完成毕业论文初稿,并向所在单位进行论文汇报,听取意见,然后回校进行修改,最终完成任务。

这一时期农经专业统一教学大纲制定的指导思想是"学习苏联和结合中国实际"。统一教学大纲集中在"社会主义农业经济学""社会主义农业企业组织学""会计学原理与农业会计核算""统计学原理与农业统计"等 4 门主要课程。

三、农业经济学系教学计划的特征

第一,鲜明而浓重的政治色彩。该教学计划在其培养目标中明确规定了对于学生的政治要求,包括思想和世界观的要求,并把政治要求放在了首要地位。为保证达到这一要求,除经常性的政治学习之外,还开设 3 门共同必修的政治课,即中国革命历史、辩证唯物论与历史唯物论,以及马克思主义政治经济学。其中政治经济学又是农业经济学系的基本理论课。这一特点是政治挂帅这一全社会的统一要求在农业经济教育中的具体体现。

第二,教学工作的严密计划。该教学计划是全国通用的教学计划,教学计划中规定的各个教学环节、课程设置、教学内容,各校都必须严格地全面贯彻。列入课表的课程全是必修课,没有灵活选择余地。毕业生由政府分配工作,不可自选职业。全部教学计划俨然构成了一套紧密相联的计划指标体系。

第三,加强了学生实习课,包括教学实习、生产实习和毕业实习。在 5 年学制中,有 3 年排了实习课,这就增加了学生同农业生产、农村社会以及农民接触的机会,有利于熟悉农业生产和农村经济情况。

第四,简化了专业课程。该教学计划中的专业课程主要有社会主义农业经济学、社会主义农业企业组织(管理),这是两门支柱性的专业课程,后者包括国营农场管理、集体农庄管理(后来发展为人民公社管理)和农业机器拖拉机站管理。此外,还有农业计划、统计与农业统计、会计与农业会计等。不再设置土地经济学、农村金融、农产品运销、农业合作和农业政策等课程。这种课程设置是与计划经济体制相协调的。在社会主义计划经济制度中,不存在严格意义的商品,各种生产要素及产品都是通过计划调拨渠道分配和流动的,农业政策则体现在计划生产、计划物资调拨、计划投资以及计划价格体系之中。各种计划指标,从中央到地方到基层单位,一竿子插到底,环环紧扣,调节余地不大。教育工作也是如此。这一教学计划,是苏联经过几十年的探索,在社会主义计划经济发展过程中逐渐建立起来的。中国吸取了苏联的经验,节省了很多时间和精力。在建立起自己的社会主义计划经济之前,中国采用苏联的农业经济教学计划。直到 20 世纪 60 年代,国家才根据自己的实践经验予以修订补充。

第二节　探索建立新的农业经济教育体系

新中国成立以后,全国农经界以 1953 年中央教育部颁发的《农业经济学系教学计划》为出发点,至 1965 年的 10 多年间,为探索建立与社会主义经济体制相适应的农业经济教育体系做出了不懈的努力,取得了不少成就和经验。农业经济专业于 1953 年制订出全国统一的教学计划。1955 年,为了解决学生学习负担过重问题,对这一计划作了修订。1957 年,为了进一步解决学生学习负担过重问题,在调查研究基础上又作了修订,供各校研究参考。1959 年,分别拟定了四年、四年半和五年三个不同学制的教学计划(草案),征求意见,但未正式下达。1961 年,农业部委托西北农学院主笔修订该专业教学计划,经过讨论修改,印发各校参考。

一、培养目标与专业专长

我国高等农业院校农经系总体培养目标是:培养德、智、体全面发展,专长于农业生产的经营管理的高级农业经济人才。在具体要求方面,除德育要求外,经济理论和农业技术的要求,在各年修改教学计划时,有不同的表述。1953—1961 年培养目标与专业专长要求见表 3 - 2。

表 3 - 2　1953—1961 年培养目标与专业专长要求

时期	培养目标	专业专长
1953 年	在广泛的农业科学及经济科学知识的基础上熟悉生产技术的先进措施	掌握农业计划与组织的理论与技术,能管理农业生产
1955 年	具有农业科学和经济科学知识	掌握社会主义农业经济和农业企业组织的先进理论和技术,熟悉解决农业企业问题的科学方法,能有效地组织社会主义企业活动
1957 年	掌握广泛的农业技术知识和丰富的经济知识	能胜任社会主义农业生产组织、计划管理和经济分析等工作,并掌握组织与管理社会主义企业组织与计划的先进理论与技术
1959 年	培养具有坚实的经济理论基础和广泛的农业科学技术知识	专长于农业生产的计划、组织、经济核算及分析等方面的工作
1961 年	具有与农业经济有关的经济理论基础及一定的农业生产技术知识	掌握农业经济科学的基本理论,具有农业生产经营管理的知识,能从事农业生产的组织领导、经济核算及分析等工作

二、课程设置

总体而言,这一时期修改教学计划中课程设置的趋势为:逐步压缩农业基础和农业课的比重,增加经济基础及经济课比重,增设专业补充课和选修课,突出重点和专长,逐步体现培养目标的要求。历年农经专业教学计划课程比重及具体情况见表 3 -3、表 3 -4。

表 3 - 3   1953—1961 年农业经济专业教学计划课程比重(%)

课程类别	计划名称				
	1953 年全国统一教学计划(4 年制)	1955 年全国统一教学计划(4 年制)	1957 年修订第一方案(4 年制)	1959 年修订计划(4 年制)	1961 年全国参考性教学计划(4 年制)
政治课	6.2	7.13	8.63	8.73	8.21
一般基础课	20.27	17.81	18.84	12.91	14.65
农业基础及农业课	36.48	40.06	38.98	32.91	33.48
经济基础及经济课	33.51	31.15	29.94	34.49	34.73
专业补充课	—	—	—	6.45	5.36
体育	3.54	3.85	3.61	4.51	3.57
合计	100	100	100	100	100

表 3 - 4   1953—1961 年我国高等农业院校农业经济专业教学计划表(学时)

	课程名称	1953 年(四年制)	1955 年(四年制)	1957 年(四年制)	1959 年(四年制)	1961 年(四年制)
政治课	中国革命史	100	130	130	60	60(中国共产党党史)
	马列主义基础	130	130	130	110(社会主义和共产主义教育)	60(政治学原理)
	哲学	100	100	50(辩证唯物主义和历史唯物主义)	100	110
	小计	330	330	310	270	230
一般基础课	外国语	240	150	200	210	200
	高等数学	50	70	70	80	90
	物理学	110	90	110	90	90
	气象学及气候学	60	60	50(气象学)	60	50(农业气象)
	无机化学及分析化学	150	90(无机化学)	90	90	90
	有机化学	90	90	120(有机、物化、胶化)	90	90
	测量学	50	50	40	60	60
	小计	750	600	680	680	670

课程名称		1953 年（四年制）	1955 年（四年制）	1957 年（四年制）	1959 年（四年制）	1961 年（四年制）
农业基础及农业课	植物学	110	110	110	50（植物学与植物生理）	140（植物与植物生理）
	达尔文主义	60	60	60	60	60
	普通耕作学	100	100	110	120（普通耕作与作物栽培学）	100
	土壤学附地质学原理	110	120	120	150（土壤农化）	70（土壤学）
	农业化学	60	60	70	60	60
	土壤改良	50	150	80	80	80
	植物生理附微生物学	80	70	70	70	70
	动物生理附解剖学	80	70	70	70	70
	昆虫学及植物病理学	70	100	70（农业昆虫）70（植物病理）	100	90（农业昆虫与植物病理学）
	作物栽培附选种原理	130	150	160（作物栽培）	150	140（作物栽培）
	蔬菜栽培学	50	100	100	100	90
	森林学	50	50	50	50	50
	家畜饲养及繁殖	60	140（家畜饲养与畜病防治）	140（畜牧学）	140（家畜饲养与畜病防治）	110（畜牧学）
	家畜各论	80	60	60	60	60
	农业机械化	150	150	160（农机化及电气化）	150	110（农业机械化与电气化）
	农产品贮藏及加工	60	60	60	60	60
	土地规划	60	60	100	80	50
	农田水利学	40	40	40	40	70
	小计	1400	1650	1700	1740	1650

续表

	课程名称	1953 年 （四年制）	1955 年 （四年制）	1957 年 （四年制）	1959 年 （四年制）	1961 年 （四年制）
经济基础及经济课	中国经济地理	110	110	140	100	70（农业配置与区划）
	农业经济学	180	150	150	150	140
	社会主义农业企业组织	230	190	200	170	180（农业企业经营管理学）
	统计学原理及农业统计学	160	150	140	130	120（农业统计学）
	农业会计核算	130	120	120	140	120
	中国农业史	50	50	50	50	50
	农业财政与信贷	40	40	40	40	40
	农业计划	70	70	90（国民经济计划）	90（国民经济计划）	70（国民经济计划）
	农经专题报告	50	50	60	60	50（农经研究）
	政治经济学	270	240	240	230	210
	小计	1290	1170	1230	1060	1050
专业补充课		150	150	150	200	150
体育		130	130	130	140	100
总计		3950	3960	3920	4090	3850

三、"高教六十条"与南京会议

1961 年，我国国民经济处于暂时困难时期，党中央提出对国民经济实行"调整、巩固、充实、提高"（简称"八字方针"）并制定了一系列经济政策。在"八字方针"指导下，同年 9 月，教育部颁布了《直属高等院校暂行工作条例（草案）》（简称"高教六十条"），认真总结了新中国成立 12 年来，特别是 1958 年以来高等教育工作正反两方面的经验，制定了高等教育工作中的一整套具体措施和办法，使高等教育逐步走向正轨。为了贯彻"高教六十条"，总结农业经济学系办学正反两方面的经验，探索办好农业经济学系的正确道路，1962 年，农业部发布农宣教第 32 号文，指出："关于高等农业院校农业经济专业究竟如何办，培养什么规格质量的人才方能适应我国农业生产发展的需要？这是一个急应解决的问题。"并决定于 1962年 6 月在南京农学院召开农业经济专业教学计划修订会议，同时要求设有农业经济学系的高等农业院校总结近年来举办农经专业的经验，调查有关部门对农经专业毕业生规格质量的要求和意见，提出农经专业招生对象、培养目标、课程设置和主要教学环节的方案，在会上进行交流讨论。会议期间关于改进农业经济教学工作的看法有：

第一，哲学、政治经济学理论课程要加强，避免以时事、政策代替理论，要培养学生阅读经典著作的能力,组织好课堂讨论,使理论联系实际,培养学生解决实际问题的能力。

第二,农业企业经营管理课程中关于流通过程的经济问题太少,要充实关于财政、金融等方面的知识。

第三,农业企业经营管理课程中有些内容太繁琐,有的内容稍简单,要根据学生学习能力加以调整。

第四,财务、会计方面的课程,1958年下放时只讲公社会计,不讲农场会计,学得不全面,问题太简单,须进一步加强。成本核算内容也须充实,要加强经济核算能力,注意使学生掌握计算技能。

第五,加强经济应用文写作的训练,除要求增设语文课外,每学期都须进行课程论文的写作,并可采取写稿、办墙板、办班级刊物等辅助形式,加强写作能力的锻炼。

第六,农经专业的课程门数可适当精简,数、理、化等基础课应考虑减少(因其内容与高中学习的类似),有些农业技术课程可精简,但作物栽培、林业、渔业、蚕桑、特产等知识应适当增加。

第七,加强课程讨论、实习等教学环节,使学生所学能理论联系实际,熟悉农村实际情况,培养学生的独立工作能力。

第八,课程安排上应注意前后课程的联系与衔接,基础课必须先学。另外,为了掌握更多的材料,南京农学院农经系发函对历届毕业生作了一次普遍的书面调查。反馈回来的材料表明他们的看法与座谈会上收集的意见大致相同。但有一点使人感到遗憾,有些在人事部门工作的干部不了解农业经济专业的培养目标和毕业生的专长,错误地认为"学经济的就是做会计的",认识片面,因而不能使毕业生尽其所长,发挥其应有的作用。

总之,在1960年至1966年这段时间里,对农业经济教育的正确道路进行了有益且颇有成效的探索,在学习苏联农经教育制度的前提下,逐步形成并完善了我国农经教育体系。

四、出版教材成绩斐然

农业经济系拥有雄厚的师资队伍,因此承担了一批全国高等农业院校统编教材并担任其中的主编或副主编,在全国经济学科界树起了威望。

表3-5　高等农业院校农业经济专业教材编写规划(1962年10月)

序号	教材名称	适用专业	材料类别	主编(译)学校	主编(译)	参编	审阅	交稿时间
1	《农业经济学》	农经	教材	南京农学院	刘崧生	黄升泉(西北农学院)	—	1963年10月
2	《农业企业经济管理》	农经	教材	北京农大	陈道	贾文林(西北农学院)	—	1964年7月

序号	教材名称	适用专业	材料类别	主编(译)学校	主编(译)	参编	审阅	交稿时间
3	《统计学原理及农业统计学(上)》	农经	教材	西北农学院	王广森	汪荫元(南京农学院)施潮(华中农学院)	刘宗鹤(北京农大)	1962年12月
4	《统计学原理及农业统计学(下)》	农经	教材	西北农学院	王广森	蒋杰(西南农学院)施潮(华中农学院)	谭启栋(沈阳农学院)	1963年10月
5	《会计核算原理及农业会计学(上)》	农经	教材	西北农学院	吴兴昌	过仪(沈阳农学院)吴敬媛(八一农学院)	王金铭(北京农大)	已出版
6	《会计核算原理及农业会计学(下)》	农经	教材	西北农学院	吴兴昌	刘音泽(西北财经学院)	王友竹(西南农学院)	1963年10月
7	《农业布局及规划》	农经	讲义	沈阳农学院	朱玉英	麻高云(西北农学院)	周立三(地理研究所)	1963年12月
8	《农业经济与经营管理》	农牧类各专业	教材	北京农大	安希伋	马鸿运(西北农学院)		1963年8月
9	《农业布局与区划》	农经	讲义	沈阳农学院	朱玉英	麻高云(西北农学院)谢仰钦(南京农学院)	周立三(地理研究所)	1963年12月
10	《国民经济计划》	农经	讲义	西北农学院	伍元耿	张仲威(北京农大)钟登富(西南农学院)		1963年10月
11	《农业经济及经营管理》	农经	教材	北京农大	安希伋	马鸿运(西北农学院)王定玉(南京农学院)		1963年8月
12	《土地规划》	农经	讲义	南京农学院	戴保恩	王印才,张妙龄(南京农学院)	陈德荫(沈阳农学院)	

续表

序号	教材名称	适用专业	材料类别	主编(译)学校	主编(译)	参编	审阅	交稿时间
13	《农业经济核算》	农学	教材	南京农学院	孙祖荫		黄翼(八一农学院)	
14	《农业经济调查》	农经	讲义	南京农学院	王希贤	顾焕章(南京农学院)		
15	《计算技术》	农经	教材	南京农学院	何福春	李桂兴(南京农学院)		
16	《语文》	农经	教材	南京农学院	原葆民	聂宗珑,许华林(南京农学院)		1963年10月

第三节　名师与师资队伍建设

1934年,国立西北农林专科学校建校后,在当时极其困难的情况下,学校仍然得以快速发展,形成良好的学习氛围。学校有着深厚的学术渊源,特别是在师资队伍建设方面,不拘一格选拔人才,有着尊师重教的优良传统,为学校及农经系的发展聚集了一大批海外回国人才。至1953年,继老一代"八大教授"荣耀之后,西北农学院农经系拥有万建中、王广森、安希伋、杨尔璜、黄毓甲、王立我、刘宗鹤、贾文林等,新一代"八大教授"驰名全国农经界。1953年全国农经界教师队伍调整,西北农学院农业经济学系教授安希伋、刘宗鹤调任北京农业大学。后又陆续有留苏学者刘均爱教授以及本土学者黄升泉、吴兴昌、吴永祥、马鸿运、丁荣光、麻高云、魏正果等充实到"八大教授"行列。至此,也形成了农经人新一代(第二代)"八大教授"。这些英才是我校农业经济系乃至我国农业经济学科发展的基石,为农业经济学科的改革发展作出了重大贡献。

一、学科领军人:万建中教授

万建中,1917年生,湖北省大冶县人,中共党员,教授、博士生导师、国务院政府特殊津贴专家。1940年国立西北农学院农业经济学系首届毕业生,同年留校任教;1945年5月留学美国威斯康星大学,1950年获美国威斯康星大学农业经济学博士学位。他怀着赤子之心,克服重重困难,冲破重重阻力,回到祖国的怀抱。历任西北农学院教授、农业经济系主任、教务长、图书馆馆长、副院长、院长,中国农业经济学会第二届副理事长、陕西省农学会副理事长、中国农业现代化经济研究会干事长、西北农业大学干旱半干旱研究中心主任、陕西省武功农业科学研究中心协调委员会主任,陕西省政协常委、民盟陕西省委第五届副主任委员、陕西省第七届人大常委会副主任,第三届全国人大代表。

他学贯中西,知识渊博,治学严谨,在农业经济管理等方面有很深的造诣。主持的三项重大科研项目中:"宁夏盐池县农村经济综合调查"获得宁夏农业区划委员会科研成果二等奖;"陕西乾陵地区农林牧综合发展试验研究"首次运用模糊聚类分析法对乾县北部地区土地资源利用进行分区研究,取得的成果获得陕西省科学技术进步二等奖;"西北地区农村产业结构调整与布局"获得国务院农村发展研究中心优秀科研成果二等奖。先后发表论文十余篇,主编出版了《农业自然资源经济学》,翻译学术著作两部。先后为本科、研究生开设"农业企业管理学"等十多门课程。他培养的本科生、硕士生、博士生遍及全国各条战线,他们都成为科教、国家机关的骨干。

他受教育部、农业部的委托,1978年至1982年间先后主持召开了武功、庐山、北京全国农业经济教学研讨会,恢复、发展农经学科专业,交流总结了新中国成立以来农业经济学科发展中的经验教训,研讨了国内外农业经济学科发展的趋势,制订和修订了农业经济管理专业的教学计划,分析探讨了社会主义农业经济学、农业企业经营管理学两门主干课程的改革方案。同时,他也对农业经济管理专业人才培养、科学研究、师资队伍建设等问题进行讨论,并提出了改进的意见和举措。

他历任西北农学院院长、武功农业科研中心协调委员会主任、陕西省七届人大常委会副主任,为我国农业教育及农业经济管理学科建设和发展作出了重要贡献,并带领师生奠基了农林经济管理国家重点学科点。他创建了西北农业大学干旱半干旱研究中心,并争取获得联合国开发计划署(UNDP)、联合国粮农组织(FAO)和世界银行(WBG)的多次资助,与德国李比希大学建立图书交流关系,丰富了学校图书资料。他多次主持召开干旱农业国际学术研讨会,产生了一定的国际影响。他主持创办了我国第一个专门研究干旱地区农业的学术期刊《干旱地区农业研究》,并兼任主编,对我国干旱半干旱地区的农业研究与开发做出了卓越的贡献,为后来西北农林科技大学以干旱半干旱农业研究特色的学科发展方向定位与研究奠定了坚实的基础。在武功农业科研中心工作期间,他为杨凌农业高新技术产业示范区的建立与发展奠定了基础。

万建中教授作为农业经济学专家和民主党派省级组织主要负责人当选为七届省人大常委会委员、副主任。在省人大常委会履职期间,利用自己的专业知识对陕西如何调整农业产业结构,注重关中地区以及陕北干旱半干旱农作物的培育、种植发表了卓有见识的意见和建议;对如何利用党的统一战线政策和策略,发挥民主党派成员联系面广、社会影响较大优势,促进社会和谐和稳定,坚持改革开放,更有成效地实施"教育奠基、科技兴陕"的战略方针和"重点发展关中、积极开发陕南陕北"的战略布局,实现陕西第二步战略目标提出了切实可行的建议和措施。

二、学科领军人:王广森教授

王广森,1920年生,河南省长垣县人,中共党员,教授、博士生导师、国务院政府特殊津贴专家。1943年本科毕业于金陵大学农学院农业经济系,1946年在金陵大学农业科学研究所农业经济学部获农学硕士学位。1949年在美国康奈尔大学研究生院获哲学博士学位,1949

年8月回国在相辉学院农艺系任教授,1950年任西北农学院农业经济系教授。先后任统计与核算教研组主任、农业经济系副主任、主任,西北农学院学术委员会委员、学位委员会副主任等职务,兼任中国统计学会第一届理事会理事、第三届理事会常务理事、农村统计研究组组长、国际统计学会会员、中国农业经济学会会员、美国夏威夷东西方协会会员。1981—1993年任国务院学位委员会第一、二届学科评议组成员,1985年兼西安统计学院副院长,1987年任西安统计学院院长,1992年8月调入国家统计局统计干部培训中心任正司级巡视员。

他毕生从事于农业经济学和统计学的研究与教学工作,20世纪50年代,研究提出的粮食耕地亩产概念及其直接和间接的计算方法,被国内统计界广泛采用。20世纪60年代任全国高等农业院校农经专业《统计学原理》《农业统计学》教材主编,《农业统计学》被国家统计局评为优秀教材。20世纪80年代,他系统地介绍了概率统计方法、农业经济学科数理分析方法运用,并在采用现代计算工具方面发挥先导作用。组织合编的《农村社会经济统计学》《概率统计方法及其在农业经济管理中的应用》,充分吸收了我国统计工作的经验和数理统计方法,对推动统计教学改革和学科发展、提高统计教学质量起到了重要的作用。他从1985年起承担国家自然科学基金及高等学校科学技术基金项目"农村经济结构改革的理论与政策",其研究成果《结构改革与农村发展》由中国财政经济出版社出版。

他在担任国务院学位委员会学科评议组成员期间,参与了我国学位制度的建设工作,讨论制订硕士学位条例。1983年试行博士学位的授权和布点,王广森教授成为国务院批准的全国仅有的5名农业经济及管理博士学位研究生导师之一。根据国家授权,他积极创造条件,加强学校研究生教育工作,在农业经济系最早建立包括博士学位研究生、硕士学位研究生和两年制研究生班三个层次的研究生培养体系,使研究生队伍空前壮大。他和青年教师一起,形成了一个有相当规模、生动活泼的青年农业经济学者群体,激发了创新精神,活跃了学术气氛,增强了师资队伍和科学研究的有生力量,在国内农业经济学界产生了很大影响。在1987年全国农经学科研究生质量评估中,西农农经系名列全国第一,为1989年获批农业经济及管理国家重点学科点奠定了坚实的基础。

他高度重视国内外学术交流,先后在美国、澳大利亚、肯尼亚、菲律宾、德国等进行国际学术交流。1983年至1984年在美国斯坦福大学访问期间,主办了由西德吉森大学农业经济系教授库尔曼博士(Dr. Friedrinch Kuhlman)主讲的"农场管理学"讲座和美国艾奥瓦州大学经济学教授高珩博士(Dr. Peter Calkins)主讲的"线性规划"讲座。参加听课的包括全国各地农业院校的有关教师,大家听后受益匪浅。他注重数学及计算机在农业经济管理中的应用,邀请高珩教授于1982—1983学年来校为研究生教授"线性规划在农场经济管理中的应用",并于1983年主办了由高珩教授主讲的第一期"计算机在农业经济管理中的应用"学习班(该班分别于1984年和1985年在大连和北京举办了第二期和第三期)。在他们的力促下,第一代苹果个人计算机(personal computer,简写"PC")落户于西北农业大学农业经济系,在全国率先建立了计算机实验室。

他治学严谨,这在他的学术论著和指导研究生工作中都有鲜明的体现。他先后指导了5名硕士生和9名博士生,这些学生在各自的岗位上均取得了可喜的成绩,成为国家建设的栋梁。学生的共同体会是,从导师那里学到的不仅是科学的理论知识和方法,更重要的是治学、做人的态度和精神,这正是王广森教授为我们留下的最可贵的精神财富。王广森教授为我国农业经济管理学科发展、奠基国家重点学科点做出了突出贡献,先后获得农业部优秀教师、"陕西科技精英"和"陕西省优秀博士生导师"荣誉称号,享受国家政府特殊津贴。

三、著名经济学家:安希伋教授

安希伋,1916年1月10日出生于河南省汤阴县,1936年考入新建立的国立西北农林专科学校农业经济组就读,1940年毕业,被授予学士学位并留校担任助教,两年后转任南开大学经济研究所助理研究员。在此期间,他接触到现代经济学理论,特别是当时风靡世界的J. M. 凯恩斯(Keynes)经济学说。1938年至1942年,他为完成学习、教学以及科学研究任务,每年都下乡做农家经济和市场实地调查,足迹遍布陕西关中农村。1942—1943年,他在四川南充地区做农家和市场调查达半年之久,对中国传统农业和农家生计有了较为深刻的理解。1944—1945年间,他被借调到专为编制战后经济建设规划而建立的中央设计局,参与了长期经济建设规划工作,这使他接触到经济政策这个新的领域。在成长时期所经历过的理论学习、农家和市场调查以及短期的经济政策工作,都对他之后的学术工作产生了很大的影响。

抗日战争胜利后,南开大学经济研究所迁至上海,改为中国经济研究所。1946年,安希伋被聘为副研究员兼《世纪评论》周刊编辑。同年,他考取了自费留学。经申请联系,1948年得到河南省教育厅资助,赴美国华盛顿大学经济系研习经济理论和美国经济。1949年末启程回国,受聘为西北农学院教授,1953年被教育部调到北京农业大学任教授。他先后为高年级学生和研究生系统讲授农业生产经济学、农业发展经济学、微观经济理论、宏观经济理论、农业经营经济学、农村金融学、经济统计分析理论与方法、社会主义农业经济学等,主编了《社会主义农业经济学》全国统编教材。他的主要学术研究领域为农业经济学理论、农业现代化问题,以及与之相关联的现实经济政策和改革问题。

四、著名统计学家:刘宗鹤教授

刘宗鹤,1913年10月30日出生于湖南省临澧县,1943年毕业于厦门大学经济系,先后就职于湖南省地政局、省银行。1946年7月随我国著名教育家辛树帜先生前往兰州,着手筹建兰州大学,任讲师兼校长秘书。1950年4月,刘宗鹤任西北农学院农经系副教授,并兼任院长秘书。1953年为充实北京农业大学的师资力量,国家决定从其他院校调配优秀教师来

北京农业大学工作,刘宗鹤欣然受聘,先后任北京农业大学经管学院副教授、教授。

刘宗鹤教授是我国当代著名统计学家,是我国农业抽样调查与农业普查理论与实践的奠基人。他毕生致力于统计学的教学与研究工作,对农业统计学、农业抽样调查、农业普查的研究更是独树一帜。他创造性地提出了多阶段、有关标志排队对称等距抽样方法,对我国农业抽样调查、农业普查制度的建立与完善做出了杰出贡献。

刘宗鹤教授曾任中国农村统计研究会理事长、北京市统计学会副会长、中国统计学会常务理事,他同时还是国际统计学会会员、国际调查统计学家协会会员,另外还担任过国家统计研究所特约研究员、"现代统计知识"丛书编辑委员会委员等职。他精通英文、俄文、日文,有多种译著问世,如《统计方法史》《概率与统计入门》《计量经济学概论》《现代农业经济学》《统计学原理》等。

刘宗鹤教授在科学研究上严谨求是,理实并重,取得多项科研成果,发表了具有重要学术价值的论文。20世纪80年代中期,他已进入古稀之年,仍多次深入基层,对农业抽样调查方法进行研究,连续发表了《我国农业现行多阶段等距抽样调查的剖析及改进意见》《我国农业多阶段等距抽样调查的又一排队方法》《论多级对称系统抽样法》《系统抽样的误差估计》《农作物产量多级对称等距抽样调查》等论文。从20世纪80年代后期开始,刘宗鹤教授又参与了全国农业普查方案的设计、研究工作,他借鉴国际经验,结合中国实际做出了开拓性的研究,先后发表了《我国农业普查设计中几个问题的初步意见》《中国农业普查项目及调查方法设计》《河北省辛集市城东乡农业普查试点方案》《我国农业普查设计问题的研究报告》等论文,这些研究成果为以后进行的全国农业普查工作提供了许多非常有实用价值的建议和经验。

刘宗鹤教授在教学工作中几十年如一日,始终把教书育人放在第一位,以培养和造就大批统计学、农业经济学人才为己任。他讲授的"统计学原理""农业统计学""计算技术""数理统计""抽样理论与技术""回归分析""时间序列分析"等课程,都给学生们留下了极深的印象。他要求学生在学习、研究过程中要理论联系实际,同时自己以身作则,用严谨认真的治学态度、高水平的学术成果影响和教育一代又一代学生。

五、经济学家:杨尔璜教授

杨尔璜,男,1906年8月23日出生,汉族,陕西省榆林人。1932年7月毕业于北京大学经济系,1933年11月至1937年曾在日本东京帝国大学农业经济系留学。1946—1976年任西北农学院农业经济系教授,1957年3月加入民盟。先后主讲"经济地理""外国农业经济""经济选读""计划经济"等课程,著作有《中国土地制度之研究》(日文)等,1995年10月病故。

六、经济学家：黄毓甲教授

黄毓甲，男，山西省万荣县人。1932 年毕业于北京师范大学历史系（主系）、社会系（副系），曾任太原第一师范和国民师范教务长。1935 年留学日本东京帝国大学研究生院农业经济系，1937 年 9 月回国，先后在山西大学、金陵大学、朝阳大学等任副教授、教授、系主任，1946 年至 1984 年历任西北农学院农业经济教研组主任、总务长、农业经济系主任、农业推广处主任，1954 年 12 月加入民盟。他长期从事农业经济理论的教学和研究工作，主讲"农业经济""土地利用"等课程，先后在《金陵学报》《论文月刊》《社会科学》《经济旬刊》等刊物发表《关于中国农业经济》等论文 10 余篇。此外，还参与了《农政全书》的整理工作。

七、经济学家：王立我教授

王立我，河南省罗山县人。1924 年夏考入南京金陵大学，1929 年毕业后留校任助教。为研究中国农村现状，他两次深入农村进行经济调查。1931 年 7 月任南京上海银行农贷部主任。1936 年 8 月赴美留学，在康奈尔大学攻读合作社经营管理，获硕士学位。次年 8 月回国，任江苏教育学院副教授兼合作实验区主任。抗日战争时期任四川省农村合作委员会设计专员、山西铭贤学院教授。抗战胜利后，任国民政府农村部研究专员兼粮农组织联络委员会秘书，汇编《关于日本应对我国农、林、渔、牧业生产赔款资料》。1947 年 8 月随中国粮农组织代表团赴日内瓦参加国际粮农组织第三次会议，回国后任中华林学会会员、农场经营学会理事。建国初在南京工作，1950 年调往西北军政委员会农林部，5 月任西北农学院农经系教授。1955 年设计的《农业生产合作社应用簿记》在陕西武功等地推广试用，1956 年研究拨算机（一种新型的计算工具），1958 年编写《农业生产合作社专业簿记通俗教材》。"文革"初期，王立我被打成"现行反革命"（后平反），拨算机研究项目中断；1973 年西北农学院将拨算机列入科研计划。此时王立我已身患心脏病和白内障，仍四处奔走，编写实施方案。

八、经济学家：贾文林教授

贾文林，1918 年 5 月 2 日出生，汉族，山西省原平县人。1945 年 7 月毕业于重庆中央大学农业经济系，1947 年 9 月至 1950 年 9 月在美国威斯康星大学农业经济系留学。1950 年 10 月回国，1951 年 1 月在西北农学院任教，1953 年加入民盟，1984 年 11 月加入中国共产党。1986 年调到北京农学院任教，历任西北农学院农业经济系副教授、教授、硕士研究生导师，农业企业经营管理教研组主任、部门工会主席、中国土地经济学会顾问、中国农村合作经

济研究会理事、顾问,主讲"农村金融""农业政策""农业企业经营管理""基础英语""畜牧、兽医专业英语""水电专业英语""外国农业经济""比较经济体制学""宏观经济学"等课程,担任整理石声汉教授遗著《农政全书校注》的主要编辑。其他论著包括《美国食品与纤维系统是怎样工作的》《农场管理基础》(合译)、《资本主义国家农场管理学的几个基本理论以及它们在我国能否应用的初步探讨》《从我国新石器时代遗址的分布看当时农用地开发利用的趋势》《浅议美国农产品的价格支持与供给控制政策》《关于贯彻列宁农业合作制的几个问题》(英文)、《关于农业劳动季节性的几个问题》(合写)、《社会主义农业企业经营管理学》(集体编写)、《外国农业经济》(集体编写)等。1980 年获农业部科技改进二等奖(整理农政全书),1981 年获农业部技术改进二等奖(国外农业现代化经验的研究)。

九、经济学家:刘均爱教授

刘均爱,1916 年 4 月出生于河南省伊川县。1936 年,刘均爱考入北平大学法商学院,次年,北平沦陷,返回伊川,先后在马回营、黄社等小学教书。1939 年转入西北农学院农经系续读,毕业后留校任教,1949 年,刘均爱加入中国共产党。新中国成立后,1957 年至 1959 年到苏联乌克兰农学院进修,回国后,仍在西北农学院任教,刘均爱除致力于教学外,还多次参加陕西省武功等县市农业经济调查、农业生产规划、农业自然资源调查和区划工作,同时在《农业经济问题》《干旱地区农业研究》等杂志发表多篇学术论文。1980 年参加全国高等农业院校《农业企业经营管理学》统编教材的编写、定稿工作。1982 年当选为陕西省农业经济学会第一届副理事长。

十、经济学家:黄升泉教授

黄升泉,1919 年 9 月生,福建省福州市人。1943 年毕业于前中央大学农学院农业经济系,1944 年起在该校农业经济研究所在职攻读研究生,1947 年获硕士学位,之后留校任教,直至解放。新中国成立后,先后在南京大学农学院农经系、湖南农学院、西北农学院执教,历任讲师、副教授、教授、博士研究生导师,兼任农业部农村经济管理干部学院教授、日本农协研究会常务理事、中国农村劳动力资源开发研究会理事等职务。在 49 年的教学生涯中,在行政上曾担任教研室主任和农业经济研究室主任多年,在教学上曾主讲"农业经济""西方经济学原理""发展经济学""农业经济专题研究""农村经济发展专题研究""统计学原理""经济计量学"等课程。在 20 世纪 80

年代的 10 年中,曾先后应山东农业大学、华南农业大学、河南农业大学、安徽农学院等 4 所高等院校农经系的邀请,分别向各院系师生作专题讲学或作专题学术报告。20 世纪 80 年代初,先后受农业部和中国农学会委托,主办全国性的"经济数量分析讲习班"和"数学在农业经济管理中的应用讲习班"各一期。除了从事教学工作,努力教书育人,培养农经专业人才外,还从事多项科学研究工作,撰写和发表论著多篇。于 1947 年出版发行的《地租论研究》是中国第一部运用西方数理经济学原理与方法从事土地问题理论研究的专著。新中国成立后曾先后主持 3 项大型科学研究项目,发表的论文主要有《关于农村人民公社收入分配问题》《关于实现农业机械的资金问题》《我对博士生培养规律性的初步认识》《关于振兴贫困地区农村经济的战略思想问题》,并合作撰写《陕甘宁农村发展战略综合研究》《不同类型地区农业剩余劳动力转移问题研究》《农业劳动力剩余量的生产函数分析》等文章,主编由西北农业大学农经系和农经研究室联合出版发行的《西北干旱半干旱地区农业经济研究报告集》一册。1987 年被西北农业大学评为优秀研究生导师,1991 年获国务院政府特殊津贴。

第四节　拨乱反正,整顿提高后的我国农经学科发展

1966 年"文化大革命"开始,全国高校停课闹革命停止招生,但西北农学院农业经济系根据当时农村经济发展对农业经济管理人才的需要,纷纷举办不同类型的经济管理培训班,先后为武功县、扶风县、西安市举办了人民公社经营管理和会计短训班。1972 年 12 月恢复农业经济系,1975 年、1976 年招收两届工农兵学员,1978 年恢复招收 4 年制本科生。

党的十一届三中全会后,农经教育事业受到了中央、地方和社会各方面的重视,我国农经教育事业进入了一个崭新时期。1978 年召开的"武功会议"、1981 年的"庐山会议"、1982 年的"北京会议",1988 年的"广州会议"、1989 年的"南京会议",充分反映了农经教育事业"拨乱反正、整顿提高"的发展历程与光辉成就。

西北农学院农经系先后牵头主持武功、庐山、北京等全国农经教学改革研讨工作,对贯彻党的十一届三中全会精神,改革创新,推动农经教育、深化改革发展,起到了关键性作用。

一、武功会议

遵照国务院农林部(78)农林(科)字 101 号文件精神,由西北农学院、华中农学院牵头于 1978 年 9 月 1 日至 10 日在西北农学院召开了全国农业经济专业会议(武功会议)。出席会议的有华北农业大学、中国人民大学、西北农学院、华中农学院、沈阳农学院、西南农学院、华南农学院、江苏农学院、浙江农业大学、湖北财经学院、四川农学院、山东农学院、奎屯农学院、四川财经学院、八一农学院、内蒙古农牧学院、河北农业大学、福建农学院及牡丹江农校等 19 所院校农经系、组负责人及教师代表 42 人。

这次会议是"文化大革命"后召开的第一次全国性农经专业会议,会议着重研究讨论了恢复高考后农经教育亟待解决的重大问题,包括本专业的办学方向、培养目标、教学计划、课程设置及教材编写计划等,是继 1953 年全国农经界集中学习之后又一次具有历史意义的盛

会。如果说 1953 年集中学习是全面学习落实苏联农经教育模式的话,那么武功会议则拉开了我国农经界中国特色社会主义农经教育改革的序幕,具有划时代的意义。本次会议主要开展了如下工作。

（一）农经教改研讨

为了更好地制定农经教学计划,由西北农学院农经系万建中教授牵头,组织全国高等农业院校农经系以及部分财经院校农经系的前辈及其他教师,就农经专业教学改革问题进行了广泛的调研,共收到全国各农业院校和部分财经院校专家教授及单位撰写的教改报告 40 多篇。通过农经教育问题的深入调研,为以后农经学科的发展奠定了基础。

（二）制定教学计划

根据部颁教学计划制定本科农经教学计划,调整课程结构,强化理论基础、基本技能和基本方法。如政治经济学及高等数学均增加了学时数,扩充了课程内容;又如会计、统计均分为原理部分和农业部分,注重定性与定量相结合的方法,增强学科的科学性。

（三）组织教材编写

根据武功会议农经专业 14 门教材编写计划,西北农学院作为主编单位的教材有《统计学原理与农业统计学》《土地规划》《电子计算机应用》3 部教材。此外,参加了《社会主义农业经济学》《农业生产技术经济》《农业区划》《外国农业经济》《农村人民公社和国营农场经营管理学》《国民经济计划原理与农业计划》《牧业经济》等 7 部教材的编写工作。这些教材由农业出版社或其他出版社出版,为农经教育打下了良好的基础。

（四）开展科学研究

党的十一届三中全会后,我国农村经济体制改革不断深化,许多新的问题亟待研究解决,同时也为农业经济管理学科的发展提出了新课题。会议要求各学院农经系积极开展科学研究工作。为此,学校积极着手筹建农业经济研究室,后改为研究所,并陆续展开了相关科研活动,取得了诸多科学研究成果,获得了省部级奖励,丰富了农经专业的教学内容,培养了人才,提高了农经教学、科研水平。

（五）建设师资队伍

农经系恢复不久,师资和研究人员严重短缺,远远不能适应实际需要,会议要求各学院尽快恢复并充实师资队伍。为此,学校采取各种措施和途径补充师资力量。一是尽快让农经系的教师归队。"文革"期间农经系停办,教师分散在学校的有关单位,多数从事财会工作,农经系恢复后让分散的教师归队。二是向社会聘请从事农经科研工作和从事实践工作的人员（林端、朱德昭、高耀、范秀荣、曹光明、孟广章等）补充教师队伍。三是通过招收研究生来充实专业师资和科研队伍。四是为了加强政治理论课程建设,组建了农经系政治理论课教研室,姜肇滨教授任教研室主任,教师有杨绩珍、张伯汉、陈丽霞。

（六）开展师资培训

会议决定举办全国农经师资培训班。先后举办了经济数量学、电子计算机等课程全国师资培训,为全国农经专业教师专业素质和业务能力提升做出了贡献。

（七）举办农经管理干部培训班

为了尽快培养出一批懂管理、会经营的农经管理干部,举办成人在职农经管理干部培训班,并编写适用于农经干部培训的教材。培训方法也有创新,比如在培训班学员中选择一些有一定理论修养和实践管理才能的人聘为研究干事,定期召开学术讨论会。他们根据工作中调查的情况写成论文进行交流,彼此紧密联系,帮助学校教师提高教学质量。

二、"庐山会议"

武功会议构建了中国农经专业教育计划框架,武功会议成果及其贯彻执行,开启了中国农经教育崭新的一页。为了适应国民经济的发展,特别是商品经济的发展,把农经教改继续引向深入,1981 年 8 月 17 日至 28 日在江西庐山召开了改革开放后第二次农经教育研讨会("庐山会议")。来自全国 35 所高等农林、财经和综合大学,5 所农业经济研究所及农业部、林业部、江西省、九江市等有关机关、新闻单位的 84 位代表出席了这次会议。

"庐山会议"由国家农委、农业部主办,西北农学院万建中教授、南京农学院刘崧生教授和华中农学院贾健教授负责召集。会议就农经专业培养目标和课程设置,特别对主干课程"农业经济学"和"农业企业经营管理学"的内容做了深入的探讨。

"庐山会议"本着百家争鸣、解放思想、大胆探索、发扬民主的精神,总结交流了新中国成立以来农业经济学科发展中的经验教训,研讨了"社会主义农业经济学""农业企业经营管理"两门课程的内容及改革方案,同时对农经管理人才的培养、科学研究、师资培训等问题进行了讨论,并提出了改进意见和建议。这是继"武功会议"之后的一次建设性会议,它标志着农经教学和科学研究的发展进入了一个新的阶段。会议取得了积极的成果。本次会议成果如下。

(一)修订农经专业教学计划

1978 年武功会议制订的教学计划,在专业名称、课程设置等方面较过去有较大的变动,但经过几年实践,特别是党的十一届三中全会以来,面对培养农经管理人才的新要求,需要对专业教学计划做进一步修订,以适应新形势。

1. 培养目标

根据党的十一届六中全会《决议》提出的"要加强和改善思想政治工作,用马克思主义世界观和共产主义道德教育人民和青年,坚持德、智、体全面发展、又红又专,知识分子与工人农民相结合,脑力劳动与体力劳动相结合的教育方针",以及农业部颁发的《农经管理干部技术职称评定标准》(试行草案),对培养目标的具体要求作了规定,进一步明确了农经管理专业毕业生所具备的技术专长和能够胜任的工作。

2. 课程设置

加强了基础课,增加了农业技术课程的门类与学时,增加了流通领域的经济课程,扩大了选修课的比重。

3. 教学环节

进一步强调实践环节对培养管理人才的重要性,强调要把统一性与灵活性结合起来,不搞一刀切。

(二)总结改革经验

会议总结和研讨了"社会主义农业经济学""社会主义企业管理"课程的教学工作。自

党的十一届三中全会以来,课程内容方面作了较大的改革,并提出了改革意见。主要表现在以下几个方面:

(1)运用马克思主义基本原理,结合我国实际对两门课程进行研究,探索发展规律方面的问题。

(2)逐步克服"左"的思想影响和以政策解释代替理论分析的倾向,积极建立适合我国国情的课程内容体系结构。

(3)开始重视运用经济资料和数学方法分析农业经济问题和经营管理问题。两门课程存在的问题有:

①总的情况是农经学科发展较缓慢,与实现农业现代化的要求不适应;

②理论性、科学性不够强,一般的描述较多,从理论上分析概括较少,概念原则等讲得多,根据实际资料进行定量分析较少;

③不能很好地根据我国实际情况有选择吸收国外有关农经、经管的理论与方法;

④两门课程重复较多。

据此,提出了两门课程改革的设想和教学大纲初稿,要求积极努力,稳步前进,加强两门课程的理论性和科学性;"洋为中用",积极引进国外两门课程的理论与方法,对两门课程的体系结构作了调整。

(三)加强农经科研工作

发挥教师的主导作用,合理安排教学和科研任务。有条件的农经系要建立农业经济研究室,适当配备农经专职人员。国家科委、农委要加强农经科学研究领导,加强科研课题的计划性。

(四)正确评估农经教师队伍

新中国成立32年来,农经教师队伍通过马克思主义理论学习、业务工作实践和与工农结合,通过国内外学术交流和刻苦钻研,思想政治水平和业务能力都有较大提高。热爱农经科学,忠诚党的教育事业,兢兢业业,刻苦工作,以实际行动拥护党的领导和社会主义制度,一支又红又专的教师队伍正在逐步形成和壮大。会议认真讨论了农经师资培训工作,并提出"三为主"的方针,即"以国内为主,以在职进修为主,以个人自学为主"的培养方针,多形式、多渠道、有计划发展和培训提高。

(五)建言献策

会议就农经学科发展向政府主管部门提出了建议:

(1)国家农委科教局、农业部教育局应制订一个农经专业全面发展规划,合理布局,分期分批发展;

(2)建议农业部教育司举办有关课程师资培训班,如"经济数量分析基础""数量统计""电算应用""农产品贸易与价格""财政与农业信贷"等课程的培训班。

农业部对会议提出的各项改进意见和建议相当重视,会后很快将会议上制定的教学计划加以修订发各院校试行。对"庐山会议"上一些未了的工作,又于1982年5月30日至6月3日在北京召开了第三次农经教育研讨会。

三、北京会议

北京农经教学研讨会是庐山农经教学研讨会的进一步深化和发展,会议形成以下成果。

（一）取得的成效

1. 教学工作

一年来各院校农经系都有很大发展,做出了不少成绩,已成立农经系30多个,在校学生4000多人,研究生50多人;农业部颁发的农经教学计划是较好的计划,无论从培养目标,还是课程设置安排方面都比较恰当。大部分专业课程已有了统一出版教材,且多数选修课教材正在编写之中,教师及学生基本满意,教学质量得到提高。

2. 教育拓展

几所院校都已招收研究生,并设立了研究生高级课程,有的已有毕业研究生。有些院校已设置新专业,如华中农大农经系办有土地规划专业,福建农学院、江西农业大学筹办4年制的农村金融专业,南京农大、沈阳农大、华南农大、华中农大、中国人民大学、西北农学院办有农经管理、农村金融在职干部专修班,西南农大举办5年制函授班,中国人民大学举办3年制的函授班等。所有这些说明社会上对农经人才的迫切需求,农经教育工作正向纵深发展。

3. 科研工作

农经科研工作逐步展开,许多教师参加各种类型农业现代化试点县的建设工作。农村经济调查,农经区划、规划,农委系统各省市组织的专题成本调查,农村经济结构、农业发展战略等方面的研究工作,无论从数量和类型方面看都比较多,不少论文或调查报告在有关杂志上发表,有的还受到奖励。

（二）存在的问题

虽然改革取得了初步成果,但还难以满足发展形势的需要。主要表现在:

（1）一些外来的知识没有很好地消化,有生搬硬套的现象。

（2）一般调查多,深入细致研究少;微观研究多,宏观研究少;战术研究多,战略研究少。

（3）农经教师队伍青黄不接,水平参差不齐,结构不合理,存在严重危机。

（三）解决的思路

认真贯彻执行"调整、改革、整顿、提高"的"八字方针",才能适应形势发展的需要;农经专业改为农业经济管理专业,拓宽专业面,有的院校已开设流通领域方面的课程;改革开放、搞活经济实行以来,我国农业生产愈来愈与市场发生密切关系,研究国外农业、研究农村市场经济问题已刻不容缓。

四、广州会议

广州会议是在党的十三大之后召开的。十三大比较系统地论述了社会主义初级阶段的理论,明确概括和全面阐发了"一个中心,两个基本点"的基本路线。会议适应以经济建设为中心、发展国民经济的需要,从农经学科建设入手,以提高教育质量、培养合格人才为中心,初步讨论了"基础＋模块"的教育方向。

1988 年 3 月 15 日至 18 日,全国高等农业院校 35 个农业经济系系主任和部分专家、教授在广州市华南农业大学集会,讨论农业经济系的教育改革问题。出席会议的共有 50 人,农牧渔业部经济政策研究中心副主任、政策法规司司长郭书田出席会议并讲话。

这次会议由农牧渔业部经济政策研究中心委托北京农业大学经济管理学院承担的"农经教育改革"和"农经学科建设"两个课题组与部属各重点农大农经系系主任协商发起,委托华南农业大学农经系负责筹备。会议的召开为深化农经教育改革进一步明确了方向,探讨了可行的方法。这次会议探讨了以下主要问题。

（一）评估农经教育改革形势

党的十一届三中全会以后,我国高等农业院校农业经济教育有了空前的发展。据 1986 年统计,全国已有 39 个农业大专院校开设了 54 个农经类专业,招生人数达到 11569 人,占同年农业院校招生总人数的 10.37%;招收研究生 337 人,占同年农业院校招收研究生总数的 7.03%。比较 1965 年农经专业招生人数仅占农学院招生总数的 2.8%,研究生招生人数仅占农学院研究生总数的 1.5%,不但招生数量大大增加,而且学生的学习质量也有了明显提高。这是因为三中全会以来,党和国家实行了正确的路线、方针和政策,尊重知识、尊重人才、尊重客观经济规律,强调用经济手段管理经济,特别是农村经济体制改革的成功,对农村基层管理人才的要求日益迫切。这就使农业经济管理科学增强了活力,受到了社会上的广泛重视,进而大大鼓舞了农经教师的积极性,教师们为农经教育的恢复和发展做出了历史性贡献。

会议提出,在深化教育改革的进程中,农经教育工作需要进一步更新观念,既要充分肯定这些年来农经教育恢复和发展的重大成绩,又要客观地看到高校改革和农村经济改革对农经教育提出的新的任务和要求;要充分看到存在的差距,要有一种紧迫感和责任感;要树立锐意改革的精神,在改革中求提高、求发展。改革是一种挑战,也是一种机遇,只要正确认清形势,把握方向,在各级党委和政府及农业院校的领导下,从实际出发、不失时机地加快和深化改革,必将进一步振兴农经教育,发展大好形势。

会议认为,农经教育受到两个方面客观力量的推动,势在必改:一是高校领导体制的改革;二是几年之后毕业生不包分配的改革。

党的十一届三中全会以来的农村经济改革,大大改变了我国农村的面貌。我国农村从所有制关系、产业结构、商品流通以至区域经济都有了重大的变化,大大拓宽了农经管理科学的领域,对农经管理教育和人才培养提出了新的要求。农经教育必须加快和深化改革,才能更好地服务于我国农村经济的进一步改革与发展。

（二）构造"基础＋模块"知识结构

调整高等农业院校农经系本科人才培育的知识结构,加强基础,拓宽知识面,使毕业生能够在社会主义商品经济条件下,有较强的适应能力和应变能力。大家认为,随着高校教育体制改革对毕业生不包分配的新就业制度的实行,农业院校农经系将面临更大的竞争与选择,如不加快改革,很难适应未来发展对农村经济管理人才的需求。

讨论会预测今后若干年农经系毕业生的人才流向,将出现重心下移的特点,由典型的农业经济部门向非典型的农业经济各个领域扩散。今后农经类人才的需求倾向将可能是"门类多、批量小、变化多、弹性大。"为此,必须从社会上对于人才的多种需求出发,授予系以比较灵活的决策权限,以便建立各种农经类专业人才的培育机制,人们称这种培育人才的机制为"基础+模块"。一、二年级大力加强理论基础的教育,三、四年级则根据社会上的不同需要实行定向的智能培育,将应学应会的专业课程与技能训练,分别编组成为"模块",构造一种"宽""厚""专"的智能结构,理论基础要"厚",适应面要"宽"。

会议初步讨论了"基础+模块"的改革方案。与会人员共同认为,农经系的理论基础必须大大加厚,不但要大大加强马克思主义政治经济学,还要大大加强西方经济学的理论教育。此外,还要建立"农业政策""合作经济"等新课,把政策教育和"农业经济学"理论教育适当分开,使二者各自都得到加强。

"模块"教育则可以根据人才需求,灵活掌握,这样既可以培养宏观的农业经济管理的专门人才,也可以培养微观的农村经济管理专门人才,还可以定向培育多个领域的农业经济管理专门人才。大家认为,四年本科总学时不宜过多,要保证学生深入农村联系实际和课余读书的时间,还要善于组织学生参与校内外社会经济实践活动,来锻炼其实际工作能力。

(三)加强学生思想政治工作

高等院校毕业生由国家实行统一的计划分配体制是多年来高校思想政治工作的基础,毕业生分配制度的改革,必须把学生思想政治工作的改革提到日程上来,农经教育工作还必须充分研究并适应这样的变化。

在农业院校领导体制改革的同时,各个农经系必须继续抓好学生思想政治工作,不容有任何削弱。农经系主任、副主任和全体教师、干部应该把做好学生思想政治工作当作本身应有的一项重要任务。担负学生思想政治工作的各级干部,要学好党的有关方针、政策,更新观念,从原有的经验圈子中走出来,探讨毕业生在国家不包分配条件下思想政治工作的规律。

农经系毕业生主要担负农村经济管理工作,必须加强思想政治素质的培养,要求他们坚持四项基本原则,拥护党的领导和社会主义制度,熟悉并能正确执行党对农村的方针、政策和国家的法规。要有理想、有情操,有献身农业,有与广大农民打成一片,同呼吸共命运的感情,有不畏艰苦、身体力行、参加农业生产建设的决心。

要把思想政治工作与专业教育结合起来。四年本科教育中要有计划地组织学生深入农村,联系农村经济改革和农业生产的实际,调查研究或参与一定的实际工作,写出调查报告、课程论文或实习报告,这样既可提高理论教学的质量,又可以达到思想政治教育的目的。

(四)建设农业院校农经系

当时,不少农业院校的农经系已有显著发展,担负着较大的任务,尤其是武功会议、"庐山会议"以后,不少农经系为农村经济改革服务,大力兼办农村成人教育、干部教育、继续教育、函授、夜校等及各种短期培训,在社会上产生了较大的影响,做出了很多贡献。但教学经费短缺、教师编制不足、基础设施不完备等问题日渐突出,有些院校的农经系甚至连起码的教学工作条件都不具备,直接影响到教学质量。会议经讨论一致认为,所有农经系都应逐步加强师资队伍建设,都应逐步完善微电子计算室、资料情报室、复印、打字、照相、幻灯等建设,以确保教学质量,并建议把上述条件作为考评标准。对于那些确实不具备条件,影响教学质量的系应暂停招生,促其完善;长期得不到改进者,建议撤销系的建制,以确保教学质量。

(五)建立师资培养机制

"基础 + 模块"的改革方案,对农业院校农经系的师资提出了更高的要求,既是一种压力,也是一种动力。已有的师资在知识结构上将不可避免地会出现不同程度的空白和一时难以适应的现象。为了保证教学质量,必须采取积极措施,加快师资培训,解决这一问题。会议建议在较短的几年内应有计划地由农业部教育司委托有条件的院校每年举办 1 ~ 2 期师资培训班。有的以研讨为主,例如由主讲教师研究农经、经管等老课程的改革;有的以培训一些新课的讲授教师为主,以应急需。

(六)建立并加强农业院校农经系系际联系

会议协商建立两个横向联系的组织:一是农业院校农经系教学改革研究会。该会为研究和促进高等农业院校农业经济教学改革的研究组织。会议公推农林部教育司司长贺修寅出任会长,协商产生万建中、刘崧生、张仲威、朱道华、刘曰仁等为副会长,另设理事若干人,聘请郭书田同志为顾问。二是成立全国农业院校农经系系主任联谊会,高等农业院校现任农经系系主任自愿参加,两年一届。其任务为研究并推进农经教育改革,发展横向联系,举办共同关心的各项事业,维护农经系的合法权益,与有关部门沟通协商解决。

第五节 教学恢复与发展

20 世纪 70 年代末,在改革开放大好形势下,学校迅速、全面地恢复了农业经济系教学、科研秩序,1978 年恢复农经专业本科招生。

一、专业教育步入正轨

自 1978 年秋恢复四年制本科招生开始,随着计划经济逐步向市场经济转轨,农经教育呈现出一派欣欣向荣的景象。

(一)农经专业的恢复和新专业的建立

除原有的农业经济管理本科专业恢复外,又陆续增设了农村金融与保险、土地规划与利用两个本科专业,以及五个两年制专业(包括农业经济管理、农业统计、农产品贸易、乡镇企业管理、财务会计)。除了本科、专科办学外,还办有成人教育、专业证书班,以及承办政府和社会各界的各种短期讲习班和培训班等。另外,研究生教育也于 1979 年步入正轨。这些新增专业以及多层次办学,都是为了适应社会主义经济改革与发展的需要。新增专业与办学层次见表 3 - 6。

表3-6　新增专业与办学层次情况

专业	招生年份	办学层次	学制/年
农村金融与保险	1987	本科	4
土地规划与利用	1987	本科	4
农业经济管理	1987	专科	2
农业统计	1984	专科	2
农产品贸易	1988	专科	2
乡镇企业管理	1988	专科	2
财务会计	1993	专科	2
土地管理	1988	专业证书函授班	2
农业经济管理	1988	专业证书教学班	2

（二）教师、学生规模迅速扩大

强化学科建设，大胆选拔学术带头人。根据学科主要研究方向，将完成科研任务和研究生、青年教师培养结合起来，在完成教学和重大科研任务中给年轻人压担子，使其在实际工作中锻炼提高，学术梯队的年龄结构、知识结构及层次结构更趋合理。截至1993年底，共有教职工60余人，其中博士生导师4名，硕士生导师14名；在聘教授和副教授20名，讲师及助教28名。50岁以下的教师占教师总数的60%，教师中具有博士学位的9名，具有硕士学位的26名，在国外攻读博士学位者9名。1982—1994年培养本科毕业生1865名，硕士149名，研究生班毕业生46名，博士14名，专科生388名，专业证书班毕业生191名。

（三）教材建设

随着招生规模扩大及办学层次增加，教材门类迅速增多。西北农学院农业经济系是重要专业课《统计学原理》与《农业统计学》教材的主编单位，王广森教授主持全国统编教材《统计学原理》改革工作。由于原统计学教材是在苏联专家讲课的基础上编写的，主要介绍全面统计报表和典型调查方法，忽略了国际上统计学科的主流概率统计方法，给农业经济系开展科学研究和国际学术交流带来很大不便。为了从根本上改变这种状况，于1979年在四川成都召开统计教材编审组会议，对《统计学原理》教材进行重大改革，引进以概率分布为基础的一整套现代统计方法，并于1980年暑假在西北农学院举办了农业院校农业经济系《统计学原理》课程任课教师讲习班，帮助大家进一步掌握新教材的内容，提高运用新教材的能力。此外，王广森教授还和浙江农业大学赵明强教授合编了《概率统计方法及其在农业经济管理中的运用》一书作为新教材的辅助读物，该教材1981年在农业出版社出版后，受到农业经济系师生的广泛欢迎。教材建设情况见表3-7。

表3-7　农业经济系教材及教学参考资料

名称	出版单位	出版年份	编写人
《农村人民公社生产队会计知识》	农业出版社	1977	吴永祥
《人民公社园田化规划》	陕西人民出版社	1977	夏良春

续表

名称	出版单位	出版年份	编写人
《怎样进行农作物产量调查》	农业出版社	1979	王广森
《农政全书》校注	上海古籍出版社	1979	贾文林
《社队企业会计》	农业出版社	1980	吴永祥
《资本主义国家农场管理学的基本理论以及它们在我国能否适用的初探》	农业出版社	1980	贾文林
《概率统计方法及其在农业经济管理中的应用》	农业出版社	1981	王广森
《社队农机站会计》	农业出版社	1981	吴永祥
《农村人民公社生产队会计》	农业出版社	1981	吴永祥
《统计学原理*》	农业出版社	1981	王广森(主编)
《农业统计学*》	农业出版社	1981	王广森(主编)
《会计原理及农业会计学*》	农业出版社	1981	吴永祥(副主编)
《土地规划人员手册》	陕西科技出版社	1982	包纪祥(译)
《畜牧业经济管理*》	农业出版社	1985	徐恩波(副主编)
《农村商品经济管理》	陕西科技出版社	1986	王忠贤
《怎样搞农业村经济调查》	农业出版社	1986	吴永祥
《会计学基础》	农业出版社	1987	吴永祥
《农机具管理》	农业出版社	1987	王忠贤
《农业推广的理论与方法》	陕西人民出版社	1987	徐恩波 张襄英(译)
《农村社会经济统计学》	中国会计	1987	吴永祥
《农村经济管理学》	北京农大出版社	1987	王忠贤
《农业统计》	陕西人民出版社	1987	吴永祥
《农业技术经济学概论》	农业出版社	1988	马鸿运
《现代农业经济管理基础》	陕西人民出版社	1988	朱丕典
《种子公司经营管理》	农业出版社	1988	王忠贤
《乡镇企业经营管理》	北京农大出版社	1988	张襄英
《线性规划在经济管理中应用》	陕西人民出版社	1988	毛志锋
《乡镇企业经营管理》	天则出版社	1988	马山水
《土地管理与农地规划》	天则出版社	1989	包纪祥
《乡镇工业会计》	陕西人民出版社	1989	吴永祥
《农业与经济发展》	华夏出版社	1989	吴伟东(译)
《农业生产经济学》	天则出版社	1990	马鸿运
《经济管理法律基础》	天则出版社	1990	朱德昭

名称	出版单位	出版年份	编写人
《土地规划学*》	农业出版社	1990	丁荣晃（主编）
《农业自然资源经济学*》	农业出版社	1991	万建中（主编）
《经济管理学基础*》	农业出版社	1991	王忠贤（主编）
《农村经济统计学》	地质出版社	1991	王广森
《农业开发项目可行性研究》	陕西人民出版社	1991	包纪祥
《农业经济统计分析方法与应用》	天则出版社	1991	冯海发
《现代企业销售策略》	陕西科技出版社	1991	马山水
《区域比较管理学》	西安地图出版社	1992	张襄英（译著）
《农村经济统计分析概论》	中国统计出版社	1992	冯海发
《乡镇企业统计*》	农业出版社	1992	高耀（副主编）
《经济管理数理统计*》	西安地图出版社	1992	范秀荣（副主编）
《农业技术经济学》	陕西科技出版社	1993	侯军岐
《财政金融概论》	天则出版社	1993	杨生斌、王养锋
《保险概论与农村保险*》	农业出版社	1993	庹国柱 齐霞（主编）

注：* 表示全国统编教材。

二、教育改革持续深入

这一时期的教育改革主要包括五个方面：一是修订培养目标；二是适应经济形势发展，拓展专业知识面；三是改革教学内容与教学手段；四是加强实践环节；五是改革毕业设计。

（一）适应改革形势，修订培养目标

长期以来，农业经济管理专业偏重于培养微观的企业管理人才。20 世纪 50 年代提出的培养目标是集体农庄主和国营农场场长；20 世纪 80 年代初提出培养高级农业经营管理人才。但在相当长一段时间内，国家迫切需要一大批具有宏观经济管理知识、理论水平和思想素质高的农业和农村经济工作干部。这是经济和政治体制改革的需要，也是国家从主要依靠行政手段转变为主要依靠经济手段领导与管理农村经济的客观要求。这部分人才的培养，应当是农经专业教育义不容辞的紧迫任务。

（二）适应经济发展，拓展专业知识面

随着商品经济的发展和第二、第三产业的蓬勃兴起，农业专业化、社会化和现代化水平不断提高，城乡联系日益增强，农村流通、金融的作用越来越重要，而且迫切需要研究农村经济综合发展的模式与规律。因此，原来单一的农业经济管理专业，已经不能完全适应形势发展的需要。在实践中，不少院校根据自己的具体条件，在将农村金融、农产品贸易（包括外贸）、农业计划统计等从农业经济管理专业中分离出来，在建立新的专业的同时，积极创造条件，建立农村发展经济、乡镇企业经济、农村社会学等新的专业，以适应农村经济社会综合发展的需要。

（三）改革教学内容与教学手段

1. 加强"三基本"

即加强基础理论、基本知识和基本技能的教育。比较系统地学习马克思主义基本经济理论，学习有代表性的国外宏观与微观经济理论，学习有关财政金融、农产品贸易和资源经济等方面的知识，多开一些选修课，加强学生在外语、写作、电算和经济分析、社会调查方面的基本技能训练。

2. 增设新兴学科和边缘学科课程

为适应我国农村经济发展需要，增设发展经济学、比较经济学、生态经济学、土地经济学和农业投资及管理等课程。

3. 提倡启发式教学、讨论式教学

鼓励学生进行创造性的学习活动，并据此改革考试办法与评分标准，组织多种形式的知识竞赛，努力创造一种生动活泼、求实上进的学习环境和学习氛围。

4. 教学手段现代化

农经系先后两次邀请美国艾奥瓦州立大学高珩教授举办"线性规划"和"数学在经济管理中应用"讲座。1980 年高珩教授带来演示的计算工具是可编程计算器（programmable calculator），1981 年高珩教授带来了第一代苹果个人计算机。后来，以此为契机，在农业部和学校的支持下，农经系陆续选购了一批国产和进口的电子计算机，实现了科研手段的现代化。

图 3 - 2　1981 年美国艾奥瓦州立大学高珩博士给培训班学员上课

（四）加强实践教学

1. 增加教学实习、生产实习时间

4年中有10个月以上的时间参加各种实践活动，并组织学生利用假期和课外时间进行社会经济调查，积极引导高年级学生参加科研活动。

2. 建立农经专业的教学实习基地

确定县（乡）作为农经专业教学、科研和实习基点，或者作为各地区农村经济综合发展的实验区，使农经专业师生能比较深入地了解农村、研究农村和亲身参加农村经济改革与发展的社会实践活动。

（五）改革毕业设计

在组织毕业生实习中，走出课堂、走出校门、面向社会，以社会为课堂，学习实际知识，锻炼学生观察、分析问题的本领。

1. 增加毕业实习的时间

为了克服过去偏重于传授知识，实践教学重视不够的弱点，以"启发式""少而精"为讲课的前提，压缩总学时，调整课堂讲授时间，使实习时间由原来的一个月延长至两个月。

2. 毕业实习与科研相结合

结合教师的科研课题，确定了合阳、澄城、乾县、丹凤、杨陵等县区为学生社会实践基地，让老师指导学生独立完成自己承担的部分课题任务。有不少学生写出了质量好的学术论文，先后在有关刊物上发表，或提供给决策部门。

3. 毕业实习与生产任务相结合

在组织毕业实习中，更多的是与生产单位的具体工作任务结合起来。学生先后参加了合阳、澄城、大荔、宝鸡、杨陵、乾县，丹凤，汉中等地的"农村经济综合发展规划""生产布局与农业区划""农户经济效益分析""农业投资结构或银行经营分析"等若干方面的实际工作。其中学生参加完成的"关中东部引黄灌区河滩地的综合生产规划"实施后，取得了十分显著的经济效益，受到灌区所在地政府的赞扬。

4. 毕业实习与智力支农相结合

在组织毕业生实习中，农经系教师带领学生走出课堂、走出校门、面向社会，以社会为课堂，学习实际知识，锻炼学生观察、分析问题的本领。

三、对外联系激增

围绕教育改革，农经系各种社会活动明显增多，积极参加各种学会，进行学术交流。教师基本是农经学会、土地学会、会计学会、统计学会等各种学会的会员，积极参加学会的活动，他们中不少人是学会的骨干、领导，在《农业经济问题》《中国农村观察》《中国农村经济》《农业技术经济》等杂志发表了大量高水平论文，为有关部门决策提供了依据，产生了广泛影响，受到全社会的关注。与此同时，农经系4次举办全国性农经教育研讨会，承担课题、开展合作研究以及国际合作研究等。通过努力提升发挥自身优势，取得显著成效。

第六节 奠基农业经济及管理国家重点学科点

一、获批国家级重点学科点

1988年初,国家教委决定在全国高等农业院校符合条件的博士点中有计划地建设一批重点学科。万建中教授受国家教委和农牧渔业部、林业部聘请,作为农学通讯评选组成员,进行全国高等农林院校重点学科的评选工作。

国家教委(89)教高字022号《关于下达高等学校农学重点学科点名单的通知》里,西北农业大学农业经济及管理专业位列其中。西北农业大学农经系农业经济及管理学科于1989年被评为国家级重点学科点,也是西北农业大学第一批唯一的国家重点学科点。

我校农业经济及管理学科点之所以成为国家重点学科,主要具备以下条件。

(一)拥有学科领军人物,师资力量强,在农业经济学界影响大

整个20世纪50年代和60年代,西北农学院农业经济系以万建中、王广森教授等为首的"八大教授"曾经是其与北京农大、南京农大农业经济系"三足鼎立"的基石。教授们活跃在教学、科研及高等教育管理第一线,是农业经济学界闻名遐迩的学术领军人物。同时又有魏正果、马鸿运、吴永祥、丁荣晃、麻高云、朱丕典、王忠贤、张襄英、徐恩波、包纪祥、刘庆生、齐霞等一批在农业经济界有一定影响的中青年教师,这些教师在申报重点学科之前都已成为教授或副教授。这支教师队伍从1979年就开始进行理论进修和提高,普遍加强了基本经济学、管理学理论和数学统计学的训练。他们以极大的热情投入学科体系建设当中,做出了艰苦和卓有成效的努力,也活跃在全国农业经济界。

(二)学科建设有特色,在理论和方法的引进和应用方面走在前列

万建中教授和王广森教授在20世纪80年代初访美和访德,系统地了解了国外农业经济理论和方法、研究生培养制度等方面在20世纪40年代末到80年代初这一期间的发展和变化。他们回国后,加快了对西方国家经济学、管理学最新著作、教材的引进、并聘请德国、美国、加拿大等国农业经济界著名学者讲学。特别是重视包括计量经济学在内的数量经济学的研究和教学,连续主持举办了多期由外国著名教授担任主讲的全国性课程师资培训班。讲课教授包括美国芝加哥大学的著名教授盖尔·姜森(Gale Johnson)等。万建中、王广森教授以其敏锐的眼光,邀请美国艾奥瓦州立大学的高珩(Peter Calkins)博士到西北农学院举办全国性的讲习班,讲授"微机(当时还只是可编程计算器TI59)在农场管理中的应用"。尽管课程内容和电脑设备在现在看来非常原始和简单,但在当时对学校教师来说非常新奇而深奥,特别是对教师了解西方信息技术、农业经营和农业经济学科发展现状,了解教师与国外同行之间的差距,其意义非同一般。接着,西北农业大学农业经济系以高珩赠送的第一台苹果机为起点,迅速装备了在全国同行中最早的,也是最先进的微机实验室,为教师和研究生在学术研究中较广泛地应用计量经济学和其他数量经济学方法创造了较好的条件,拉近了本学科与国外的距离,在全国同行中产生了较大影响。

（三）研究生培养质量全国同行第一

1987 年春天，国务院学位委员会组织了几个专家组对农业经济专业硕士研究生培养质量进行评估。沈达尊教授担任西北农业大学评估组组长。在听取了系主任张襄英的汇报，看了有关学科建设资料，特别是详细翻阅了农业经济系七届硕士研究生的学位论文后，他们对这些论文的理论性、实践性和较多应用数量经济模型进行实证分析，对论文的规范性等方面大加赞赏，给予了充分肯定。西北农业大学农业经济专业硕士研究生培养质量得分全国第一。

总之，西北农业大学农经系在半个多世纪的岁月中，几经兴衰，历尽沧桑，始终团结一致，坚持不懈，秉持"诚朴勇毅"优良校风，联系实际，讲求实效。虽历尽坎坷，但终成国家农业经济及管理重点学科点，蜚声国内外。

二、凝练学科方向

根据国家教委通知要求和《关于评选高等学校重点学科的暂行规定》，重点学科应承担教学、科研双重任务。要逐步做到能够自主地、持续地培养和国际水平大体相当的博士、硕士、学士；能够接受国内外学术骨干人员的进修深造，进行较高水平的科学研究；能够解决社会主义现代化建设中重要的科学技术问题、理论问题和实际问题；能为国家重大决策提供科学依据，为开拓新的学术领域、促进学科发展做出较大贡献。通过五年左右时间，把重点学科建成国内一流水平、在国际上有一定影响的学科点。

为此，在学校的统一领导和支持下，组成由学校相关专家、教授为主体的重点学科建设规划领导小组。规划小组从重点学科建设总目标出发，深入调研，研判论证，认真制订了《西北农业大学农业经济及管理学科点建设规划》，确定重点学科的三个主要研究方向。

（一）农业和农村经济发展的理论与政策研究

该方向的研究特点是：（1）把我国经济发展同世界技术革命及全球经济格局变化联系起来，使农业和农村经济发展的方针、政策同我国经济建设的总路线、总方针协调一致；（2）把农业的发展同农村经济结构的改革、农村物质文明、环境的改善联系起来，使生产发展与收入增长、生活水平的改善、人口素质的提高等协调一致；（3）把发展的阶段性与地区性有机地结合起来，使不同的地区、不同部门和不同行业的发展相互配合、相互衔接，形成动态的有序的整体，研究重点是农村人力资源、人口流动、农村产业调整、城乡协调发展、农村经济体制改革及农村经济政策等。

（二）农业资源开发利用研究

该研究重点是研究土地资源的开发利用。针对我国人多耕地少，特别是西北干旱半干旱区、黄土高原区，风沙、水土流失严重，农村贫困落后，资源开发潜力大的实际，以区域性的水土资源开发利用与农业区域经济开发为主的研究内容，对我国特别是西北地区农村能源的合理开发与利用提出规律性的意见，使农业生产特别是粮食生产保持持续稳定的发展，农业生态环境得到改善，研究重点是区域农村经济开发、农业资源合理利用、发展商品农产品基地等。

（三）农村经济管理的理论与实践（含资金管理与运用）研究

着重研究农业自身投资和国家投资重点向农业倾斜,解决农业后劲不足问题。深入系统地研究农村资金的管理与运用,探讨农村资金的基本特征和运动规律,提出农村资金筹集、调节、运用及管理的理论和方法,提出适合我国国情的资金积累的基本途径、措施和实施方案。研究探讨农村资金的理论和政策,农业投资项目评估的理论、方法和指标体系,探讨农村资金风险管理的理论和方法。明确了科学研究方向的国际水平和能够达到的目标,提出在人才培养、队伍建设、实验室建设等方面的规划设想。

三、学科建设成效显著

（1）1989 年获得国家重点学科以来,通过老师们的辛勤耕耘,由原来的 1 个本科专业,发展到 3 个本科专业和 7 个专科专业。同时,万建中、王广森、黄升泉、魏正果、王忠贤 5 位教授先后被国务院批准为博士生导师,形成了较强的学术梯队和学术研究力量。

（2）设有农业部批农村经济研究所、农业部经管总站西北农大服务中心和博士后流动站,先后承担、参与国家、部省重点科研项目 20 多项,其中国家项目 11 个。获批科研费 100 多万元,获部省级科技进步奖和社科成果奖 12 项;公开发表学术论文 600 余篇,出版学术著作 33 部,译著 4 部,统编教材 14 部,获优秀论文奖和优秀教材奖 50 多项。其中在农村经济管理的理论与实践研究方向取得多项成果,其学术水平国内领先。

（3）与陕西、宁夏等省区的 8 个单位试验区开展试验、示范推广,取得显著社会效益和经济效益,获得国务院和省区市政府的嘉奖。其中黄土高原干旱半干旱地区农业资源的开发利用与保护的研究处于国内领先地位,其重要成果已达到国际先进水平。

（4）"农户经济行为""我国农业企业化发展战略""乡镇企业管理政策"等研究处于本学科发展前沿,尤其是聚焦农户,从农户行为角度展开研究,形成特色。

（5）与加拿大、德国、美国、乌克兰等国家的 6 所大学建立了交流关系,先后有 10 多名教师赴美国、菲律宾、泰国、肯尼亚、芬兰、加拿大、乌克兰、德国等国家参加学术会议及讲学、合作研究;多位教师在国外读学位、进修;先后邀请 20 多位外籍教授来校进行学术交流和讲学。主持召开全国性学术会议、教学改革研讨会和举办师资培训班 10 余次。

可以说,学科全方位的建设与快速发展,为建立以相关经济及管理学科为主的多学科性经济贸易学院奠定了基础。

第七节 科学研究与学术交流

农业经济系拥有部批农村经济研究所、农业部经管总站西北农业大学服务中心、农业经济管理博士授权点和博士后流动站,科学研究力量强。截至 1994 年,承担国家教委、科委、农业部等省部级以上各类课题 50 余项,其中国家和省部级以上重点科研课题 10 多项;获省部级以上科技进步奖 4 项和社科成果奖 12 项;出版专著、译著、统编教材 42 部,发表学术论文 600 余篇,其中在国际刊物和学术会议上发表论文 10 多篇;与 3 个国家建立了横向交流和合作研究关系,为进行高水平的科学研究奠定了良好的基础。

一、科研项目与科研成果

表 3-8 列出了 1978—1993 年农经系获批的省部级以上科研课题(按课题级别与获批时间排序)。

表 3-8 农业经济系科研项目一览表(1978—1993)

年份	级别	名称	主持人
1984	国家级	陕甘宁地区农业发展战略研究	黄升泉
1986	国家级	宁夏盐池县农业资源开发利用与农村综合发展	万建中
1991	国家"八五"攻关项目	黄土台塬区综合治理开发及农业持续发展研究	李佩成 包纪详
1986	国家科委 75-04-03-12	黄土高原综合治理乾县试验区水土流失综合治理与效益分析	包纪祥
1986	国家计委、中科院 75-04-03-01	黄土高原地区乡镇建设与繁荣农村经济的途径	马鸿运
1986	农业部 10-02-03	秦巴山区农业资源开发的技术经济研究	马鸿运
1992	农业部	我国西北地区"吨粮田"建设的技术经济研究	马鸿运
1985	国家教委博士点专项基金	西北地区农业自然资源开发与利用研究	万建中
1985	国家教委博士点专项基金	农村经济结构理论与政策研究	王广森
1988	国家教委博士点专项基金	不同类型地区农业劳动力转移研究	黄升泉
1989	国家教委博士点专项基金	中国农户经济行为研究	王广森 马鸿运
1989	国家教委博士点专项基金	西北地区区域农村经济开发研究	马鸿运
1990	国家教委博士点专项基金	农业经营形式及方式研究	魏正果
1990	国家教委博士点专项基金	黄土高原干旱半干旱地区农产品商品基地建设研究	丁荣晃
1979	省部级	中国社会主义农业发展的道路	万建中
1980	省部级	武功县农业经济综合考察	刘均爱
1980	省部级	宁夏盐池县农业经济综合考察	万建中
1981	省部级	国外农业现代化经验的研究	贾文林
1982	省部级	乾县北部地区农业发展战略研究	万建中
1983	省部级	陕西省农机化技术经济效果研究	马鸿运
1985	省部级	杨陵区"七五"总体规划	马鸿运 张襄英
1986	省部级	陕西省乡镇企业区划研究	朱丕典
1986	省部级	陕西省奶山羊技术经济效果研究	马鸿运

续表

年份	级别	名称	主持人
1986	省部级	旱地综合发展战略研究	刘庆生
1987	省部级	西北地区产业结构调整与布局研究	万建中
1987	省部级	陕西丹凤县农村经济发展规划与探索	丁荣晃
1987	省部级	个体和联合体在农村商品流通渠道中的作用	魏正果
1987	省部级	杨陵区农业试验示范综合基地——夏家沟综合基地试验研究	张襄英
1987	省部级	中国奶业发展战略研究	庹国柱
1988	省部级	提高关中农村经济在陕西省的战略地位的研究	张权柄
1988	省部级	陕西丹凤县农村经济发展规划与探索	朱丕典
1988	省部级	抽黄新灌区农村产业结构调整试点及实施研究	徐恩波
1988	省部级	陕西省发展农业保险的途径的研究	庹国柱
1991	省部级	乡镇企业机制研究	朱丕典
1991	省部级	陕西省乡镇企业整体素质研究	马山水
1990	国家社科基金	农村工业区开发与新城镇体制研究	陈彤
1991	国家自科基金	中国农民行为激励理论与机制研究	朱丕典
1991	国家自科基金	乡镇企业管理政策研究	陈彤
1992	国家自科基金	中国农户企业发展战略研究	张襄英
1992	国家社科基金	农产品价格及工业化规律之研究	冯海发
1993	国家自科基金	乡镇企业管理模式研究	张襄英
1993	国家自科基金	农业风险、管理的理论与研究方法	王广森

随着大批科研项目获批与研究的展开,获得了国家及地方科研成果奖励多项,表3-9是部分省部级以上获奖成果。

表3-9 部分获奖成果

获奖项目名称	奖励等级	颁奖单位	颁奖年份	主持人
西北地区农村产业结构和布局调整研究	国务院农村经济社会发展研究中心优秀成果三等奖	国务院农村经济社会发展研究中心	1990	万建中、王忠贤朱丕典、张襄英贾生华、孟广章
山区农业资源开发的技术经济研究	农业部科技进步二等奖	农业部	1991	马鸿运
黄土高原综合治理开发重大问题研究	中国科学院科技进步一等奖	中国科学院	1992	马鸿运

获奖项目名称	奖励等级	颁奖单位	颁奖年份	主持人
黄土台塬治理开发优化模式试验研究	陕西省科技进步一等奖	陕西省人民政府	1993	包纪祥 朱德昭
杨陵农业科学试验示范基地建设综合技术研究	陕西省科技进步二等奖	陕西省人民政府	1994	张襄英
调整我国奶价政策的意见	陕西省第四次社会科学优秀成果二等奖	陕西省人民政府	1995	庹国柱
进一步调整陕西农村产业结构与布局的研究	陕西社会科学优秀成果三等奖	陕西省人民政府	1995	张襄英 尹志宏 罗剑朝

二、重点学科点研究进展

农业经济及管理国家重点学科点凝练的三个研究方向都取得了较大进展。

一是农业和农村经济发展的理论与政策研究处于国内外先进行列。如"农村经济结构与农村发展研究""农业发展三阶段理论""农户经营论"等研究成果,丰富和发展了马克思主义农业经济理论,对西方的发展经济学的理论也有补充和发展。

二是农业资源开发利用研究处于国内领先地位,其重要成果已经达到国际先进水平。如"黄土高原综合治理乾县试验区建设"、国家"六五""七五"攻关项目——"黄土高原资源综合考察与农村经济开发"、国家"七五"重点研究项目的子项目——"黄土高原乡镇建设及繁荣农村经济途径"均取得重要成果,处于本学科的发展前沿。在科学研究的基础上,产生了一批新的教材。如万建中教授主编的《农业自然资源经济学》(全国统编教材),充分吸收多年研究成果,形成自己的特色。

三是农村经济管理的理论与实践研究,取得多项研究成果。如"西北地区农村产业结构调整""关中东部抽黄灌溉(百万亩)农村产业结构调整试点""太里湾万亩黄河滩资源综合开发利用""澄城县蔡袋村产业结构调整试点""杨陵区夏家沟城郊型农业发展模式""发展陕西省农业保险的途径""我国奶价政策及其调整"等项目研究成效显著,取得了巨大的经济效果,所提出的政策性建议,为国家有关部门的决策提供了科学依据。

三、学术交流

(一)营造学术氛围

1. 学术报告会

在系内营造学术小气候,坚持开展"双周系列学术报告会",每学期组织一次论文研讨会,大学生、研究生自办《农业经济学习与探索》等报刊,经常性地邀请国内同行学者来校做学术报告、讲学,发挥学科群体效应,活跃学术气氛。牵头主办了六期全国高等农业院校农经教学研讨会,1992年主办了全国第二届中青年农经理论研讨会,1994年又成功地举办了国际发展农业保险学术研讨会,增强了农经学科点在国内外学术界的地位和影响力。

2.学术交流,创造开放式的学术研究环境

一是建立院校间相关学科点的联合和交流,开展和合作研究,支持学科点教师、博士研究生参加全国性和国际性的学术会议;二是与美国、加拿大、德国、乌克兰等国家的 10 多个教学科研单位建立了交流关系,先后邀请了 20 多位外籍专家、教授来校讲学、进修、合作研究、参加学术会议、考察访问;三是加强横向学科联合,拓宽学科面,开展国际间学科合作,走联合办学之路。聘请中国社会科学院、中国科学院水土保持研究所的研究员、国家政府行政官员等为学科点的兼职教授;聘请陕西财经学院的博士生导师江其务教授等为农经学科点的兼职博士生导师;聘请加拿大、美国、德国的 5 位教授为科学顾问;与德国李比希大学、加拿大马尼托巴大学、美国温克农业发展协会联合培养博士研究生。

(二)举办全国青年农业经济理论研讨会

1992 年 5 月 26 日至 29 日,由学校农经系主办的"全国青年农业经济理论研讨会"在学校隆重举行。参加这次会议的有 24 省 43 个单位的 100 余名代表,时任农业部部长刘中一为大会题写了"方向正确,思路开阔"的贺词,陕西省委农业经济研究室、陕西省农经学会的负责人,德国诺曼基金会驻华代表鲍尔·萨克斯先生,学校农经系老一辈专家王广森、吴永祥、丁荣晃、魏正果等教授参加了大会。农经系主任朱丕典教授主持了 5 月 26 日的开幕式,学校党委副书记张志鸿、副校长商鸿生、朱文荣、张宝文出席开幕式,商鸿生副校长在大会上讲话,对与会的青年学者的到来表示热烈欢迎。这次大会共收到论文 81 篇、大会交流 28 篇。这些论文对 20 世纪 90 年代农业经济发展问题,如乡镇企业发展、不同地区农业发展模式、农村经济发展的宏观调整等发表了很好的观点和看法,有较高学术水平,对制订和调整农村经济政策有重要的参考价值。这次会议的理论探讨由青年人自己主持交流,采用当场提问质询、当面回答等新颖形式,思想活跃、气氛热烈,使人耳目一新。会议加强了青年学者之间的交流,有力地推动了青年农经理论研究活动的进一步深入发展。

第八节　学位与研究生教育

1960 年首次招收研究生,1981 年获全国首批农业经济及管理学科点与硕士学位授予权(北京农业大学、南京农业大学、沈阳农业大学、华中农业大学、西北农学院、中国农科院),1983 年获全国二批博士学科点和博士学位授予权(北京农业大学、南京农业大学、沈阳农业大学、西北农学院),1985 年首次招收博士研究生。

一、硕士研究生教育

我国高等教育的研究生学位制度是在改革开放后逐步建立和完善起来的。1980 年,国务院学位委员会召开第一届学科评议组会议,讨论制订硕士学位条例。农业经济及管理专业 1983 年制订了指导性培养方案,又于 1985 年进行修订。修订方案培养目标明确,规定了必修课、方向课和选修课,规定修读学分 35 分以上,一般必修课占 2/3,选修课占 1/3。

我校制订了实施方案,基本上开设了方案规定的必修课和一些选修课,同时注意随着形势的发展,调整课程大纲和教学内容,充实新的内容,不断为研究生开设较高水平的新课。教学方法充分运用了课堂讨论,规定撰写读书报告,导师评阅,培养学生的自学能力。在打好学生的理论基础的同时,注重理论联系实际,鼓励学生参加社会实践活动和有关专业学术会议,培养他们的独立工作能力和思考能力,开展横向联系,拓宽知识面。

注重研究生独立从事科学研究能力的培养。学位论文写作和答辩要求严格,需经过以下流程:选题—开题—调研写作—送审—答辩。其中,学位论文的选题,主要来自导师的科研课题,符合国民经济建设的需要,所完成的论文一般具有较大的理论意义和实用价值。研究生撰写好开题报告后交给导师进行审查,然后成立由 5~7 名教授组成的开题委员会,对论文选题的意义、研究方法及研究框架进行评价和质疑。开题通过后进入实地调研、分析与论文写作阶段。在论文的写作过程中,要求学生深入实际,取得第一手资料,并学会整理、分析资料,提高撰写论文的基本功。导师则加强指导,保证论文质量。成文后经导师审查提出修改意见并进一步修改,送外单位同行专家评审。外审通过者,针对外审专家提出的问题和修改意见做进一步修改,经导师认可后提交学院申请学位论文答辩。学院组织 5~7 名教授(其中外单位同行专家 1 位以上)进行论文答辩。通过答辩者,根据答辩中各位专家提出的问题和修改意见进一步进行修改,经导师和答辩委员会主任确认后,提交论文终稿。

正是基于以上严格的规范论文环节要求,在 1987 年国务院学位委员会对农业经济及管理专业硕士研究生培养质量进行评估中,担任西北农业大学评估组组长的沈达尊教授及专家组成员,在听取了系主任张襄英教授的汇报,看了有关学科建设资料,特别是详细翻阅了农业经济系七届硕士研究生的学位论文,对这些论文的理论性、实践性和较多应用数量经济模型进行实证分析后,对论文的规范性等方面大加赞赏。专家组认为,西北农业大学农业经济专业的硕士论文在他们检查评估的论文中是"最好、最规范、质量是最高的"。西北农业大学农业经济专业硕士研究生培养质量得分全国第一,这就对重点学科评审胜出起到了重要作用。

表 3 - 10   1960—1993 年农业经济及管理专业硕士研究生招生人数

招生时间	研究方向	招生人数/人	招生导师	
1960	未指定	3	万建中	贾文林
1979	未指定	7	刘均爱	黄升泉
1980	未指定	1	刘均爱	
1982	电子计算机在农业经济中的应用、中国农业现代化理论与实践、农业技术经济、农业经济与经营管理	9	万建中　王广森 贾文林　黄升泉 马鸿运	
1983	农业企业经营管理、世界农业经济、农业技术经济、农业经济核算与数量分析	5	万建中　王广森 贾文林　黄升泉 马鸿运　吴永祥	

招生时间	研究方向	招生人数/人	招生导师	
1984	农业经济核算与数量分析、农业经济理论与农业政策、农业技术经济、世界农业经济、研究生班	25（研究生班18人）	王广森 黄升泉 吴永祥	贾文林 马鸿运 魏正果
1985	农业技术经济、农业经济核算与数量分析、农业经济、土地利用与管理、农业区划、研究生班	35（研究生班22人）	黄升泉 吴永祥 丁荣晃 朱丕典 张襄英 包纪祥	马鸿运 魏正果 刘广镕 王忠贤 徐恩波
1986	农业企业管理、经济数量分析、农业区划与布局、农业经济、农产品外贸、土地利用与管理、研究生班	22（研究生班7人）	万建中 贾文林 马鸿运 魏正果 王忠贤 徐恩波	王广森 黄升泉 吴永祥 朱丕典 张襄英 包纪祥
1987	农业经营管理、经济核算与数量分析、农业技术经济、土地利用管理、农业经济、在职研究生、研究生班	19（研究生班4人）	马鸿运 丁荣晃 朱丕典 徐恩波 马国庆	吴永祥 魏正果 王忠贤 包纪祥
1988	产业结构与资源综合开发利用、农村合作经济经营管理、畜牧业经济管理、农业经济理论与政策、农业技术经济、农业综合区划、土地利用经济核算与数量分析	10	马鸿运 魏正果 张襄英 包纪祥	吴永祥 朱丕典 徐恩波 刘广镕
1989	农村产业结构与资源开发利用、农业资源开发与利用管理、农村合作经营管理、畜牧业经济管理、农村保险、土地利用管理	7	朱丕典 张襄英 包纪祥 庹国柱	王忠贤 徐恩波 刘庆生
1990	农业经济理论与政策、农村产业结构与资源利用、农业资源开发与利用管理、农村合作经营管理、畜牧业经济管理、农村保险、农村金融	13	万建中 黄升泉 朱丕典 张襄英 庹国柱	王广森 魏正果 王忠贤 徐恩波 齐 霞

续表

招生时间	研究方向	招生人数/人	招生导师
1991	农村金融、农业保险、农村产业结构与资源利用、农村合作经济经营管理、土地利用与管理、农业经济理论与政策	7	魏正果　朱丕典 张襄英　包纪祥 庹国柱　齐　霞
1992	产业经济理论与政策、农业资源经济、乡镇经济管理与农村发展、土地利用管理、农业经济理论与政策	8	朱丕典　包纪祥 刘庆生　陈　彤 贾生华　冯海发
1993	现代管理理论与方法、农业投资与资源开发利用、土地经济、区域资源开发与利用、乡镇经济管理与农村发展、农村金融、农业保险、农村合作经济经营管理、土地利用与管理、农业经济理论与政策	14	魏正果　朱丕典 王忠贤　张襄英 包纪祥　刘庆生 庹国柱　齐　霞 陈　彤　贾生华

注:1960 年招生一届,1979 年恢复招生。

二、博士研究生培养

1981 年 10 月教育部下发了《关于做好 1981 年招收攻读博士学位研究生工作的通知》,1982 年 10 月又下发了《关于招收攻读博士学位研究生的暂行规定》,规定了博士研究生的培养目标、学制、报考条件、入学考试录取办法等。"文化大革命"后全国农业经济及管理专业博士研究生招生是从 1984 年开始的,当年分别由沈阳农业大学朱道华教授、南京农业大学刘崧生教授、西北农学院万建中教授和王广森教授作导师,共招收博士研究生 7 名。1985 年 5 月南京会议提出了《农业经济及管理博士学位研究生培养意见》。1988 年 7 月在沈阳农业大学召开的农经学科研究生教育研讨会上,又提出了《农业经济及管理专业博士生培养的基本要求》,学校根据这些文件开展博士研究生的培养工作。截至 1990 年,全国农业院校和科研院所共招收农业经济及管理博士研究生 57 名。

1983 年试行博士学位的授权和布点,并经 1984 年国务院第二批次批准,全国 4 名教授为农学类农业经济与管理学科博士学位研究生的指导教师。西北农学院农业经济系万建中教授和王广森教授二人位列其中。到 1993 年,学校农业经济及管理专业博士点拥有国务院批准博士生导师 5 名。

表 3 - 11　国务院批准博士生导师名单

姓名	批准机构	批准批次	批准年份
万建中	国务院	2	1984
王广森	国务院	2	1984
黄升泉	国务院	3	1986

续表

姓名	批准机构	批准批次	批准年份
魏正果	国务院	4	1990
王忠贤	国务院	5	1993

学校农业经济及管理博士生 1984 年开始招生,至 1993 年共招收博士生 27 名,在国外合作培养博士生 3 名(美国、加拿大、法国)。截至 1994 年毕业 14 位博士,他们的政治素质好、综合素质高,具有很强的科研能力。其中,冯海发的博士学位论文《中国农业总要素生产率研究》,填补了农业总要素生产在我国农业经济理论研究方面的空白。这些优秀的博士生大多已成为我国农业经济及管理学界的老前辈和学术造诣较深的专家,在国内有较大影响。他们的研究成果大多处于国内领先地位。

表 3-12 1988—1994 年农经系博士学位论文一览表

姓名	性别	博士论文题目	导师	工作单位及职务
韩立民	男	《论我国农业科学技术体制的改革》	王广森	青岛海洋大学经贸学院教授
陈彤	男	《论农村城市化与中国农村发展》	万建中	新疆农业科学院教授、院长
冯玉华	女	《中国农村土地制度改革的理论与政策》	万建中	中国证监会海南监管局党委书记、局长 中国资本市场学院党委书记
韩俊	男	《农业劳动力转移与经济发展》	王广森	农业农村部党组副书记、副部长
贾生华	男	《中国农村产业结构变动机制分析》	万建中	浙江大学社科部教授、副主任
冯海发	男	《中国农业总要素生产率研究》	王广森	中共中央政策研究室农村局局长
李薇	女	《农业剩余与工业化的资本积累》	王广森	首都经贸大学
罗剑朝	男	《中国农业投资与农业发展》	万建中 黄升泉	西北农林科技大学经济管理学院教授
霍学喜	男	《中国商品粮基地研究》	万建中 王广森 贾文林	西北农林科技大学教授、校长助理、研究生院常务副院长
李铁岗	男	《中国农业增长与波动研究》	黄升泉	山东大学经济学院教授、副院长
曾福生	男	《中国农业适度规模经营问题的探讨》	魏正果	湖南农业大学教授、副校长
许坚	男	《农村生态经济建设的基本理论探讨》	黄升泉	国家土地资源部研究员
石爱虎	男	《农业基本建设与农业发展》	魏正果	集美大学财经学院教授、副院长
王敬斌	男	《中国乡村工业投资机制研究》	黄升泉 马鸿运	中国爱地集团有限公司副总经理

第九节　推广与试验示范

　　自新中国成立至 1993 年 40 多年来,几代农经人始终坚持面向西北各省市县广大农村开展经济咨询服务工作,取得了辉煌的成绩。特别是 20 世纪 80 年代,经农业部批准,建立了农业部经营管理总站西北农学院农村合作经济经营管理服务中心,与陕西、宁夏等多地市县开展试验、示范、推广工作,取得了显著的社会效益和经济效益,获得了国务院、农业部和各级人民政府的嘉奖。

一、农村合作经济经营管理服务中心

　　为了适应不断发展变化的形势,在原西北农学院院长万建中教授和农业经济系主任王广森教授的积极倡导和争取下,1983 年 7 月 14 日,农牧渔业部正式批准建立农牧渔业部经营管理总站西北农学院农村合作经济经营管理服务中心。这也是第一个挂靠农业院校的经营管理服务中心(以下简称"中心")。

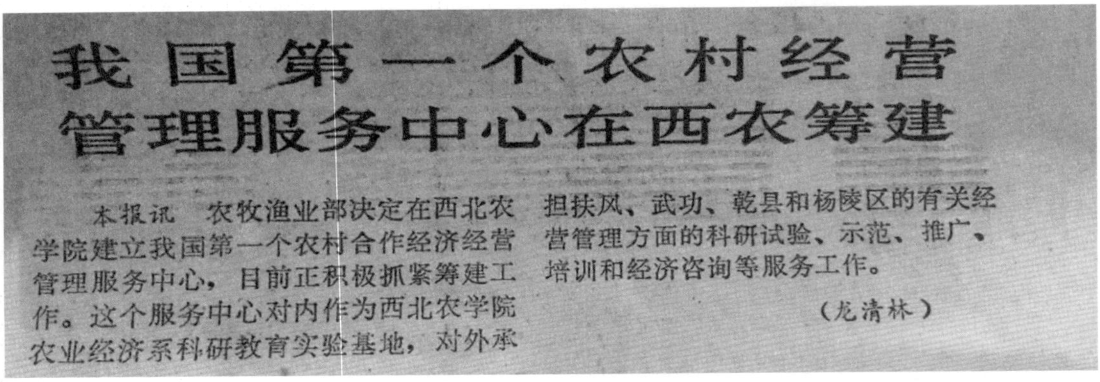

我国第一个农村经营管理服务中心在西农筹建

本报讯　农牧渔业部决定在西北农学院建立我国第一个农村合作经济经营管理服务中心,目前正积极抓紧筹建工作。这个服务中心对内作为西北农学院农业经济系科研教育实验基地,对外承担扶风、武功、乾县和杨陵区的有关经营管理方面的科研试验、示范、推广、培训和经济咨询等服务工作。

(龙清林)

图 3-3　1983 年 9 月 17 日第 1 版陕西日报

　　1984 年,建筑面积 1420 平方米的经管中心楼正式投入使用。中心主任先后由朱丕典、张栋安、张襄英三位农经系系主任兼任;朱德昭担任经管中心副主任,负责日常工作;此外,还配备了专职工作人员。

　　"中心"接受农牧渔业部经营管理总站的业务指导,对内为西北农学院农业经济系教学、科研基地,对外从事农村经营管理方面的试验、示范、调查研究、区划、规划、企业诊断、专业培训等咨询服务工作。经管中心围绕当时农村实行联产承包责任制后出现的新问题和农村经济建设的需要,先后开展农村合作经济管理示范、咨询、培训、推广和调研工作。

　　(一)继续教育

　　"中心"先后举办了农村经营管理干部、农村财会人员、乡镇企业财会人员、乡镇企业统计人员、乡镇企业经理、厂长等专业培训班共六期,培训方式和期限灵活多样,培训内容完全根据需要而定,具有较强的针对性。这些班开设的课程有:农村商品经济、现代经济管理基

础、乡镇企业经济管理、乡镇企业统计、乡镇企业会计、经济法、财政与信贷、电子计算机在管理中的应用等,另有经济预测、经营决策、成本管理、市场与价格、土地规划、农业区划、国外农业经济动态等专题讲座。编印出的教材和教学资料有 10 多种。后来,根据国家教委、人事部及农业部关于成人专业证书教育的文件精神,分别于 1989 年、1991 年承担了农经管理和土地管理专业证书班两届共 178 人教学任务,学员来自 9 省(区),6 个少数民族。中心培训了一批在职农经和土地管理干部,取得了显著的社会效益。同时,与实践一线的学员教学相长,吸取营养,对提高教学、科研水平和学科建设起到了有力的推动作用。1990 年获全国成人教育先进集体,受到农业部的表彰。

(二)咨询服务

"中心"1984 年与陕西关中东部抽黄工程指挥部(国家水利重点投资、联合国受援单位)签订合同,承担《关于太里湾黄河滩地综合开发规划方案》《抽黄灌区所辖四县近百万亩受益农田产业结构调整试点方案》的设计工作。此项工作由中心主任朱丕典教授主持,组织农经、农学、畜牧、林学、农化、园艺等专业教师和本科毕业班实习生进行实地考察、蹲点调查、资料整理、计算分析、方案选优等工作(其中四个方案采用线性规划方法,通过电子计算机进行选优)。双方紧密配合,按期完成了合同规定的任务,交付的成果有《关于太里湾黄河滩地综合开发总体规划设计方案及农、林、牧技术措施方案》《关于五个抽水站庭院经济规划设计方案》《关于综合试验站试验设计方案》《关于合阳县范家洼村、澄城县蔡袋村、大荔县周家寨村、蒲城县坞泥村产业结构调整方案》等。东部抽黄工程指挥部按照规划方案,在黄河滩开挖鱼塘,放养鱼苗;养肉牛,引进农、畜、林、果、草优良品种,开展饲料加工、食品加工等经营项目,取得显著经济效益和广泛社会影响。

二、乾县试验区

乾县枣子沟流域综合治理及农业持续发展试验示范区(以下简称"乾县试验区")是西北农林科技大学前身——西北农业大学校外重要的科研、教学活动基地之一,曾经承担着国家"七五"攻关课题研究任务,而且获得了陕西省 1992 年科技进步一等奖,有着辉煌历史和卓越贡献。

(一)乾陵综合试验基地

乾县试验区的前身是乾陵综合试验基地(以下简称乾陵基地)。乾陵基地建设项目启动于 1982 年 8 月,至 1986 年 12 月结束,历时近五年。该项目原由省科委下达,由西北农学院、乾县人民政府承担,在乾陵乡进行,由农业经济系万建中教授(时任西北农学院院长)主持。综合基地成立初期由果志英老师协助万建中教授工作;基地办公室协调领导小组成立以后,朱德昭老师任组长。根据万建中教授关于综合发展农业的思路,共设置了四个综合课题和十一个专题课题,先后组织了农业经济、农学、林业、果树、畜牧、水利、植保、气象等八个专业的有关教师参加。其中,四个综合课题(包括农业生产结构调查研究、土地质量评价、综合效益评价和合同制四项专题研究)由农业经济系教师包纪祥、果志英等承担。在大家的共同努力下,初步探索出乾陵试验区农业综合发展的道路,即以多种经营为突破口,重点发展林、果、牧业,控制水土流失并提高农林牧系统生产力。由包纪祥负责完成的土地质量评价专题研究成果后来成为制定陕西省农地分等定级方案的重要依据,为完善陕西省土地管理工作发挥了重要作用。

乾陵基地项目于1987年6月29日通过专家组验收,鉴定意见认为:该项目在深入调查研究的基础上,从当地实际出发,以大农业综合发展为着眼点,发挥多学科合作研究的优势,把科学技术送往农村,实行试验研究与推广相结合,教学、科研、生产相结合。经过五年努力,完成了原定的计划任务,在增加经济效益的同时,也显示出明显的生态效益和社会效益,这为西北农业大学申请"七五"国家攻关课题,建立乾县枣子沟流域综合治理开发研究基地奠定了基础。

(二)乾县试验区

"乾县枣子沟流域综合治理试验示范区及农业持续发展研究"专题系国家"七五"重点科技攻关项目"黄土高原综合治理"的第十二专题。乾县枣子沟流域之所以被选定为"七五"攻关试区,最重要的原因是乾陵基地"六五"期间取得的丰富经验和研究成果,为进一步开展研究打下了良好基础;其次是因为枣子沟流域自然条件的复杂性和多样性具有十分明显的黄土台塬阶地特征。

乾县试验区建立于1986年8月,由西北农业大学副校长李佩成教授主持,农业经济系包纪祥老师为技术负责人(第二主持)。农业经济系朱德昭老师任办公室主任,负责试验区日常管理工作。根据水土流失综合治理攻关要求,试验区设置了五大研究内容:一是土地等自然资源合理利用与水土保持措施优化配置及实施;二是枣子沟流域产业结构调整与实施;三是水土保持生态与社会经济效益评价;四是旱作农业增产体系研究;五是恢复植被、造林种草的有效途径以及黄土高原水—土—光—热—气—植综合系统动态观测预报研究。前三项研究内容主要由农业经济系师生完成,此外,还完成了试验区土地利用现状调查、社会经济调查工作,并在此基础上制定了《枣子沟流域综合治理开发规划》(简称《规划》)。《规划》中提出的"以开发促治理,以治理保开发,农田治理与沟谷治理并重,生物措施与工程措施相结合"的指导思想,充分体现了乾陵基地总结出的"治理与开发相结合"的精神。《规划》中运用系统仿真方法制定了产业结构调整、土地利用结构调整、种植结构调整方案以及林果草布局方案,编制了资金投入、农田基本建设、劳动力和自然资源利用计划以及规划实施年度计划,成为试验区全面开展综合治理和发展经济的科学指南。经过试验区全体工作人员(包括部分农业经济系师生)的共同努力,试验区建设和科研工作均取得了令人瞩目的成果,1990年8月通过成果验收,1992年通过成果鉴定,并获1992年陕西省科技进步一等奖。

三、夏家沟综合试验示范点

1984年,杨陵由一个小镇改名为杨陵区,先后归属宝鸡市和咸阳市,并有"农科城"之称。1986 年,杨陵区被陕西省科学技术委员会列为全省农业科学试验示范基地县(区)之一。经武功科研中心牵头,组织专家论证,提出了杨陵农业科学技术试验示范基地建设项目,获得科委资助。由此,夏家沟被列为五个试验基点中唯一的一个综合点,由张襄英、马山水和村干部康健、许启民等协同,组织开发试点工作。经过实地调查与反复论证,制定了《夏家沟村总体发展规划》,确定其战略目标是发展农科城城郊科学化服务型商品经济。其目标实现分两步走:第一步是 1990 年前着力改善村庄经营管理,推广农业科技成果,加强农业生产,发展商品经济;第二步是 1990 年之后发展农科城城郊科学化服务型商品经济。本系教师王执印和李钮等百余名大学生先后参加了调研工作。

经过两阶段三年多的努力,夏家沟村的 1200 亩耕地实现了渠路林方田化,渠井灌溉双保险,渠道全部水泥砌衬;新村建设初具规模,90% 的农户按规划在三条主干街道盖起了新房。同时,村党支部和项目组成员利用各种形式向村民灌输新思想和新认识,使全村的精神和物质文明出现了新景象。其间,省市领导多次到该村视察,高度肯定和赞扬了基点的做法和经验。1990 年,夏家沟村被评为省级小康示范村。1993 年该项目获陕西省科技进步二等奖,其中夏家沟综合试验示范点成效突出,张襄英、马山水分列科技进步奖第一和第五位。

第十节　党团与学生工作

一、新中国成立后招生与学生工作

1949 年农业经济系招生 20 人,持续到 1954 年;1952 年至 1953 年,全国农业经济系师生集中学习实习,本系未招生。1955 年至 1965 年,招生人数增为 60 人(两个班),其中 1956 年为 90 人(三个班),1957 年为 30 人,1962 年停招一年。

1960 年,选留应届毕业生徐恩波、董海春 2 人为万建中教授指导的研究生,徐恩波的指导教师后改为贾文林教授。万建中教授同时招收了新疆八一农学院的杨为民,因“文化大革命”开始,草草结束学业。

1966 年“文化大革命”开始,农业经济系停止招生,在校学生只出不进。1971 年 4 月,驻系“工宣队”支持“造反派”把“砸烂”了的农业经济系“解散”。

1972 年,农经系“形”虽失而“魂”尚在,学校任命刘均爱教授为领导,成立“农业经济组”。很快就回来十几位教师,“系”以“组”之躯而得以“复活”,在图书馆两间空阅览室办公备课,一个是经济学教研室,一个是经济管理教研室。有人请,即去当地办班;没人请也主动去。在蒲城县的县党校内培训生产队的队长,主讲为万建中教授和刘均爱教授;县委书记和县长曾到场看望二位老师。办得最多的是会计辅导员培训班,吴兴昌和吴永祥老师为此编写了教材和教参,算是“非常时期招非常学生”。据估计,学员有五六千人。

1975 年和 1976 年,连招两届工农兵学员,学制两年。学员们先选学马克思主义、政治经济学、经典著作选读、农业经济学、统计学、会计学、计算技术、农业经营管理等课程。由万建中、刘均爱、王殿俊等 10 多位教授授课。后因有人认为待在学校有违"最高指示",虽然学校教室空着,图书馆闲着,但要求学生去农村上课,最后选在宝鸡县贾家崖上课。是时"评法批儒"被列为农业经济系的"主课"。

1977 年,大学恢复招生,因为上级没有发文撤销农业经济系,自己宣布"恢复",报招生计划,但因"临阵怯战",1977 年未招生。1978 年 10 月初,在 3 号楼的迎新会上迎来了"文革"后农经系第一届 78 级本科生。从此,除 1978 级为 32 人外,每年招生稳定在 2 个班,规模为 60 人左右(1982 级为 3 个班,92 人),直到 1988 年增设新专业。

1979 年,农经系先于《学位条例》颁布而按上级要求招收了 3 位研究生,他们分别是庹国柱、吴伟东,导师为黄升泉教授;戴思锐,导师为刘均爱教授。1980 年明确这 3 人为 3 年制硕士学位研究生。1980 年只招到王成义 1 人,导师为刘均爱教授,全校各专业只此一人。1984 年硕士研究生班招生 22 人,其中大多数先后获得硕士学位。1984 年 1 月,万建中、王广森两位教授(一般每校最多 1 位)被国务院学位委员会批准为全国(第二批,农经界第一批)农业经济管理学科博士生导师,后又逐次批准增补黄升泉(第三批,1986 年 7 月)、魏正果(第四批,1990 年 11 月)、王忠贤(第五批,1993 年 12 月)为博士生导师。

1993 年 6 月,农业经济管理学科接收了第 1 位博士后(全校第 2 位),毕业于中科院地理所的石忆邵博士,进站题目为《中国农村集市的理论与实践》,指导教师为魏正果教授。

总之,从新中国成立后到改革开放前,学生工作基本围绕国内大的政治与经济形势及活动展开。

二、改革开放以后的学生工作

西北农学院农业经济系 1978 年开始招收第一批本科生共 32 名学生,79 级到 81 级各学年两个班各 60 名学生,82 级三个班共 92 名学生,以后随着教师队伍的补充,逐年扩大招生,年在校生达 1000 余人。专业设置也由农业经济管理专业逐步拓展到土地资源管理、金融学、经济贸易、会计共 5 个专业。

(一)20 世纪 80 年代的学生工作

78、79 级是比较特殊的两级学生。年龄大的 32 岁,孩子已经 10 多岁,他们经历了"大跃进""文化大革命""上山下乡"等,如刘登高、同金蝉、许济周等;年龄小的只有 16 岁,他们经历"文化大革命"后期以及打倒"四人帮"后拨乱反正的年代,如陈彤、高晓明等。这两届学生突出特点是:一是传统的思想道德信念牢固;二是农经专业课程中的马列主义、毛泽东思想理论课占很大比重,学生思想觉悟较高。班上党员多,党支部活动活跃,经常开展革命远大理想竞赛活动,良好的学风班风竞赛活动,争做有文化、守纪律的社会主义建设人才的演讲活动等。78 级连续 4 年获得学校"先进班集体"称号,学生党支部连续 5 年获学校"先进党支部"称号。

从 78 级刘振伟、许济周担任校学生会主席,江秀凯担任校学生团委书记开始,79 级惠哲、史立新,80 级王锋等连续几届担任校级学生组织主要负责人。正是基于在校期间的良好的教育和有效的锻炼,包括78级班长刘登高及团支部书记叶敏,79级班长翟以平、刘培仓、李彦亮、李仲为、袁惠民,80级班长徐文安、张佰鸣、李金有、宫浩兴、席公会,81级班长任燕顺、王养锋、侯军岐,82级班长张磊、罗剑朝、冀翼等,走上工作岗位数年后,在国家、省、地、校各级部门均担负了重要职务,成为国家的栋梁;也有一大批,像张建设、段林冰、杨万锁、马亚教、周思良等,成为在市场经济中搏击风云的实业家;还有郑三民、唐玉明、史宇社等在金融和保险行业做出优异成绩的佼佼者;还有一大批学生成了教育和理论战线上的大学者。

（二）党团活动

自20世纪80年代到90年代初,农业经济系学生工作一直在学校处于领先地位,学生中党员人数占全班学生比例在学校一直最高,获先进党支部、团支部、班集体荣誉以及优秀学生干部在全校最多。

1. 掀起自学马列热潮

20世纪90年代初,农经系团总支宣传部部长张龙兵等同学发起成立农经系自学马列小组。小组根据同学们的心理、专业特点、知识结构层次以及个人兴趣爱好不同,分年级、分专业成立了《毛选》自学小组、《马克思主义哲学》小组、《资本论》自学小组、《社会主义农地经济探讨》小组。同时,小组还注重与外系进行广泛的经验交流。由于引导得当,全系参加人数达312人,占全系总人数的96%,受到了学校表彰并在全校进行推广。

2. "89、90工程"收效显著

为了进一步加强学生思想教育工作,正确引导学生树立远大理想,培养他们"自我教育、自我管理、自我服务"能力,1989年起,农经系学生党支部、团总支大胆创新,共同制定了一项"89、90工程"计划。该计划是指实行"助理班主任制",即聘请高年级的优秀学生充任89、90年级助理班主任,协助班主任完善学生工作。方法是由一名学生党员、一名品学兼优的高年级学生配合,共同负责一个班的工作。自采取"助理班主任制"以来,农经系89、90级各班学习、纪律、卫生工作都有了很大起色。实践证明,该计划有效消除了班主任因工作繁忙、离学生宿舍远、往返不方便、不能全面掌握学生思想动态的问题,而且还可将他们在大学学习期间积累的成功经验有目的地传授给89、90级学生。

3. 理论学习新气象

农经系紧抓学风建设的措施十分具体,针对部分学生学习基础差、上学期补考人数多的情况,学习部聘请三名学习成绩好的同学分别担任三个班的学习辅导员,通过座谈、讨论、单独辅导、办讲座等形式,对高数、政经、英语等基础课进行辅导。与此同时,开展"如何改进学习方法,提高学习成绩"的讨论,召开由部分教师和高年级同学参加的"师生连心共建农经"座谈会。学习风气日益浓厚,一股学习高潮悄然兴起。

（三）社会实践

"社会是个大课堂,实践是最好的活教材"。农经系开展系列社会实践活动收到良好效果。

1. 宜君县王沟湾村规划

1991 年,在农经系党总支副书记张建生及辅导员张建平、王亚平的带领下,肖延川、唐玉明、赵群民、李忠智、高瑞琪等同学跋山涉水、上坡下沟,来到王沟湾村。他们深入到百余户农家逐户进行调查访问和座谈讨论,测量了王沟湾的所有山水沟梁,编制出精确度较高的"土地利用现状图"和"土地利用规划图"。经过 30 多天的艰苦工作,撰写出 5 万多字的调查和规划报告。该报告提出了具有创新性的"生态经济农业五圈论",经宜君县有关领导、陕西省农业科学院高克勤、王宏进等专家审阅,认为该规划能够做到生态效益、经济效益、社会效益相统一,科学性、理论性与可操作性相统一。这不仅对王沟湾村今后农业的发展具有指导意义,而且对陕北黄土高原丘陵沟壑区发展生态农业具有借鉴价值。此次社会实践结束后,农经系和宜君县双方达成协议,确定宜君县为农经系大学生社会实践活动基地。

2. 到小学去

基于前期张襄英教授团队在"夏家沟综合试验示范点"卓有成效的工作,农经系与夏家沟小学一直保持着亲密的关系。大学生们经常前往夏家沟村运用他们丰富多彩、妙趣横生的课外辅导活动,大大启发了小弟妹们的心智。从 93 级同学开始,建立了夏家沟小学生课外辅导员制度。

3. 到农村去

92 级和 93 级的 30 名同学自愿要求到农村去,进行调查研究。实践部根据不同情况,把他们分为 5 个组,分别就农村劳动力流向、农民负担、农村土地资源利用状况、乡镇企业管理和科学技术在农村经济发展中的作用等 5 个问题进行调查研究,要求每人至少上交一篇论文。他们的社会实践活动已经不仅仅局限于规定的时间内,只要有空闲,同学们就会出现在田间地头,出现在农户的家里。

4. 到单位去

对于已经掌握一定专业知识的高年级同学,实践部积极与杨陵区有关单位联系,开展社会实践。如安排金融班同学到农行实践,土规班协助土地管理局进行土地有偿使用制度的宣传、咨询与收费工作,经管班配合统计局进行杨陵区第三产业普查工作。到对口单位进行实践活动,是农经系社会实践工作的一大飞跃,它不仅巩固了同学们所学过的专业知识,也帮助大家熟悉了具体业务,为同学们走上工作岗位做了必要的准备。

5. 办好自己的刊物

农经系社会实践活动不仅有实践,而且有理论。实践部主办的《农村经济探索》已有五年的历史,主要刊登同学们撰写的调查报告、实习论文、课程论文和毕业论文等。这个刊物成为农经系同学一个重要的经济论坛,激发了大家学习理论的积极性,提高了同学的理论水平。系上老师评价说:"这个刊物办得好"。

农经系社会实践活动,使全系学生在实践中接受了锻炼,增长了才干,使他们走进了比以前更为广阔的天地。

（四）文体活动

全校性的大型文体竞赛活动基本都由农业经济系学生发起、组织、主持。学校春季田径运动会，农经系学生多次夺魁，以 79 级学生原亚利为队长的女排和以 82 级学生冀翼为队长的男足多次获得学校比赛冠军。畜牧经济管理本科新疆民族班学生为校春季运动会增添光彩，连续多年稳坐冠军位置。新疆班同学走出校门后，其朴实的作风、过硬的实力，使得他们快速成长为领导干部和业务骨干，如叶力夏提、克尤木、迪力夏提、居来提、帕吐尔、哈依尔江等同学，展示了农业经济学子的不凡风采。

第四章　西北农业大学经济贸易学院
（1994—1999）

经济贸易学院是在西北农业大学农经系的基础上，经农业部批准于1994年4月挂牌成立的。该期间国家经济体制由"计划经济为主导、市场经济为补充"快速向"社会主义市场经济"转轨，公司制改革稳步推进，学院也进入学科发展的快车道。

第一节　经济贸易学院成立与发展

一、经济贸易学院成立

为了适应我国社会主义市场经济快速发展，大力培养经济管理人才的需要，经科学论证，报农业部批准，在庆祝西北农业大学建校60周年之际，于1994年4月20日宣告经济贸易学院成立。成立大会在学校旱冰场隆重举行，校院领导、海内外嘉宾、校友和全院师生员工1000余人参加了大会。党委副书记张志鸿宣读农业部关于成立西北农业大学经济贸易学院的批复，宣布学院的领导机构，任命蔡来虎任院党总支书记，庹国柱为经贸学院院长。

二、学院快速发展

经济贸易学院经过6年发展，拥有农业经济管理、土地资源管理、金融学、会计学、贸易经济5个本科专业和市场营销、货币银行学、企业管理、经济贸易、财务会计5个专科专业；另设贸易经济、财务会计和货币银行3个三年制函授专业和农业经济管理五年制本科函授专业；拥有农业经济及管理学科专业博士、硕士学位授予权，金融硕士学位授予权、农业经济及管理博士后流动站；拥有农业经济及管理国家级重点学科点；设有农业部批设立农村经济研究所（设5个研究室）、农业部经管总站西北农业大学经济管理服务中心。

在教师流失严重的现实背景下，学院重点加强了教师队伍的建设，形成了一支老中青结合、层次结构合理、团结协作、学术思想端正、学术气氛活跃的教学科研队伍。全院拥有教职工120名，其中教授12名、副教授22名，中青年教师大部分具有硕士或博士学位。以魏正果、朱丕典、王忠贤、张襄英、徐恩波、包纪祥等教授为学术带头人的学术团队初步形成，先后承担了多项国家、省部级重点科研项目，与陕西、宁夏等省（区）8个单位开展的试验、示范、推广工作，取得了显著的社会效益和经济效益，获得了国务院和陕西省人民政府的嘉奖。与加拿大曼尼托巴大学、德国李比希大学、美国加州大学、乌克兰农业大学、美国温洛克国际研究中心及美国东西方研究中心等建立了交流关系。

农业经济及管理学科专业国家级重点学科点在教学、科研、示范推广及研究生培养等方面,处于全国同类专业的先进行列。

第二节　学科建设

农业经济及管理学科点由万建中、王广森、贾文林、刘均爱、黄升泉等老一辈著名专家教授初创奠基,经丁荣晃、马鸿运、吴永祥、魏正果,以及朱丕典、王忠贤、张襄英、徐恩波、包纪祥等教授几十年的辛勤耕耘,于 1989 年被评为国家级重点学科。

一、学科点建设

1994 年经济贸易学院成立以来,学科点建设不断发展,拥有健全的学科体系、稳定的研究方向和合理的学术梯队。拥有 1 个一级学科博士学位授权点、4 个二级学科博士学位授权点、7 个硕士学位授权点、1 个专业学位授权点和 1 个 MBA 教学点。所属学科由一个学科门类的 1 个一级学科发展为两个学科门类的 3 个一级学科,1996 年获得金融学硕士学位授予权,1998 年获批农林经济管理博士后流动站。在西部地区经济相对落后和艰苦的条件下,为我国特别是西部地区培养了大批高层次农业经济管理专门人才。截至 2000 年,共培养本科生近 6000 名,硕士研究生 200 余名,博士研究生 40 余名。

二、师资队伍建设

师资队伍有一定的发展,先后拥有魏正果、朱丕典、王忠贤、张襄英、徐恩波、包纪祥、齐霞、庹国柱、马山水、范秀荣、罗剑朝、郑少锋(庹国柱、齐霞、马山水分别于 1997 年、1999 年调离)等教授。具有博士学位的教师有:罗剑朝、霍学喜、高强、石爱虎、罗静、杨生斌、侯军岐、王征兵、陆迁、李世平、姜志德、阎淑敏、谢群(石爱虎、高强、罗静、阎淑敏、谢群分别于 1996、1998、2000、2003 年调离)。

导师队伍逐步壮大,拥有博士生导师 6 名:黄升泉、魏正果、王忠贤、张襄英、徐恩波、包纪祥。拥有硕士生导师 10 名:齐霞、庹国柱、曹光明、马山水、范秀荣、罗剑朝、郑少锋、杨生斌、侯军岐、霍学喜。

三、教学与科研基础建设

实验室建设逐步加强。经贸学院综合实验室是 1995 年学校行文组建的,前身为原农经系电算室、核算室等。综合实验室的具体任务和工作内容如下:一是为 5 个本科专业、4 个专科专业及部分脱产函授学员提供不同类型的专业基础课实验;二是为博士生、硕士生及在职申请学位人员提供专业基础课实验;三是为 5 个本科专业学生的课程论文、学位论文提供实验;四是为博士生、硕士生及在职申请学位人员提供学位论文实验;五是为教师、研究人员提供科研实验;六是为生产社会服务提供有关实验。

经过十多年的努力,综合实验室得到以下几个方面的发展并形成自己的特色:一是由为单一学科实验服务,转变为多层次教学实验服务;二是由为单一层次教学实验服务,转变为多层次教学实验服务;三是由为单一层次教学实验服务,转变为教学、科研、生产和社会多层次服务;四是由提供数据处理、模型分析单项功能服务,转变为提供资料信息处理、模型分析、会计电算化、制图、模拟等多项功能服务。综合实验室逐渐成为经济贸易学院教学、科研及社会服务的坚实平台。

第三节 教学工作

经过几十年的建设,截至 1999 年底,经济贸易学院拥有五个本科专业:农业经济管理、土地资源管理、金融学、贸易经济、会计学。

一、五个本科专业教学计划

各专业课程设置、课程建设、教材建设、教学改革,教学成果情况如下。

（一）课程设置

见表 4 - 1。

表 4 - 1　各专业课程设置与学时学分分配

项目		必修课					选修课
		总计	公共课	基础课	专业基础课	专业课	
农业经济管理	门数	30	8	11	4	7	36
	学时	2038	738	660	220	420	600
	学分	107	42	33	11	21	30
	占总学时/%	77	36.7	31.5	10.9	20.9	
土地资源管理	门数	30	8	10	7	6	37
	学时	2128	738	42	610	420	360
	学分	111	42	30.5	21	17.5	26
	占总学时/%	81.8	35.1	27.8	20	17.1	20.8
金融学	门数	30	8	11	7	7	34
	学时	2078	738	720	260	360	
	学分	109	42	36	33.8	18	28
	占总学时/%	87.6	36	33.8	12.7	17.5	22.4
贸易经济	门数	29	8	11	5	6	36
	学时	2038	738	720	260	320	
	学分	107	42	36	13	16	30
	占总学时/%	87	36.7	33.8	12.9	15.9	

续表

项目		必修课					选修课
		总计	公共课	基础课	专业基础课	专业课	
会计学	门数	29	8	10	4	7	31
	学时	2088	738	610	220	520	540
	学分	110	42	31	11	26	27
	占总学时/%	89.9	35.6	28.7	10.6	25.1	20.1

（二）课程建设

1994年下半年,学校全面实施本、专科课程规划建设工作,课程建设重点是19个本科专业的主干课程和对全校教学质量有重大影响的公共课、基础课及专业基础课。经贸学院"现代企业管理""货币银行学"被列入学校首批重点建设课程。

1997年,学校公布第二批重点建设课程,学院"统计学原理""管理学原理""银行管理学"入选。1997年,经贸学院"市场营销""会计学原理""管理学原理""经济法""金融市场""银行管理学""土地利用规划"等课程入列学校第三批课程试题库建设。

（三）教材建设

基于办学层次增加与专业拓展,多位老师主编、副主编或参编了用于专科、本科和研究生教学使用的全国统编教材及自编教材。如万建中主编的《农业自然资源经济学》、马鸿运主编的《农业生产经济学》、魏正果主编的《农业经济学》、王忠贤主编的《经济管理学基础》、张襄英主编的《现代企业管理学》、包纪祥主编的《微机在农业经济管理中应用》、徐恩波主编的《畜产市场运行与发展》、庹国柱主编的《保险概论与农村保险》、齐霞主编的《金融市场理论与实践》、马山水主编的《股份制企业投资理论与实践》、王礼力主编的《管理会计》、孙养学主编的《投资项目评估》、杨生斌主编的《财政金融概论》、罗剑朝主编的《中国农业投资与农业发展》等等。以上教材的编写出版,对教学环节规范化、提高教学质量起到了积极的促进作用。

（四）教学改革

1. 试行学分制,促进教学改革

学分制虽然是一种课业管理制度,但它将对现行教育体制和模式、高等教育运行方式的改革具有重要意义。

首先,弹性学制允许学生多选课早毕业,也允许学生中途从事一段实际工作再继续学业。这无论从鼓励优秀学生迅速成才、提高办学效益方面,还是满足学生和社会多方面需求和选择方面都有好处。其次,实行学分制使学生在校期间有更多的发展和选择余地。再次,学分制的实行也有助于培养学生的主动精神和自立自主意识。以市场为导向培养人才,学生自己必须将在校选择专业和课程与未来就业相联系,这样盲目性少了,自觉性就提高了。

为试行学分制,学院做了一些准备工作和设想:

（1）较大幅度修正和调整了三个本科、两个专科专业的教学计划。每个专业都裁减了一些与所设专业关系不密切或与其他课内容重复的课程,增加了十多门新课程。三个本科专

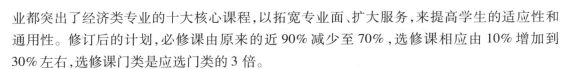

业都突出了经济类专业的十大核心课程,以拓宽专业面、扩大服务,来提高学生的适应性和通用性。修订后的计划,必修课由原来的近90%减少至70%,选修课相应由10%增加到30%左右,选修课门类是应选门类的3倍。

(2)设想实行一学年两长一短三学期制,长学期17～18周,短学期10～11周。这种设想是基于以下4方面的考虑:①有助于学生在保证质量的前提下多修学分,缩短学程;②加强实践教学环节,学生可利用短学期(长假期)进行较多的专业和社会实践;③经济有困难的学生可有较多时间从事有收入的临时工作,勤工助学;④较长的社会实践将提高学生在人才市场上的竞争力,并较快适应工作。

(3)学院还设想逐步打破专业选择界限。进入经贸学院学习的本科学生,两年基础教育之后,可根据人才市场预测和自己的兴趣、爱好和特长,在院内自由选择专业,让市场来调节专业人才结构。这将在一定程度上减少人才培养的盲目性,使宝贵的教育资源得以合理分配和充分利用。

二、教学改革成果奖

(一)教学成果奖

1994年经贸学院获评估组织管理工作先进单位,1995年"农业经济管理学科建设与高层次人才培养的研究"获学校优秀教学成果二等奖,1997年"财政与金融课程内容与教学方法改革的研究与问题实践"获学校优秀教学成果二等奖,1997年"辩、评、讲三结合诱导式教学法的设计与实践"获学校优秀教学成果二等奖,1999年"高等农业院校社会科学教学建设与实践"获学校优秀教学成果一等奖。

(二)主编优秀教材

1995年学校第三次优秀教材评选,经贸学院万建中主编的《农业自然资源经济学》、庹国柱主编的《保险概论与农村保险》、王忠贤主编的《经济管理学基础》获校级一等奖;包纪祥主编的《微机在农业经济管理中应用》、徐恩波主编的《畜产市场运行与发展》获校级二等奖;齐霞主编的《金融市场理论与实践》、杨生斌主编的《财政金融概论》、张襄英主编的《现代企业管理学》、孙养学主编的《投资项目评估》获校级三等奖。

第四节　科学研究

学院科学研究以农林经济为主,立足西北,在继承原有农业经济及管理龙头学科的基础上,侧重资源经济、生态经济、畜产经济、农村财务管理、农村金融与保险、区域规划、农业投资政策、农业政策等基础性理论研究,通过示范基地建设,将理论与实践充分结合,在农户经济管理、农业投资经济、西部农业资源可持续利用以及农业保险研究等方面具有明显的特色和优势。1994年以来,主持科研项目40多项,其中国家级项目10项,总经费达300万元;获部省级以上科研成果奖20多项;出版学术专著8部,公开发表论文近500篇。先后主办大型国际、国内学术研讨会4次,与美国、加拿大、日本、奥地利、以色列等国家的大学科研机构建立了长期的合作关系。

一、农户经济管理研究

在马鸿运、张襄英、侯军岐、李录堂等教授主持下,先后获得国家科研基金资助 3 项、省部级科研基金资助 1 项,出版专著 3 部,获陕西省人民政府优秀成果奖 1 项。其研究成果引起社会广泛关注,有的成果在杨凌示范区等地试验推广。

二、农业投资经济研究

在王忠贤、罗剑朝等教授主持下,获得国家科研基金资助 4 项,出版专著 3 部,获陕西省政府优秀成果奖 3 项。该项目在农业基本建设投资、投资经济评价理论与方法等方面进行系统研究,其成果在陕西省山川秀美工程实施过程中得到有效运用。

三、西部农业资源可持续利用研究

在包纪祥、霍学喜、王青等教授主持下,以退耕还林还草区农村产业结构调整、旱作农业发展、生态环境保护为重点,先后获得研究领域 4 项国家级、2 项省部级课题资助,出版专著 2 部,获陕西省科技进步一等奖 1 项,陕西省政府优秀成果奖 3 项。

四、农业保险研究

在齐霞、庹国柱等教授主持下,较早地在全国农业院校开展农业保险研究,率先招收培养农村金融与保险硕士研究生。1994 年 4 月 25 至 28 日在学校举行中国首届"发展农业保险国际学术研讨会",参会者有来自加拿大、美国,以及我国台湾地区的专家、政府官员 16 人,我国高等院校、科研单位、保险公司和其他部门的代表 68 人。大会共收到国外代表提交的论文 6 篇,国内代表(含台湾地区)提交 48 篇,其中经贸学院代表提交论文 7 篇。此次会议推动了国际、国内农业保险的学术交流和合作,增强了农业保险界学者与实践工作者的相互了解与沟通,对我国农业保险的理论研究和实践起到推进作用。会议论文由中国农业出版社出版专著 2 部,获陕西省政府优秀成果二等奖 1 项。

五、畜产经济研究

为使畜产经济的研究更紧密、更有效地为畜牧产业化和畜牧业现代化服务,更好地完成高校培养高级人才与多出科研成果的双重任务,"西北农业大学畜产经济与贸易研究室"于 1994 年 12 月成立。主任由时任陕西省农业厅副厅长、学校兼职教授史志诚兼任,副主任由徐恩波担任。研究室集学校和校外雄厚的畜牧科技、畜牧机械、食品加工与畜产经贸的研究力量于一体,面向社会,走开放式的科研路子。其具体任务如下:

(1)加强与畜牧、饲料加工以及外贸等部门的联系,承接省内外较大型畜牧建设项目的调研、分析、论证,提供项目建设可行性论证报告,提供工程建设设计方案。

(2)加强与畜牧企业、饲料加工企业的联系,开展企业诊断,经济活动分析,开展畜产市场动态分析,提供科技、经贸咨询服务,信息服务,为提高畜牧企业经济效益服务。

(3)为畜牧部门和畜牧企业培训畜产经济与贸易人才和畜牧企业管理人才,利用研究室的各行专家联合培养畜产经贸硕士研究生,发挥研究生科研生力军的作用。

第五节　教学科研基地建设

科学研究与推广工作是高校教育工作的重要组成部分,也是高校教师不断提高自身素质,为国家和社会作出贡献的重要途径。经济贸易学院成立之后,以1983年建立的农业部经营管理总站西北农业大学经管服务中心为依托,先后在杨陵、武功、乾县、扶风、丹凤、盐池等地设立基地,主要完成了以下工作:

(1)在不同类型地区设点,协助合作经济组织和农户,建立健全会计核算、统计报表、业务档案、技术经济效果分析等制度,改善经营管理,提高经济效益。

(2)承担国家有关任务,组织各点进行经营管理方面的调查研究。

(3)开展市场调查与分析,进行经济预测。

(4)举办各种类型的经营管理专业培训班,为服务地区培训各类管理人才。

(5)协助服务单位完成自然资源考察和经济区划中的有关工作,制定综合发展规划方案。

(6)建立农业信息系统。

(7)开展咨询服务工作,协助合作经济组织和农户,研究解决市场经济条件下生产经营过程中出现的新情况和新问题。

以上社会服务工作的开展,为服务各省地市培训了大量人才,为各点改善经营管理,提高经济效益,改变农村面貌做出了一定贡献。

例如,学院将学校所在地的杨陵农村视为观察"三农"问题的窗口和调研对象之一,先后以夏家沟村和蒋家寨村为基点,根据村庄的基本需求,聚集相关专业专家,形成合作团队,以项目形式为"三农"服务,并推动了自身科研与教学能力及水平的不断提升。

1997年暑期,台湾中兴大学40余名师生在郑诗华教授和李庆余教授带领下,来到经贸学院参观交流。张襄英教授向来访者介绍学院发展和夏家沟基点有关情况,并提供《夏家沟村发展规划》。后经近两年的联系沟通,由台湾农村发展规划学会牵头,与学校合作实施《杨陵农村发展实施计划》。该计划由台湾农村发展基金会资助,为期3年。基金会董事长王友钊等亲临考察,商定以夏家沟村为实施基点。台湾中兴大学郑诗华、杨垣进等10多位教授多次亲临现场调研,协同经贸学院老师给农民讲课、传授技术;同时,应对方邀请,项目组成员张襄英、王礼力、邹志荣、许辉等赴台湾地区考察和交流。

随着市场经济的全面发展,在夏家沟工作基础上,创建了"蔬果引种育苗示范基地"和"猕猴桃丰产栽培示范园",项目组成员、园艺学院李建明博士等在蔬菜引种示范方面做了大量工作。小麦种植转向良种繁育,引进的蔬菜新品种推向全区和周边地区。从占用耕地看,猕猴桃成为主导产业,加之户养奶牛业的发展、新农村建设的完善,形成了具有特色的农科城城郊型经济发展新模式。该村被评选为省级"双文明"村,科技人员在有关刊物上发表论文 4 篇。

为推进两岸进一步合作和交流,在国家教委和学校支持下,由经贸学院主办,在学校举办了"海峡两岸农村合作经济发展研讨会"。出席研讨会的有台湾与大陆农业经济界专家、教授和夏家沟村干部等正式代表和非正式代表共计 80 余人。研讨会收到论文 42 篇,其中 30 篇在大会进行了交流,后经专家评选,27 篇论文发表在《西北农林科技大学学报(社科版)》上。

第六节　师资队伍建设

几十年来,在万建中、王广森两位学科领军人的带领下,在建设农业经济及管理国家重点学科的过程中,学校不断促进人才队伍建设,一批教师快速成长,有的年轻教师在职攻读博士和硕士学位,有的赴国外学习深造。十多年来,先后选留了 30 多名博士和硕士研究生充实教师队伍,使师资队伍结构发生了显著变化,40 岁以下的年轻教师占到 70% 以上,其中大部分教师已获博士或硕士学位,他们的崛起成为学院跨世纪发展的栋梁。

魏正果,男,1931 年 2 月出生,汉族,陕西省咸阳市秦都区人。1953 年毕业于西北农学院农业经济系,1956 年毕业于中国人民大学农业经济系研究生班并分配至西北农学院农业经济系任教。历任助教(1956 年)、讲师(1960 年)、副教授(1982 年)、教授(1990 年)。1984 年聘为硕士生导师,共培养硕士研究生 14 人。1990 年聘为博士生导师,培养博士 11 人、博士后 2 人。讲授"经济学说史""农业经济学"《资本论》选读"等课程。主编《农业经济学》教材。在核心期刊发表《论农业生产力的质与农业经营形式》(中共中央党校出版社《马克思主义合作理论的新发展》1984)、《农业土地国管私用论》(《中国农村经济》1989 年第 5 期)论文。完成博士点基金科研课题"农业的经营方式与形式"、陕西省农办基金科研课题"陕西省农产品流通"两项。1992 年被选聘为国务院学位委员会第三届学科评议组成员。1992 年起享受国务院政府特殊津贴。

朱丕典,男,1932 年 10 月出生,汉族,甘肃省民乐县人,中共党员。1958 年 8 月毕业于西北农学院农业经济系,并留校任教。历任西北农业大学农业经济系讲师、副教授、教授、硕士生导师。历任西北农学院农业经济系秘书、教学实习农场农作站主任、农业经济系副系主任、系主任,农业部经营总站西北农业大学经管服务中心主任,以及中国农村合作经济管理学会常务理事、陕西省农业经济学会理事、陕西省农村合作经济经营管理研究会副总干事长、咸阳市税务学会理事、西安市人民政府科技咨询委员会委员、宝鸡市农业技术干部职称评定委员会委员等职。主讲"农业企业经营管理学""现代农业经济管理""乡镇企业经济管理""农业经济与管理""管理心理学""管理专题"等课程。主持和参与编著《现代农业经济管理基础》(主编)、《农业企业经营管理学》(北方四院校合编)、《农业常用名词手册》、《乡镇企业经济管理》等图书10余部;发表《陕西省乡镇企业综合区划》《乡镇企业农副产品加工专题区划》《经营管理咨询服务的初步实践》《陕西省农村经营管理社会化服务体系探讨》等学术论文。主持和参与完成国务院农村发展研究中心关于"西北地区农村产业结构调整与布局"中"西北地区农村产业结构转换中乡镇企业发展问题研究"、国家社会科学基金项目"关于中国农户经济行为研究"等。

王忠贤,男,汉族,1938年10月出生,甘肃省正宁县人,九三学社成员。1961年毕业于西北农学院农业经济系并留校任教,1991年晋升为教授,1993年经国务院学位委员会批准为博士生导师。历任经济管理教研室主任、农业部经管总站西北农业大学经管服务中心常务副主任、农业经济研究所所长、政协陕西省第七届委员会委员、九三学社陕西省九届委员会常委、陕西省侨联常委、国务院学位办公室学位与研究生教育评估专家组专家、九三学社杨凌工委主委、九三学社西北农林科技大学委员会主委。先后为本科生讲授"农业经济学""农业企业经营管理学""管理学原理""现代企业管理""资源经济学""管理专题"等课程,为研究生讲授"投资经济学""现代企业决策学""管理学原理""管理学经济学前沿与实践"等课程。1986年起共培养硕士研究生18名、博士研究生34名、出站博士后1名。主持完成国家自然科学基金项目4项、省部级项目5项、主持国家林业局项目1项。1990年以来,共发表论文68篇,独立出版著作3部,合著2部,主编全国统编教材1部,参编教材6部。获部级科研成果一等奖2项,二等奖1项,三等奖4项。获西北农业大学先进个人、优秀教师、科研先进个人、优秀课改奖、优秀教材奖等多项奖励。先后被评为农业部成人教育先进个人,陕西省、全国侨联先进个人,九三学社中央参政议政先进个人、陕西省优秀博士生导师等。1992年享受国务院政府特殊津贴。

张襄英,女,汉族,1936年10月出生,山西万荣县人,中共党员。1961年8月毕业于西北农学院农业经济系并留校任教。历任助教、讲师、副教授、教授,农业经济系副主任、主任、经管中心主任、系学术委员会主任委员,学校第三、四届学术委员会委员,杨陵区第一、二届人民代表,陕西省农业经济学会第四、五届常务理事、副理事长,陕西省哲学社会科学规划专业委员会委员,以及中国农业经济学会第五、六届理事。为本科生主讲"农业企业经营管理学""现代企业管理学"和"经管专题"等课程,为研究生主讲"管理学经济学理论与实践前沿""现代农业经营管理理论与实践前沿""比较管理研究"等课程。与徐力幼教授、马山水教授分别合作主编出版《乡镇企

业经济管理》《现代企业管理学》教材 2 部,参编专业教材 3 部。1987 年和 1993 年起指导硕士、博士研究生,共培养硕士研究生 20 人、博士研究生 23 人。获农业部优秀教师和校级多项荣誉称号。先后主持完成国家自然科学基金"农业企业发展战略研究"和国家社科基金"产权理论比较与乡镇企业产权制度创新研究"等课题。与加拿大和我国台湾合作完成有关农产品运销及人员交流和农村发展项目。承担完成省部级项目 5 项,参与国家博士点基金项目"西北地区区域农村经济开发研究"和国务院农村研究中心项目"西北地区农村产业结构布局与调整研究"2 项,主持欧盟"中国村落可持续发展前景"项目 1 项。发表论文《论杨陵农村经济发展模式创新》《进一步调整陕西农村产业结构与布局的研究》《论新疆边贸区农村经济外向开发》等 58 篇,主持出版《跨世纪选择——农业企业化发展战略》《农村集体资产管理基础知识》《区域比较管理学(译著)》3 部,与徐恩波教授合作编译《农业推广的原理与方法》。获省级科技进步二等奖 1 项、省社科规划项目三等奖 2 项和其他科研成果及优秀论文奖 6 项。1993 年起享受国务院政府特殊津贴,2001 年 9 月退休。

包纪祥,男,汉族,1936 年 11 月出生,陕西大荔人。1960 年 8 月毕业于西北农学院农业经济系并留校任教。历任西北农业大学经贸学院讲师、副教授、教授、博士生导师。曾任中国土地学会第二、三、四届理事,中国自然资源学会理事,陕西省土地估价协会常务理事,陕西省土地学会理事,国家 A 级土地估价师,《干旱地区农业研究》第二届编委会委员,西北农业大学第五届学术委员会委员。1993 年获国家土地管理局"全国土地管理系统优秀教师"荣誉称号。1992 年 10 月享受国务院政府特殊津贴。先后为本科生讲授"区域经济规划""土地利用与规划""城镇规划""土地资源评价",为研究生讲授"房地产估价""房地产经济"和"土地管理专题""经济理论与土地经济研究专题"等课程。共培养博士生研究生 3 人,硕士生研究生 25 人。主要从事区域经济规划、土地管理、土地资源利用以及房地产经济方面的理论与应用研究。曾先后参加主持(第二主持人、技术负责人)国家"七五""八五"攻关研究课题"黄土高原综合治理"乾县试验区工作,其中"七五"研究成果 1992 年获"陕西省黄土高原综合治理"科技进步一等奖。1988 年主持国家土地管理局下达给陕西省土地管理局"黄土高原县级土地评价研究"课题,撰写的《土地评价原理与实践》获得 1990 年"中国土地使用制度改革理论研讨会"优秀论文奖。1996 年主持陕西省科委"佳县社会经济发展总体规划"课题,研究成果通过省级鉴定为达到国内先进水平。此外,还先后主持或参加了"太里湾黄河滩地综合开发""二华夹槽低湿易涝地开发利用研究""大荔沙苑综合治理开发规划""杏子河流域产业结构研究""青岛市城阳区古镇'三化'试验区高效农业发展规划",以及多个城镇土地定级估价研究项目。先后发表论文 30 多篇。出版《区域经济规划》《农业开发项目可行性研究》《土地管理与农地规划》《微机在农业经济管理中的应用》(农业部统编教材)《黄土高原治理与开发》(合著)《土地规划人员手册》(译)等。参编《陕西省土地资源》《新中国土地管理研究》。2001 年 3 月退休。

徐恩波，男，汉族，1937年3月出生，湖北省鄂州市人，中共党员。1960年8月毕业于西北农学院农业经济系，同年免试推荐就读本校农业经济管理专业研究生。1963年8月研究生毕业，获硕士学位，同年留校任教。曾担任西北农业大学农业经济系教研组副主任、副系主任、系学术委员会副主任、校研究生部主任等职。历任西北农业大学经贸学院讲师、副教授、教授、博士生导师。1997年5月被聘为国务院学位委员会第四届学科评议组成员，2000年5月被聘为校第六届学委员会特聘委员、全国畜牧经济研究会常务理事。1993年获国务院政府特殊津贴。主要从事"农业经济管理""畜牧业经济管理"的教学与科研工作，曾荣获农业部教育司和学校优秀教师奖5次，省级科研奖2次，出版论著4部，发表论文50余篇，培养硕士、博士研究生22人。2002年9月退休。

齐霞，女，1938年8月出生，汉族，安徽省凤阳县人，中共党员。1961年8月毕业于西北农学院农业经济系并留校任教。1993年以高访学者赴乌克兰国立基辅农业大学进修。1994年任金融学教授、硕士生导师。曾任农业经济系党总支书记、金融教研室主任。兼任陕西省保险学会常务理事、陕西省保险研究所特约研究员、陕西省农村金融学会理事。曾被评为校优秀教师。主讲"金融市场与投资""财政与金融概论""金融信托学""人身保险学""财产保险学""海上保险学"等课程。主编、副主编教材3部，分别获学校优秀成果二等奖，其中《货币银行学》获省优秀成

果一等奖。负责创办"金融学"（含保险）本科专业和硕士授权点。共培养硕士研究生16名。主持、参加省部级课题6项，其中，"中国农业保险发展模式及扶持政策研究""发展陕西省农业保险的途径""农业保险经营模式发展阶段学研究获农业部软科学成果一等奖、全国金融学会二等奖、全国保险学会三等奖。发表学术论文20篇，其中4篇获全国一级学会、省一级学会奖励。

庹国柱，男，1944年5月生，陕西省汉中市人。1967年毕业于西北农学院农业经济专业，1979年获硕士学位并留校任教。历任农业经济系副主任、主任，经贸学院院长。1984年起，致力于保险学教学和研究工作。1991年10月至1993年4月，赴加拿大Manitoba大学从事保险方面合作研究。90年代以来，与王国军教授合著《中国农业保险与农村社会保障制度研究》《你为幸福保险了吗？》，与F. C. Framinhgam合编《农业保险：理论、经验和问题》、与李军等合编《国外农业保险：实践、研究和法规》等专著。发表社会保险和商业保险方面论文400多篇，其中关于农业保险方面的论文300多篇，大部分收入《庹国柱农业保险文集》第一卷、第二卷和第三卷中，由中国农业出版社分别于2014、2018和2022年出版。还有一些被《新华文摘》《人大复印资料》

《金融与保险》《劳动与社会保障》等杂志转载。先后主持完成了国家自然科学基金"我国农村社会保障制度及其宏观管理研究"、国家社科基金"中国农村社会保障问题研究"、中国保监会"十一五"规划课题"我国保险业新增长点的培育和开发研究"等课题近10项。7项研究成果分获省部级一、二、三等奖,《中国农业保险与农村社会保障制度研究》获北京市第八届哲学社会科学优秀成果一等奖;《我国农业保险的发展模式与扶持政策研究》获农业部软科学成果一等奖;《我国奶业政策及其调整》获陕西省政府社会科学优秀成果二等奖;《我国农民社会养老保险经济可行性研究》获省部级社会科学成果三等奖。有关论文先后获中国保险学会优秀论文一等奖和中国金融学会优秀论文二等奖等。1996年调入首都经济贸易大学,1999年担任金融系副主任并兼任财政金融学院副院长、劳动经济学专业博士生导师。

马山水,男,1953年3月生,陕西省大荔县人,教授,中共党员。1978年5月毕业于西北农学院农业经济系并留校任教,历任讲师、副教授、教授,经济管理教研室主任,经济贸易学院党总支副书记,陕西省农垦经济研究会理事,中国农村合作经济管理学会常务理事,中国乡镇企业研究院研究员,中国乡镇企业协会学术委员会委员,全国农业企业经营管理教学研究会理事,陕西省农业经济学会乡村经济专业委员会副主任、秘书长,浙江省企业管理研究会副主任,宁波市企业咨询评估专家委员会主任委员等职,企业管理重点学科带头人,宁波大学首届十佳教授。主讲"现代企业管理学""农业机械化经济管理学""农机工业企业管理学""管理学""乡镇企业管理""现代管理基础""乡镇企业经济学""乡镇企业管理""比较经济学"和"管理研究方法论"等课程。出版专著和主编高校教材20部,获多项省、校优秀教学成果奖,主持和参与国家级、省部级、市厅级及有关横向科研课题60余项,发表论文90余篇,获省科技进步二等奖、省乡镇企业管理优秀成果一等奖等多项。

范秀荣,女,1945年4月生,北京市房山区人。1969年毕业于中国农业大学农业经济系经济管理专业,先后在西北农业大学经贸学院、重庆工商大学统计学系任教授、博士生导师。享受国务院政府特殊津贴,校级学科带头人。先后承担本科生"生物统计学""数理统计学""社会经济统计学""社会统计学""农业统计学""金融统计学""统计学原理"和经济管理专业硕士研究生的"计量经济学""国民经济核算理论与方法""管理统计学"及MBA(工商管理硕士)研究生的"应用数理统计学"等10余门课程的教学任务,取得了良好的教学效果。先后培养管理学、统计

学硕士研究生60余名,管理学博士研究生19名。主要从事国民经济核算、人力资源管理、农业经济相关研究工作。先后主持和参与主持国家级、省部级科研课题10余项。获奖6项,其中省部级科技成果奖5项、教学成果奖1项。共发表科研及学术论文30余篇。先后主编教材6部、学术专著1部,其中《统计学原理》为全国高等农业院校经济及管理类专业统编教材。

罗剑朝，男，1964 年 1 月生，陕西省武功县人，二级教授、博士生导师，博士毕业于西北农业大学。国务院政府特殊津贴专家，教育部"长江学者和创新团队发展计划"创新团队带头人，教育部第三届"高校青年教师奖"入选者，宝钢优秀教师奖获得者，陕西省"三秦人才津贴"专家，国家级一流本科专业——金融学负责人，陕西省省级教学团队——农村金融教学团队带头人，乡村振兴金融政策创新团队带头人。历任西北农林科技大学经管学院党委书记、金融系系主任，陕西（高校）哲学社会科学重点研究基地——陕西省农村金融研究中心主任，西北农林科技大学农村金融研究所所长等职。兼任中共陕西省委讲师团特聘专家教授，陕西省首批农业专家服务团成员，中国国外农业经济研究会常务理事，陕西省经济学会常务理事，陕西省农经学会常务理事，陕西省金融学会理事，西安金融学会常务理事，陕西省村社发展促进会专家，陕西省综合评标评审专家库专家，中国国际贸易促进委员会陕西省分会专家委员会委员，咸阳市第六届人民代表大会代表、委员，咸阳市财政经济委员会委员，杨凌示范区决策咨询专家委员会委员，杨凌金融学会名誉会长，《西北农林科技大学学报（社科版）》副主编、副主任，《世界农业经济研究》*Research on World Agricultural Economy* 学术委员及期刊编委等。主讲本科、硕士、博士"新生研讨课""学科导论""货币银行学""中央银行学""金融理论前沿""高级货币金融理论""博弈论与宏观金融政策""管理学经济学前沿理论与实践""农村金融专题"等课程。其中"货币银行学"获陕西省省级精品课程，上线国家大学生 MOOC 平台。担任普通高等教育农业农村部"十三五"规划教材《货币银行学》主编，全国高等农林院校"十一五"规划教材《中央银行学》主编。主要研究领域：农村金融、农业经济管理、乡村振兴金融政策等。主持完成教育部创新团队，国家自然科学基金青年基金、面上项目、应急项目，教育部人文社会科学研究项目，农业部软科学基金项目，中华农科教基金，中央农办农业农村部乡村振兴专家咨询委员会软科学课题，陕西省自然科学研究计划项目等省、部级课题 50 余项；出版《中国农地金融制度研究》《中国政府财政对农业投资的增长方式与监督研究》《中国农村金融前沿问题研究》《农村金融发展报告》《中国农业现代化进程》《中国农业与农村经济发展前沿问题研究》《世纪之交的陕西农村经济》《管理学原理》《公共经济学》《管理案例库教程》等学术专著、教材 20 余部，在《管理世界》《中国农村经济》《中国农村观察》《农业经济问题》《农业技术经济》《金融研究》《中国软科学》等期刊发表学术论文 300 余篇。《中国农地金融制度研究》获教育部高等学校科学研究优秀成果三等奖，《产权改革与农信社效率变化及其收敛性》获陕西省第十四次哲学社会科学优秀成果论文类一等奖，《中国农业投资与农业发展》获陕西省第五次哲学社会科学优秀成果二等奖。指导张珩博士学位论文——《农村信用社产权改革效果研究——以陕西为例》获 2017 年度校优秀博士学位论文和 2019 年度陕西省优秀博士学位论文。曾在美国、加拿大、日本、英国等国高校和科研院所进行学习或学术交流访问。

郑少锋,男,1959 年 7 月生,陕西省礼泉县人,博士、三级教授、博士生导师,国务院政府特殊津贴专家、陕西省人大常委会财经咨询专家、制度研究会理事。1978 年考入西北农学院农业经济管理专业学习。历任西北农业大学农经系研究生秘书、会计统计教研室主任,经济贸易学院副院长、院长;西北农林科技大学经济管理学院院长,经济管理学院教授委员会主任;国务院学位委员会第五届学科评议组成员,教育部第一届农林经济管理类教学指导委员会委员,陕西省学位委员会第二、三届学科评议组成员,西北农林科技大学第五、六、八届学位评定委员会委员,第一、二届学术委员会委员,杨陵区第五、六、七届政协委员等职。兼任亚洲开发银行财务分析专家、财政部农业综合开发项目评审专家、科技部农业科技成果转化资金项目评审专家。主讲"经济计量学""会计学基础""统计学原理"等课程,主编出版教材 4 部。研究领域:农业经济理论与政策、会计核算与财务管理。主持完成中外合作项目、国家自然科学基金项目及省部级以上课题 10 余项,出版专著《农产品成本核算及控制机理研究》《加拿大畜牧业发展研究》(译著),在《技术经济数量经济研究》《农业经济问题》《农业技术经济》等杂志上公开发表学术论文 130 余篇,获陕西省政府哲学与社会科学优秀成果三等奖 1 项。曾赴加拿大曼尼托巴大学、澳大利亚昆士兰大学、以色列海法大学等国外 10 余所大学进修学习、合作研究或交流考察。

第七节　学位与研究生教育

自 1994 年经济贸易学院成立到 1999 年合校,由 1 个农业经济管理二级学科博士学位授权点和 1 个农业经济管理硕士学位授权点,发展为 1 个农林经济管理博士后流动站(1998 年)、1 个农林经济管理一级学科博士学位授权点、2 个二级学科博士学位授权点。1996 年获金融学硕士学位授予权,1999 年开始招收陕西工商管理硕士(陕 MBA)。学位与研究生招生情况见表 4 - 2。

表 4 - 2　1994—1999 年经贸学院农业经济及管理学位研究生招生情况表

年份	专业	方向	招生人数	指导教师
1994	农业经济及管理	农村社会经济发展、农业经济理论与政策、农业投资与资源开发利用、农村合作经济经营管理、畜牧业经济管理、土地利用与管理、农村金融、农业保险	16	黄升泉、魏正果 王忠贤、张襄英 徐恩波、包纪祥 齐　霞、庹国柱
1995	农业经济及管理	农业经济理论与政策、农业投资经济与管理、畜产经贸、农村金融、农村保险、农村经济发展、农产品贸易、农村经济与乡镇企业发展	14	魏正果、王忠贤 徐恩波、齐　霞 庹国柱、曹光明 范秀荣、马山水 罗剑朝

年份	专业	方向	招生人数	指导教师
1996	农业经济及管理	农业经济理论与政策、农村发展、农业投资经济与管理、现代农业经营管理、农业资源经济、农产品贸易、农村经济与乡镇企业发展、农村财务会计、农村金融理论、农村财政金融	24	魏正果、张襄英邹德秀、魏正果王忠贤、张襄英包纪祥、徐恩波范秀荣、马山水郑少锋、杨生斌罗剑朝
1997	农业经济及管理	农业经济理论与政策、农业投资经济与管理、现代农业经营管理、畜牧经济管理、房地产经济、农产品贸易、农村经济与乡镇企业发展、农业会计与统计、商业银行管理、农业技术经济、农村发展、农业经济史、农村财政金融	25	魏正果、王忠贤张襄英、徐恩波包纪祥、范秀荣马山水、郑少锋杨生斌、霍学喜侯军岐、邹德秀张 波、罗剑朝
1998	农业经济及管理	投资经济及管理、经济核算与数量分析、农村经济与乡镇企业发展、财务会计、投资经济、农业经济史、农业教育管理	20	王忠贤、范秀荣马山水、郑少锋侯军岐、张 波张宝文
1998	金融学	银行经营管理理论与实务	1	罗剑朝、霍学喜
1999	农业经济及管理	投资经济及管理、现代企业决策与发展管理、投资经济、现代农业经营管理、比较管理学、畜产经济与贸易、经济核算与计量经济、现代企业管理与经济发展、农业会计与统计、投资经济、农村社会发展、农村经济史、农业教育管理	27	王忠贤、张襄英徐恩波、范秀荣马山水、郑少锋侯军岐、邹德秀张 波、樊志民张宝文
1999	金融学	金融市场与投资、银行经营管理理论与实务	4	罗剑朝、霍学喜

第八节 党建与思想政治工作

　　1994年经贸学院成立以来,狠抓思想建设和组织建设,坚持以"凝聚拼搏、求实创新"的工作方针,将党的思想建设和组织建设放在首位,用正确的理论武装党员,用高尚的精神塑造党员。坚持对党员进行马列主义理论教育,坚持党员"下班"制度,坚持对入党积极分子进行深入细致的思想教育;坚持听取群众意见,了解群众对党员、党员干部、党支部工作的批评和建议,接受群众监督。

　　加强基层党组织班子作风建设,加强自身党性修养,刻苦学习、勤奋工作、艰苦奋斗、无私奉献。哪里需要,哪里就有中共党员,以实际行动为群众作出表率。

健全党的组织生活制度,不断提高解决自身矛盾的能力,精心准备,过好每一次组织生活。定期交流思想,开展批评与自我批评;定期调查师生积极分子的思想动态,重内容、求实效,使组织生活有活力。

重视做好发展党员工作,加强对入党积极分子的培训工作。贯彻校党委《关于加强在学生和青年教师中发展党员工作的意见》,进一步调动了广大学生和青年教师积极性,激发了广大青年的政治热情,加大了在学生和青年教师中发展党员的工作力度。举办入党积极分子培训班,大力培训入党积极分子。通过培训,使积极分子对党的性质、纲领、指导思想、现阶段的基本路线和任务、党的宗旨、党的纪律,以及做一名中共党员应履行的义务和权利有了全面的了解,从而坚定了学员共产主义信念和全心全意为人民服务的思想,进一步端正其入党动机。在注重政治标准的前提下,注意吸收那些学习目的明确、学习勤奋刻苦、能正确处理红与专的关系、自觉服从党和国家需要、能自觉为同学服务,并具备党员条件的优秀分子入党。

深入贯彻落实《中共中央关于加强党的建设几个重大问题的决定》精神,按照陕西省教工委和学校党委的安排,集中在全体党员中开展"双学"活动,使全体党员受到了一次比较系统的邓小平建设有中国特色社会主义理论和党章的再教育。广大党员的政治理论素养明显提高,社会主义信念进步坚定,党组织的凝聚力和战斗力进一步提高。

通过思想建设、作风建设和制度建设,党建工作取得了显著成绩,连续多年被校党委评为先进党支部,不少师生党员荣获校级、省级"优秀中共党员"称号。

第九节　学生工作

学院重视加强学生工作,坚持以培养德、智、体全面发展的社会主义事业合格的建设者和接班人为目标,坚持教育领先,从严管理的工作原则,形成自身工作特色。采取多种形式,用马克思主义占领思想文化阵地,开设"形势与任务""法律基础""大学生心理学""人生哲理"等课程,夯实理论基础。积极支持和引导青年学生自觉学马列的热潮,学生自愿建立马列小组,开展革命传统教育,进行改革成就考察、科技咨询服务、社会调查、专业劳动等大量社会实践活动,促进学生全面成才。坚持在广大青年学生和教工中宣传和学习雷锋精神,作为培养"四有"新人的重要内容。

以"弘扬雷锋精神,争做'四有'新人,树文明新风"为主题,开展"岗位学雷锋、争做雷锋式好青年"活动,形成了刻苦学习、勤奋工作、热心服务的良好风气,学生中一度出现的厌学风气有了明显好转。

学生工作坚持"教育领先,管理从严",突出"细、严、亲、新、研",对广大学生在学习上、纪律上严格要求,工作上大力支持,生活上热情关怀。把组织生活与学生健康成长、成才结合起来,把开展活动与学生思想建设、自身素质提高结合起来,重视思想政治工作的理论研究和业务研究。各类文体活动丰富多彩,连续多年获得春季运动会团体总分第一的好成绩。

经贸学院学生工作以其扎实的作风、创新的精神和显著的成绩赢得了师生的好评,在学生工作考核评估中,经贸学院多次获得第一名,被学校评为"学生工作先进单位"。

经贸学院团总支积极开展社会实践活动,取得了显著的社会效益。学生在扎实做好夏家沟社会实践基地建设的基础上,在全院各年级中,广泛开展了"一助一"等社会实践活动,即一个班级联系一个农户,培训猕猴桃、苹果栽培知识,帮助农户采种、培育、销售,为农户脱贫致富找到了出路。这项活动的开展,既丰富了同学们的课余生活,又为农户带来了一定的经济效益,同学们扎扎实实的活动受到农民的欢迎与好评。

通过扎实细致的学生工作,这段时间涌现出了陈社通、路亚洲、齐涛、冯小武、化小锋、杨洪雷、卢林、李万强等省级优秀毕业生。

第五章　陕西省农业科学院农业经济研究所
（1954—2000）

1954 年启程,2000 年合并,陕西省农业科学院农业经济研究所、陕西省农业区划研究所,不辱使命,砥砺前行,四十六载农经、区划研究,三代研究人员尽职尽责、开拓创新,面对"三农"问题,百县千村万户,走遍陕西南北东西,撰写调研报告,研讨重大项目,为政府制定农业发展政策、宏观决策提供科学依据,为陕西农业农村经济社会发展做出了应有的贡献。

第一节　机构设置

陕西省农业科学院经济研究所的前身为 1954 年西北农业科学研究所综合研究室的农业经济组,1957 年改为中国农业科学院陕西分院农业经济研究室,1960 年 7 月与原陕西省农业综合试验站的农经组合并成立了陕西省农业经济研究所,下设农业经济研究室。1954—1997 年,陕西省农业经济研究所属陕西省农业科学院下设的所级建制。1981 年 7 月 24 日陕西省政府发文成立了陕西省农业区划研究所,与陕西省农业经济研究所"一套机构,两块牌子"。陕西省农业区划研究所受陕西省农业区划委员会和陕西省农业科学院双重领导,以陕西省农业科学院领导为主,是全国唯一一所复式研究所。新成立的农经区划研究所下设农业结构研究室、农业布局研究室、农业区划研究室。后又根据农业经济研究和农村改革发展的需要,调整了研究方向,并将农业结构研究室和农业布局研究室分别更名为农业发展战略研究室和农业技术经济研究室。1997 年 7 月,陕西省农业科学院决定将陕西省农业经济研究所和农业区划研究所与陕西省农业科技情报研究所合并组建成陕西省农业经济信息研究所,对外原三个研究所的法人主体独立,公章有效;下设三个研究室,即农业经济研究室、农业区划研究室、农业信息研究室;下设四个期刊编辑部,即《西北农业学报》《麦类作物学报》《陕西农业科学》《陕西农村经济》;下设图书馆、党政综合办公室、科技印刷厂等 10 个部门。2000 年 7 月 21 日,由原西北农业大学经济贸易学院、西北林学院经济管理系和陕西省农业科学院农业经济研究所三个单位进行实质性合并,组建西北农林科技大学经济管理学院,同时成立西北农林科技大学经济管理学院农业经济研究所(由陕西省农业经济研究所、陕西省农业区划研究所和西北农业大学经贸学院农村经济研究所合并成立)。

第二节　科研队伍

陕西省农业经济研究所建立初期，人员从 1954 年的 4 人发展到 1961 年的 15 人（事业编制）。1981 年成立了陕西省农业区划研究所，陕西省政府批复事业编制为 15 人。这时农业经济研究所和农业区划研究所事业编制共 30 人。1987 年 10 月陕西省农业科学院下达给两个研究所编制为 33 人，1989 年 3 月实有在编在岗人员共 30 人，此后人员流动较大。

一、人员结构

农业经济研究所和农业区划研究所，1954—2000 年间先后有 54 名专业研究人员在此从事科学研究工作，但研究人员变动较大，特别是在 20 世纪 90 年代，随着我国科研教学大环境的变化，全国出现了"孔雀东南飞"现象，同时研究人员逐渐流向政府部门和大城市科研教学单位。陕西省农业经济、农业区划研究所最多时有 32 人，此后逐渐呈动态变化，但不论怎样变化，科研人员始终占总人数的 80% 以上。农业经济研究所和农业区划研究所在 1954—2000 年间有研究员 10 人、副研究员 7 人。科研人员老中青、初中高级职称结构比较合理，科研能力较强。

表 5-1　农经所、区划所正高级技术职称人员名单

姓名	性别	民族	籍贯	技术职务
刘广镕	男	汉	山西黎城	研究员
黄德基	男	汉	四川康定	研究员
吕向贤	男	汉	河南泌阳	研究员
宁明扬	男	汉	河南伊川	研究员
高居谦	男	汉	陕西礼泉	副研究员
白志礼	男	汉	陕西扶风	研究员
吴嘉本	男	汉	陕西西安	研究员（社科院）
王雅鹏	男	汉	陕西户县	研究员
鲁向平	男	汉	陕西延川	研究员（治理所）
孙全敏	男	汉	陕西商州	研究员
王青	男	汉	陕西武功	研究员

二、学科带头人及科研骨干

农经所、区划所在长期的科学研究过程中，在不同领域，如农业经济理论与政策、农业区域治理与产业开发、农业资源调查与区划、农业经营方式等方面做出重要贡献的学科带头人主要有 6 人，研究骨干 4 人。

（一）学科带头人

刘广镕，研究员，1925 年生，山西省黎城县人，中共党员。1949 年毕业于西北农学院农

业经济系,同年分配到陕西省农业科学院工作,历任陕西省农业经济研究所副所长、所长,陕西省农业科学院副院长、顾问。兼任中国农业经济学会理事、中国农村合作经济学会理事、中国农业区划学会常务理事、陕西省经济学学会副会长、陕西省农业经济学会副理事长、陕西省农业区划学会理事长,受聘陕西省决策咨询委员会委员、省农业区划委员会委员兼技术顾问、省科技规划顾问委员会副主任委员、省农业发展研究中心特约研究员、西北农业大学研究生导师。

他主要从事农业区划、农业生产结构布局、农业经营管理等研究,先后获得全国农业区划成果奖,陕西省科学技术和社会科学优秀成果一、二、三等奖8项。先后在报刊、文集发表论文百余篇,出版专著5部。1963年3月10日在全国农业科学技术工作会议和全国医学科学工作会议上得到毛泽东主席等党和国家领导人接见,先后被授予全国农业区划先进工作者、陕西省农牧业先进科技工作者、陕西省社会科学学会工作积极分子、陕西省科协先进个人、陕西科技精英、陕西省有突出贡献专家,享受国务院政府特殊津贴专家,获陕西省优秀中共党员等称号。

黄德基,研究员,1930年7月生,四川省康定人,中共党员,1951年毕业于四川大学经济系。历任陕西省农业经济研究所农业生产结构研究室主任,陕西省农业经济研究所所长、书记,陕西省农业经济学会理事,国务院原农村发展研究中心特约研究员,享受国务院政府特殊津贴专家。

在从事农业经济研究工作中,他长期在陕北黄土高原、渭北高原、关中渭河谷地等进行调查研究。先后参加和主持重大调研任务和科研项目40余项,提出的多项调研报告被各级政府部门采用,获省部级一、二、三等科技成果10余项。其中主持的"黄土高原综合治理定位试验示范综合研究"获国家科技进步一等奖;主持的"渭北旱塬农业经济开发研究"获陕西省政府科技进步二等奖,主持完成的"陕西省农村产业结构布局发展战略问题初探"获陕西省哲学社会科学优秀成果三等奖;主持完成的"陕北农村经济开发问题研究报告"获陕西省自然科学优秀论文三等奖;主持完成的国家"七五"攻关专项课题"陕北丘陵沟壑区农林牧综合发展问题的研究"获陕西省农科院成果奖。在《中国农村经济》等刊物发表论文20余篇,出版专著《中国传统农业改造问题研究》,参加编辑书籍5部。

吕向贤,研究员,1925年6月生,河南省泌阳县人,中共党员,1950年毕业于西北农学院农业经济系。曾在宝鸡市农业技术推广站、陕西省农业实验农场、陕西省农业综合实验站工作。长期从事农业合作社经营管理、农业经营管理、渭北旱塬和关中灌区作物布局、关中地区作物配置和全省农业区划、陕北丘陵沟壑区农林牧综合发展、渭北旱塬农业综合开发示范区的建设和农业结构调整、渭北旱塬农牧结合等研究。

在长期的研究工作中，他经常深入陕北、渭北、关中、陕南农村进行调查，共主持科研课题和调研任务 30 余项，其中主持国家和省级科研攻关项目 10 项，获省、部级科研成果 6 项，其中"渭北旱塬示范基地及综合技术开发与推广研究"获陕西省科技进步一等奖；"农业持续增产技术体系研究""陕西省渭北旱塬试验区专题研究""陕西省农业资源区划及经济开发研究"获陕西省政府科技进步二等奖；"我国北方旱农区农业增产体系研究"获农业部科技进步三等奖；"农村科学试验基地建设研究"获陕西省农业科学院科技进步特等奖。共发表学术论文 38 篇，出版农业科技专著 1 部。

　　宁明扬，研究员，1924 年 9 月生，河南省伊川县人，中共党员、中国民主同盟盟员，1949 年毕业于西北农学院农经系。毕业后曾在泾惠农场、陕西省三原斗口农业综合试验站工作；1960 年 3 月调入陕西省农科院农业经济研究所工作。曾任陕西省经济学会会员、陕西省农业经济学会会员、陕西省农村合作经济组织经营管理研究会会员、农业经济研究所农业生产布局研究室主任。

　　在陕西省农科院农业经济研究所工作的 27 年中，他经常深入农村，在关中、陕南、陕北农村蹲点深入调查研究。1978 年参加由国家计委经济研究所和国家农业区划办主持的"我国西部地区农村经济发展研究"，获陕西省科技进步一等奖、农牧渔业部科技进步三等奖；1980—1983年主持的"关中地区油菜择优布局与商品基地初步研究"获陕西省农科院科研成果奖（编号343）；1981—1984 年主持的"陕西省棉花布局研究"获陕西省哲学社会科学成果一等奖和全国农业区划科技成果三等奖；1984—1985 年主持的"陕西省'七五'和后十年粮食发展规划研究报告"获陕西省农研中心优秀成果二等奖；主持的"'陕 1155'棉花新品种选育培育"获陕西省农业科技推广一等奖。在《植物保护》《中国棉花》等刊物上公开发表论文 30 余篇。

　　高居谦，副研究员，1928 年 3 月生，陕西省礼泉县人，中共党员，1949 年毕业于西北农学院农经系。曾在西北青年团工委、共青团中央办公厅、青海省农牧厅工作，1979 年 8 月调入陕西省农科院农业经济、农业区划研究所工作，1985 年 1 月调任陕西省农业区划委员会办公室主任，协调、指导和从事陕西省农业资源调查与农业区划工作。历任农业经济研究所农业区划室主任、陕西省政府农业办公室区划办主任、陕西省政府专家顾问委员会委员。

　　从 1980 年起，他全力投身陕西省乃至全国农业资源调查农业区划的理论研究与实践应用探索、指导工作，走遍了全省 10 个地（市）、100 多个县（市区）和全国 20 多个省市，调研、培训、实践指导相结合，有力地推进陕西省乃至全国农业资源调查与农业区划研究工作。主持和参加的省部级研究课题 30 项，获得研究成果 40 余项，其中

获省部级一、二、三等奖 10 项；主持编辑出版了《陕西省综合农业区划》《陕西百县土地资源（省综合农业区划基础研究之二）》《陕西省农业区划一、二、三、四》《陕西省农业自然资源》等论著，为我省乃至我国农业资源调查和农业区划工作做出了理论、方法和实践上的贡献；发表论文 20 余篇。

白志礼，研究员，1945 年 11 月生，陕西省扶风县人，中共党员，1969 年毕业于北京农业大学农业经济系。毕业后分配至甘肃农业大学从事教学和管理工作，1983 年调入陕西省农业科学院农业经济研究所从事科研和管理工作。历任陕西省农业经济研究所农业区划研究室主任，农业经济研究所副所长、所长，陕西省农业科学院副院长、常务副院长、院长（兼党委书记），西北农林科技大学党委副书记、副校长等职；兼任陕西省委、省政府决策咨询委员会委员，省政协委员、省政协科技委员会副主任、省科协副主席，中国农业经济学会副会长、农业部科技委员会委员、省农学会副会长、省农业经济学会副理事长、国家农业综合开发办公室顾问等职。

在长期的农业资源调查和农业区划研究工作中，他先后主持科研项目 16 项，取得科研成果 15 项，其中获省部级一、二、三等奖 7 项。其主持研究的"陕西省综合农业区划"获陕西省科技进步一等奖；主持的"陕南秦巴山区经济植物种植区划"获国家农业部科技成果三等奖；"陕西省中低产田改造模式的研究"获陕西省政府科技进步二等奖等。主持和参加编写《陕西省综合农业区划》《秦巴山区县情》《陕西农业结构》等书籍 13 部；在《中国农村经济》《农业经济问题》等刊物上发表论文 25 篇。

（二）科研骨干

鲁向平，研究员，1957 年 3 月生，陕西省延川县人，中共党员，1978 年毕业于西北农学院林学系林果专业。历任陕西省农业经济研究所农村发展研究室主任、陕西省黄土高原治理研究所所长、杨凌示范区科技信息中心主任。1994 年获国务院政府特殊津贴专家，1998 年被授予"国家有突出贡献的中青年专家"称号。从 1989 年起长期兼任陕西省专家顾问委员会委员、陕西省决策咨询委员会委员。先后主持和参加科技攻关、科技扶贫等项目 59 项，共取得科研成果 43 项。其中"陕西黄土高原综合治理研究"获陕西省科技进步一等奖；"黄土高原综合治理定位试验研究"获

国家科技进步一等奖；"黄土高原农业开发模式研究"获陕西省哲学社会科学优秀成果二等奖。出版专（编）著 9 部，发表论文 200 余篇。

王雅鹏，研究员，博士、博士生导师，1954 年生，陕西省鄠邑区人，中共党员，1979 年西北农学院畜牧兽医本科毕业，1997 年西北农业大学经济贸易学院博士毕业。历任陕西省农业经济研究所所长、华中农业大学经济贸易学院院长，享受国务院政府特殊津贴专家，为省级有突出贡献的中青年专家。主要从事农业经济理论与政策、农村区域发展、农业资源合理利

用与保护、农业经济可持续发展等"三农"问题研究,为本科生、硕士生、博士生主讲"农业经济学""农业经济管理专题""农业经济专题""区域经济概论""经济学说史""经济研究方法"等课程;主持国家及省部级课题20余项,获省部级以上成果奖11项。出版专著11部、教材2部,公开发表学术论文120余篇。

孙全敏,研究员,1955年12月生,陕西省商州市人,1981年毕业于西北大学地理系。他长期从事农业经济、农业区划等研究,主持和参加省部级科研项目10余项,主要有"陕西省综合农业区划""陕西省农村主导产业开发研究""陕南秦巴山区经济植物综合发展与种植区划研究""陕西省农业综合生产能力研究""陕西省中低产田改造模式研究""陕西省农业区域综合开发规划研究""陕西省山川秀美工程建设规划研究""陕西省农业支持保障体系组织创新模式研究""西部地区生态环境面临问题及建设保护对策研究"等。取得获奖成果11项,其中省部级以上成果奖5项;参加编著出版专著或书籍3部;在《系统工程理论与实践》等核心期刊发表论文16篇。

王青,教授,硕士生导师,1959年7月生,陕西省武功县人,中共党员,1983年毕业于西北农学院农经系。历任陕西省农业经济研究所区划研究室主任、陕西省黄土高原治理研究所副所长、西北农林科技大学经济管理学院副院长。陕西省"三五"人才,享受国务院政府特殊津贴专家。长期从事农业经济理论与政策、区域经济理论与政策研究,主讲"微观经济学""宏观经济学""区域经济学""农业经济学""农业经济管理学""农业经济管理专题"等课程。主持和参加国家级、省部级课题30余项,获科技成果奖17项,其中省部级一、二、三等奖13项。出版专著1部,译著1部,参加编辑出版的书籍5部;在《农业经济问题》《中国农村经济》等期刊发表论文120余篇。

第三节　科学研究

一、奠基发展阶段(1954—1966年)

奠基发展阶段主要是指新中国成立初期,我国农村进入社会主义改造与恢复发展时期。此阶段传统农业依然处于主导地位,主要问题是劳动生产率和土地产出率普遍低下。随着农业合作化与集体经济的发展,农经所的大部分研究力量投入到了社会变革的实践活动中,科研方向是探讨农业合作化的经营管理问题和农业技术经济问题。研究重点是初级合作化、高级合作化、人民公社化发展中的农业经济问题,以及收入分配、劳动组织、生产责任制、农产品成本、农业积累消费及农业区划等生产关系和经营管理方面问题。此外,在农业生产、收入分配、经济核算等方面,也做了一些调查研究工作。同时,还配合中国农业科学院农业经济研究所编写农业经济历史文献,参与小麦生产经济调查(所撰写的文章发表于《红旗》杂志),还参加了农业科学院综合工作组开展的有关问题调查研究等。

聂荣臻副总理在 1963 年全国农业科学工作会议上明确地指出,农业技术经济的研究工作处于农业科学和经济科学边缘,过去是比较薄弱的,今后应该加强,希望研究农业经济的人员和研究农业科学技术的人员要密切合作,为研究农业技术中的经济问题和农业技术改革服务。这一指示进一步明确了农业经济研究所的研究方向和任务。1965 年 1 月 4 日,刘广镕在《光明日报》发表《农业经济科学研究什么》,1966 年他又在《中国经济问题》发表《关于农业经济科学工作几个基本问题的探讨》,对农业经济研究的对象、任务、内容、方法和干部培养等问题作了全面系统的论述。

随着人民公社制度的建立与巩固,以及国民经济经历三年困难后农业生产发展的需要,1963 年全国农业科技工作会议制定的科技规划中,要求农业经济应着重研究农业经济问题,即农业生产力合理组织和利用等,具体是农业区划、作物布局和农业机械化经济问题的研究。在这个重要时期,以刘广镕为代表的农经团队进行了一系列重要研究。

这一阶段农经所科研团队人员组成:

首任所长刘广镕,主要研究人员有黄德基、吕向贤、宁明扬、李其昌(调省农业厅)、刘华珍(调省委农村政策研究室)、姚伯岐(调农科院粮作所)、张逢才(调农业部干部管理学院)、吴麟荣(调农科院经作所)。

这一阶级的主要研究任务及成果:

一是农业区划研究项目与成果,主要有两项:(1)西北地区农业区划研究;(2)陕西农业区划研究。

二是农经理论专题研究项目与成果,主要有以下十一项:(1)农产品成本问题研究;(2)农业社积累与消费问题的研究;(3)农业机械化经济问题的研究;(4)农村人民公社所有制过渡和生产责任制问题的研究;(5)农业生产历史资料的分析和规划问题的研究;(6)农村劳动力利用和劳动生产率问题研究;(7)农作物布局研究;(8)人民公社社有经济计算方法;(9)农业经济科学研究;(10)人民公社怎样核算农产品成本(专著);(11)关于农业经济科学工作几个基本问题的探讨及关于高产作物的多种多收。

二、基层实践调研阶段(1966—1977 年)

这一阶段主要经历了"文化大革命"的十年,科技人员多被下放到农村劳动。1970 年科研人员被分配到农村蹲点。研究人员在农村劳动期间,从所蹲点社队的生产实际出发,做了一些有关农经问题的调查研究,解决了当地农业生产中存在的具体问题,直至 1975 年后专业研究情况有所好转。这一阶段研究人员排除干扰,坚持研究,所取得的研究成果主要有以下四个方面:(1)不同地区作物布局及耕作改制的研究;(2)陕西省农业经济区划初步研究;

（3）关于在渭北旱塬发展豌豆的建议；（4）关于渭北旱塬农业生产方针的几个问题。

三、快速发展阶段（1978—2000 年）

党的十一届三中全会召开,标志着中国改革开放拉开帷幕,尤其是 1978 年全国科学技术大会以后,农业经济科学研究工作同其他学科一样迎来了发展的春天。为承接国家农业资源调查与农业区划这一重大项目,陕西省农业经济研究所根据以前的研究基础和所处的地位、条件和人力,讨论确定了农经所的科研方向和重点,即研究陕西不同农业区农林牧综合发展和农作物合理布局问题,着重对陕西省的粮食生产、商品粮基地建设、区域发展规划、生产模式、市场经济等问题,选择重点地区进行了调查研究。

随着全国经济形势和农村经济改革发展的需要,陕西省非常重视农业资源调查与农业区划工作。1981 年成立了陕西省农业区划研究所,陕西省农业区划委员会将全省农业资源调查与农业区划的研究、技术指导等工作交给陕西省农业经济、农业区划研究所主持承担。从此将陕西省的农业资源调查和农业区划工作推向一个新的高度,也使农业经济、农业区划研究所的科学研究工作进入了一个新的历史时期,同时也推动了陕西省的农业经济、区域经济发展研究工作更加深入、系统地开展。

为了适应“六五”以来市场经济发展的需要,经过反复讨论,初步确定了“立足陕西,面向西北,注视全国,服务‘三农’”的服务方向,明确了应重点研究的十个方面：（1）农业发展的宏观经济理论与政策；（2）农村经济体制改革与生产力合理配置；（3）农村金融制度改革与建设；（4）农村企业财务制度建设及经营管理；（5）农产品贸易与市场管理；（6）农业资源合理利用与监测管理；（7）农业发展预测及区划、规划和产业结构调整；（8）农业生产技术经济效益评价；（9）农产品流通和消费；（10）农村微观生产系统的经营诊断和决策咨询。

“七五”期间,农经、区划所的科学研究工作是建所以来比较活跃的时期,也是研究工作迈出新步伐的重要阶段。主持和参与了国家、省部级课题及工作任务,提高了研究层次,扩大了研究范围,配合政府工作开展调查研究,为政府在宏观指导农村经济发展、制定产业政策等方面起到了重要作用。

1978—2000 年共承担国家级、省部级重大研究项目和调研任务 86 项,其中“六五”到“七五”,即 1981—1990 年是农经区划研究所人员最多、力量最强、任务最多的时期。据不完全统计,仅“七五”（1986—1990 年）期间承担的国家级、省部级重大研究项目和调研任务就有 40 余项,大体可分为三类：一是宏观性的研究课题共 18 项,占总任务的 45%,诸如“现阶段我国传统农业改造的任务和对策研究”“陕西省商品粮基地建设”“运用价值规律制定产业政策调整产业结构的研究”“稳定提高陕西粮食生产水平的研究”和“陕西省农业增产潜力与后劲的研究”等；二是农业资源调查与区划方面的研究课题共 6 项,占总任务的 15%；三是区域经济发展研究课题共 16 项,占总任务的 40%。农业区划研究逐步深入与细化,各地区划工作开展得轰轰烈烈、声势浩大、成效显著,区域经济发展研究更加凸显了区域优势和特色。

“八五”以后,农经、区划所科研方向逐步转向“科学技术必须面向经济建设”,围绕这一主题深入研究。重点研究市场经济条件下陕西农业科技服务体系、陕西农业综合生产能力、陕西社会化服务体系、农业科技成果转化体系、陕西农村主导产业开发、陕西农村经济市场化等问题。

（一）农业生产结构研究

1. 黄土高原丘陵沟壑区和渭北旱塬区调查研究团队

该团队主要研究方向是区域农业结构、食物及消费结构、农业发展战略研究等。该团队研究人员深入该区域进行典型调查，建立调查基点，黄德基、吴嘉本、鲁向平、王章陵、张俊飚、王云峰等在陕北黄土高原综合治理米脂试验站参加国家"七五"重点攻关项目——"08-A项目：米脂实验区农村产业结构优化研究"、国家"七五"重点攻关项目——"08-E项目：黄土高原开发治理的宏观经济政策研究"。其间吴嘉本、王云峰等在米脂县泉家沟村建立了农户消费和农业生产成本调查固定观察点，定期指导、收集资料。

该团队在1978—2000年先后承担重大研究项目和调研任务20余项。研究主要可划分为四个方面：一是农业发展战略研究，包括陕西省食物结构发展战略研究，中国农业发展若干战略问题研究；二是区域综合发展研究，包括陕北丘陵沟壑区农林牧综合发展问题的研究、米脂峁状丘陵沟壑区开发治理与宏观经济政策研究；三是渭北旱塬综合农业区划研究、北方旱地农业类型分区及其评价；四是陕西农民消费问题研究、陕西省农民消费水平和消费结构的现状及发展前景预测、应用价值规律促进陕西农村产业结构优化问题研究、渭北旱塬农村经济的现状分析与发展对策研究等。

该研究团队在1978—2000年的研究过程中共取得研究成果20多项，主要有："中国农业发展若干战略问题研究""陕西省农民消费水平和消费结构的现状及发展前景预测""北方旱地农业类型分区及其评价""陕西省食物结构发展战略研究"等。获奖成果见表5-2。

表5-2 黄土高原丘陵沟壑区和渭北旱塬区调查研究团队1978—2000年取得的获奖成果

名称	主要完成人	起止年份	获奖类别及等级	奖励年份
陕西省食物结构发展战略研究	黄德基　王章陵　王雅鹏　孟昭权	1990—1994	陕西省农科院科技进步成果二等奖	1994
陕北丘陵沟壑区农林牧综合发展问题的研究	黄德基　吕向贤　吴嘉本　贾宝元　鲁向平　王雅鹏　刘毅	1979—1981	陕西省农科院科研成果奖	1984
中国农业发展若干战略问题研究	吴嘉本	1983—1984	全国农业区划优秀成果三等奖	1985
陕西农民消费问题研究	黄德基　鲁向平　王章陵	1984—1985	陕西省战略研究课题成果一等奖	1985

153

名称	主要完成人		起止年份	获奖类别及等级	奖励年份
陕西省农民消费水平和消费结构的现状及发展前景预测	黄德基 王章陵	刘志华 鲁向平	1983—1985	陕西省社会科学优秀成果一等奖	1986
渭北旱塬综合农业区划研究	黄德基 鲁向平 贺昌信	吕向贤 王雅鹏	1984—1985	陕西省农科院农牧成果奖	1986
渭北旱塬农业经济开发研究	黄德基 鲁向平 王章陵 李赟毅	吕向贤 王雅鹏 贺昌信	1982—1987	陕西省科技进步成果二等奖	1991
应用价值规律促进陕西农村产业结构优化问题研究	黄德基 鲁向平	王章陵 王云峰	1988—1989	陕西省农村经济发展战略课题研究成果二等奖	1989
北方旱地农业类型分区及其评价	黄德基		1984—1986	农牧渔业部科技进步二等奖	1987
渭北旱塬农村经济的现状分析与发展对策	黄德基 鲁向平 史昭萍	刘志华 王章陵	1986—1987	陕西省农村经济发展战略研究成果一等奖	1990

2. 渭北旱塬合阳综合试验示范基地研究团队

该团队主要研究方向是以合阳甘井综合试验示范基地为基点的半干旱地区农林牧生产结构、农业综合开发研究等。团队成员先后在基地蹲点近20年,同时组织团队成员深入渭北旱塬30多个县进行广泛调查研究,积累了大量分析研究渭北旱塬的第一手资料。

该团队在1978—2000年先后承担重大研究项目和调研任务20余项,研究主要可分为三个方面:一是区域综合开发研究,包括渭北旱塬农业综合开发利用研究、北方旱地农业综合开发及结构体系建设——渭北旱塬的典型剖析、渭北旱塬农牧结合及加快畜牧业经济开发研究;二是农业技术体系研究,包括"陕西省渭北旱塬试验75-04-04-03合阳甘井试验分区旱地农业增产技术体系研究""合阳甘井科学实验基地科技示范项目研究""陕西省综合生产能力测评与提高""渭北旱作农田高留茬秸秆全程覆盖耕作技术""渭北旱塬合阳甘井农村科学示范基地建设及综合技术开发与推广";三是区域产业发展研究,包括陕西省农业产业化发展模式选择与应用等。

该研究团队在1978—2000年共取得研究成果20余项,主要有:"陕西省渭北旱塬试验75-04-04-03合阳甘井试验分区旱地农业增产技术体系研究""渭北旱塬合阳甘井农村科学示范基地建设及综合技术开发与推广""北方旱地农业综合开发及结构体系建设——渭北旱塬的典型剖析""渭北旱塬农牧结合及加快畜牧业经济开发研究""陕西省农业产业化发展模式选择与应用""陕西省综合生产能力测评与提高""渭北旱塬'2111'开发工程论证"。获奖成果见表5-3。

表5-3　渭北旱塬合阳综合试验示范基地研究团队1978—2000年取得的获奖成果

名称	主要完成人	起止年份	获奖类别及等级	奖励年份
渭北旱塬农业综合开发利用研究	李立科　吕向贤 李赟毅	1987—1988	渭南地区农村科技进步一等奖	1989
陕西省渭北旱塬试验75-04-04-03合阳甘井试验分区旱地农业增产技术体系研究	吕向贤　王雅鹏 李赟毅	1986—1990	陕西省政府科技进步二等奖	1991
合阳甘井科学实验基地科技示范项目研究	李立科　吕向贤 王雅鹏　李赟毅	1988—1990	渭南地区农村科技进步一等奖	1991
陕西省综合生产能力测评与提高	王雅鹏　孙全敏 李赟毅	1995—1997	陕西省哲学社会科学成果三等奖	1998
渭北旱塬合阳甘井农村科学示范基地建设及综合技术开发与推广	吕向贤　李立科 王雅鹏　李赟毅	1983—1990	陕西省技术推广成果一等奖	1993
渭北旱塬合阳甘井农村科学示范基地建设及综合技术开发推广	吕向贤　王雅鹏 李赟毅	1989—1992	陕西省科技推广一等奖	1994
北方旱地农业综合开发及结构体系建设——渭北旱塬的典型剖析	王雅鹏　吕向贤 李赟毅	1989—1993	陕西省哲学社会科学优秀成果二等奖	1994
渭北旱塬农牧结合及加快畜牧业经济开发研究	吕向贤　王雅鹏 李赟毅	1987—1991	农业部农业资源区划优秀成果三等奖	1996
陕西省农业产业化发展模式选择与应用	王兆华	1996—1997	陕西省政府科技推广成果二等奖	1998
陕西省中低产区粮食增产的潜力与途径	吕向贤　王雅鹏	1988	陕西省农研中心优秀成果二等奖	1989

（二）农业生产布局研究

农业生产布局研究团队，主要研究方向是关中灌区农业生产结构、农业生产布局、农业生产效益及产业开发研究等。该研究团队在1978—2000年先后承担重大研究项目和调研任务20余项，主要研究可分为四个方面：（1）农业生产布局与生产结构研究，包括市场经济条件下陕西种植业结构调整及应用、关中地区油菜择优布局与商品基地初步研究、关中灌区农村商品经济发展研究；（2）农业产业技术开发研究，包括关中灌区"吨粮田"及"双千田"开发技术经济效益评价研究、兴平市农业科技集团化承包、兴平市农业综合技术推广、渭北旱

155

塬农户种植业经营效益问题研究;(3)农业区划研究,包括陕西省棉花区划与布局研究;(4)农业专题研究,包括农业发展的国际借鉴等。

该研究团队在 1978—2000 年共取得研究成果 15 项,主要有:"关中灌区'吨粮田'及'双千田'开发技术经济效益评价研究""市场经济条件下陕西种植业结构调整及应用""兴平市农业综合技术推广"等。获奖成果见表 5-4。

表 5-4 农业生产布局研究团队 1978—2000 年取得的获奖成果

名称	主要完成人		起止年份	获奖类别及等级	奖励年份
市场经济条件下陕西种植业结构调整及应用	刘广铭 冯宝荣 淡全立	张转时 张俊飚 张聪群	1991—1994	陕西省科技推广成果三等奖	1995
关中灌区"吨粮田""双千田"开发技术经济效益评价研究	吴嘉本 张聪群	冯宝荣 张转时	1991—1994	陕西省科技进步二等奖	1995
陕西省棉花区划与布局研究	李其昌 刘志华 冯宝荣	宁明扬 包竟成 孙武学	1981—1984	陕西省哲学社会科学优秀成果一等奖 全国农业区划委员会三等奖	1984 1985
关中地区油菜择优布局与商品基地初步研究	宁明扬 冯宝荣	刘志华	1980—1983	陕西省农科院科研成果奖	1986
关中灌区农村商品经济发展研究	宁明扬 张转时 史昭萍	刘志华 淡全立	1987—1988	陕西省农村发展战略成果二等奖	1990
农业发展的国际借鉴	刘广铭	冯宝荣	1989—1992	陕西省哲学社会科学优秀成果二等奖	1994
兴平市农业科技集团化承包	刘志华 李赟毅	孙全敏 杨立社	1989—1994	陕西省农业科技推广二等奖	1995
渭北旱塬农户种植业经营效益研究	宁明扬 淡全立	张转时 王选庆	1986—1989	陕西省农村发展战略成果二等奖	1990

（三）农业资源调查与农业区划研究

农业资源调查与农业区划研究团队,主要研究方向是农业资源调查、农业区划、产业发展及农业发展规划、战略研究等。该研究团队在 1978—2000 年先后承担国家级、省部级重大研究项目和调研任务 50 余项,主要研究可分为四个方面:(1)农业区划研究,包括陕西省简明综合农业区划、县级综合农业区划理论与方法的研究、农业区划的研究方法、县级农业区划中农经调查的理论与方法、农业区划工作中的农业经济调查、陕西省综合农业区划、陕南秦巴山区经济植物综合发展及种植区划研究、武功县农业区划更新研究;(2)农业发展战略与规划研究,包括陕西省"七五"和后十年粮食发展规划研究、陕西省"七五"和后十年农业发展规划研究、陕西省农业区域开发规划研究、陕西省创汇农业发展战略研究、陕西省主要经济园艺作物总体布局与发展规划研究、陕西省农村产业结构布局发展战略问题初探；
(3)农业区域产业开发研究,包括我国西部地区农村经济开发研究、稳定提高陕西省粮食生
产水平的研究、农业生产结构与农村产业结构研究、我国西部地区农村经济发展研究、陕西
省农村主导产业开发研究;(4)农业经济理论与专题研究,包括陕西省中低产田改造模式研
究、中国农村主导产业和产业化发展的几个理论问题研究、关于 90 年代科技兴农的方向和
措施研究等。

该研究团队在 1978—2000 年取得研究成果 60 多项,主要有"陕西省综合农业区划""陕
西省农村主导产业开发研究""陕西省中低产田改造模式研究""陕西省农业经济区划初步
研究""陕南秦巴山区经济植物综合发展及种植区划的研究""我国西部地区农村经济开发
研究""稳定提高陕西省粮食生产水平的研究""陕西省农业区域开发规划研究""陕西省主
要经济园艺作物总体布局与发展规划研究"。出版《陕西农业地图册》《陕西省综合农业区
划》《陕西百县土地资源(省综合农业区划基础研究之二)》《陕西省农业区划一、二、三、四》
《陕西省农业自然资源》《秦巴山区县情》《陕西农业结构》《我国西部地区农村经济发展研究
报告》《中国农业资源与区域发展》《农业常用名词手册》等论著。获奖成果见表 5 - 5。

表 5 - 5　农业资源调查与农业区划研究团队 1978—2000 年取得的获奖成果

名称	主要完成人	起止年份	获奖类别及等级	奖励年份
陕西省农业经济区划初步研究	刘广镕	1977—1978	陕西省农牧厅科研成果奖	1978
省、地农业区划的工作方法	刘广镕	1964—1979	陕西省社会科学优秀成果一等奖	1982
陕西省简明综合农业区划	刘广镕　包竟成　王亦民　高居谦	1978—1980	陕西省农牧厅科研成果三等奖	1982
县级综合农业区划理论与方法的研究	刘广镕　高居谦　包竟成　赵智贤　刘慧娥	1980—1982	陕西省政府科技进步成果三等奖　全国农业区划优秀成果三等奖	1983　1985
农业区划的研究方法	刘广镕　吕向贤　宁明扬	1976—1979	陕西省农科院科研成果奖	1984
农产品成本的理论与计算方法	刘广镕	1977—1978	陕西省农科院科研成果奖	1984
县级农业区划中农经调查的理论与方法	刘广镕　高居谦　赵智贤　刘慧娥	1980—1983	陕西省农科院科研成果奖	1984
耀县综合农业区划报告	刘慧娥	1982—1983	陕西省农业区划委员会三等奖	1984
农业区划工作中的农业经济调查	刘广镕	1979—1982	陕西省社会科学优秀成果二等奖	1985
武功县综合农业区划报告	高居谦　赵智贤　刘慧娥	1980—1982	陕西省农业区划委员会一等奖	1985

名称	主要完成人	起止年份	获奖类别及等级	奖励年份
武功县农业资源调查与农业区划	高居谦　刘慧娥	1980—1981	全国农业区划委员会二等奖	1985
陕西省农村产业结构布局发展战略问题初探	刘广镕　黄德基　鲁向平	1984—1985	陕西省社会科学优秀成果三等奖	1985
子长县综合农业区划	白志礼　张志斌	1984—1985	陕西省农业区划优秀成果二等奖	1987
陕西省综合农业区划	高居谦　刘广镕　白志礼　赵智贤　刘慧娥　孙全敏　王　青　杨立社	1985—1988	陕西省政府科技进步一等奖	1988
陕西省农村产业结构的现状和发展趋势	刘广镕　鲁向平　淡全立	1984—1985	陕西省农村经济发展战略研究成果一等奖	1986
陕西省"七五"和后十年粮食发展规划研究报告	宁明扬　白志礼　赵智贤　孙全敏　王　青	1984—1985	陕西省农研中心优秀成果二等奖	1986
秦巴山区农村经济开发规划研究	高居谦　王　青	1984—1985	农业部科技成果一等奖	1987
子洲县综合农业区划	马斌存　赵智贤	1984—1985	陕西省农业区划优秀成果一等奖	1987
子长县农村经济调查研究报告	刘慧娥　张民林	1984—1985	陕西省农业区划优秀成果三等奖	1987
延川县农业经济调查研究报告	王　青　李建成	1984—1985	陕西省农业区划优秀成果三等奖	1987
延川县综合农业区划	王好贤　孙全敏	1984—1985	延安地区区划委员会二等奖	1988
我国西部地区农村经济开发研究	高居谦　王　青	1985—1986	农业部农业区划优秀成果二等奖	1988
稳定提高陕西省粮食生产水平的研究	白志礼　赵智贤　孙全敏　王　青　刘慧娥　杨立社	1986—1987	陕西省哲学社会科学优秀成果二等奖	1987
陕西省商品粮基地建设的研究	白志礼　杨立社　王　青　孙全敏　刘慧娥	1987—1988	陕西省农研中心优秀成果一等奖	1989
农业生产结构与农村产业结构	刘广镕	1985	陕西省哲学社会科学优秀成果一等奖	1990
农业科技集团承包	白志礼	1989—1990	陕西省农村科技进步一等奖	1990
我国西部地区农村经济发展研究	白志礼	1986—1990	农业部优秀科技成果二等奖	1990
宜君县农业综合技术承包	王　青　张正社	1989—1990	陕西省农村科技承包奖	1990
陕西农业地图册	白志礼	1986—1988	农业部优秀科技成果二等奖	1991

名称	主要完成人	起止年份	获奖类别及等级	奖励年份
关于开发陕南农业以低山丘陵平坝为重点的研究	白志礼	1987—1988	陕西省农业区划委员会科研成果二等奖	1991
陕南秦巴山区经济植物综合发展及种植区划的研究	白志礼 孙全敏 王青 刘慧娥 张正社 赵智贤	1986—1988	陕西省政府科技进步成果三等奖	1989
陕西省秦巴山区资源与经济发展调查研究	王青 杨立社	1997—1998	陕西省农业区划优秀成果三等奖	1991
农业综合技术推广	白志礼	1986—1990	陕西省科技进步成果一等奖	1992
宜君县农业科技承包	白志礼 王青 张正社	1989—1990	铜川市政府综合奖	1993
陕西省中低产田改造模式的研究	白志礼 孙全敏 王青 杨立社	1993—1994	陕西省政府科技进步二等奖 农业部科技成果二等奖	1995 1996
陕西省关中平原农业开发规划研究	孙全敏	1994—1995	陕西省区划委员会优秀成果一等奖	1995
陕西省渭北旱塬农业开发规划研究	孙全敏	1992—1994	陕西省区划委员会优秀成果一等奖	1995
陕西省农业区域开发规划研究	孙全敏	1992—1994	农业部科技成果二等奖	1995
陕西省县级农业区划更新研究	张桂茹 刘慧娥	1994—1995	陕西省农业区划委员会一等奖	1996
陕西省主导产业建设开发研究	张驰 王青	1994—1995	农业部农业资源区划三等奖	1996
陕西省县级农业区划更新研究	高居谦 张桂茹 刘慧娥	1994—1995	陕西省农业区划优秀成果三等奖	1996
陕西省农村主导产业开发建设研究报告	王青 杨立社	1994—1995	农业部科技成果三等奖	1996
武功县农业区划更新研究综合报告	高居谦 刘慧娥 李桂丽	1994—1995	农业部科技成果二等奖	1996
陕西省农村主导产业开发研究	王青 孙全敏 刘慧娥 杨立社 白志礼	1994—1995	陕西省政府科技进步二等奖	1998
陕西省创汇农业发展战略研究	杨立社 王云峰	1996—1997	陕西省哲学社会科学成果三等奖	1998
佳县红枣商品基地建设及规划	刘慧娥 杨立社	1995—1997	武功农业科研中心二等奖	1997
中国农村主导产业和产业化发展的几个理论问题	王青	1997	陕西省哲学社会科学成果三等奖	1998

续表

名称	主要完成人	起止年份	获奖类别及等级	奖励年份
陕西省农业综合生产能力测评与提高	孙全敏　李赟毅	1997	陕西省哲学社会科学成果三等奖	1998
关于九十年代科技兴农的方向和措施	白志礼　王章陵	1990—1992	陕西省哲学社会科学优秀成果二等奖	1992
陕西省主要经济园艺作物总体布局与发展规划研究	王　青　孙全敏　张　会	1994—1996	陕西省政府科技进步三等奖	1998

第四节　科技服务与学术交流

一、科技服务

（一）农村科学试验基点工作

1. 陕北黄土高原综合治理米脂试验站工作

1986—1990 年，米脂试验区农村产业结构优化研究属国家"七五"重点攻关"08 - A 项目"。该基地试验示范以及科研工作，经陕西省科委和中科院西安分院主持鉴定，任务全面完成，达到国内领先水平。1986—1990 年黄土高原开发治理的宏观经济政策研究，即国家"七五"重点攻关项目 08 - E 项目，该试验示范项目由黄德基、鲁向平主持，张俊飚、王章陵、王云峰参加，全面完成了试验示范和科研任务，通过了国家验收。同时，鲁向平参加的中国社会科学"七五"重点攻关研究项目"中国农村经济发展模式比较研究""黄土高原定位实验研究"曾获中国科学院和国家科技进步一等奖；"陕西省黄土高原综合治理"获省级一等奖；"米脂模式研究"获陕西省社会科学优秀成果二等奖。

2. 陕西省合阳县甘井乡科学实验基点工作

该基点先后完成了陕西省渭北旱塬试验 75 - 04 - 04 - 03 合阳甘井试验分区旱地农业增产技术体系研究，合阳甘井科学实验基地科技示范项目研究，渭北旱塬合阳甘井农村科学示范基地建设及综合技术开发推广，北方旱地农业综合开发及结构体系建设——渭北旱塬的典型剖析等多项实验示范、技术推广、科学研究工作。提出了"合阳模式"，并在半干旱区推广应用，极大地促进了渭北旱塬乃至我国半干旱区农业、农村经济的发展。基地项目通过了国家相关部门的验收。

（二）农业集团性科技承包工作

1989 年，为落实陕西省委、省政府提出的"51251"工程计划，由农经区划所牵头，承担了兴平、宜君两县的农业科技承包工作。

1989—1990 年，宜君县农业科技承包工作，承包点科技人员在对宜君县气象、土地、农林水牧、社会经济等资源调查的基础上，抓住农业生产和农村经济发展中存在的主要问题，通过实验示范、技术培训、科普宣传、良种繁育推广、现场观摩、经验介绍等多种形式,改变以往人们在农业经营中的传统观念和传统的生产方式,以点带面,扩大对农业技术的辐射,激发农民进行科学种田的积极性。宜君基点还结合本专业的特点,从当地生产的实际出发,研究制定了《宜君县农业生产发展规划》和示范乡《五里镇农业发展规划》。同时还总结完善了宜君县种植业优化模式,海拔 800～1200 米玉米生产技术推广应用,使玉米亩产达到 1600 斤以上;推广苹果配套技术,推进了宜君苹果基地的建设,为宜君外向型果业发展奠定了基础;推广烤烟综合栽培技术,促进了烤烟基地发展,等等。宜君科技承包基地受到时任陕西省副省长林季周的肯定,被省政府树立为全省学习观摩样板。宜君县农业科技承包获陕西省农村科技承包奖。

1989—2000 年兴平市农业科技承包工作由刘志华(副所长)主持,农经区划所孙全敏、杨立社、李赟毅、王选庆、淡全立,果树所袁万良、蔬菜所杨忠安、经作所张保留、植保所郜树德、畜牧所孙吉利,以及兴平市农技人员配合,承包组成员分不同专业对兴平市粮食、蔬菜、果蔬、病虫防治、畜牧、农业经济及农村产业进行了专题调研,分析存在的问题,提出试验示范、技术推广方案。通过实验示范研究,提出了一系列实用农业生产技术;通过讲座、办农民技术培训班、印发资料等多种形式,极大地促进了兴平农业发展,使农村产业结构逐渐合理,特别是推进了蔬菜、苹果商品生产基地快速发展。兴平市农业综合技术推广项目,1995 年获得陕西省人民政府农业科技推广二等奖,农业科技承包获陕西省农村科技承包奖,2000 年获陕西省农村科技推广奖。

(三)科技扶贫工作

1991 年全国扶贫工作会议在延安召开,米脂试验站获先进集体奖励,鲁向平作为先进集体代表出席了会议。1995—1997 年刘慧娥、杨立社参加了国家和陕西省科委主持的重点特困县——佳县的科技扶贫工作。经过三年的深入调查研究,为佳县制定了"陕北佳县红枣商品基地研究及规划",规划成果获陕西省厅局级科技成果二等奖。规划在佳县的实施,极大地促进了佳县红枣这一主导产业产加销体系的形成和发展,以红枣产业为发展农村经济的抓手,带动了二、三产业的快速发展。同时,刘慧娥、杨立社两位同志获得先进个人扶贫奖。

二、学术交流

(一)国内学术交流

据不完全统计,农经、区划所共有 50 多人(次)参加了中国农业经济学会、中国农业区划学会、陕西省农业经济学会、陕西省农业区划学会的学术交流活动和学会年会,以及旱作农业、黄土高原治理等国际学术会议,提交会议交流论文数百篇。其中《渭北旱塬农村经济现状分析与发展对策》和《渭北旱塬种植业增产增收增强后劲的优化结构研究》两篇论文参加了 1987 年 9 月在西北农大举行的"国际旱地农业学术讨论会",并进行了大会交流,被收入论文集。1990 年有 3 人(次)参加了全国农业经济学会和全国农业区划学会组织的学术交流活动。1994 年出席了在三明市召开的全国农村经济发展战略研讨会,1995 年出席了在长沙举办的全国农业经济年会。通过学术交流,对于收集信息、学习先进的工作经验、扩大知识面、提高科研人员的业务素质,促进农经、区划专业学科的发展,高质量地完成工作任务起到了启迪思想、完善科研工作的效果。

（二）国际间的学术交流与合作

据不完全记录，农经、区划所共参加接待国外专家和学术团体 4 批：1987 年 7 月接待了日本农业经济专家、千叶大学园艺部教授小林康平先生来所进行学术交流；同年 11 月接待了美国内华达大学农经系主任戈登·麦耶博士，并与其进行交流座谈；11 月下旬又接待了美国"国际技术经济合作研究组织"和澳大利亚"海外执行服务组织"的来访交流。1988 年 11 月鲁向平作为"中华青年联合会"的成员赴日本进行了为期 1 个月的农业经济考察工作，受到了当时日本首相的接见。通过接触与广泛交流，双方对感兴趣的农业经济问题进行了讨论，增强了国际间的了解，促进了中日双方农业经济研究相互协作关系的发展。撰写的《日本农村经济考察报告》在《经济研究参考资料》全文刊登。

第六章　西北林学院经济管理系
（1985—2000）

第一节　林经系成立

1979年1月21日，国务院批准了国家林业局和陕西省革命委员会《关于筹建西北林学院的请示报告》，1979年9月1日，西北林学院在武功县杨陵镇正式成立。学院成立时仅有林学系林业（学）专业，但是规划要设置生物学、工科、文科三类专业。

1982年西北林学院在林学系设立林业经济教研室，并着手筹办林业经济与管理专业。林业经济教研室成立之后，在学院和林学系领导支持下，加大了师资引进的力度，到1984年已经形成了十几人的专业师资队伍，并且把所有新进教师送到北京林学院、东北林学院、南京林学院等大学进修学习。1984年3月20日，林业部批准西北林学院设置林业经济与管理专业，学制2年，同年9月，面向西北五省（区）招生。1985年3月25日，学院成立林业经济系（以下简称林经系），任命毛以让为系主任。同年7月16日，林经系设立林业经济教研室、技术经济教研室、会计统计教研室及情报资料室。至此，林经系的各项工作全面展开。

第二节　机构设置

1985年林经系成立时设置了林业经济系党支部，以及团总支、学生会、工会小组等党团群众组织，设置了系行政，包括系办公室，林业经济、技术经济、会计统计三个教研室，以及林业经济研究室、资料室、核算室等教学、科研和辅助机构。

1989年林业经济研究室更名为林业经济管理研究室，核算室更名为会计核算室，同时增设林业史研究室。1990年技术经济教研室更名为政策法规教研室，增设电算室。1995年会计核算室与电算室合并为模拟实验室。

1998年5月，按照国家教育部新颁布的专业设置，经林业部批准，西北林学院对二级教学单位进行了调整。林业经济系更名为经济管理系，林经系的政策法规教研室及其所属教师调整到新组建的社会科学系，计算机教研室调入经济管理系。

至1999年7月，林经系总共为国家培养本科生128人，专科生1088人，总计1216人。

林经系党支部及行政负责人一览表，见表6－1，表6－2。

表6-1　林经系党支部(总支)负责人一览表

机构名称	姓名	职务	任职时间
林经系党支部	李　扬	书　记	1986.12—1989.4
	周庆生	副书记	1986.12—1989.4
	刘正光	书　记	1989.4—1991.4
	蒋尽才	书　记	1991.4—1994.6
林经系党总支	周庆生	书　记	1994.6—1996.7
	李安民	书　记	1996.7—1998.5
	张军厂	副书记	1998.5—1999.1
	王文博	副书记	1998.5—1999.9

表6-2　林经系(经济管理系)行政负责人一览表

机构名称	姓名	职务	任职时间
林业经济系	毛以让	副主任	1985.5—1986.10
		主　任	1986.10—1991.1
	李　扬	副主任	1985.4—1989.1
	周庆生	副主任	1989.4—1997.1
		主　任	1997.1—1998.5
	蒋尽才	副主任	1991.3—1995.11
	孟全省	副主任	1997.1—1998.5
	李安民	副主任	1997.1—1998.5
经济管理系	周庆生	主　任	1998.5—2000.6
	孟全省	副主任	1998.5—2000.6

第三节　教学工作

一、专业设置及教学计划

林经系全面贯彻党的教育方针,立足西部、放眼全国,适应国家战略和社会主义市场经济对人才的要求,培养我国社会主义建设事业需要的、具有创新创业能力、掌握本学科基础理论与系统的专业知识的高级专门人才。

(一)专业设置

林经系先后设置四个专业,专业设置详见表6-3。

(二)素质、知识与能力培养

(1)具有良好的思想品德、高尚的道德情操、遵纪守法、诚信为本;拥有健全的人格和团队合作意识。

（2）具有良好的身心素质,塑造健康的体魄,养成过硬的心理素质。

（3）掌握扎实的经济学和管理学专业基础理论知识与农林学科知识、经济管理法律知识及管理学的科学研究方法,形成科学思维与学科意识,拥有一定的创新能力,具备独立分析、解决经济管理相关问题的能力,拥有强烈的市场经济与效益意识。

（4）熟练掌握外语、计算机及信息技术应用知识,学会使用数据库,掌握文献检索方法以及专业的论文写作知识和技能。

（5）具备良好的社会适应、人际交往、语言表达及组织管理能力。

（6）了解本专业国际国内发展动态,具有一定的国际视野。

表6-3　西北林学院林业经济系专业设置一览表

专业名称	学制	设置年份
林业经济与管理（专科）	2	1984
财务会计（专科）	2	1992
经济贸易（专科）	2	1994
会计学（本科）	4	1994

（三）培养目标

培养目标见表6-4。

表6-4　西北林学院林业经济系各专业的培养目标

专业	培养目标
会计学（本科）	具备良好的道德素养,树立正确的人生观、价值观与世界观;具备良好的职业素养、团队协作精神与时代意识;掌握人文社会科学的基本知识,具有科学精神和良好的人文素养;系统掌握会计的核心知识,了解会计的重要理论、学术动态及基本的研究方法;熟悉会计相关的政策法规及规则,了解会计发展与改革历程与现状;能够灵活使用计算机处理银行、证券、保险等方面业务的实际基本能力;熟练掌握一门外语,具有一定的听、说、读、写能力。 培养具有宽厚扎实的会计学基础知识,掌握企业会计信息系统与设计的基本原理,会计电算化软件初始化的设置、总账、报表系统以及工资、固定资产等业务核算子系统的操作方法;了解会计电算化的管理要求与制度规范,具备从事具体金融业务工作的能力,有较高的计算机运用水平及外语能力,能在企事业单位从事会计相关工作的复合应用型人才。

专业	培养目标
林业经济与管理（专科）	培养热爱林业、掌握林业经济管理基础理论知识，熟悉国内外学科理论前沿与林业生产及产品流通过程，具有从事林业生产的组织、计划、经营及现代管理技能、独立承担林业经济及管理工作能力的高级林业经济管理人才。 具有良好的思想品德、社会公德和职业道德；具有强烈的学农、爱农、兴农责任感和追求卓越的事业心，艰苦奋斗的作风和求实创新、团结协作的精神；掌握经济学与管理学的基本理论与农林科学相关知识及一定的人文社会知识；熟悉国家有关方针、政策和法规，系统认识林业发展现状，初步把握行业发展规律；具有文献检索、资料查询等独立获取知识的能力和自主学习能力；了解林业经济管理科学的理论前沿，具有林业经济运行与涉林企业管理实际问题的分析和解决能力；具有良好的创新意识、创新思维和一定的科学研究能力；具有较好的沟通交流能力、组织协调能力和国际竞争力；熟练掌握一门外语，具有一定的听、说、读、写的能力。
财务会计（专科）	培养知识与能力结构适应社会主义市场经济发展和社会进步需要，掌握扎实的经济学、管理学与会计基本理论，熟悉并掌握财务、会计、统计、审计的基本原理、原则与操作技能和以从事财务管理工作为主的综合管理知识与能力，以及财经应用文写作、会计电算化操作的基本技能，在各类企事业单位、中介机构和社会团体从事各种财务会计实务以及涉税业务处理工作的相当于大学专科层次文化程度的高等技术应用型人才。 具有良好的思想道德素质、科学文化素质与身心素质，掌握财会相关的基本理论与知识，具备一定的会计分析核算管理能力；熟悉国家有关财会的方针、政策法规及会计业中的规则与惯例；具备本领域教学、科研、管理和开发应用的基本能力；初具科学研究思维和技能；具备从事本专业学术研究和实务操作所必需的数学、外语、计算机、互联网等相关知识。
经济贸易（专科）	培养具有扎实的经济学和管理学基本理论，系统掌握经济与贸易基本知识与社会主义市场经济理论、商品贸易知识与技能，熟悉通行的贸易惯例、规范、法律和政策，具备适应贸易活动需要的实践运作能力，能够在未来从事贸易经济管理的高级复合应用型人才。 具备较为全面的思想道德素质、科学文化素质、专业素质和身心素质；具有宽厚的人文社会科学和自然科学的基本知识；熟练掌握经济贸易领域的基本理论、基本知识与基本技能，了解经济贸易领域科学前沿和发展趋势；具备从事本专业学术研究和实务操作所必需的数学、外语、计算机、互联网等相关知识；具有较强的观察分析能力、创新实践能力及语言表达能力。

（四）课程设置

为适应经济、社会发展和农林业现代化建设的需要,林经系在学校统一部署下多次修订专(本)科的人才培养方案,尤其是课程体系设置,以更加符合培养目标要求与学生的职业发展规划。人才培养方案压缩理论教学时数,减少必修课数量,增加选修课数量,增加实践学时与实验课门数,注重对学生们的实践与创新能力的培养,促使学生形成科学的思维方式、理论联系实际与创新精神。专业课程设置见表6-5。

表6-5　西北林学院林业经济系专业课程设置一览表

专业名称	课程名称
会计学(本科)	基础会计学、成本会计、预算会计、管理会计、财务管理、企业会计、审计学、财政与金融、国际贸易、会计电算化、高级财务会计学、西方经济学、会计专题、审计专题、会计史、资产评估、银行会计、企业管理、公共关系学、管理系统工程、经济法、市场学、国际商法、林学概论、法律基础课、计算技术、造林学、高等数学、数理统计、英语、大学语文、体育等。
林业经济与管理(专科)	林业经济、会计与林业会计、林学概论、林业企业管理、电子计算机应用、统计与林业统计、财政与信贷、林业技术经济、系统工程、政治经济学、经济法、审计学、测树学、森林植物学、森林学、造林学、森林利用学、英语、汉语与写作、中国革命史、高等数学、体育、社会心理学等。
财务会计(专科)	基础会计学、成本会计、预算会计、管理会计、财务管理、企业会计、审计学、财政与金融、国际贸易、会计电算化、资产评估、企业管理、公共关系学、管理系统工程、经济法、市场学、林学概论、法律基础课、计算技术、高等数学、哲学、英语、体育、汉语与写作等。
经济贸易(专科)	经济法、企业管理、国际贸易、西方经济学、管理决策学、商业经济学、市场学、国际商法、商品学、广告学、商业心理学、公共关系学、财政与信贷、统计学、会计学、法律基础课、计算机应用、英语、汉语与写作、中国革命史、高等数学、体育等。

二、教材建设

1984年秋招生的林业经济与管理专业多采用统编教材兼以教师自编讲义。为了使教材建设有章可循,西北林学院先后出台了《教材管理暂行办法》《优秀教材评选办法》《关于编写教材的若干规定》等文件,1987年成立教材编审委员会。以上举措促使林经系教师投身教材编写工作,一批具有特色的教材相继出版。教材建设情况见表6-6。

表6-6　西北林学院林业经济系教材建设一览表

教材名称	出版社	作者	位次	出版年份
《草木趣典》	陕西师范大学出版社	周云庵	编　著	1988
《林业常用文体写作》	中国林业出版社	周云庵	参　编	1989

教材名称	出版社	作者	位次	出版年份
《林业经济概论》	陕西师范大学出版社	李锦钦	参 编	1990
《国营林场管理学》	中国林业出版社	张 谦 姚顺波	参 编	1992
《古典旅游景观文学》	陕西师范大学出版社	康正文	编 著	1993
《经济法教程》	西北大学出版社	张忠潮 蒋尽才	主 编	1994
《森林法知识讲座》	陕西人民出版社	蒋尽才 杜德鱼	主 编	1994
《统计原理》	中国物资出版社	周庆生	参 编	1994
《普通企业管理学》	中国物资出版社	张 谦	参 编	1994
《基础会计学》	中国物资出版社	杨文杰	参 编	1994
《黄土高原沟壑区综合治理开发技术与研究》	陕西师范大学出版社	张 谦	参 编	1996
《企业管理》	中国科技出版社	宋振英	参 编	1996
《陕西园林史》	三秦出版社	周云庵	主 编	1997
《工业会计》	中国物资出版社	孟全省	副主编	1997
《市场营销学》	世界图书出版公司	肖 斌	主 编	1997
《林业推广学》	经济科学出版社	孟全省	副主编	1998
《成本会计学》	陕西人民出版社	孟全省	主 编	1998
		周庆生 肖 斌 杨文杰	副主编	
		胡 频 雷 玲 张雅丽	参 编	
《现代林业经济管理学》	陕西人民出版社出版	肖 斌	主 编	1998
		张 谦	副主编	
《林业经济》	自 编	张跃宁	主 编	1985
《林业企业管理》	自 编	张 谦	主 编	1985
《汉语与写作》	自 编	康正文	主 编	1985
《会计原理与林业会计》	自 编	孟全省	主 编	1985
《统计原理与林业统计》	自 编	周庆生	主 编	1985
《林业技术经济》	自 编	李 艳	主 编	1985
《林业政策与法规》	自 编	蒋尽才	主 编	1985
《林业常用文体写作》	自 编	周云庵	主 编	1985
《领导学》	自 编	毛以让	主 编	1991
《国营林场管理学》	自 编	张 谦	主 编	1991
《市场学》	自 编	张 谦	主 编	1991

三、教学管理

西北林学院的教学实行校系两级管理,教务处为学校教学管理职能部门。学校先后制定了《西北林学院教学管理暂行规定》《西北林学院学籍管理办法》《西北林学院学生学习成绩考核暂行规定》《西北林学院教师工作规范》《西北林学院教研室工作暂行条例》等一系列规章制度。

（一）实行"六查"制度

1. 查教案

检查教案内容是否符合教学大纲的规定，是否按教学目的布置作业。教研室主任应对本教研室教师的教案进行全面检查，系教学质量检评小组抽查50%的教案。每学期期中由系统一组织集中检查一次，写出总结，肯定成绩，指出不足。根据需要各教研室可组织教师互查教案。

2. 查听课

系领导随时可以听课，教研室主任对新开课程要从头至尾听课一次，教务处可随时抽查听青年教师讲课。听课人员要认真填写听课卡片，并征询上课学生对教学工作的意见，如实向讲课的老师反映，重大问题应及时如实向系领导反馈。

3. 查效果

检查人员课后通过与学生谈话、提问等方式了解学生对教学内容的理解程度，也可按教务处规定，让学生对教师的讲课进行打分。

4. 查秩序

看教师是否按时上课，教学方法是否得当，进度是否符合教学计划，教学重点、难点是否突出；布置作业是否符合教学日历，学生是否有迟到早退现象；听课注意力是否集中；教师是否有任意调课、补课现象。

5. 查作业

布置作业的次数、分量是否合适，学生能否按时完成作业；教师是否能及时批改作业，并登记作业成绩，对作业中的普遍性错误能否及时予以纠正。

6. 查毕业论文（本科）或毕业设计（专科）及教学实习

实习的准备如何，学生是否人手一册实习指导书，实习是否顺利，是否都能按时完成实习报告、毕业论文。发现问题及时指出并帮助解决。

（二）观摩教学、讲课比赛

观摩教学的主讲教师由教研室推荐，系教学质量检评领导小组决定，本系教师、学生参加，教务处领导和系相关教师观摩。观摩教学课后，由系领导组织本系教师座谈讲评，总结经验，肯定成效，提出改进措施。讲课比赛由本系教师自愿报名，教研室推荐，教务处及系领导、老教师组成评委。评委按评分标准打分，最后评出前3名给予奖励。以上措施加强了教师教学经验交流，有效促进了教学质量的提高。

（三）培养环节及要求

林经系4个本专科专业培养环节与要求见表6-7至表6-10。

表6-7　会计学(本科)专业培养环节与要求

单位名称	林业经济系	学科名称	会计学
学习年限	4 年	培养方式	全日制
总学时	本专业共 2880 学时,其中理论教学 2160 学时,占 75%,实践(含课程实验、综合实习、毕业实习),教学 720 学时,占 25%。		
理论教学	理论课 36 门,2160 学时,其中必修课 2016 学时,选修课 144 学时。考试课 28 门,考查课 8 门。		
课程设计	根据专业培养方案,于入学后分学年完成相应课程。第一学年以基础理论知识学习为主,之后学年以专业知识学习为主。课程设计涉及 5 门课,学时及成绩计入该门课程,不另计学时和成绩。		
实验教学	实验课程有:计算机基础、会计电算化、计算技术、会计模拟实验,288 学时。		
综合实习	综合实习课程有:统计学、企业管理、造林学。造林学一般安排在国有林场、陕西省六大林业局(森工局)实习,其他课程实习安排在企事业单位进行,216 学时。		
毕业实习(实践)	毕业实习以分组(分散)实习为主,一般在论文指导教师指导下,在国有林业局、林场及其他企事业单位结合论文题目进行实习,216 学时。		
基本要求	在读期间,本人须完成课时要求的专业知识学习,并顺利完成理论教学、实验、综合实习、毕业实习、论文答辩,并取得合格及以上者才能取得毕业证书; 在实习期间,学生要按进度完成阶段性的实习任务。实习结束前,学生应参加座谈会,认真听取实习单位意见,并做好总结、上报、存档工作。		

表6-8　林业经济与管理(专科)专业培养环节与要求

单位名称	林业经济系	学科名称	林业经济与管理
学习年限	2 年	培养方式	全日制
总学时	本专业共 1920 学时,其中理论教学 1440 学时,占 75%,实践(含课程实验、综合实习、毕业实习),教学 480 学时,占 25%。		
理论教学	理论课 26 门,1440 学时,其中必修课 1296 学时,选修课 144 学时,考试课 22 门,考查课 4 门。		
课程设计	根据专业培养方案,于入学后分学年完成相应课程。第一学年以基础理论知识学习为主,之后学年以专业知识学习为主。课程设计涉及 3 门课,学时及成绩计入该门课程,不另计学时和成绩。		
实验教学	实验课程有:计算机基础、会计模拟实验,80 学时。		
综合实习	综合实习课程有:造林学、测树学、森林学、树木学、会计学、统计学、林业企业管理。一般安排在国有林场、陕西省六大林业局(森工局)实习,220 学时。		
毕业实习(实践)	毕业实习以分组(分散)实习为主,一般在论文指导教师指导下,在国有林业局、林场及其他企事业单位结合论文题目进行实习,180 学时。		

续表

单位名称	林业经济系	学科名称	林业经济与管理
基本要求	在读期间,本人须完成课时要求的专业知识学习,并顺利完成理论教学、实验、综合实习、毕业实习、论文答辩,并取得合格及以上者才能取得毕业证书; 在实习期间,学生要按进度完成阶段性的实习任务。实习结束前,学生应参加座谈会,认真听取实习单位意见,并做好总结、上报、存档工作。		

表 6 - 9　会计学(专科)专业培养环节与要求

单位名称	林业经济系	学科名称	财务会计(专)
学习年限	2 年	培养方式	全日制
总学时	本专业共 1920 学时,其中理论教学 1440 学时,占 75%,实践(含课程实验、综合实习、毕业实习)教学 480 学时,占 25%。		
理论教学	理论课 24 门,1440 学时,其中必修课 1296 学时,选修课 144 学时。考试课 19 门,考查课 5 门。		
课程设计	根据专业培养方案,于入学后分学年完成相应课程。第一学年以基础理论知识学习为主,之后学年以专业知识学习为主。课程设计涉及 3 门课,学时及成绩计入该门课程,不另计学时和成绩。		
实验教学	实验课程有:计算机基础、会计电算化、会计模拟实验,120 学时。		
综合实习	综合实习课程有:会计学、统计学、企业管理,一般安排在制造企业、国有林场、陕西省六大林业局(森工局)实习,180 学时。		
毕业实习(实践)	毕业实习以分组(分散)实习为主,一般在论文指导教师指导下,在国有林业局、林场及其他企事业单位结合论文题目进行实习,180 学时。		
基本要求	在读期间,本人须完成课时要求的专业知识学习,并顺利完成理论教学、实验、综合实习、毕业实习、论文答辩,并取得合格及以上者才能取得毕业证书; 在实习期间,学生要按进度完成阶段性的实习任务。实习结束前,学生应参加座谈会,认真听取实习单位意见,并做好总结、上报、存档工作。		

表 6 - 10　经济贸易(专科)专业培养环节与要求

单位名称	林业经济系	学科名称	经济贸易(专)
学习年限	2 年	培养方式	全日制
总学时	本专业共 1920 学时,其中理论教学 1440 学时,占 75%,实践(含课程实验、综合实习、毕业实习)教学 480 学时,占 25%。		
理论教学	理论课 27 门,1440 学时,其中必修课 1296 学时,选修课 144 学时。考试课 22 门,考查课 5 门。		
课程设计	根据专业培养方案,于入学后分学年完成相应课程。第一学年以基础理论知识学习为主,之后学年以专业知识学习为主。课程设计涉及 3 门课,学时及成绩计入该门课程,不另计学时和成绩。		

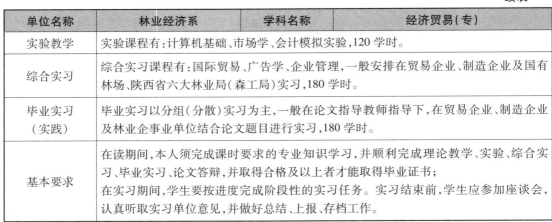

续表

单位名称	林业经济系	学科名称	经济贸易（专）
实验教学	实验课程有：计算机基础、市场学、会计模拟实验，120学时。		
综合实习	综合实习课程有：国际贸易、广告学、企业管理，一般安排在贸易企业、制造企业及国有林场、陕西省六大林业局（森工局）实习，180学时。		
毕业实习（实践）	毕业实习以分组（分散）实习为主，一般在论文指导教师指导下，在贸易企业、制造企业及林业企事业单位结合论文题目进行实习，180学时。		
基本要求	在读期间，本人须完成课时要求的专业知识学习，并顺利完成理论教学、实验、综合实习、毕业实习、论文答辩，并取得合格及以上者才能取得毕业证书； 在实习期间，学生要按进度完成阶段性的实习任务。实习结束前，学生应参加座谈会，认真听取实习单位意见，并做好总结、上报、存档工作。		

为了适应经济建设与社会发展对不同规格、不同层次人才的需求，经林业部批准，允许部分专业计划外招生，实行文理兼收，在略低于高考分数线招收代培生、委培生、自费生。截至1999年7月，林经系15年间共培养出本、专科毕业生1216人。

第四节　师资队伍建设

建立一支数量充足、素质精良、结构合理、充满活力的师资队伍，是新建的西北林学院林经系的当务之急。

一、师资队伍

1984年3月20日，林业部批准西北林学院组建林业经济与管理专业之初，有教职工15人，其中教师13人，情报资料室管理人员2人，全部为大学本科学历，其中具有讲师职称4人。从年龄来看，50岁以上4人，25岁至50岁4人，25岁以下7人。到1987年12月底，有教职工22名，其中副教授2人，讲师3人，助教15人，实验员2人。2000年合校时，拥有36名教职工，其中教授1人，副教授8人，讲师11人，助教10人，副研究员1人，实验员3人，见习教师2人。

二、青年教师培养

林经系教师普遍学历低、知识面偏窄、基础薄弱、教学经验欠缺。为促使他们尽快挑起教学重担，学校先后出台了《青年教师培养的要求和措施》《选派教师外出进修暂行办法》等文件，提出"在职进修，就近进修"的原则，帮助教师夯实理论基础，拓宽知识领域。林经系在保证教学活动正常进行的原则下，有计划、有步骤地分批选派教师前往清华大学、中国人民大学、中山大学、中国政法大学、南京林业大学、西南政法大学、西安交通大学、陕西师范大学、西北农业大学等学校进修深造。

第五节 科学研究与学术交流

一、科学研究

学校先后出台了《西北林学院科研经费管理办法》《科学基金项目管理办法》《青年科学研究基金管理办法》《科研工作量计算办法》等文件,激发了科研人员的积极性,促进了科研活动的开展。

1987年7月,学院决定在林经系成立林业经济研究室与林业史研究室,凝练的科研方向有:林业经济理论与政策、林业企业管理、林业史研究。从1985年起先后承担了19项科研课题及教改项目,其中主持省部级以上课题3项(表6-11),省部级子课题3项,其他项目13项。

表6-11 林经系(经济管理系)承担省部级以上课题情况(1985—2000)

课题名称	主持人	参加人	课题来源	年份
岚皋县产业结构的调查研究	毛以让 李锦钦	周庆生 张 谦 肖 斌 孟全省 张雅丽 陈绍辉	陕西省政府扶贫项目	1986—1989
西北五省(区)古代林业史研究	周云庵 毛以让	陈绍辉 李 艳	林业部	1986—1990
经济管理教学中先进教学手段和改进教学方法、教材教法以及教学形式的处理和配合等	张 谦	周庆生 孙生辉 肖 斌 高建中	国家教委	1996—2000

至2000年,林经系教师在《中国农村经济》《林业经济问题》《林业经济》《生态经济》《西北林学院学报》《中国林业教育》等杂志上共发表科研论文114篇,获各类奖共10项,其中省部级以上科研成果奖5项(表6-12)。

表6-12 林经系(经济管理系)获奖情况(1985—2000)

项目名称	获奖者	获奖名称等级名次	颁奖单位	年份
岚皋县产业结构调查研究	西北林学院林经系	陕西省"大学生社会实践活动先进集体"	陕西省委科教部、陕西省高教局、共青团陕西省委	1989
岚皋林业综合技术开发	毛以让(排名不详)	国家科委星火三等奖	国家科委	1993
黄土高原渭北生态经济型防护林体系优化模式建设技术	周庆生(第六)	陕西省科技进步二等奖	陕西省人民政府	2000

续表

项目名称	获奖者	获奖名称等级名次	颁奖单位	年份
淳化黄土残塬沟壑区开发治理与农业持续发展研究	肖　斌（排名不详）	陕西省科技进步二等奖	陕西省人民政府	2000
西北黄土丘陵沟壑区延安安塞试验区的防护林体系产业结构调整及持续	周庆生（第六）	陕西省科技进步三等奖	陕西省人民政府	2003

二、学术交流

从林经系成立至合校期间，先后有多位教师参与国内学术交流活动，如毛以让参加中国林学会林业经济研究会的相关学术活动并任副主任委员；周庆生参与中国林业经济学会的相关活动并任理事；蒋尽才等参与林业部《森林法》修改工作；周庆生、张谦、肖斌、孟全省、姚顺波、杨文杰等老师多次参加中国林业经济学会、中国林业经济研究会、中国生态经济学会、中国林学会等会议并获得优秀论文奖。

第六节　学生工作

大学阶段是学生世界观、人生观、价值观形成、固化的重要阶段，也是学生德、智、体全面发展的重要时期，学生工作需要常抓不懈。

一、培养良好学风，提升学生素质

以"两课"对学生进行正规而系统的政治理论和道德品质教育，以党课和形势教育对学生进行政治思想与品质教育，营造良好环境，引导学生坚定正确的政治方向，培养学生艰苦朴素的生活作风和积极向上的道德品质；开设思想品德、心理学、公共关系课程，组织学生参加各种社会实践与志愿者活动，培养学生顽强拼搏、积极进取的人生态度；通过专业教育树立学生勇攀科学高峰的雄心壮志，通过课堂教育，培养学生独立思考能力、操作能力，全面提升学生专业素质。

1987 年林经系 55 名学生利用暑假深入永寿县山区进行社会调查，撰写了 55 份有一定质量的调查报告，部分报告送有关主管部门。其中一篇题为《山区群众吃水难》的报告，辗转报送陕西省人民政府，受到省政府的高度重视，并在较短时间内解决了永寿山区群众吃水难的问题。

二、齐抓共管，开展"三育人"活动

1986 年 9 月，西北林学院成立学生工作领导小组，组织党、政、工、团、学等部门，解决学生管理有关问题。1990 年 4 月，西北林学院学生处与党委学生工作部成立，两块牌子，一套人马，主抓学生工作。林经系成立系学生工作领导小组，协调党、政、团，以及学生会、辅导员、班主任,积极开展"三育人"活动。

1994年西北林学院出台了《教书育人条例》。根据该条例,林经系要求教师为人师表,行政管理人员满腔热忱接待学生,资料室热诚为学生服务。

三、注重过程管理

(一)抓好关键时间

1. 新生入学后与毕业生离校前

新生入学后对大学的环境有新奇感,对新的生活抱有很大希望。原来好的,希望保持光荣,更上一层楼;原来差的,强烈希望洗心革面,"而今迈步从头越"。注意把握新生的心理,满腔热情的鼓励他们前进,再创辉煌。向新生介绍大学生活特点,强调大学阶段在人生成长中的关键作用,鼓励新生。向新生全面介绍学校的规章制度及国家的有关法律,循循善诱,晓之以理,使新生能够以良好的精神风貌开始大学的历程。而离校前毕业生的心情是较复杂的,有的就业顺利,表现欣喜;有的就业情况差,情绪低落。这个时期重点是要做好情绪低落学生的工作,使他们愉快地走向工作岗位。

2. 每学期放假前、收假后

学期结束放假前,要求回家学生作社会调查,正确分析、对待社会现象,用法律、政策和道德自觉约束自己的行为。收假后,组织学生座谈假期见闻,参加座谈会的教师、辅导员、班主任或党支书要作好总结,对认识错误的学生可个别谈心解决,决不可任由其信马由缰。

3. 实习或社会调查时期

此时期学生将要走出学校,到比较艰苦、环境比较复杂的农村、山区进行实习或社会调查,要鼓励学生走向社会,经受锻炼,在暴风雨中成长,并自觉用法律与社会主义道德约束自己,遵守乡规民俗,同时注意工作安全与生活安全。

(二)抓好学生中的"关键少数"

学生中的关键少数包括党员、入党积极分子、学生干部。这三部分人数量约占学生总数的1/3,他们与其他学生朝夕相处,有着共同的感情、共同的要求,最了解学生的情况。他们是学生与学校党政的桥梁与纽带,是关键少数,是带头人。做好他们的工作,再由他们通过模范带头作用影响和带动其他同学,学生的问题就比较容易解决,如果忽视或放松他们的政治思想工作则可能产生相反的结果。

四、学生思想政治工作的主要内容

(1)强化思政教育。坚持用马克思列宁主义、毛泽东思想、中国特色社会主义理论以及社会主义法治、社会主义道德引导时代青年,用马克思主义的立场、观点、方法解决现实问题。上述理论课、法制课,思想品德课教师应当利用人民给予的讲台,结合自己丰富的实践经验,满腔热情、生动活泼地讲好这些课,帮助学生提高认识,成为坚定的马克思主义者,社会主义法制与道德的宣传者、践行者、捍卫者。

(2)对学生进行"一个中心,两个基本点"的总路线教育,使学生真正懂得坚持四项基本原则,反对资产阶级自由化是总路线的灵魂和保障,真正懂得社会主义道路是近百年来中国人民用生命作出的正确选择,真正懂得没有共产党就没有新中国,就没有社会主义的道理,热诚拥护中国共产党,坚定走中国特色社会主义道路。

(3)利用业余党校对学生进行共产主义教育。林经系党总支把党校作为宣传马克思列宁主义,进行共产主义教育的阵地。在开学典礼上,党支部庄严宣布上党校就是学习党的理论,改造世界观,使自己成为共产主义先锋战士,学习方法是理论联系实际,批评与自我批评。要求学员在学习、生活中起先锋模范作用,全心全意为人民服务,争取从思想上入党。

(4)利用"形势时事课"对学生进行社会主义民主观教育。1988年后,西北农林学院党委要求各总支、直属支部有计划地对学生进行形势教育,林经支部在充分准备的前提下每月给学生上一次时政课。

(5)利用清明节组织部分团员、入党积极分子到扶眉战役烈士陵园给烈士扫墓。在烈士纪念碑前学习党章,学习毛泽东的《为人民服务》,举行宣誓,净化灵魂,做合格的接班人。

(6)利用重要纪念日,对学生进行爱国主义教育。

(7)1994年林经系招收了30多名维吾尔族会计本科学生,林经系在开学初对全体学生进行民族政策、宗教政策教育,强调民族平等、民族团结、民族合作、民族区域自治及党的宗教信仰自由政策,要求汉族学生尊重少数民族风俗习惯,古尔邦节时,组织汉族学生对少数民族同学表示祝贺。党支部还注意培养少数民族学生入党。

(8)利用新生军训对学生进行国防教育、组织纪律教育。林经系对比较后进,特别是对犯错误的学生进行个别谈话,进行"动之以情、晓之以理"的说服教育,坚持"惩前毖后、治病救人"的方针,既要弄清是非,又要解决具体问题,反对简单粗暴,反对惩罚主义。

第三篇　跨越发展
1999—2022

第七章　合并重组

第一节　机构合并

1999年9月11日,西北农林科技大学组建成立大会在原西北农业大学隆重举行,时任中共中央政治局常委、国务院副总理李岚清出席大会并作了重要讲话。即日,由原西北农业大学、西北林学院、中国科学院水利部水土保持研究所、水利部西北水利科学研究所、陕西省农业科学院、陕西省林业科学院、陕西省中国科学院西北植物研究所等7所科教单位合并组建的西北农林科技大学成立。

西北农林科技大学为教育部直属高校,采取省部院共建形式,由教育部、科技部、农业部、国家林业局、中国科学院、陕西省联合共建,日常管理以陕西省为主,重大事项管理以教育部为主。

2000年7月21日学校宣布由原西北农业大学经济贸易学院、西北林学院经济管理系和陕西省农业科学院农业经济研究所三个单位进行实质性合并,组建新的西北农林科技大学经济管理学院,同时宣布成立西北农林科技大学农业经济研究所。

2000年7月21日合并时学院共有教职工111人,其中科研教学专职人员共82人,专职教师68人,教授(研究员)9人,副教授(副研究员)28人,中级职称28人,初级职称33人。

合并时学院初步整合设立了管理教研室、会计统计教研室、贸易经济教研室、金融学教研室、土地资源管理教研室、经济学教研室、数量经济教研室等7个教研室,拥有农业经济研究所、林业经济研究室和西部地区农村发展研究所3个研究机构,设有综合办公室、资料信息中心、综合实验室、经管服务中心、学生工作办公室、财务室和打印复印室等。

学院拥有农业经济管理、林业经济管理等农林经济管理一级学科博士学位授予权点;农业经济管理、林业经济管理、金融学硕士学位授予权点。

拥有本科专业5个:农林经济管理、土地资源管理(土地规划与利用)、会计学、金融学(货币银行学)、经济学。

第二节 人员整合

一、科研人员整合

合并后的经济管理学院在 2007 年以前处于初步融合阶段。这一阶段,农业经济研究所处于独立和半独立运行状态,农业经济研究所人员和合并前一样从事研究工作,但人员处于分化整合的调整时期。为了实现人员完全整合,对农业经济研究所人员进行了调整分化:一是一些年轻人员调离经管学院;二是教辅人员根据工作性质和需要分别整合到学院资料室和综合办公室工作;三是相关研究人员根据个人科研和业务专长分别整合到土地资源管理教研室、国际贸易教研室、金融教研室和经济学教研室;四是部分研究人员仍然坚守在农业经济研究所从事研究工作。

二、教师队伍整合

2000 年将原西北林学院经济管理系教师和原西北农业大学经贸学院教师按照学科专业整合到相关的教研室。2005 年将林学院旅游管理专业及人文学院公共事业管理专业整体划归经管学院,2007 年公共事业管理专业重归人文学院。

学院经过实质性整合以后,到 2008 年底拥有教职工 128 人,其中教师岗 89 人,教授 22 人、副教授(副研究员)25 人;博士生导师 12 人、硕士生导师 24 人,其中专业学位导师 1 人;国务院学位委员会第五届学科评议组农林经济管理组成员 1 人,教育部新世纪优秀人才支持计划 2 人,教育部第三届高校青年教师奖获得者 1 人,教育部教学指导委员会农林经济学科组成员 1 人;享受国务院政府特殊津贴专家 5 人,陕西省"三五"人才 2 人;学院聘有学术院长 1 人,讲座教授 1 人,兼职教授若干人。汇聚形成了素质优良、结构合理、群体效能的科教队伍。

第三节 学科专业融合

一、学科专业设置

学科设置与建设是高校进行人才培养、科学研究和社会服务的生命线,是关系学院长远发展及全局的重要工程。根据教育部关于重点学科建设序列的意见,从经济管理学院的办学定位和特色等实际出发,调整学科设置,重组学科资源,优化学科结构,加快学科建设,提升学院办学水平,加快学院发展步伐。

一是学院从整体考虑,将原西北林学院经济管理系教师和原西北农业大学经贸学院教师分别整合到合并后的经济管理学院的管理教研室、会计统计教研室、贸易经济教研室、金融学教研室、土地资源管理教研室、经济学教研室、数量经济教研室。

二是学院在农林经济管理回归国家重点学科建设序列的基础上,积极争取农林经济管理博士后流动站建设,获批农业技术经济与项目管理、农业与农村社会发展二级学科硕士学位授权点;新增农村金融、农村人力资源管理、农产品国际贸易与政策、农业与农村社会发展(挂靠人文学院)博士学位授权点;在原有农业经济管理、林业经济管理、金融学硕士点的基础上,积极争取获批了土地资源管理、区域经济学、会计学、企业管理、管理科学与工程、农村金融、农村人力资源管理、农产品国际贸易与政策等硕士学位授权点;获批农业推广专业学位授权点;增设工商管理(2001)、电子商务(2002)、旅游管理(2006)、公共事业管理(2006)、市场营销(2007)、保险学(2007)本科专业;获批西部农村发展研究中心陕西省哲学社会科学重点研究基地;农林经济管理获批省级重点学科,同时林业经济管理入选省级重点学科;获准陕西省 MBA 教学点,开办中职教师研究生班。

三是建立了一批名牌专业和精品课程。农林经济管理、金融学专业获批校级名牌专业;货币银行学、会计学基础、现代企业管理、统计学原理、电子商务概论获批校级精品课程建设项目等。

经过近八年的整合创建,学院设置了经济学系、管理学系、农业经济学系,拥有农林经济管理、土地资源管理、会计学、工商管理、市场营销、经济学、金融学、保险学、国际经济与贸易等 9 个本科专业,另外电子商务专业、旅游管理专业停止招生。

学院拥有农业经济管理 1 个国家重点学科,林业经济管理、区域经济学、产业经济学、金融学等 13 个二级学科硕士学位授权点;拥有农业经济管理、林业经济管理、农业技术经济与项目管理、农业与农村社会发展等 7 个二级学科博士学位授权点;拥有农林经济管理博士后流动站;拥有陕西工商管理硕士(MBA),高校教师、农业推广专业学位硕士授权点。在专业学位研究生培养方面加强了研究生教育与社会的联系,拓展了培养应用型人才的渠道,增强了学院直接服务社会的能力。

二、重点学科建设

农业经济及管理学科是 1989 年原西北农业大学首批获得的唯一的国家重点学科点。虽然农业经济管理学科有了较大发展,但由于 20 世纪 90 年代我国教学科研大环境的变化,西部人才大量向东部流动,即所谓的"孔雀东南飞"现象较为严重。当时的西北农业大学经贸学院人才流失比较严重,师资队伍一度出现断层。人才严重流失使经济管理学院学科发展一度处于困境,学科综合实力下降,2002 年农业经济及管理国家重点学科点旁落。为此,2005 年,学院抓住西部大开发、教育部本科教学水平评估及西北农林科技大学首届教代会召开等一系列重要机遇,在对学科发展和师资队伍建设进行梳理的基础上,学院制定了《西北农林科技大学经济管理学院总体发展战略规划》《西北农林科技大学经济管理学院学科建设规划》和《西北农林科技大学经济管理学院师资队伍建设规划》,大力推动学科建设。除此之外,为使重点学科回归,在整合期间主要采取以下措施:

一是凸显学科发展方向与特色。学院在"十一五"规划中明确提出"以农林经济管理学科为核心,凝练、形成若干特色明显的优势学科和研究方向,促进相关学科与边缘性交叉学科的建设与发展"的学科建设原则和"重点建设与发展农业经济管理、投资经济与项目管理、农村金融等学科"的学科规划内容。明确提出学科建设的总体目标:围绕把农林经济管理学科建成国家级重点一级学科的目标,修订和完善学院学科建设规划,突出农林经济管理学科的核心地位,对现有学科进行全面整合。

二是强化人才引进与师资队伍建设。借助学校全面启动人才强校战略,学院抓住有利时机,一方面把引进人才作为重点,通过网络、校友、外出考察等方式了解海内外人才情况,宣传学校人才政策。

三是提升科学研究水平。科研水平是学科发展水平的重要体现,为此,学院全面强化科研工作:一方面不断完善激励机制,修订学院津贴发放办法和科研奖励办法,使教学科研人员的津贴更多地体现在科研成绩上;另一方面科学搭建科研平台,在原有"西部农村发展研究中心""农村经济研究所"两个专门研究机构的基础上又申请成立了"农村金融研究所""资源与环境经济研究中心"两个研究机构,为凝练学科方向、汇聚科研团队提供了重要平台。

四是加强国内外学术交流与合作。学院实施经济学家、银行家、企业家论坛双周制,每双周安排国内外相关专家来院讲学。

通过以上有力措施,2007年西北农林科技大学农业经济管理学科重新获批国家级重点学科。

经济管理学院学科专业体系发展情况见表7-1。

表7-1 经济管理学院学科专业体系发展表

项目	名称	数量	年份
博士后流动站	农林经济管理博士后流动站	1	2001
一级学科博士学位授权点	农林经济管理	1	2000
一级学科硕士学位授予点	管理科学与工程	1	2006
二级学科博士学位授权点	农业经济管理	7	1981
	林业经济管理		2000
	农业技术经济与项目管理		2003
	农村金融		2006
	农村人力资源管理		2006
	农产品国际贸易与政策		2006
	农业与农村社会发展		2007

项目	名称	数量	年份
二级学科硕士学位授权点	农业经济管理	12	1981
	林业经济管理		2000
	农业技术经济与项目管理		2003
	农村金融		2006
	农村人力资源管理		2006
	农产品国际贸易与政策		2006
	农业与农村社会发展		2007
	农村金融		2006
	区域经济学		2003
	会计学		2006
	企业管理		2006
	土地资源管理		2000
本科专业	经济学	9	合并前设
	金融学		合并前设
	农林经济管理		合并前设
	会计学		合并前设
	工商管理		2001
	国际经济与贸易		合并前设
	保险学		2007
	市场营销		2007
	土地资源管理		合并前设
专业学位硕士点	陕西工商管理（MBA）	3	1999
	农业经济管理高校教师		2004
	农业推广		2001

第四节　平台建设

一、科研平台建设

通过 20 多年的建设，到 2022 年学院拥有中俄农业科技发展政策研究中心、西北农林科技大学哈萨克斯坦研究中心、陕西农村经济与社会发展协同创新研究基地、西部农村发展研究中心、陕西省农村金融研究中心等 9 个省部级研究中心（基地、智库），西部发展研究院、农村金融研究所、资源经济与环境管理研究中心、信用大数据研究中心等 4 个校级研究中心（所），工商管理研究中心、数量经济研究中心、公共管理研究中心 3 个院级研究中心，以及国家杨凌农业高新技术产业示范区创新创业平台，建立了宁夏盐池县农业农村综合改革试验示范基地、宁夏原州区农业农村综合改革试验示范基地、盐池县皖记沟村乡村振兴综合试验站、原州区申庄村乡村振兴综合试验站、宝鸡市金台区蟠龙镇新庄村乡村振兴综合试验站等5个固定观测站和64个教学科研基地。

二、组建综合实验室

将原西北林学院经济管理系教学模拟实验室和原西北农业大学经济贸易学院综合实验室整合组建成经济管理学院综合实验室,并通过持续改善与扩大建设,获批省级实验教学示范中心。实验中心支撑着会计信息系统实验、人力资源管理智能仿真与竞赛实验、地理信息系统综合实验、证券投资分析综合、金融模拟综合实验、经济学沙盘模拟等实习任务。经济管理实验教学中心为陕西省实验教学示范中心,本专业依托农林经济管理实验室,开设计量经济软件及应用等实验课程,形成了以"厚基础、宽口径、强实践"复合创新型人才培养为目标的实验教学体系。在专业技能训练过程中,通过各类统计软件的模拟实习,培养学生对已知的数据进行分析和模型处理,提高分析和解决实际问题的能力。

三、创办科技期刊

原陕西省农科院农经所的《陕西农村经济》(内刊)期刊编辑部于2000年被合并到经济管理学院,由于该刊没有刊号,当时是作为《陕西农业科学》(月刊)的经济版存在的。2003年《陕西农村经济》(内刊)停刊,停刊后相关业务整合到《陕西农业科学》编辑部,并归属学校科研处管理。到2008年学校调整编辑部归属时,《陕西农业科学》划归经济管理学院代管,连同编辑部工作人员一同归经济管理学院管理。

四、整合资料信息中心

将原陕西省农科院农经所资料室、原西北林学院经济管理系资料室、原西北农业大学经济贸易学院资料室整合为西北农林科技大学经济管理学院资料信息中心。2004年根据学校资源整合要求,将农业经济管理学院资料信息中心及管理人员合并到西北农林科技大学图书馆,但经济管理学院仍保留有资料室(资料范围缩小)。经过一段时间的运行,考虑到信息资料中心对学院科研教学的重要性,之后经济管理学院又逐年加大信息资料中心建设。

信息中心现共有藏书5.5万册,国内外期刊670余种。拥有电子阅览室,配备网络端20台,与学校图书馆连网,可供20人同时查阅国外文献资料。同时,学院与中国农业科学院农业经济研究所建立了长期战略合作关系,可以共享该所的数据平台,为学院的教学科研搭建了良好的资料信息平台。

五、国际合作平台

在科学研究、人才培养、国际合作等方面,学院先后与美国密苏里州立大学、科罗拉多大学、密歇根州立大学,加拿大阿尔伯塔大学、德国吉森大学、荷兰瓦赫宁根大学、新西兰梅西大学、俄罗斯莫斯科大学等20余所著名大学和研究机构建立了稳定的交流与合作关系。

第八章　创新发展

　　2000年新合并组建的经济管理学院,历经磨合、融合,教学科研事业进入全面快速发展阶段,学科体系进一步优化,教师队伍学历、职称、学缘结构进一步提升优化,教学、科研水平得到大幅度提升,国际国内学术交流日益活跃,社会服务与咨询活动不断拓展,各项事业蓬勃发展。

第一节　教学工作

　　学院坚持社会主义办学方向,全面贯彻党的教育方针,深化教育教学改革,立足西部、服务全国,坚持基础研究与应用研究相结合,多学科交叉与融合的办学思想。充分发挥产学研紧密结合的办学优势,以培养具有坚定的社会主义核心价值观、高度的社会责任感、扎实的专业基础、熟练的经济管理实务操作能力的高素质人才为己任,不断改革培养模式,凸显特色办学优势,为国家和西部地区经济社会建设贡献力量。

　　经济管理学院经过80多年的积累与发展,已经逐步形成专业特色鲜明、科研优势显著、教学管理规范、支撑条件优越的农林经济管理人才培养基地,为区域经济社会发展培养了一大批专业建设人才。

　　根据国家、区域经济社会发展战略需要和现代农业、制造业、服务业和其他行业发展对人才培养的要求,以及学生个性化发展需求,按照"厚基础、宽口径、强实践、重创新、高素质、国际化"的人才培养思路,以培养农业与农村经济社会发展的领导者为目标,着重培养适合于相关学术领域、行政管理和企业管理等领域拔尖创新型人才和复合应用型人才。

一、专业建设及教学计划

　　围绕拔尖创新型、复合应用型人才培养目标,密切配合国家和区域经济社会发展重点领域人才需求,以农林经济管理优势学科为依托,以市场需求为导向,优化结构,强化优势,凝练特色;以特色、品牌、优势专业建设为牵引,形成覆盖农林经济管理、工商管理、应用经济学、公共管理四个一级学科的结构合理、优势互补、交叉渗透的本科专业格局。

　　(一)专业设置

　　根据社会需求,设有农业经济学系、管理学系和经济学系,设有农林经济管理、土地资源管理、金融学、经济学、国际经济与贸易、工商管理、会计学、市场营销、保险学9个本科专业。其中,农林经济管理专业2006年获批陕西省名牌专业,2007年获批国家级特色专业,2012年获批省级"农林经济管理拔尖人才培养模式创新实验区",2014年获批国家"卓越农林人才教育培养改革试点项目"拔尖创新型农林人才培养模式改革试点专业。金融学专业为陕西省高校特色专业,经济学专业为校级名牌专业。本科专业设置见表8-1。

表8-1　经济管理学院本科专业设置一览表

学科门类	专业	年份
管理学类	农业经济管理	1936
	土地资源管理	1987
	会计学	1995
	工商管理	2002
	市场营销	2006
经济学类	金融学	1987
	经济学	1995
	国际经济与贸易	2004
	保险学	2006

(二)课程设置

主动适应经济社会发展需求,建立本科人才培养方案持续改进机制,对本科人才培养方案进行多次修订。修订后的方案更加符合培养目标定位和学生职业规划。人才培养方案增加基础课学分,加大实践学时,突出学生实践创新能力培养;人才培养方案建立通识教育体系,搭建管理学科和经济学类大类平台,实施分类培养。同时大量增加了实验课门数,强化学生实践能力。专业学分结构、本科专业课程设置见表8-2、表8-3。

表8-2　经济管理学院本科专业学分结构一览表

专业名称	毕业额定学分	理论课学分	综合实践教学环节学分	创新创业学分
农林经济管理	160学分(课内)+8学分(课外)	120	29	8
土地资源管理	160学分(课内)+8学分(课外)	118	29	8
经济学	160学分(课内)+8学分(课外)	119.5	29	8
金融学	160学分(课内)+8学分(课外)	120	29	8
国际经济与贸易	160学分(课内)+8学分(课外)	118.5	29	8
保险学	160学分(课内)+8学分(课外)	119.5	29	8
会计学	160学分(课内)+8学分(课外)	118	29	8
市场营销	160学分(课内)+8学分(课外)	120	29	8
工商管理	160学分(课内)+8学分(课外)	118	29	8

表 8 – 3　经济管理学院本科专业课程设置一览表

专业名称	主干学科	相关学科	核心课程
农林经济管理	农林经济管理	工商管理 应用经济学 公共管理	统计学原理、会计学原理、农业经济学、农业组织管理学、农业技术经济学、农产品营销学、微观经济学、林业经济学、食品安全管理
土地资源管理	公共管理	应用经济学 测绘科学与技术 地理学	微观经济学、管理学原理、会计学原理、统计学原理、土地经济学、土地资源学、土地管理学、土地利用规划、地理信息系统、地籍管理、不动产估价、房地产投资分析
经济学	应用经济学	理论经济学 工商管理	微观经济学、宏观经济学、计量经济学、统计学原理、货币银行学、国际贸易原理、产业经济学、发展经济学、制度经济学、区域经济学、博弈论、实验经济学
金融学	应用经济学	农业经济管理 工商管理	微观经济学、宏观经济学、货币银行学、会计学原理、统计学原理、计量经济学、商业银行经营管理、金融市场、国际金融、金融工程、保险学原理
国际经济与贸易	应用经济学	理论经济学 工商管理	微观经济学、宏观经济学、计量经济学、统计学原理、国际贸易原理、国际贸易实务、农产品贸易、国际结算、世界经济、期货经济学、国际营销、物流工程
保险学	应用经济学	理论经济学	保险学原理、利息理论、统计学原理、人寿保险学、财产保险、农业保险、保险公司经营管理、保险精算、微观经济学、宏观经济学、灾害经济学、计量经济学
会计学	工商管理 会计学	经济学	微观经济学、管理学原理、现代企业管理、统计学原理、会计学原理、计量经济学、中级财务会计、财务管理、市场营销、审计学、会计信息系统、成本会计、管理会计
市场营销	工商管理	应用经济学	微观经济学、管理学原理、统计学原理、现代企业管理、会计学原理、消费者行为学、市场营销学、市场调研、渠道管理、营销策划、电子商务、广告学
工商管理	工商管理	应用经济学	微观经济学、会计学原理、统计学原理、管理学原理、财务管理、现代企业管理、战略管理、人力资源管理、质量管理、系统工程、运筹学、管理信息系统、市场营销

二、教材建设

学院为适应学科快速发展与专业建设形势,先后出版教材 50 余部,其中以《管理会计》《会计学基础》等为代表的"十一五""十二五""十三五"全国统编教材 5 部(版),自编教材 49 部,满足了本科教学需要(见表 8 – 5)。

表 8 – 5 经济管理学院出版教材建设一览表

教材名称	出版社	作者	出版日期
《农业技术经济学》	西安地图出版社	侯军岐	2000.10
《国外畜产经营》	西安地图出版社	徐恩波、郑少锋	2000.10
《投资项目评估学》	西安地图出版社	孙养学	2001.08
《现代企业经营管理学》	西安地图出版社	负晓哲	2001.08
《企业策划学》	西安地图出版社	负晓哲	2001.08
《市场营销学》	西安地图出版社	孟广章	2001.03
《市场营销学》	世界图书出版社	孟广章	2002.08
《会计学基础》	西北大学出版社	孟全省	2002.05
《财务会计》	西北大学出版社	李小健	2002.07
《货币银行学》	西安地图出版社	邓俊锋	2002.07
《保险学》	西安地图出版社	杨翠迎	2002.08
《土地法教程》	西安地图出版社	王志彬	2002.12
《成本会计》	中国农业出版社	郑少锋	2003.06
《国际金融》	西安地图出版社	吕德宏	2003.01
《统计学原理》	西安地图出版社	王礼力	2003.11
《经济法教程》	西安地图出版社	王志彬	2003.08
《宏观经济学》	西北农林科技大学出版社	姜志德	2003.01
《微观经济学》	西北农林科技大学出版社	陆 迁	2003.01
《经济英语》	西北农林科技大学出版社	霍学喜	2003.02
《管理学原理》	陕西人民出版社	李录堂	2003.08
《国际金融》	吉林人民出版社	邓俊锋	2004.01
《管理会计》	陕西人民出版社	王礼力	2004.07
《现代企业管理学》	中国科学技术出版社	姚顺波	2004.08
《管理案例库教程》	中国科学技术出版社	罗剑朝	2004.09
《数量经济学》	中国农业出版社	朱玉春	2006.02
《货币银行学》	清华大学出版社	罗剑朝	2007.06
《管理会计》 (全国农林高校"十一五"规划教材)	中国农业出版社	王礼力	2007.09
《会计学基础(第一版)》 (全国农林高校"十一五"规划教材)	中国农业出版社	孟全省	2008.05

教材名称	出版社	作者	出版日期
《中央银行学》 （全国农林高校"十一五"规划教材）	中国农业出版社	罗剑朝	2008.12
《管理学原理》	中国农业出版社	李录堂	2009.02
《企业管理学》	科学出版社	姚顺波	2009.01
《经济法教程》	西安地图出版社	王兆华	2009.08
《市场营销》	中国农业出版社	霍学喜	2010.02
《会计学基础（第二版）》 （全国农林高校"十一五"规划教材）	中国农业出版社	孟全省	2010.01
《商业银行资本管理办法学习读本》	中国农业大学出版社	杨虎锋	2013.01
《企业成本管理工作标准》	中国财政经济出版社	孟全省	2013.05
《农产品营销》	三秦出版社	王秀娟	2014.03
《现代企业管理学》	科学出版社	梁洪松	2015.03
《管理学基础》	武汉大学出版社	梁洪松	2015.06
《会计学基础（第三版）》 （全国农林高校"十二五"规划教材）	中国农业出版社	孟全省	2015.08
《现代企业管理》	科学出版社	姚顺波	2015.01
《会计学教程》	西安电子科技大学出版社	孟全省	2016.01
《管理学原理》	中国农业出版社	李录堂	2017.08
《农产品市场营销实务》	西北农林科技大学出版社	刘　超	2016.12
《农村经济组织经营管理实务》	西北农林科技大学出版社	高建中	2016.12
《成本会计学》 （普通高等教育农业部"十三五"规划教材）	中国农业出版社	孟全省	2018.05
《会计信息系统实验教材》	西北农林科技大学出版社	李民寿	2018.12
《国贸实务实训教材》	西北农林科技大学出版社	邵砾群	2018.12
《市场营销实验教材》	西北农林科技大学出版社	庞晓玲	2018.12
《财务管理计算机模拟实验教程》	西北农林科技大学出版社	崔永红	2018.12
《创新创业线下活动教程》	西北农林科技大学出版社	汪红梅	2018.12
《地理信息系统软件 ArcGIS10 应用教程》	西北农林科技大学出版社	晋　蓓	2018.12
《土地资源调查实习指导书》	西北农林科技大学出版社	张　会	2018.12
《创新创业线下活动教程》	西北农林科技大学出版社	汪红梅	2019.12
《会计学基础（第四版）》 （农业部"十二五"规划教材）	中国农业出版社	孟全省	2020.07
《农业技术经济分析方法及应用》 （校级规划教材）	西北农林科技大学出版社	徐家鹏	2020.12

教材名称	出版社	作者	出版日期
《货币银行学》 (普通高等教育农业农村部"十三五"规划教材、陕西普通高校精品课程配套教材)	中国农业出版社	罗剑朝	2021.01
《市场营销学》 农业农村部"十三五"规划教材	中国农业出版社	霍学喜	2021.08
《农产品贸易数据分析及建模实验——基于 STATA 软件的操作与分析》 (校级规划教材)	西北农林科技大学出版社	张　寒 赵　青	2021.12

三、加强实践教学

学院遵循经济管理类人才培养的规律,围绕经济管理类人才培养中心任务,突破实践教学依附于理论教学的传统观念,加强实践教学基地建设、实习内容改革、实验室建设等实践教学,培养学生适应社会需求、理论联系实际、创新创业等方面的实践能力。实践教学体系包括军事训练、工程训练、课程实习、农村社会调查实习、专业综合实习、毕业实习等。充分利用杨凌农业高新技术产业示范区的科技平台,逐步形成以农户调研为主、企业实习和实验室实习为辅助的实践教学体系。其实践教学体系如下。

(一)建立实践教学基地,开展农户调研

专业实习主要集中在大二和大三,除会计专业外,其余专业均有农户调研的实践环节。学生依据自己的兴趣在教师的指导下选择相应的题目,组建团队设计调研问卷,在指导老师的带领下集中进行农户调研。学生农户调研足迹遍布陕、甘、宁等地,与当地政府建立良好的合作关系。农林经济管理系在陕西省蒲城县龙池镇建立了实践教学基地,工商管理系在杨凌现代农业电子商务产业园建立了实践教学基地。实践教学基地的建设,有利于产学研的充分融合。

(二)开展校企合作,构建实践教学基地

针对会计、金融等专业的特殊性,同金蝶、用友、华福证券、中国船舶重工集团、中船重工陕西柴油机重工有限公司、银桥乳业等多家公司进行合作,在学生实践实训、项目合作研究、人才培养等方面建立长期的校企合作关系,共同探索人才培养与资源优化配置新机制。现已建成 17 个实践教学基地。

(三)建设实验平台,保障课内外实践教学

2017 年,经济管理实验教学中心正式组建,旨在建设统一管理、开放运行、资源共享的现代化实验教学平台。2019 年获批省级实验教学示范中心。本中心实行校、院两级管理,按照中心、实验室和实验分室三级设置,在农林经济管理、管理学和经济学三个实验室下,分别设有角色模拟、土地信息、ERP、沙盘、行为经济学等 10 个实验分室。中心现有实验用房面积1224 平方米,拥有大件仪器设备 498 台(件),资产总值 806.4 万元;每年承担学院 9 个本科专业共计 70 余门课程的教学实验实习任务,实验项目 305 个,其中设计性、综合性项目 230 项,占比 75.4%,年平均实习 21 万余人时数。中心共有专兼职实验教师 40 余人,其中教授 10 人、副教授 19 人,已形成一支年龄、学历、职称结构合理的实验教学队伍。经过多年的探索和实践,中心依托学科优势,实现了理论与实践、教学与研究、经济学科与管理学科三个方面的有机结合,形成了以"厚基础、宽口径、强实践"复合创新型人才培养为目标的实验教学体系。

(四)营造良好氛围,激励学生创新创业

学院按照"以项目为载体,全面提高学生创新能力培养的实施计划",举办素质教育报告会、创新创业论坛、"金点子"商业精英挑战赛、"华福杯"模拟证券交易大赛、创意海报设计大赛、"创青春"创业大赛等专题竞赛,提升学科竞赛水平,打造具有专业特色的创新创业实践品牌。开设"国际创业"课程,邀请英国皇家农业大学的专业教师张加罗尔博士授课,将国外创业理念、创业案例传授给学生。明确学生创业目标,培养学生创业精神,大学生科技创新和课外社会实践活动获省部级以上奖励 80 多项,优秀创客不断涌现,创新创业实践教学效果显著。

(五)实习实训、社会实践、毕业论文(设计)

学院与中国人民银行咸阳市中心支行、西安银桥乳业、武功县电子商务园区等形成了长期稳定的合作关系,建成了 18 个实践教学基地。依托实践教学基地,学院统筹安排集中实习,集中实习率 93.98%。根据《经济管理学院本科生导师制实施办法》,本科生毕业论文实行导师制,导师指导学生选题、开题、调研与论文撰写全过程。毕业论文按应届毕业生 20% 的比例进行抽检,对抽检不合格的毕业论文(设计),将检测系统提供的《检测报告单》反馈给学生和指导教师,并要求限期修改。修改后的论文(设计)须再次检测(每个学生只能申请一次),仍不合格的学生,则不可以参加答辩。毕业设计(论文)采取从选题、开题论证、毕业论文中期检查以及答辩小组预评审、答辩环节等措施,毕业论文优秀率达到 15%,良好达到 45%。

(六)第二课堂

按照"厚基础、宽口径、强实践、重创新、高素质、国际化、强能力"的育人理念,打造"立德树人、育人为本、全面成才、创新创业"培养平台,探索世界一流农业大学的育人新理念、教育教学新形式和科技创新途径,通过理念革新、机制创新、教学创举、措施扶持等措施,按照人才培养目标需求,为各类学生打造特色鲜明、形式多样、内容丰富、目标明确、重点突出的第二课堂,为学生的自主化、研究化、高效化、国际化学习和个性发展提供更广阔的发展空间。

围绕思想政治教育、身心健康提升、科技创新创业、社会服务与实践、文体艺术发展等五个板块,建立系统全面且动态的第二课堂育人体系,提高学生的综合素质、专业技能。

经济管理学院大学生科技创新创业情况见表 8-6、表 8-7。

表8-6 经济管理学院大学生科技创新创业项目获奖情况

参赛项目	获奖情况			
	一等奖/金奖/特等奖	二等奖/银奖	三等奖/铜奖	优秀奖
2014"创青春"陕西省挑战杯大学生创业大赛	2	1	7	—
第二届校本科生创新创业论坛	7	2	3	3
校"挑战杯"大学生创业计划	7	5	3	
校第二届本科人文经管论坛	2	3	4	—
"网络虚拟运营"创业专项赛校内选拔赛	—	1	5	

表8-7 经济管理学院大学生成功创办企业情况

公司名称	注册年份	负责人	专业
杨凌得一文化礼品有限公司	2015	张欣欣	国际经济与贸易
杨凌竹轩网络科技有限公司	2016	王新皓	农林经济管理
杨凌农加电子商务有限公司	2016	田义	市场营销

（七）学生国内外交流学习情况

在暑期实习及教学实践过程中，鼓励学生参与国内知名高校访学活动，促进学生与其他高校学生之间的交流。推进国际学生交换项目的开展，为学生提供一个开阔国际视野、增加国际体验的学习平台。学院与美国密歇根州立大学、科罗拉多州立大学、德克萨斯理工大学，加拿大英属哥伦比亚大学、新西兰梅西大学等高校建立了学生交流机制，形成了稳定的合作机制。学院还建立本科生海外游学体系，与荷兰瓦赫宁根大学合办"3+1"优等生项目，与新西兰梅西大学合办"3+2"双证项目，立足本科层次推进人才培养的国际化。

四、严格考核

严格执行考试考核办法，规范考试活动与考试行为，奠定考试在学分制中的基础性地位与作用，使考试真正成为测量人才水平和能力的科学工具，充分发挥现代教育技术在考试中的积极作用，建立科学的人才培养质量评价标准体系，探索并逐渐把握考试评价结论与人才质量、学生能力素质之间的内在联系和规律性，推动教学方式与学习方式的转变，树立良好的教风和学风，积极探索考试方式改革，提高命题质量，逐渐建立与考试评价制度相关的教学大纲、教材、讲授内容、题库、标准化考试等具有内在逻辑联系的考试评价体系，促进人才培养模式与方式的改革创新，全面提高学校本科人才培养质量。

五、教育教学管理与优质课程建设

（一）夯实学科基础课程

加强学科基础课教学。学院在人才培养方案中共设置了6门学科大类基础课，按照各专业所属一级学科设置了8门专业基础课。学院对学科大类基础课和专业基础课均制定了相应的课程质量标准,明确了课程教学的目标、内容和考核要求,均采取集体命题和集体阅卷的考核方式。

（二）突出学生自主选择专业发展方向

在人才培养方案中突出因材施教和学生自主选择专业发展方向的特点,专业必修课和专业选修课实行模块化设置,专业选修课可选择的课程门数和学分数大幅提高,学生可在全院各专业选修课程中,根据自身职业生涯规划确定个人课程体系。

（三）注重理论与实践教学的结合

人才培养方案中大比例地增加实验实训课和综合实践教学环节的学时和学分数。实验课和综合实践教学环节均按32学时为1学分（理论课程按16学时为1学分）,各专业综合实践教学环节学分总数均不得低于29学分。

（四）突出学生的综合素质和能力培养

本着在教学中加强学生综合素质提升的教育目的,学院注重从多方面培养学生获取和构建知识、研究、适应、协调、创新等方面的能力。在课程体系建设中体现创新能力的培养,重视学生的个性发展,建立灵活、开放的课程体系,压缩教学计划中的课堂教学比例,给学生更多的自主学习的空间和环境。在课程设置上,加强外语、计算机、高等数学、数理经济、科研与写作、社会调查等课程和教学环节的建设,将文化素质教育、专业知识教育与基本技能培养有机地结合起来,为培养学生的创新意识和创新能力奠定坚实基础。

1. 合理设置课程数量和结构

按照学校人才培养方案制订的相关规定,结合学院各学科、专业的培养目标确定了学院9个本科专业的课程数量和课程结构。突出"厚基础、宽口径、重实践"和"因材施教、学生自主选择专业发展方向"的特色,课程数量和结构设置比较合理,满足了各专业培养目标的要求。

2. 积极推动双语课程和全英文课程教学

学院按照教育部和学校推进在本科教学中开展双语和全英文课程教学的要求,按照教师申报、学院审核、学校教务处立项的双语和全英文课程开设程序,学院在人才培养方案中共有10门课程获批学校双语和全英文教学建设项目,见表8-8。

表8-8　经济管理学院双语和全英文课程

序号	课程名称	项目负责人（类别）
1	金融工程	王　静（双语）
2	保险学原理	聂　强（全英文）
3	农业经济学	薛建宏（全英文）
4	发展经济学	闫小欢（全英文）
5	农产品贸易与政策	张　寒（全英文）
6	管理沟通与谈判	梁洪松（全英文）

续表

序号	课程名称	项目负责人(类别)
7	计量经济学	王永强(全英文)
8	经济学名著选读	汪红梅(全英文)
9	财务管理	孔　荣(全英文)
10	金融史	刘　莹(全英文)

3. 强化实践实训课程教学

学院以人才培养方案修订为契机,在强调"厚基础、重实践"的指导思想下,积极强化实践实训课程建设与教学,各专业综合实践教学环节学分总数均不得低于29学分,占毕业额定学分的比例不得低于18%。在继续搞好综合教学实习的基础上,9个本科专业共开出39门实验实训课程(表8-9)。通过实施新人才培养方案,使学生在专业素质和能力方面有了很大的提升,增强了学生的专业竞争力。

表8-9　经济管理学院实验课程一览表

序号	课程名称	实验课时	课程性质	专业
1	统计学原理	32	学科大类基础课	学院所有专业
2	计量经济学	32	学科大类基础课	
3	数理经济学	32	学科基础课	国贸、金融、保险、经济学
4	保险学原理	32	学科基础课	
5	国际贸易实务	32	专业课	国际经济与贸易
6	国际结算	32	专业课	
7	博弈论	32	专业选修课	
8	物流工程	32	专业选修课	
9	财务管理	32	学科基础课	工商管理、会计
10	现代企业管理	32	学科基础课	
11	审计学	32	专业课	会计学
12	会计信息系统	32	专业课	
13	创业管理	32	专业选修课	
14	商业银行经营管理	16	专业课	金融学
15	证券投资技术分析	16	专业选修课	
16	时间序列分析	32	专业选修课	
17	地图学与计算机制图	32	学科基础课	土地资源管理
18	地籍测量	32	学科基础课	
19	地理信息系统	32	学科基础课	
20	遥感技术与应用	32	学科基础课(选修)	
21	土地利用规划	32	专业课	
22	土地利用工程与规划设计	32	专业选修课	

序号	课程名称	实验课时	课程性质	专业
23	制度经济学	16	专业课	经济学
24	实验经济学	32		
25	博弈论	32		
26	项目管理	32	学科基础课	农林经济管理
27	农业经济学	16		
28	农产品贸易与政策	16	学科基础课（选修）	
29	农业技术经济学	32	专业课	
30	投资项目评估	32	专业选修课	
31	人力资源管理	16	专业课	工商管理
32	信息管理	16		
33	企业经营仿真系统	32		
34	创业管理	32		
35	运筹学	16		
36	现代企业管理	32	学科基础课	市场营销
37	市场营销学	32		
38	市场调研	32	专业课	
39	营销策划	32		

表 8-10 经济管理学院实践实训课程一览表

序号	课程名称	学分	周数	开设学院
1	劳动			学校统一
2	思想政治理论课实践	4.0	4 周	思政部
3	军训	1.0	2 周	学校统一
4	教学实习	6.0	6 周	经管学院
5	教学实习	6.0	6 周	经管学院
6	毕业论文（设计）	10	14 周	经管学院

4.重视优质课程资源建设

学院重视本科课程建设和教学内容与方法改革,在本科课程建设和教学改革方面取得了良好的成果,初步建成学科分布合理、覆盖面广、能够反映学院教学水平的精品课程、优质课程和一流课程体系。学院共有 30 门课程获得了精品与优质课程建设项目资助。通过这些措施的实施,全面提高了学院本科生教学水平与教学质量。精品课程与优质课程见表8-11。

表8-11　经济管理学院精品课程与一流专业情况

序号	专业名称	一流专业情况	获批年份
1	农林经济管理	国家级一流专业	2019
2	金融学	国家级一流专业	2020
3	经济学	省级一流专业	2020
4	工商管理	省级一流专业	2021
5	土地资源管理	省级一流专业	2021
6	土地资源管理	国家级一流专业	2022
7	会计学	国家级一流专业	2022

5.合作办学

贯彻实施学校"本科生国际视野拓展计划"国际化战略,探索推进学院本科教学的国际合作新机制与新模式,先后与英国雷丁大学、美国科罗拉多大学、美国密歇根州立大学、德国吉森大学、荷兰瓦赫宁根大学、新西兰梅西大学、加拿大哥伦比亚大学等20余所著名大学和研究机构建立了稳定的交流与合作关系,立足本科层次,推进人才培养的国际化。

六、深化教育教学改革

按照《教育部关于深化本科教育教学改革全面提高人才培养质量的意见》《西北农林科技大学面向21世纪教学内容和课程体系改革研究计划项目管理细则》等要求,学院不断深化教育教学改革,加强学科大类基础课模块、通识类课程模块、实践教学模块、选修课模块建设,侧重实施国际化战略,开拓教学工作的国际视野,引入国际教学理念和资源,培育学生的国际视野。改革传统的实践教学方式,构建以创新能力培养为核心的拔尖创新人才培养体系。形成了"项目管理方式的实践教学组织形式 + 创新实验项目 + 大学生论坛"的"三位一体"拔尖创新人才创新能力培养模式。

(一)人才培养模式

1.实行本科生导师制

充分发挥教师在本科人才培养过程中的主导作用和在学生个性发展中的引领作用,搭建起师生的交流平台,有效发挥本科优秀生源的优势,实现因材施教和个性化培养,全面推行本科生学业导师制。学业导师要帮助学生制定切实可行的学业规划,指导学生选专业、选课程,培养学生的学术兴趣,引导学生早进科研课题、早进团队,为学生的个性化培养和综合素质提升起到积极的促进作用。

2.创新大类招生模式

按照"大类招生、专业分流、模块培养、学教互选、注重应用、强化实践"的要求,以增强学生学习与成长的主动性、自觉性为目标,贯彻以教师为本,教学以学生为本的教育教学理念,研究制订大类招生实施方案,确定专业大类的划分和模块划分办法,确定专业分流的标准、程序和组织管理办法;以学生为本,形成完善的学生自主选择专业、自主选择专业方向,专业和专业方向合理选择学生的机制,并探索研究学生与课程互选的开放性、自主式教学模式,构建知识、能力、素养协调发展的应用型人才培养新模式。

3.加大国际培养交流

充分利用学校与学院资源,鼓励学生积极参与国际性学术交流活动。近年来学院连续举办暑期访学团,每届约30人,每次为期1个月。访学交流主要涉及课程学习、交流研讨、生活体验、文化寻访四个方面的内容。学生还可以就如何跨专业申请国外研究生以及本科生如何参与科研项目等问题与国外大学的教师进行面对面深入交流,扩展了视野。

4.开拓校企合作培养

从社会对人才的需要和学生发展的需求出发,构建开放合作、协同交互、自主调控、动态优化的应用型人才培养目标定位。在深入调查研究,了解社会与学生需求,开展校地、校企、校校、校研交互合作的基础上,建立符合学校定位、适应地方经济社会发展的人才协作培养模式,形成完善的人才培养体系,引导教学改革,提高教学质量和人才培养质量。

(二)教育教学改革

依托学校平台建设,学院推动教学管理现代化,在课程管理、学籍管理、学生评教、毕业管理等各个环节实现了教学管理信息化。

1.教改研究

学院教改研究项目40多项,80%以上的课题涉及课程教学内容改革。通过教改研究使教师最新科研成果及时引入课程教学,效果明显。一是按照"厚基础、宽口径,高素质、创新能力强"的基本原则,形成的"大类招生、通识教育、分类培养、加强实践、科研训练、国际合作"的金融学创新人才培养模式,特色突出,实践效果明显。二是探究金融学创新人才培养的影响因素,促进教学计划和课程设置方式的改革、教学手段和方法的改革、师资队伍建设的改革,以及实验室和实践教学基地的建设,提出农林院校金融学创新人才培养模式。三是教学和科研协同发展,科研项目和论文的发表有力地促进了教学效果的提升。学院获得国家社科基金项目1项、陕西省教改重点项目1项、学校教学改革项目4项,公开发表教学研究论文4篇。形成教改研究报告1份、指导国家级大学生创新项目3项。四是完成了金融学专业新版培养方案设计,更新教学内容和教材,与华福证券合作建设金融模拟实验室,与新西兰梅西大学建立了合作办学关系,培养学生更具创新力和国际视野,使实验实践教学环节更加完善和具有针对性。五是构建陕西省教学团队1支,引进博士人才6名。农村金融教学团队被列入陕西省级教学团队建设序列,丰富和优化了教师队伍结构,教师的教学和科研能力得到极大提升。六是学院有效管理,教师精心指导,学生积极参与,在多项学术和业务竞赛中获得奖项。吕德宏获得优秀指导教师2次,包赫囡获得教学管理先进个人3次。七是金融学专业学生获得"挑战杯"陕西省大学生课外学术科技作品竞赛二等奖,学校第六届"挑战杯"课外学术科技作品竞赛三等奖,学校第三届本科生创新创业论坛一等奖,学校大学生证券模拟大赛一、二、三等奖,学校经管学院第七届本科生学术论坛三等奖。金融学专业教学效果明显,毕业学生工作表现突出。经过近几年的改革和发展,金融学专业深受学生青睐,每年转专业学生人数在我校名列前茅,专业扩容率为100%以上;社会反馈学校该专业毕业学生工作能力强,创新意识突出。通过对国际经济与贸易专业实践教学平台的创新尝试,增强了学生对本专业理论知识的理解与掌握,同时提高了学生的实践水平、丰富了学生贸易专业背景,推动本专业学生的专业综合素质与能力的提升。目前本专业学生已经代表西北农林科技大学参赛获得两届全国大学生外贸从业大赛团体三等奖 2 次、全国外贸单证岗位技能大赛团体一等奖 1 次、全国大学生外贸单证制作与审核竞赛团体三等奖 1 次,参赛指导教师与参赛学生个人也分别获得优秀指导教师奖,个人一等奖、二等奖、三等奖若干,并取得了相应的职业资格认证,提高了专业代课教师的综合教学水平,也增加了本专业毕业生进入外贸行业就业的重要筹码,同时也扩大了学校国际经济与贸易专业在同行业中的知名度与美誉度。另外在学生科研与创新能力的培养方面也取得了丰硕的成果。多名学生获得了校级、院级学术论坛获奖证书,并顺利被保送至清华大学、北京大学、复旦大学、武汉大学、西安交通大学、香港中文大学等著名院校以及美国、澳大利亚、英国等国外多所著名大学继续攻读硕士或者博士学位。

2. 教学方法

教师采取倡导参与式、启发式、探究式、讨论式等多种教学方法,激发学生的好奇心、求知欲,引导学生主动参与、独立思考,着力培养学生的学习兴趣和能力、思考问题的兴趣和能力、探究创新的兴趣和能力。灵活运用课堂教学、课下讨论、学生自学、学术讲座、学生参观、学科竞赛等教学方法。

3. 学习方式

鼓励学生进行探究式学习、实践式学习和全天候自主学习。通过研讨课、科学研究方法课、学科专题等课程,实行本科生导师制,实施创新训练、创业训练和创业实践三类训练计划项目,以及举办各类专题竞赛,开展创新创业论坛、讲座等,将学生引入专业研究领域,促使学生形成一种基于问题的探究式学习。

七、优秀教学成果奖

学院深入开展教改研究,老师选题都围绕"厚基础、宽口径,高素质、创新能力强"的基本原则,探索学科建设、专业教育教学新思路、新方法,在金融专业创新人才培养模式等方面取得了显著成效。优秀教学成果奖见表 8 – 12。

表 8 – 12　经济管理学院优秀教学成果奖一览表

奖项	获奖情况	获奖人
"货币银行学"网络教学课件	陕西省现代教育技术成果二等奖	罗剑朝
新形势下"商业银行经营管理学"课程教学改革探讨	中国教育学术委员会一等奖	吕德宏
"货币银行学"精品课程	陕西省级精品课程奖	罗剑朝
高等农业院校社会科学类专业教学建设研究与实践	省级教学成果三等奖	王　静
"现代企业管理学"	陕西省精品课程奖	姚顺波
经济管理类专业实践教学质量保障体系的建设与实践	陕西省教学成果二等奖	孟全省

续表

奖项	获奖情况	获奖人
农林经济管理专业人才创新能力培养模式的研究与实践	陕西省教学成果一等奖	孟全省
农林经济管理专业"广谱式"创新创业人才培养模式构建与实践	陕西省高等教学成果二等奖	赵敏娟
农林经济管理专业"3456"实践教学模式创新与实践	陕西省高等教学成果一等奖	刘天军

第二节　科学研究

学院把科学研究作为推动学科建设和提高人才培养质量的重要任务。2000年以来,学院建立相关学科研究机构,为科教人员搭建科研平台,在农业产业经济、农村金融、资源经济与环境管理、贫困与反贫困、乡村治理与乡村振兴等方面形成了相对稳定的特色与优势研究领域。

一、科研机构

经过80多年的发展,经济管理学院拥有"中俄农业科技发展政策研究中心""西北农林科技大学哈萨克斯坦研究中心""陕西农村经济与社会发展协同创新研究基地""西部农村发展研究中心""陕西省农村金融研究中心""西北农林科技大学乡村振兴软科学研究基地""陕西省乡村振兴发展智库""西部发展研究院智库""黄河中上游生态保护与农业农村高质量发展研究基地"等9个省部级研究中心(基地、智库);拥有"西部发展研究院""农村金融研究所""应用经济研究中心""资源经济与环境管理研究中心""信用大数据研究中心"等5个校级研究中心(所);设有"工商管理研究中心""数量经济研究中心""公共管理研究中心"等3个院级研究中心。同时,设有"宁夏盐池县农业农村综合改革试验示范基地""宁夏原州区农业农村综合改革试验示范基地""盐池县皖记沟村乡村振兴综合试验站""原州区申庄村乡村振兴综合试验站""宝鸡市金台区蟠龙镇新庄村乡村振兴综合试验站"等5个固定观测基地(站)。

二、科研项目及成果

2000—2022年,学院共承担各级各类课题418项,其中国家自然科学基金重大项目2项,面上项目及青年基金74项,国家社会科学基金12项,国际合作20余项,省部级课题269项,横向及其他课题41项。获得各级各类科研奖项75项,其中,陕西省哲学社会科学成果一等奖3项、二等奖10项、三等奖23项;陕西省科学技术二等奖4项、陕西省科学技术三等奖2项;陕西省农业技术推广成果二等奖1项,陕西省高等教育教学成果一等奖1项;教育部高校科研优秀成果奖三等奖1项;陕西省高校人文社会科学研究优秀成果一等奖3项,陕西高等学校科学技术奖二等奖2项、三等奖2项;大禹水利科学技术三等奖1项;陕西省教育厅优秀成果一等奖 1 项;各类学会论文奖 14 项;各类调研活动获奖 7 项。出版学术专著 94 部。发表学术论文 1300 余篇,其中 CSSCI 收录论文 350 余篇,SCI、SSCI、EI 收录论文 500 余篇。

三、学术交流

学院坚持开放式办学,在人才培养与科学研究方面营造学院学术氛围。开展国内外学术交流活动。学院坚持开展系列学术交流活动,为教师、研究生营造浓厚的学术氛围;与美国密苏里州立大学、美国科罗拉多大学、美国密歇根州立大学、加拿大阿尔伯塔大学、德国吉森大学、荷兰瓦赫宁根大学、新西兰梅西大学、俄罗斯莫斯科大学等 20 余所著名大学和研究机构建立了稳定的交流与合作关系。举办、承办各类国际学术交流会议 4 次、国内学术交流会议 19 次,参加会议人数国内学者 2672 人,境外学者 100 多人(次);参加国际学术会议 30 多人(次),国内学术交流 130 人(次)。

第三节　研究生教育

合校以来,经济管理学院学位与研究生教育有了长足的发展,经过十几年的建设,目前拥有农林经济管理博士后流动站和农林经济管理一级学科博士学位授权点;有农业经济与管理、林业经济与管理、农村金融、农村与区域发展、资源经济与环境管理等 5 个二级学科方向,其中农林经济管理为国家级重点学科,林业经济管理为省级重点学科,农林经济管理一级学科第四轮学科评估结果为 B + ;有农林经济管理、应用经济学等 2 个一级学科硕士学位授权点,有金融硕士、农业硕士、MBA 等 3 个专业硕士学位授权点。

国际化办学稳步发展,现有 48 名博士、硕士研究生,分别来自俄罗斯、日本、韩国、巴基斯坦、肯尼亚等十余个国家。

一、学位授权点

合校以来,农业经济管理国家重点学科发挥了龙头作用,促进了相关经济管理学科的发展。以农业经济管理国家重点学科为核心,建立完善了经济管理学院的学科体系,为建设一流学科、培养优秀人才奠定了坚实的基础。学位授权点见表 8 - 13。

表 8 - 13　经济管理学院 2020 年学位授权点一览表

项目	名称	数量/个
博士后流动站	农林经济管理博士后流动站	1
一级学科博士学位授权点	农林经济管理	1
一级学科硕士学位授权点	农林经济管理 应用经济学	2
专业学位硕士授权点	MBA 金融 农业管理	3

二、培养方案

围绕学位授权点的人才培养目标和国家农业农村发展对高层次人才的战略需求,坚持基础研究与应用研究相结合,根据经济管理学院学科体系科学制订博士、硕士研究生培养方案,培养具有国际视野、健全人格、高尚情怀、宽厚基础、坚实的专业知识和较强的创新能力的各级各类高层次人才。各专业培养方案见表 8 – 14 至表 8 – 16。

表 8 – 14　农林经济管理学科学术型博士(硕博)研究生培养方案

单位名称	经济管理学院	学科名称		农林经济管理	学科代码	1203
覆盖二级学科名称及代码	农业经济管理(120301);林业经济管理(120302);农村金融(1203Z1);农村与区域发展(1203Z2);食物经济与管理(1203Z3)					
培养目标	培养具有国际视野与战略思维,满足我国社会主义现代化建设需要,恪守学术道德规范,知识、能力、素质协调发展,能够在农林经济管理领域独立从事创新性科学研究或者高端管理工作的拔尖创新型人才。					
获本学科博士学位应具备的基本素质和能力	具有健全人格、高尚人文情怀和社会责任感;具有国际视野和团队合作精神;具有宽厚扎实的基础理论、系统的专业知识与良好的数理分析技能;掌握本学科学术研究前沿动态;具有较好的批判思维与创新能力以及独立的科学研究能力、学术交流能力、语言表达能力、组织管理能力;熟练掌握一门外语。					
学习年限	博士生基本学习年限 3 年,最长 5 年 直博生基本学习年限 5 年,最长 7 年				培养方式	全日制
学分	博士生总学分 = 28 学分,其中课程学分 = 21 学分,学术交流 = 1 学分,实践训练 = 2 学分,论文开题报告 = 2 学分,中期考核 = 2 学分。 硕博生总学分 = 46 学分,其中课程学分 = 39 学分, 学术交流 = 1 学分,实践训练 = 2 学分,论文开题报告 = 2 学分,中期考核 = 2 学分。					
研究方向	农业经济理论与政策;农业组织与市场;区域经济发展;资源经济与林业管理;农村金融管理;农村社会发展;中国农业史;食物安全与流通。					
培养环节及时间安排						
培养环节	学分	时间安排				
制订个人培养计划	0	认真研读专业培养方案,经与导师商讨后,于入学后 1 个月内完成课程学习计划及阶段目标制订。取得博士学籍后第 2 学期内完成毕业论文工作计划的制订。				
论文开题	2	博士生开题报告最迟应于第 4 学期结束前完成;硕博连读研究生最迟应于第 6 学期结束前完成。				

续表

培养环节	学分	时间安排
中期考核	2	博士生第 5 学期末,硕博生第 7 学期末。开题到中期考核时间间隔原则上不少于 6 个月。开题到论文答辩时间间隔(论文工作时间)原则上不少于 24 个月。
硕博连读生博士资格考核	0	依据学校当年关于硕博连读生博士资格考核相关文件执行。
学术交流(含学术诚信与学术规范)	1	在学期间参加学术报告(校级、院级)不少于 5 次,且本人在校内做学术报告不少于 1 次,以本人学术报告单及学术报告记录为考核依据,获 0.5 学分。在学期间参加课程学习以外的学术交流会议(国内、国外)不少于 2 次,以本人参加会议证明及导师认定为依据,获得 0.5 学分。
实践训练(含教学辅助实践、科研实践、社会实践)	2	教学辅助实践(1 学分):包含讲授大学本科课程的部分章节或组织讨论;指导实习、实验;上辅导课、习题课或进行培训;答疑及批改作业;编写教材及指导毕业设计(论文)等。 科研实践(1 学分):包含参加课题研究;协助农村、企业、科研单位解决生产及科研中的技术问题等。 社会实践(1 学分):包含参加社会调查;科技下乡、兴农、扶贫;到学校或有关部门兼职助管等工作实践。 博士(硕博)研究生参加以上各类实践训练累计时间均不少于四周(20 个工作日),以相关部门出具证明和导师认定结果为准,每类完成后均可获得 1 学分。 注:有一年及以上工作经验的研究生可申请免修社会实践,申请免修人员应提出免修申请,依据有关程序办理免修手续后,获得 1 学分。
其他要求		在读期间,本人以第一作者(导师为通讯作者)公开发表与学位论文相关的学术论文不少于 2 篇,其中权威期刊论文 1 篇(参见西北农林科技大学经济管理学院权威期刊目录),CSSCI 期刊收录论文 1 篇,西北农林科技大学为第一署名单位;或者本人以第一作者(导师为通讯作者)公开发表与学位论文相关的学术论文不少于 3 篇,其中重要期刊目录 1 篇(参见西北农林科技大学经济管理学院重要期刊目录),CSSCI 期刊收录论文 2 篇,西北农林科技大学均为第一署名单位。 硕博生转博考核中,应完成与自己专业有关的工作论文 1 篇。

表 8-15　农林经济管理学科学术型硕士研究生培养方案

单位名称	经济管理学院	学科名称	农林经济管理	学科代码	1203
覆盖二级学科名称及代码	农业经济管理(120301);林业经济管理(120302);农村金融(1203Z1);农村与区域发展(1203Z2);食物经济与管理(1203Z3)				
培养目标	培养具有国际视野与战略思维,满足我国社会主义现代化建设需要,恪守学术道德规范,知识、能力、素质协调发展,能够从事本学科及相关领域科学研究、教学工作或独立担负专门技术工作的应用型人才。				
获本学科硕士学位应具备的基本素质和能力	具有健全人格、高尚人文情怀和社会责任感;具有坚实宽厚的农林经济管理基础理论与专业知识;具有良好的语言表达与沟通能力;具有良好的组织协调与团队合作能力;具有较好的科研潜质与创新能力;熟练掌握一门外语。				
学习年限	基本学习年限 3 年,最长 4 年			培养方式	全日制
学分	总学分 =32 学分,其中课程学分 =28 学分,学术交流 =2 学分,论文开题报告 =2 学分。				
研究方向	农业经济理论与政策;农业组织与市场;资源经济与林业管理;农村金融管理;食物安全与流通				
培养环节及时间安排					
培养环节	学分	时间安排			
制订个人培养计划	0	认真研读专业培养方案,经与导师商讨后,于入学后 1 个月内完成课程学习计划及阶段目标的制订;最迟于第二学期结束前完成毕业论文工作计划的制订。			
论文开题	2	开题报告最迟应于第 4 学期结束前完成;开题到中期考核的时间间隔原则上不少于 6 个月;开题到论文答辩时间间隔(论文工作时间)原则上不少于 18 个月。			
中期考核	0	硕士生中期考核在第 5 学期结束前完成,中期考核到论文答辩时间间隔原则上不少于 6 个月。			
学术交流(含学术诚信与学术规范)	2	在学期间参加学术报告(校级、院级)不少于 10 次,以本人学术报告单为考核依据,获得 2 学分。如果在学期间参加课程学习以外的国内外学术交流会议且做学术报告,一次报告相当于听 6 次院级报告,以本人参加会议证明及导师认定为依据。			

续表

培养环节	学分	时间安排
其他要求		在读期间,本人以第一作者(导师为通讯作者)在北大核心期刊公开发表与学位论文相关的学术论文不少于 1 篇,西北农林科技大学为第一署名单位;或者以团队形式在 CSSCI 收录期刊公开发表与专业相关的学术论文不少于 1 篇,西北农林科技大学为第一署名单位,团队成员不超过 3 人(论文合作署名者只能是硕士研究生);或者个人 1 项研究(诊断)结果被企业、政府采纳(需要提供完整规范的研究报告、采纳证明及导师认定结果)。 申请提前毕业者,在读期间本人以第一作者(导师为通讯作者)在 CSSCI 收录期刊公开发表与学位论文相关的学术论文不少于 1 篇,西北农林科技大学为第一署名单位。

表 8 - 16　应用经济学学科学术型硕士研究生培养方案

单位名称	经济管理学院	学科名称	应用经济学	学科代码	0202
覆盖二级学科名称及代码	区域经济学(020202);金融学(020204)				
培养目标	培养具有国际视野与战略思维,满足我国社会主义现代化建设需要,恪守学术道德规范,知识、能力、素质协调发展,能够从事区域经济与金融领域科学研究、教学工作或独立担负专门技术工作能力的高级专门型人才。				
获本学科硕士学位应具备的基本素质和能力	具有健全人格、高尚人文情怀和社会责任感;具有扎实深厚的经济学理论基础与数据收集、分析、归纳、处理能力;具有良好的语言表达与沟通能力;具有良好的组织协调与团队合作能力;具有较好的宏观视野与战略思维;熟练掌握一门外语。				
学习年限	基本学习年限 3 年,最长 4 年			培养方式	全日制
学分	总学分 = 32 学分,其中课程学分 = 28 学分,学术交流 = 2 学分,论文开题报告 = 2 学分。				
研究方向	区域经济与产业发展;区域发展规划与经济评价;银行业务经营与管理;金融市场与金融工程				
培养环节及时间安排					
培养环节	学分	时间安排			
制订个人培养计划	0	认真研读专业培养方案,经与导师商讨后,于入学后 1 个月内完成课程学习计划及阶段目标的制订;最迟于第二学期结束前完成毕业论文工作计划制订。			
论文开题	2	开题报告最迟应于第 4 学期结束前完成;开题到中期考核时间间隔原则上不少于 6 个月;开题到论文答辩时间间隔(论文工作时间)原则上不少于 18 个月。			

续表

培养环节	学分	时间安排
中期考核	0	硕士生中期考核在第5学期结束前完成,中期考核到论文答辩时间间隔原则上不少于6个月。
学术交流(含学术诚信与学术规范)	2	在学期间参加学术报告(校级、院级)不少于10次,以本人学术报告单为考核依据,获得2学分。如果在学期间参加课程学习以外的国内外学术交流会议且做学术报告,一次报告相当于听6次院级报告,以本人参加会议证明及导师认定为依据。
其他要求		在读期间,本人以第一作者(导师为通讯作者)在北大核心期刊公开发表与学位论文相关的学术论文不少于1篇,西北农林科技大学为第一署名单位;或者以团队形式在CSSCI收录期刊公开发表与专业相关的学术论文不少于1篇,西北农林科技大学为第一署名单位,团队成员不超过3人(论文合作署名者只能是硕士研究生);或者个人1项研究(诊断)结果被企业、政府采纳(需要提供完整规范的研究报告、采纳证明及导师认定结果)。 申请提前毕业者,在读期间本人以第一作者(导师为通讯作者)在CSSCI收录期刊公开发表与学位论文相关的学术论文不少于1篇,西北农林科技大学为第一署名单位。

表 8-17 金融硕士专业学位研究生培养方案

学院名称	经济管理学院	类别(领域代码)	025100
涉及方向	商业银行经营管理;证券市场投资;保险理论与实践;农村金融理论与政策		
培养目标	立足我国金融发展需要,培养具有扎实的经济、金融学理论基础,高尚的思想品德修养和职业道德素养,富有合作、创新和进取精神,掌握金融实际工作和理论研究所需要的专业知识、方法和工具,具备较强的金融实际工作能力的高层次应用型金融专业人才。		
基本要求	掌握马克思主义基本原理和中国特色社会主义理论体系,德、智、体、美全面发展,具备良好的职业道德、专业素养和综合素质;具备扎实的经济学、金融学理论基础与技能;具有前瞻性和国际化视野,能够应用金融学的相关理论和方法解决实际问题;至少掌握一门外语,熟练阅读本专业的外文资料,具有一定的外语写作能力;身心健康。		
学习方式	全日制/非全日制		
应修学分	总学分≥42学分,其中课程学分≥33学分,培养环节=9学分(论文开题论证=2学分,学术交流=1学分,专业实习=4学分,中期考核=2学分)。		

续表

学院名称	经济管理学院	类别（领域代码）	025100

学习年限	基本学习年限 3 年，最长 4 年，达到学校及学院规定要求的学生可申请提前 1 年毕业。

培养环节及时间安排

培养环节	学分	要求
制订个人培养计划	0	入学 1 月内完成课程学习计划及阶段目标的制订。导师在阶段目标中对学生给予指导和提出具体要求，并作为研究生本人中期考核（实践研究环节考核）的重要依据。
论文开题论证	2	研究生论文选题必须与金融硕士专业学位研究方向相一致，与金融实践紧密结合，着重对实践问题进行深入分析。研究生论文选题须经开题论证委员会论证，论证通过者获得相应学分并开始论文的研究写作工作。
学术交流（学术诚信与学术规范）	1	为提升研究生对金融领域动态发展的认知和分析能力，同时接受学术诚信和学术规范教育，研究生应结合自己的研究方向，选择性地参加该领域具有丰富实践经验的高级技术和经营管理专家的行业发展前沿讲座或报告会，撰写学习报告，并在一定范围内进行交流。
专业实习	4	通过在金融机构、金融监管部门或者金融相关行业接受业务实习和职业训练，强化研究生对其所学专业课程的理解和运用，培养并提升研究生在金融相关工作岗位的综合实践能力、创新能力和合作沟通能力。实习结束后，学院集中对实习环节的相关证明材料进行审核，通过者获得相应学分。通过金融专业或者相关专业资格考试者，可折合成一定的学分。
中期考核	2	根据金融硕士专业学位培养的相关规定，对研究生在校学习期间的思想道德表现、课程学习和实践环节的学分完成情况，以及学位论文的工作进展进行综合考核和评定，考核通过者获得相应学分。
学位论文	0	金融硕士专业论文应突出解决金融专业实践发展中的现实问题，研究生论文必须经过预审、检测和评审方可进入答辩环节。通过答辩者，准予毕业。
学位授予	0	依照金融硕士专业学位研究生培养计划，对申请人的各个培养环节的完成情况进行考察和审核。研究生在规定学籍年限内，完成培养方案规定的培养要求与过程的专业学位研究生，通过答辩即准予毕业，学位授予资格通过审核和认定者，授予学位。研究生可提前申请学位答辩，但申请者学位论文需要实行校外双盲审，若有一份不通过可加送校外盲审一次，校外双盲审均需通过，且同时取得企业、政府或银行等单位的案例采纳证明，方可申请提前毕业并授予学位。

第四节　师资队伍建设

合校以来,经济管理学院始终坚持人才强院战略,把人才队伍建设作为学院工作的重中之重,先后制定实施《师资队伍建设规划》《岗位津贴发放办法》及《科研成果奖励管理办法》等相关制度,建立和完善人才队伍发展的工作机制,持续优化师资队伍结构,推进师资队伍稳步发展。现有专任教师 125 人,其中教授 33 人,副教授 47 人;博士生导师 30 人,硕士生导师 43 人。

一、教授风采

霍学喜,男,1960 年 1 月生,陕西省绥德县人,中国农工民主党党员,二级教授、博士生导师,博士毕业于原西北农业大学。国务院政府特殊津贴专家。教育部新世纪青年优秀人才。历任全国政协第十二届、第十三届委员会委员,政协陕西省第九届、第十届委员会委员,杨凌区第六届人民代表大会代表,中国农工民主党陕西省第六届、第七届委员会副主委,国家苹果产业技术体系首席科学家、国家苹果产业技术体系产业经济研究室主任、岗位科学家,陕西省决策咨询委员会委员,西安市决策咨询委员会委员,中共陕西省委员会政策研究室特约研究员,国务院学位委员会第七届、第八届农林经济管理学科评议组成员,教育部农业经济管理教学指导委员会第七届委员,陕西省学位委员会第三届学科评议组成员,教育部科学技术委员会第八届委员会委员,农业农村部科学技术委员会第九届委员,农业部第五届、第六届软科学委员会委员,中国农业经济学会理事,中国农业技术经济学会第六届、第七届副理事长,陕西省农业经济学会第五届常务副会长,陕西省管理科学研究会第五届副会长,陕西省软科学研究会第九届副会长,陕西省农民专业协会研究会第一届副会长,西北农林科技大学校长助理、研究生院副院长,西北农林科技大学经济管理学院副院长、常务副院长、院长,西部农村发展研究中心主任。主讲"科研基本方法""国际贸易原理""期货经济学""市场营销""研究方法论""英语科技写作""组织理论"等课程。主要从事农业产业经济与政策、农村区域发展、农产品贸易与政策方面的教学与科研工作。主持国家现代农业产业技术体系项目、国家科技重点项目、国家自然科学基金项目、国家软科学基金项目等省部级以上课题 47 项,公开发表学术论文 500 多篇;出版著作《经济英语》《西方经济学》《期货经济学》《市场营销学》等 9 部,获省部级奖励 2 项。多项咨政报告获得国家级及省部级领导人肯定性批示。先后赴俄罗斯、日本、芬兰、瑞典、澳大利亚、新西兰、英国、巴西、爱尔兰、德国、意大利、美国、加拿大等国家相关高校及科研机构访问与参加国际学术会议。

侯军岐，男，1964 年 3 月生，管理学博士。北京信息科技大学二级教授、博士生导师。兼任中国信息化与乡村振兴研究院院长、经济管理学院学术委员会主席，北京价值工程学会副会长，享受国务院政府特殊津贴专家，北京长城学者。三要研究方向：产业发展与战略管理，农业经济管理，企业并购整合管理，扶贫减贫与农村发展。

1985—1998 年，分别获农业经济管理专业本科、硕士、博士学位。曾担任西北农林科技大学经济管理学院党委书记、常务副院长（主持工作），学术委员会、教授委员会主任等职务。承担国际、国内和企业委托科研项目 50 余项；出版著作或教材 30 余部；发表学术论文 300 余篇。获省部级科研优秀成果一等奖、二等奖等科研奖项 20 余项。获陕西省"五四奖章""青年突击手"。

王征兵，男，1964 年 9 月生，陕西省兴平市人，二级教授，博士生导师，博士毕业于原西北农业大学。教育部新世纪优秀人才支持计划入选者。历任西北农林科技大学西部农村发展研究中心常务副主任，国务院学位委员会第六届学科评议组成员，中国人民大学《农业经济研究》顾问，全国农业推广硕士专业学位教育指导委员会农业科技组织与服务领域委员，陕西省委组织部聘为公开招考副厅级干部考官，西安乡村振兴研究院院长。主讲"微观经济学""中级农业经济学""高级农业经济学"等课程。主讲的

"农业供给侧结构性改革"获中共中央组织部"全国干部教育培训好课程"。从事农业经济理论与政策、村干部激励机制、不在意资金等方面的研究工作，在学术上提出了"精细密集农业""不在意资金"和"十二人性"新观点。主持国家自然科学基金项目、教育部新世纪优秀人才支持计划课题、国家林业局 948 项目等课题 40 余项。获陕西省哲学社会科学成果奖 3 项，其中一等奖 1 项，三等奖 2 项；获国家土地管理局优秀成果三等奖 1 项，陕西省土地利用优秀成果一等奖 1 项。获全国高校校园社团"十佳指导老师"称号。出版专著 4 部，在《人民日报》《光明日报》《管理世界》《经济研究》《农业经济问题》《中国农村经济》等报纸、期刊上发表论文 300 余篇。先后在新西兰梅西大学、韩国、新加坡、荷兰、奥地利、越南、蒙古国等国家进行学术访问和交流。

朱玉春，女，1970 年 3 月生，北京市密云区人，二级教授，博士生导师，博士毕业于西北农林科技大学。教育部新世纪优秀人才、宝钢优秀教师、陕西省宣传思想文化系统"六个一批"人才、陕西省人文社会科学青年英才、西北农林科技大学领军人才。现任西北农林科技大学中俄农业科技发展政策研究中心主任，兼任中国农业技术经济学会理事、陕西省发展经济学会副会长、陕西省现代农业科技创新体系玉米产业经济岗位科学家。主讲"计量经济学""中级计量经济学""高级计量经济学""管理系统工程"等课程。从事农业经济理论与政策、区域经济与发展、公共资源治理等方面研究工作。获中国农村发展研究奖、陕西省哲学社会科学优秀成果奖等 14 项。主

持国家社会科学基金重大项目和重点项目、国家自然科学基金面上项目等科研项目 40 余项。出版学术著作、专业报告及教材 6 部。在《管理世界》《中国农村经济》《农业经济问题》等重要期刊发表论文 160 余篇。先后赴美国、英国、法国、德国、俄罗斯等国家高校和科研院所进行学术交流。

　　赵敏娟，女，1971 年 1 月生，陕西兴平人，二级教授、博士生导师。农业与自然资源经济学博士（University of Connecticut, the USA）、管理学博士（西北农林科技大学）。2020 年 12 月至 2023 年 11 月担任西北农林科技大学副校长，2023 年 11 月起担任西安财经大学校长。陕西省第十二届政协委员、陕西省第十四届人民代表大会代表、陕西省人大常委会常委和常委会农业农村工作委员会副主任。九三学社中央委员、九三学社陕西省委副主委。

　　先后入选农业农村部神龙英才领军人才、教育部"长江学者奖励计划"青年学者等国家级人才计划，获批国务院特殊津贴专家，陕西省中青年创新领军人才，"三秦学者"，陕西省宣传思想文化系统"六个一批"人才等。担任教育部首批课程思政团队带头人、陕西省"三秦学者"（创国家一流）创新团队带头人、国家林业和草原局科技创新团队带头人。

　　担任国家现代农业产业技术体系燕麦荞麦产业经济研究室主任，陕西省首批哲学社会科学重点研究基地"陕西农村经济与社会发展协同创新研究中心"首席专家，陕西高校新型智库（A 类）"陕西省乡村振兴发展智库"首席专家，陕西省"乡村振兴软科学研究基地"主任。兼任中国国外农业经济学会副主席，中国农业技术经济学会副会长、农业农村部社会事业咨询委员会委员等。

　　主讲本科、博士课程"微观经济学""高级微观经济学"；完成教学改革研究项目 12 项，获奖 4 项。主持国家社会科学基金重大项目、国家自然科学基金、"十三五""十四五"国家现代农业产业技术体系燕麦荞麦产业经济专项、国家软科学重大项目、中国科学院科技服务网络计划（STS）项目、中国林业和草原局软科学项目等 50 余项省部级重大课题。在《经济研究》《管理世界》《中国农村经济》《农业经济问题》、*Environmental and Resources Economics*，*Land Use Policy*，*Environmental Impact Assessment Review* 等期刊发表论文约 350 篇。出版专著《中亚五国农业发展：资源、区划与合作》《渭河流域粮食作物虚拟水贸易——基于非市场价值的视角》《流域生态补偿：基于全价值的视角》等 5 部，获省部级社会科学成果奖 10 余项。应邀在全国及国际学术会议论坛完成报告近百场。

　　刘天军，男，1974 年 2 月生，安徽省宣城市人，二级教授，博士生导师，博士毕业于西北农林科技大学。国家"万人计划"哲学社会科学领军人才、全国文化名家暨"四个一批"人才（理论界）、教育部高等学校农业经济管理类专业教学指导委员会委员，中国农业技术经济学会常务理事、国家现代苹果产业技术体系产业经济研究室主任、岗位科学家、执行专家组成员。历任西北农林科技大学经济管理学院 MBA 中心常务副主任、副院长，创新实验学院院长。现任西北农林科技大学党委人才工作部（高层次人才工作

办公室）部长（主任）。主讲"高级统计""计量经济学""项目管理"等课程。从事农业经济理论与政策评价、区域经济与产业发展、农业技术经济与项目管理等方面研究工作。主持国家自然科学基金重点项目、面上项目、国家社科基金领军人才项目等课题30余项。获陕西省哲学社会科学一等奖等省级奖项4项。出版专著1部、编著3部、教材1部。在 *Energy Economics*、《中国农村经济》等期刊发表学术论文80多篇。先后赴美国、英国、法国、荷兰、德国等国家高校和科研院所进行学术交流和考察。

王礼力，男，1960年4月生，陕西省蒲城县人，三级教授，博士生导师，博士毕业于西北农林科技大学。主讲"统计学""管理会计""产业经济学""管理学前沿"等课程。主要从事农民专业合作经济与管理、投资经济等领域研究。主持国家社科基金、新疆生产建设兵团课题、陕西省财政厅课题等20余项。出版教材《管理会计》《统计学原理》。在《中国科技论坛》《科学管理研究》《统计与决策》《上海交通大学学报》（哲学社会科学版）等期刊发表论文100多篇。先后赴美国、澳大利亚、奥地利等国家高校进行学术交流和考察。

孟全省，男，1963年4月生，陕西省武功县人，三级教授，博士生导师，博士毕业于西北农林科技大学。陕西省高等学校教学名师、宝钢优秀教师、西北农林科技大学金牌教师、教学标兵。历任西北林学院林业经济系副主任、西北农林科技大学经济管理学院副院长、MBA 教育中心常务副主任、第四届全国农业专业学位研究生教学指导委员会委员、陕西省专业学位研究生教育教学指导委员会委员、陕西省农业经济学会副会长、陕西省管理科学研究会副理事长。主讲"会计学原理""财务会计学""成本会计学""会计理论研究""林业经济理论前沿"等课程。从事农林经济管

理、会计核算等领域研究工作，主持国家级教学质量工程项目2项，省级教学质量工程、教改项目5项，主持完成各类科研项目20余项。主持完成国家一流课程1门、省级精品课程2门。主持获得省级教学成果一等奖1项、二等奖1项、省级优秀教材奖1项、校级教学成果奖10项、各类科研成果奖6项。出版专著2部，主编出版教材8部，其中农业部和中国农业出版社规划教材4部，发表学术论文100多篇。先后赴美国、英国、德国、荷兰、土耳其等国家高校和科研院所进行学术交流和考察。

李世平，男，1964年1月生，甘肃省武威市人，三级教授，博士生导师，博士毕业于原西北农业大学。历任中国自然资源学会理事、陕西省土地估价师协会常务理事、陕西省土地学会常务理事、陕西省土地学会耕地保护与土地整理复垦专业委员会副主任委员、陕西省农业经济学会常务理事，注册房地产估价师。主讲"土地经济学""不动产估价""区域经济学"等课程。从事资源经济与环境管理、土地经济与管理、区域经济发展等方面研究工作。主持国家社会科学基金项目、省厅项目等课题30余项。获西北农林科技大学优秀

教学成果奖 2 项,被陕西省土地估价师协会评为土地估价行业优秀教育工作者。出版著作 2 部、教材 2 部。在《中国农村经济》《中国土地科学》《农业技术经济》《农业工程学报》、*Energy Policy* 等发表论文 200 余篇。先后赴美国、日本等国家高校和科研院所进行学术交流和考察。

姚顺波,男,1964 年 5 月生,湖南省南县人,博士,三级教授,博士生导师,博士毕业于西北农林科技大学。历任西北农林科技大学经济管理学院副院长、西北农林科技大学学术委员会委员、西北农林科技大学教学指导委员会委员、西北农林科技大学资源经济与环境管理研究中心主任、省级重点学科林业经济管理学科负责人、省级名牌专业工商管理专业负责人、省级精品课程"现代企业管理"负责人、省级教学团队"资源经济与环境管理"负责人。中国林业经济学会常务理事、中国林业经济学会生态经济专业委员会副主任、中国生态经济学会理事、陕西林业经济学会副会长、陕西省茶叶产业技术体系经济岗位专家、亚洲开发银行财务咨询专家。2020—2022 年爱思唯尔高被引中国学者。主讲"现代企业管理学""管理学原理""现代管理学""管理学理论与前沿"等课程。从事资源经济与环境管理、林业经济理论与政策等领域研究工作。主持国家自然科学基金、国家行业公益项目、教育部基地重大研究项目、国家林业局重大软科学项目、陕西省软科学、陕西省哲学社会科学基金项目、陕西省重点林业推广项目、联合国儿童基金会、国际泥沙研究中心、亚洲开发银行技术援助项目等 30 多项。出版主编《现代企业管理学》《经济法教程》《现代管理学》等规划教材 3 部,获陕西省人民政府教学成果一等奖 2 项,陕西省哲学社会科学一等奖、二等奖等省部级奖项 10 项。在《地理学报》《地理科学》《地理研究》《中国农村经济》《农业经济问题》等权威刊物发表论文 240 余篇。先后赴美国、英国、德国、澳大利亚、新西兰、日本、韩国、泰国等国家高校和科研院所进行学术交流和考察。

姜志德,男,1964 年 8 月生,重庆市涪陵区人,三级教授,博士生导师,博士毕业于原西北农业大学。曾任陕西省第十一、十二届政协委员,九三学社第十四届中央委员。中国生态经济学会、中国自然资源学会、中国农业标准学会会员、中国城郊经济研究会理事、陕西省农业经济学会常务理事。主讲"微观经济学""宏观经济学""生态经济学"等课程,主编参编教材 5 部。研究方向为生态经济、资源经济与区域可持续发展。主持参加国家自然科学基金项目、国家科技支撑计划项目、国家重点研发专项、中国CDM 基金赠款项目等科研课题 20 余项;出版专著 1 部,合著 6
部,公开发表学术论文 150 余篇。曾获陕西省科技进步一等奖,多次受到九三学社中央及九三学社陕西省委员会表彰。先后赴英国、美国、奥地利、荷兰、日本、德国等国家高校和科研院所进行学术交流和考察。

魏凤,女,1965 年 5 月生,陕西省宝鸡市人,三级教授,博士生导师,博士毕业于西北农林科技大学。现任西北农林科技大学哈萨克斯坦研究中心主任。主讲"中俄文化比较""管理学原理""农业企业经营管理""一带一路农业政策与合作""高级人力资源管理""农场管

理"等课程。从事俄语国家农业研究、后苏联空间国家研究、农业经济管理等方面研究工作。主持国家自然科学基金项目、国家社科基金项目、教育部人文社科项目、国家留学基金委乡村振兴人才培养专项资助项目等课题20余项。出版专著4部,在《农业技术经济》《中国土地科学》《资源科学》《自然资源学报》等期刊发表论文100多篇。先后赴乌克兰、俄罗斯、哈萨克斯坦、日本、波兰、塔吉克斯坦、乌兹别克斯坦等国家高校和研究院进行学术交流和考察。

王静,女,1966年1月生,陕西省杨陵区人,三级教授,博士生导师,博士毕业于西北农林科技大学。教育部新世纪优秀人才入选者。任第四届、第五届中国灾害防御学会风险分析委员会常务理事、副秘书长,第六、第七、第八届西北农林科技大学本科教学督导组副组长、第三届研究生教学督导组副组长。主讲"投资经济学""投资学""金融工程""金融经济学""证券投资学""风险管理学""银行信息系统""金融信托与租赁"等课程。主持国家自然科学基金项目、教育部博士点基金博导类项目、中国博士后基金、教育部人文社科规划项目、教育部留学回国启动基金、陕西省社科基金等课题28项。获陕西省哲学社会科学二等奖、陕西省科技进步三等奖、陕西省教育改革与发展三等奖、澳大利亚南澳大学商学院"Special Rudolf"奖各一项。出版专著1部、编著1部、教材2部。为2023年风险管理师认证标准主要撰稿人和制订人之一,该标准已入《中华人民共和国民法典》。在《金融研究》《农业技术经济》《中国农村经济》等期刊发表学术论文200余篇。多项咨政报告获领导肯定性批示。先后以访问学者、高级访问学者等身份赴澳大利亚、美国、新西兰等国家高校、研究院进行学术交流和考察。

孔荣,女,1967年10月生,新疆维吾尔自治区乌鲁木齐市人,三级教授,博士生导师,博士毕业于西北农林科技大学。历任陕西省农业经济学会副会长、常务理事,宝鸡市农业科技顾问,经管学院管理学系主任,工商管理研究中心主任,陕西省农业农村经济研究体系微观经济岗位专家。主讲"农林经济管理前沿专题""高级财务管理""公司理财""财务分析"等课程。从事农业经济理论与政策评价、农村金融与管理等方面的研究工作。主持国家自然科学基金项目、高等学校博士点基金、教育部人文社科基金规划项目、陕西省软科学基金项目、世界银行贷款项目等课题20余项。获陕西省教育工会"巾帼建功标兵"称号,陕西省教学成果二等奖,陕西省哲学社会科学二等奖和陕西高等学校人文社会科学研究优秀成果一等奖、三等奖各1项。出版专著4

部、教材 1 部。在《中国软科学》《中国农村经济》《中国农村观察》《农业经济问题》等学术期刊发表论文 100 多篇。先后赴美国、英国、法国、德国、芬兰等国家高校和科研院所进行学术交流和考察。

吕德宏，男，1969 年 8 月生，陕西省永寿县人，三级教授，博士生导师，管理学博士。历任经济学系副主任、金融系主任、经济管理学院党委委员，陕西省农业经济学会常务理事、陕西省肉羊现代农业产业体系岗位专家、中国管理科学学会会员、杨凌金融学会副会长。主讲"国际金融""商业银行经营管理""货币银行学""公司金融"等课程。从事农业投融资、农户信贷、银行经营管理和国际金融等方面的研究工作。主持国家社科基金项目、陕西省社科联重大项目、陕西省软科学、陕西省教改重点研究项目、农业农村部等科研课题 30 余项，获中国农村金融发展论坛优秀论文二等奖、中国土地学会学术年会优秀论文一等奖和陕西省普通高等学校教学成果二等奖 10 余项。出版专著 2 部，教材 2 部，在《管理评论》《农业技术经济》《保险研究》《科技日报》等报纸、期刊上发表学术论文 50 余篇，多篇论文被 SCI、CSSCI、中国人民大学书报资料中心收录或检索。美国马里兰大学和奥地利维也纳经济大学访学学者。

余劲，男，1969 年 12 月生，湖北省英山县人，三级教授，博士生导师，博士毕业于日本国京都市立命馆大学。曾任西北农林科技大学国际合作与交流处（港澳台办）处长、西北农林科技大学归国华侨联合会主席、西北农林科技大学致公党副主委、致公党陕西省委参政议政委员会副主任、陕西省决策咨询委员会委员。主讲"公共管理学""农林经济管理专题"等课程。从事粮食安全、贫困治理、区域经济和社会发展、乡村产业转型升级等方面研究工作。主持国家重点研发国际合作项目、国家自然科学基金项目、教育部人文社科项目、西部发展研究院定向委托项目、陕西省

社会科学界联合会、日本农林水产省课题、日本京都大学课题等 27 项课题。主笔撰写的 4 份政策咨询报告获国家级领导人肯定性批示、4 份政策咨询报告获省部级领导人肯定性批示，出版专著（合著）6 部。在 *Land Use Policy*、*Journal of Agricultural and Resource Economics*、《中国农村观察》、《农业经济问题》、《农业技术经济》、《经济地理》、《中国人口·资源环境》等国内外刊物发表学术论文 80 余篇。先后赴美国、加拿大、英国、德国、荷兰、日本、哈萨克斯坦等 20 余个国家的高校和科研院所进行学术交流和考察。

赵凯，男，1971 年 11 月生，宁夏回族自治区固原市人，三级教授，博士生导师，博士毕业于西北农林科技大学。陕西省第七届农业经济学会常务理事、陕西省家兔产业技术体系家兔产业经济

岗位专家、中国城郊经济研究会理事、农经系系主任。长期从事农业经济理论与政策、资源与环境经济管理等方面的教学和科研工作。主讲"自然资源与环境经济学Ⅱ""地籍管理""区域经济规划""投资项目评估"等课程。先后主持国家社科基金西部项目,国家重点研发计划专项子课题,教育部人文社会科学研究规划基金项目,农业部软科学项目,陕西省社会科学基金项目,陕西省社会科学界联合会重大理论与现实问题研究项目,陕西省软科学项目等国家级、省部级课题20余项。先后出版学术专著5部,参编专著3部,主编教材2部,在《农业经济问题》《中国人口·资源与环境》《农业技术经济》《自然资源学报》《中国土地科学》《资源科学》*Environmental Science and Pollution Research*、*Journal of Resources and Ecology*等期刊发表学术论文100余篇。先后获陕西省社会科学界联合会著作类三等奖(青年成果奖)、优秀论文二等奖和优秀论文三等奖各1项。先后赴英国、美国、奥地利、日本、德国和丹麦等国家高校和科研院所进行学术交流和考察。

夏显力,男,1973年3月生,安徽省怀宁县人,三级教授,博士生导师,博士毕业于西北农林科技大学。历任西北农林科技大学经济管理学院土地资源管理教研室主任、农经系主任、院长助理、副院长、院长,陕西省乡村振兴新型智库负责人、黄河流域生态保护与农业农村高质量发展研究基地负责人、《陕西农业科学》主编、中国农村发展学会常务理事、中国土地学会学术委员会委员、中国国外农业经济研究会常务理事、陕西省农业经济学会副会长、陕西省决策咨询委员会委员。主讲"土地利用规划学""新生研讨课""区域分析与规划"等课程,长期从事土地经济与管理、城镇化与农村区域发展等领域的科学研究与社会服务。主持国家社科基金、国家重点研发计划子课题、中国工程院重点咨询研究项目子课题、教育部人文社科项目、陕西省软科学、陕西省社科基金、陕西省自科基金、清华大学中国农村研究院项目等各类研究课题30多项。在《中国农村经济》《农业经济问题》《农业技术经济》《中国土地科学》《中国人口·资源与环境》*Local Government Studies*等期刊发表学术论文120余篇,出版专著3部,副主编教材1部。获得陕西省哲学社会科学奖三等奖,陕西省高校人文社科研究报告类一等奖、二等奖、三等奖各1项,多项咨政报告获得国家级及省部级领导人肯定性批示;获得省级教学成果奖特等奖、一等奖、二等奖各1项,国家级教学成果奖二等奖1项。先后赴美国、荷兰、法国、卢旺达、喀麦隆、加拿大等国家高校及科研院所进行学术交流和考察。

李桦,女,1974年8月生,四川省南充市人,三级教授,博士生导师,博士毕业于西北农林科技大学。陕西省青年英才支持计划入选者,第四批国家林业和草原局林草科技创新团队负责人。历任经济管理学院工商管理专业教研室主任、西北农林科技大学资源经济与环境管理研究中心主任、中国林业经济学会理事、中国生态经济学会理事、国家林业草原局院校教材建设专家、陕西高校工商管理教学指导委员会委员、咸阳市人大代表及常委、杨陵区人大代表。主讲"管理学""质量管理""现代企业管理""企业运营管理"等课程。从事农业经济理论与政策、资源与环境经济管理、林业经济理论与政策等方面研究工作。主持国家自然科学基金面上项目、国家社科基金面上项目、教育部人文社会科学基金项目、农业部项目、林业部项目、陕西省自然基金与软科学项目等课题 30 余项,获陕西省哲学社会科学一等奖、二等奖、三等奖等 7 项。出版专著 3 部、教材 3 部。在《中国农村经济》《农业技术经济》《中国人口·资源与环境》等学术期刊发表学术论文 80 余篇。曾赴美国密西根州立大学访学一年。

淮建军,男,1974 年 8 月生,陕西省扶风县人,三级教授,博士生导师,博士毕业于西安交通大学。中国资源环境学会委员、中国风险管理学会会员、农业经济学会会员。主讲"企业管理""管理学原理""运筹学""计量经济学""数理金融""统计学"等课程。从事农业可持续发展理论与政策评价、资源经济与产业发展、农业风险管理与气候变化、生态价值评估与实现等方面研究工作。主持国家自然科学基金面上项目、中国科学院 A 类先导项目子课题、国家发改委 CDMA 项目子课题、国家苹果产业体系项目子课题、教育部留学回国人员科研启动基金资助项目、陕西省哲学社会科学重大项目等课题 30 多项,获陕西省高等学校人文社会科学优秀成果三等奖 2 次,出版专著 2 部、以第一作者合作著作 1 部、参编教材 1 部。在《新华文摘》、*Global Environmental Change*、《系统工程理论与实践》、《运筹与管理》发表学术论文 80 余篇。先后赴澳大利亚、英国、意大利、德国、蒙古国等国家高校和科研院所进行学术交流和考察。

贾相平,男,1978 年 4 月生,内蒙古自治区包头市人,三级教授,博士生导师,博士毕业于德国霍恩海姆大学。中国留美经济学会(CES)会员、国际农业经济学家协会(IAAE)会员、欧洲农业经济学家协会(EAAE)会员。主讲"农业经济学""农业政策学"等课程。从事农业经济理论、技术进步和农村发展政策等领域研究。主持国家自然科学基金青年项目、教育部留学

回国人员科研启动基金项目、国家重大科学研究计划项目(973 子项目)、国际影响评估基金(3IE)项目等国内外研究项目 10 多项。在 *China Economic Review*、*Food Policy* 等国内外期刊发表学术论文 40 多篇,出版英文专著 1 部。多项咨政报告获得国家领导人肯定性批示。同英国、美国、德国、法国、荷兰若干机构长期保持良好合作关系。

刘慧娥,研究员。1950 年 12 月生,陕西省乾县人,中共党员,1978 年毕业于西北农学院农业经济系。1979—1999 年在原陕西省农科院工作;2000—2011 年在西北农林科技大学经济管理学院从事农业经济管理研究与辅助教学工作。长期从事农业经济与农业

区划研究工作,主要围绕党的路线、方针、政策,立足"三农",面向省内外深入开展社会调查研究,了解"三农"中存在的问题并提出自己的观点和建议,为有关部门决策"三农"、振兴乡村经济提供科学依据。主持和参与了陕西省综合农业区划、农业资源调查、农村主导产业开发、农村多种经营、农民收入等问题研究。曾获"陕西省综合农业区划""县级综合农业区划理论与方法的研究""县级农业区划中农经调查的理论与方法""耀县综合农业区划报告""武功县农业资源调查与农业区划"等科研成果 10 多项;发表论文 30 多篇;编写《农民奔小康指南》《农村经纪学》《涉农政策一本通》等农业科技书籍。

孙养学,男,1960 年 10 月生,陕西省韩城市人,教授,硕士生导师,博士毕业于西北农林科技大学。曾任西北农林科技大学经济管理学院工会副主席、中国农经学会陕西分会理事、陕西省奶山羊产业技术体系营销岗位专家。主讲"投资项目评估学""项目管理""生产与运作管理学""现代企业策划学"等课程。从事农业经济管理、企业管理、投资项目评估、农业产业规划等方面的研究工作。主持国家社科基金重点项目、省部级课题 10 余项。出版专著 2 部、主编教材 2 部、参编教材 6 部。在《农业技术经济》《生产力研究》等学术期刊发表论文 50 余篇。撰写项目可行性研究报告和农业产业规划报告 100 余篇。曾赴英国、德国等国家高校和科研院所进行学术交流和考察。

卢新生,男,1961 年 3 月生,陕西商洛人,教授,博士生导师。先后获西北农业大学农业经济管理学士学位和硕士学位,1986 年任西北农业大学农经系讲师,1988—1995 年任陕西省社会科学院经济研究所助理研究员、副研究员。2005 年 12 月获澳大利亚莫纳什大学(Monash University)金融学博士学位。2006 年 12 月任西北农林科技大学经济管理学院金融系教授。2011 年 4 月任同济大学经济与管理学院教授、博士生导师。讲授"金融工程""金融市场学""公司金融""公司金融研究专题""金融时间序列"等课程。主要从事金融工程、公司金融等方面研究,主持国家自然科学基金等项目 10 余项。

万广华,男,1961 年生,江苏省江都人,毕业于南京农业大学经济管理学院本科,获新英格兰大学经济学硕士和博士学位。2004—2006 年任西北农林科技大学经济管理学院院长、教授、博士生导师。历任亚洲开发银行主任、云南财经大学教授、澳大利亚中国经济研究会主席、BBC 中国经济问题评论专家。《经济研究》《世界经济文汇》编委。国外 20 多个权威经济学期刊审稿人。国内《经济研究》《中国社会科学》审稿人。在国外发表 100 多篇学术论文和 5 部专著,其中有 50 多篇发表在 SSCI 和 SCI 杂志上;国内发表的 50 多篇论文中有一半刊载在《经济研究》《中国社会科学》《管理世界》《经济学季刊》等主流期刊。主要从事发展经济学等领域的研究,主持和参与国内外重大、重点课题 20 余项。

薛建宏,男,1962 年 10 月生,陕西省武功县人,教授、博士生导师,博士毕业于美国密苏里大学。任美国密苏里大学哥伦比亚分校契约与组织研究所助研、美国密苏里大学哥伦比亚分校农业经济学系助教、美国密苏里大学哥伦比亚分校莫琨创业领导中心博士后研究人员、加拿大卡尔顿大学公共事务学院经济学系签约授课教师。主讲"Agricultural Economics""农林经济学""科研基本方法""经济学管理学前沿""Agricultural Economics""食品经济与管理研究进展"等课程。主要从事食品安全与消费者行为方面研究。主持教育部海外名师合作项目、国家社会科学基金等课题 10 余项,在国内外知名期刊发表论文 30 多篇。先后在美国新泽西理工大学、加拿大滑铁卢大学及奎尔夫大学、荷兰格罗宁根大学、德国霍恩海姆大学进行过多次工作访问和讲座。

李录堂,男,1962 年 12 月生,陕西省岐山县人,教授,博士生导师,1986 年 7 月获中国人民大学农业经济管理学士学位,博士毕业于原西北农业大学。曾任西北农林科技大学经济管理学院副院长,现任中国农业企业经营管理教学研究会副理事长。主讲"现代管理学前沿""管理学原理""现代企业管理"等课程,长期从事农村土地制度研究、近年来主要从事《中国新经济学》的研究和推广工作,先后提出"双重保障型军事经济理论(1921—1949)""双重保障型计划'运动'竞赛经济"理论(1949—1978)和"双重保障型市场经济理论"(1979 年至今)及"双重保障型农村土地市场流转"等理论主张。作为首席参加人完成教育部第二批国家级一流本科认证课程《管理学原理》。主持世界银行项目、国家自然科学基金项目、中华农科教基金、农业部软科学项目等课题 30 余项,曾获中华农科教何康奖、陕西省哲学社会科学三等奖 1 项。出版专著 2 部、编著 1 部、主编农业高等院校《管理学原理》教材 1 部。在《中国农村经济》《农业经济问题》《陕西日报》理论版等刊物发表学术论文 200 多篇。先后赴德国、澳大利亚、美国、英国等国家高校和科研院所进行学术交流。

杨立社,男,1963 年 7 月生,陕西省武功县人,教授,硕士生导师,硕士毕业于原西北农业大学。陕西省"三五"人才。担任世界银行贷款、国际农发基金贷款等陕西省利用外资重大项目咨询专家。主讲"金融理论与政策""货币银行学""投资银行学""财政学""行为金融学""投资项目管理"等课程。从事农村金融理论与政策、农业经济、投融资管理等方面研究工作。主持陕西省软科学等省部级科研项目 15 项,主持或参与省部级重大调研项目 40 余项,获省部级科技成果奖 9 项,获厅局级科技成果奖 5 项。在《农业技术经济》《国际贸易问题》等期刊发表学术论文 100 多篇。

杨文杰,男,1965 年 2 月生,陕西省佳县人,教授,硕士生导师,博士毕业于西北农林科技大学。历任西北林学院林业经济系办公室主任、西北农林科技大学经济管理学院会计系主任、教工第一支部书记、经济管理学院党委委员、陕西省农业经济学会副会长、陕西省农业农村经济研究体系首席专家、陕西石羊农业科技股份有限公司独立董事(兼)。主讲"审计学""公司治理""会计学原理""财务管理学""审计理论与实务"等课程。从事农业农村经济理论与政策、林业经济理论与政策、涉农企业财务管理、审计理论与实务、公司治理等方面研究工作。主持国家林业局、陕西省等省部级课题 9 项,参加国家自然科学基金、国家社科基金、国家攻关等课题 10 余项。作为主要参加人的科研项目获陕西省农业技术推广成果一等奖 1 项,陕西省科技进步三等奖 1 项,陕西省林业厅科技进步奖一等奖 2 项。出版专著 1 部,编写教材 8 部,在《统计与决策》《生态经济》《林业经济问题》《财会月刊》等期刊发表论文 130 余篇。曾赴美国奥本大学做高级访问学者。

王志彬,男,1965 年 11 月生,陕西省乾县人,教授,硕士生导师,博士毕业于西北农林科技大学。历任咸阳市秦都区副区长(挂职)、塔里木大学经济与管理学院副院长(援疆),中国农业经济法研究会理事、陕西省法学会环境与资源法学专业委员会理事。主讲"土地法学""资源与环境法学""农业政策学"等课程。从事农村土地法治与政策、农业经济理论与政策等方面研究工作。主持国家社科基金、教育部人文社科基金等课题 10 余项,获省级教学成果二等奖 1 项,出版专著 2 部、教材 10 余部。在《经济问题探索》《地域研究与开发》等刊物发表学术论文 80 余篇。曾赴英国雷丁大学进行学术交流和考察。

贾金荣,男,1966 年 1 月生,陕西省泾阳县人,教授、博士生导师。1991 年 7 月获西北农业大学农业经济系硕士学位。1999 年 12 月获德国李比希大学博士学位。2005 年 5 月任西北农林科技大学经济管理学院教授,2005 年 10 月—2007 年 12 月任西北农林科技大学经济管理学院副院长。研究领域:农业市场与政策、农业保险、金融理论和农村金融。主持国家社科基金、教育部留学回国人员科研启动基金项目等 8 项。

高建中,男,1968 年 11 月生,陕西省白水县人,教授,博士生导师,博士毕业于西北农林科技大学。历任西北农林科技大学经

济管理学院农经系副主任,担任教育部人文社科基金评审专家。主讲"组织行为学""农业系统工程""农林经济学""生态经济""林业经济"等课程。主要从事农业经济组织、林业经济理论与政策、林权制度改革、农民专业合作社等领域研究。主持教育部人文社科基金、国家林业和草原局、陕西省林业局等研究项目 27 项。出版专著 1 部,合著 1 部,主编教材 2 部。获陕西省、西北农林科技大学教学成果一等奖各 1 项。在《干旱区资源与环境》、《林业经济问题》、《农业经济》、*Journal of Systems Science*、*Complexity*、*Agricultural Water Management* 等国内外期刊上发表学术论文 60 余篇。多项咨政报告被国家林业局、陕西省农业厅采纳。曾赴加拿大多伦多大学访学一年。

王永强,男,1977 年 2 月生,河南省辉县人,教授,博士生导师,博士毕业于西北农林科技大学。历任世界银行农村社区发展项目农民合作社运营管理咨询专家,商务部发展中国家农业经济管理研修班主讲教师,丝绸之路(杨凌)生物健康农业产业联盟常务理事。主讲"项目评估与管理""项目投资学""创新与创业管理""农业投资项目评估""计量经济学""统计学原理"等课程。

从事农产品质量安全管理、农户绿色生产行为、农民合作社运营管理、农业投资项目评估等方面研究工作。主持国家社会科学基金一般项目、教育部人文社科基金项目等课题 20 余项。获杨凌示范区科技进步二等奖 1 项。出版专著 1 部,参与编著出版专著 8 部。在 *Food Control*、*Crop Protection*、《中国土地科学》、《农业技术经济》、《经济与管理研究》、《干旱区资源与环境》等国内外刊物上公开发表学术论文 40 余篇。先后赴美国、澳大利亚、俄罗斯等国家高校和科研院所进行学习和学术交流。

渠美,女,1978 年 10 月生,内蒙古自治区呼和浩特市人,研究员,博士生导师,博士毕业于东芬兰大学。主讲"农村社会学"课程。主持国家级及省级课题 7 项,参与工程院咨询项目 1 项。在 *land ues policy*、《干旱区资源与环境》等期刊发表论文 30 余篇。获全国林业硕士专业学位优秀教学案例、第八届梁希青年论文奖三等奖。多年来与东芬兰大学和赫尔辛基大学保持紧密的科研与合作教学关系。

牛荣,女,1978 年 11 月生,陕西省武功县人,教授,博士生导师,博士毕业于西北农林科技大学。曾挂职杨凌区副区长,现任中国国外农业经济研究会理事、陕西省农业协同创新与推广联盟专家委员会委员、陕西省科技特派员、国家三级创业咨询师。主讲"货币银行学""中央银行学""金融

市场与金融监管""公司金融""银行监管"等课程。从事农村金融理论与政策、农户借贷行为、产业链金融等方面研究工作。主持国家自然基金项目、国家社科基金及省级以上科研项目20余项。获陕西省哲学社会科学一等奖、三等奖各1项。出版专著1部、教材2部。在《管理世界》《农业经济问题》《农业技术经济》《改革》等学术期刊发表学术论文30多篇。完成大学生国家慕课《货币银行学》等教改项目近10项。先后赴美国、英国等国家高校和科研院所进行学术交流和考察。

汪红梅,女,1979年9月生,湖北省黄冈市人,教授,博士生导师,博士毕业于华中科技大学。现任西北农林科技大学经济管理学院副院长,中国高等教育学会高等财经教育分会政策研究专家,中国农学会产业化分会副秘书长,陕西省农经学会常务理事。首批全国优秀创新创业导师,全国高校就业创业导师培训特聘专家,陕西省科技创业导师。主讲"微观经济学""宏观经济学""创业基础"等课程。"微观经济学"国家级课程思政教学名师团队成员,"创业基础"省级一流课程负责人。主持国家级和省部级课题20余项,获陕西高校人文社科优秀成果奖、全国农林高校青年教师教学竞赛等奖项6项。出版专著和教材各1部。在《经济学家》《产业经济评论》等期刊发表学术论文50余篇。先后赴美国新泽西理工大学、新加坡南洋理工大学访学,英国牛津大学进行学术交流和考察。

薛彩霞,女,1980年11月生,山西省运城市人,教授,博士生导师,博士毕业于西北农林科技大学。现任中国注册会计师协会会员、中国林业经济学会林业政策与法规专业委员会委员、森林生态经济专业委员会委员。主讲"管理学原理""现代企业管理""企业伦理学"等课程。从事资源经济与环境管理、林业经济管理、农业经济管理等方面的研究工作。主持国家自然科学基金面上项目、国家自然科学基金青年项目、教育部人文社科规划项目等课题10余项。获中国林业经济学会优秀论文一等奖、二等奖各1项。参编教材4部。在《中国农村经济》《中国人口·资源与

环境》《自然资源学报》《林业科学》等期刊发表论文30余篇。曾赴台湾嘉义大学访学交流。

白秀广,男,1981年1月生,河南省浚县人,教授,博士生导师,博士毕业于北京邮电大学。兼任陕西省农业经济学会理事,宁夏闽宁乡村振兴培训中心、西安市及长安区乡村振兴研究院专家库成员。主讲"统计学""计量经济""Econometrics III"等课程。从事农业经济、区域经济与产业发展、气候变化、资源环境经济管理等方面研究工作。主持国家自然科学基金、教育部人文社科基金、国家重点研发项目子课题、陕西省社会科学基金、陕西省软科

学等课题 10 余项。在 *Ecological Indicators*、*Environmental Science and Pollution Research*、《农业技术经济》、《经济地理》等刊物上发表论文 20 余篇。曾在澳大利亚科廷大学访问交流一年。

阮俊虎，男，1983 年 10 月生，河南省沈丘县人，教授，博士生导师，博士毕业于大连理工大学。国家级青年人才，陕西省杰青、中国青年农业经济学家论坛年度学者、陕西省普通高校青年杰出人才、香江学者。历任西北农林科技大学党委组织部副部长（多岗位锻炼）、发展改革处副处长（多岗位锻炼）、科技推广处副处长兼扶贫工作办公室副主任、乡村振兴工作办公室副主任兼科技推广处副处长，兼任西部农村发展研究中心主任、京东数字农业西北研究院执行院长、中国"双法"研究会服务科学与运作管理分会理事、中国"双法"研究会网络科学分会理事、中国计算机学会数字农业分会执行委员等。主讲"数字农业运营管理""计量经济学""统计学原理""农产品电商与互联网技术"等课程。从事数字农业运营管理、农业大数据与物联网、涉农电子商务与物流优化设计等方面研究工作。主持国家乡村振兴局重大委托项目、国家社会科学基金重大项目子课题、国家重点研发计划子课题、国家自然科学基金重点项目课题、国家自然科学基金面上项目、国家自然科学基金青年项目等课题 30 余项。获陕西省哲学社会科学优秀成果一等奖、山东省社会科学优秀成果奖三等奖、中国产学研合作促进奖个人奖、陕西高等学校科学技术研究优秀成果奖一等奖、陕西高等学校人文社会科学研究优秀成果奖一等奖、中国商业联合会科学技术进步二等奖等荣誉奖励。出版专著 3 部、教材 1 部（入选为国家林业和草原局"十四五"规划教材）、专利 8 项、软件著作权 3 项。在《管理世界》《管理科学学报》、*IEEE Transactions on Cybernetics* 等期刊上发表学术论文 90 多篇。曾在澳大利亚阿德莱德大学联合培养一年，香港理工大学博士后两年，先后赴日本、韩国、俄罗斯、哈萨克斯坦、乌兹别克斯坦、塔吉克斯坦等国家高校和科研院所进行学术交流和考察。

石宝峰，男，1984 年 12 月生，山西省武乡县人，教授，博士生导师，博士毕业于大连理工大学。先后入选陕西省青年科技新星、陕西高校青年杰出人才、农业农村部神农青年英才、国家级青年人才。历任西北农林科技大学经济管理学院副院长、西北农林科技大学发展改革处副处长、西北农林科技大学信用大数据应用研究中心主任，兼任中国农业经济学会青年（工作）委员会常务委员、中国国外农业经济研究会常务理事、SSCI 期刊 *Emerging Markets Finance and Trade* 编委。主讲"信息经济学""国际金融""资产定价与风险管理"等课程，出版教材 2 部，获西北农林科技大学

教学成果一等奖、陕西省高校高等教育教学成果特等奖、高等教育（研究生）国家教学成果二等奖等多项奖励。主要从事涉农信用风险管理和"三农"政策评估研究，主持国家自然科学基金面上项目、中央农办农业农村部乡村振兴软科学研究项目等课题 30 余项。在 *Nature Food*、*Omega*、*Energy Economics*、《经济研究》、《管理世界》等权威期刊发表论文 70 余篇，出版

专著 2 部。获陕西高校人文社科优秀成果一等奖、辽宁省哲学社会科学二等奖、陕西高校科学技术研究优秀成果二等奖等。呈送的 10 份咨政报告得到了省部级以上领导肯定性批示或政府采纳，其中《疫情对农民工返城复工影响评估及建议》得到党和国家主要领导同志的肯定性批示，相关建议被写入国务院文件。先后赴美国、英国、加拿大、日本等国高校和科研院所进行学术交流和考察。

张寒，男，1985 年 8 月生，江苏省铜山市人，教授，博士生导师，博士毕业于南京林业大学。国家级青年人才。现任经济管理学院副院长，兼任中国林业经济学会技术经济专业委员会副主任委员、中国农业经济学会青年工作委员会委员、中国国外农业经济研究会第八届理事会理事。主讲"林业经济学""农林政策学""高级发展经济学"等课程，获陕西省高校首届教学创新大赛二等奖，被评为西北农林科技大学"我最喜爱的教师""师德先进个人"等。从事林业经济与政策、生态治理与可持续发展等方面研究工作。主持国家自然科学基金项目、国家重点研发计划课题、农业农村部项目等课题 20 余项。获国家林业和草原局梁希林业科学技术奖科技进步二等奖、陕西省高校哲学社会科学一等奖等多项奖励。出版专著、教材等 3 部。在《中国农村经济》、Land Use Policy 等期刊发表学术论文 30 多篇。多项咨政报告获得国家领导人肯定性批示。多次赴中亚、美洲、欧洲等高校和科研院所进行学术交流。

张道军，男，1985 年 10 月生，江苏省宿迁市人，教授，博士生导师，博士毕业于中国地质大学（武汉）。兼任中国地质学会数据驱动与地学发展专业委员会委员，中国国土经济学会国土空间规划专业委员会委员和中国自然资源学会教育工作委员会委员。主讲"社会经济空间数据分析""土地整治工程"等课程。长期从事空间统计建模与资源环境政策评价、土地利用/覆盖变化空间信息提取、驱动力分析及土地利用工程等领域的研究与社会服务。主持国家自科面上和青年项目、中国博士后特别资助项目、

陕西省自科面上项目等科研课题 10 余项。在 Land Use Policy、Land Degradation、Development、Geoscientific Model Development、《地理学报》、《地理研究》等国内外知名期刊发表论文 30 余篇。曾获得湖北省优秀博士学位论文、陕西高等学校人文社会科学研究优秀成果二等奖、陕西高等学校科学技术研究优秀成果三等奖等荣誉和奖项。曾在加拿大渥太华大学公派联合培养两年。2022 年 8 月调动至中国地质大学（武汉）。

陈伟，男，1986 年 3 月生，山东省滨州市人，教授，博士生导师，博士毕业于南京农业大学。入选陕西省青年科技新星。任农经系土地资源管理教研室主任，中国农业工程学会土地利用工程

专业委员会委员、陕西省土地学会理事。主讲"生态经济学""土地利用工程"等课程。从事土地经济与管理、资源环境与城乡发展等方面研究工作。主持国家自然科学基金项目、陕西省软科学重点项目等课题近 20 项。获江苏省哲学社会科学二等奖、陕西省高校人文社科一等奖、陕西省高校科学技术三等奖各 1 项。出版专著 1 部、参编教材 1 部。在《自然资源学报》、*Land Use Policy* 等国内外期刊发表论文 60 余篇。曾赴美国密西根州立大学进行学术交流。

任彦军,男,1986 年 5 月生,陕西省杨陵区人,教授,博士生导师,博士毕业于德国基尔大学。陕西省高层次青年人才计划入选者,陕西高校青年创新团队带头人。兼任中德农业与食物经济研究中心主任,德国莱布尼兹转型经济农业发展研究所(IAMO)客座研究员,农业部中德农业中心(DCZ)高级顾问。主讲"食品安全管理""食物经济与政策""农林经济管理研究方法论"等课程。从事食物系统可持续发展、食物消费与营养健康、农产品市场分析、消费者行为分析等方面研究工作。主持国家自然科学基金(面上项目)、陕西省高层次引进人才(青年项目)、陕西省高校青年创新团队项目、陕西省秦创原引用高层次创新创业人才项目及德国政府联邦教育部、德国石荷州政府项目等 10 余项。在 *Economic Development and Cultural Change*、*China Economic Review*、《农业经济问题》、《中国日报》英文版等发表学术论文及报告近 40 篇。先后赴美国、英国、德国、芬兰、荷兰等国家高校和科研院所进行学术交流和考察。

姚柳杨,男,1988 年 11 月生,河南省郏县人,青年教授,博士生导师,博士毕业于西北农林科技大学。主讲"农业资源与区划""高级微观经济学"等课程。从事农业经济理论与政策、农业绿色发展等领域研究,主持国家自然科学基金青年项目、国家社会科学基金重大项目子课题等国家级和省部级课题 5 项。出版专著 2 部。在 *Canadian Journal of Agricultural Economics*、《中国农村经济》等期刊发表论文 30 余篇。获陕西省高等学校人文社会科学研究优秀成果奖 2 项。承担多个地区国家脱贫攻坚第三方评估、巩固脱贫成果第三方评估任务,是陕西省自然资源资产权益管理

工作专家库首批成员、陕西省乡村振兴专家库首批成员。曾赴美国克拉克大学留学两年。

二、人才队伍建设的主要措施

在人才队伍建设上坚持引进和培养相结合。一方面下大力引进国内外高水平人才,另一方面挖掘现有人才潜力,发挥团队优势,积极创建高水平的人才培养和创新平台,通过引进、培养等措施促进了人才队伍建设。

(一)引进人才、留住人才、聚合人才和培养人才

引进人才:根据人才梯队建设需要,重点引进年龄在 35～55 岁之间并在学术上有造诣、

在国内外有影响的学科带头人 3 名。

留住人才:年轻的人才队伍结构是五年、十年以后的优势,处在成长阶段。一些青年专家在国内已经有了一定的影响,所以对这些人才进行重点支持、扶持,使其尽快成长。

聚合人才:根据学科研究方向的定位,优化组合人才,形成合理的人才梯队,发挥人才的团队作用。

培养人才:根据人才学历现状,积极鼓励、支持青年科教人员在职攻读硕士、博士学位,提高学历学位水平。

(二)搭建人才创新平台,挖掘人才潜力,发挥团队优势

把教师的学科方向优势、专业能力变成一种合力,运用到学科建设上。扶持 25～40 岁有培养潜力的青年骨干教师,使他们尽快成为院校学术学科带头人,提升青年教师的知名度;鼓励青年教师取得高学历,鼓励年轻教师到国内外进行学习,做访问学者,参加国际学术会议,开阔眼界,了解学科前沿,不断提高专业水平。

(三)强化科研意识,提升学术水平

营造良好的科研、学术氛围,积极创造条件,加大经费投入,丰富学科图书资料,改善教学科研所需条件,配置教师工作平台,完善教学科研激励机制。对有突出贡献的教师给予资金资助和奖励,为他们到国内外进行学术研讨、交流打开方便之门。加大国内外学术、科研交流,使教师在更广阔的空间向国内外学者学习,不断提升学术水平。

(四)建立新的用人机制

实行“按需设岗、按岗聘任、竞争上岗、契约管理、严格考核”的运行机制。竞争上岗者均需和用人单位签订契约,明确聘期。聘期应在双向选择的前提下,根据各类岗位的不同需要而定。同时,明确学院及被聘人员的责任、权利和待遇。聘期中及期满后应按照契约的规定对被聘人员进行考核,真正使得人员的职务(岗位)能上能下、待遇能高能低,为对单位人员能进能出、合理有序流动打下基础。

三、人才队伍建设成效显著

2000 年以来,学院面向海内外招贤纳士,引进各类人才 33 人。其中引进海外名师 1 名(格罗宁根大学汉克·福尔默教授,聘期 2010—2014 年),2013 年起汉克·福尔默教授被选聘为学院学术院长;学校后稷学者 1 名(聘期 2010—2014 年);学校讲座教授 1 名(起止时间 2014—2017 年);引进三级教授 1 名。通过多渠道培养学术骨干和招聘海内外博士,选派 40 多位青年教师出国访学深造和学术交流一年以上。拥有教育部“长江学者与创新团队发展计划”创新团队和省级教学团队 3 个、国务院学位委员会学科评议组成员 1 人、教育部“长江学者奖励计划”青年学者 1 人、国务院政府特殊津贴专家 6 人、教育部“高校青年教师奖”获得者 1 人、教育部“新世纪优秀人才支持计划”入选者 4 人、“宝钢优秀教师奖”获得者 2 人、各类省级人才 16 人次(陕西省“普通高等学校教学名师”1 人、陕西省“三五”人才 2 人、陕西省“高校人文社会科学青年英才支持计划”入选者 3 人、陕西省“三秦学者”3 人、陕西省“中青年科技创新领军人才”1 人、陕西省“青年科技新星”1 人、陕西省“普通高校青年杰出人

才"3 人、陕西省思政"六个一批"1 人、陕西省"高层次人才特殊支持计划区域发展人才"1
人）。

第五节　服务国家战略，开展社会服务

2000 年以来，学院面对我国经济建设主战场，主动服务国家战略，建立智库，贴近"三
农"开展各类政策咨询、技术服务、产业基地建设、政策解读等工作。这不但履行了高校社会
服务等社会责任，同时也丰富了学院本科、研究生教育的教学内容，促进了创新创业人才的
培养和农林经济管理、应用经济学科的发展。

一、政策咨询

学院教授提交的决策建议曾得到国家领导人、国家部委及省级主要领导批示并被有关
部门采纳 20 余次；应邀为中组部、农业部、陕西省委中心组等做专题报告 12 次；每年为全国
人大、政协、省级政府提供议案 20 余件；3 人被聘为陕西省决策咨询委员会委员。

学科专家于 2013 年 4—8 月在小麦主产区 4 个省、14 个县进行万分之一大样本农户抽
样调查，完成《关于警惕粮食主产区农地流转"非粮化"倾向的政策建议》，并专报中央，得到
时任国务院总理李克强同志、副总理汪洋同志批示，部分建议、观点被 2014 年中央农村工作
会议采纳。学院因此获得负责陕西省试点工作并获批 5000 万经费支持。

学院完成的《陕西能源开发水土保持生态补偿机制研究》，对能源开发水土保持补偿标
准进行案例分析和定量研究，支撑出台《陕西省煤炭石油天然气资源开采水土流失补偿征收
使用管理办法》（陕政发〔2008〕54 号）；其研究成果获大禹水利科学技术三等奖。自 2009 年
7 月 1 日实施本《办法》以来，每年为陕西省征集水土流失补偿资金 6.11 亿元，每年可资助
治理水土流失面积 6000 多平方公里。

学院教授完成的《关于加大对农村产权抵押融资试验政策支持力度的建议》，获中农办
批复（中农办建字〔2013〕1 号）；学院教授完成的《农村产权抵押融资模式》《农村产权抵押
融资试验农户响应、运行模式、效果评价》等成果获陕西省委领导批示。中国人民银行西安
分行、陕西省农村信用社联合社在陕西高陵、杨凌等地开展农村"三权"抵押担保融资试点工
作时，充分吸收了以上研究成果。

二、技术服务

2020 年 8 月，人社部高层次专家助力宁夏西吉县特色产业扶贫服务行活动在宁夏西吉
举行。作为服务团畜牧组专家的夏显力教授，深入西吉县肉牛养殖示范村硝河乡新庄村、关
庄村，为农户介绍了最新的畜牧养殖、绿色有机认证以及拓展营销方式等技术知识，有针对
性地为农户养殖过程中遇到的问题"问诊把脉"，引导养殖户试制青储饲料，提高了养殖户的
养殖水平，并为提高养殖效益、扩大养殖规模、拓展销售渠道提供了指导。

学院多位教授在"智慧农业·数字乡村"发展论坛围绕"数字经济引领农业产业高质量

发展"作主题发言,认为数字农业作为乡村振兴的新动能,将加速乡村振兴战略的实现。依托数字农业技术,能够打通生产决策、田间管理、加工分选、精准营销等全产业链条,帮助小农户走向大市场。

从2012年起,学院专家参加编写《中国旱区农业技术发展报告》和《中国农业产业投资报告》。两个报告全面统计和分析了年度农业技术发展和农业产业投资概况,有力推动了农业科技和金融紧密结合,已成为关注中国旱区农业技术发展和产业投资的一部颇具权威性、全面性和客观性的参考文献。

三、产业基地建设

学院教授对陕西苹果与中国苹果、世界10个苹果强国间的要素效率比较研究表明,陕西苹果生产中浪费了21.9%的耕地、75.3%的资本、82.2%的劳动资源,并建议促进苹果产业组织适度规模化,按照"公共产品 + 私人产品"模式,启动果园整合计划。规范农地承包权流转市场,整顿假冒涉果合作社,构建高效经营模式。同时持续调整苹果产业结构,以优化品种结构为抓手,整合科教资源,依托苹果供应链、价值链,促进智能技术与分拣分级、储藏、加工、冷链物流、市场监测融合,提升苹果产后竞争力。

学院教授围绕"农民专业合作社规范化管理"等主题,开展从省、市、县、乡、村干部至村民的六级培训,在陕、甘、豫、鲁、贵等省培训100余次,受众8165人次,改变了从业人员传统认知,增强了他们的市场竞争能力。从产业融资、国际贸易等方面为陕西宏达等果业企业出谋划策。该企业产品出口26个国家和地区,跻身国家级农业产业化重点龙头企业行列。学院教授完成的《千阳县现代苹果产业发展规划(2014—2020年)》引领国内现代矮砧苹果集约化生产,为苹果产业转型升级探出了新路,提出的《苹果生产提质增效及老果园改造技术模式研究》被农业部采纳。

四、政策解读

围绕国家重要会议精神以及历年中央一号文件,学院专家利用农林卫视、网络平台以及报纸杂志等媒介,积极进行政策解读与相关内容宣讲。解读内容涉及脱贫攻坚、农业增收、消除短板、粮食安全、耕地保护、农村金融、新农人培育、农业农村投资、农村农业服务体系建设、乡村治理等热点领域,深受各界好评。

第六节 党建与思想政治工作

2000年7月合并成立经济管理学院以来,学院党委贯彻《中国共产党普通高等学校基层组织工作条例》,高举中国特色社会主义伟大旗帜,以马克思列宁主义、毛泽东思想、邓小平理论、"三个代表"重要思想、科学发展观、习近平新时代中国特色社会主义思想为指导,增强"四个意识"、坚定"四个自信"、做到"两个维护",全面贯彻党的基本理论、基本路线、基本方略,全面贯彻党的教育方针,坚持教育为人民服务、为中国共产党治国理政服务、为巩固和发展中国特色社会主义制度服务、为改革开放和社会主义现代化建设服务,坚守为党育人、为国育才,培养德、智、体、美、劳全面发展的社会主义建设者和接班人。坚持以立德树人为根本,以全面提高人才培养质量为中心,坚持围绕中心抓党建,抓好党建促发展的基本思路,努力提高党建工作的科学化水平,不断深化改革,推动学院科学发展。

一、党的政治建设

（一）把党的政治建设摆在首位

经济管理学院党委高度重视党的政治建设,坚持全面从严治党,以党的政治建设为统领,把政治标准和政治要求贯穿党的思想建设、组织建设、作风建设、纪律建设以及制度建设、反腐败斗争始终。严明党的政治纪律和政治规矩。学院始终坚持把方向、谋大局,及时传达和落实学校各项重大决策和部署,确保其在学院落地生根。坚持民主集中制,提高办学治院水平。严格执行议事决策制度,落实好"三重一大"制度,对涉及学院发展规划、人才引进、干部选用、重大项目评审、津贴分配、职称评审等重要事项,主动听取师生意见和建议,通过党政联席会议、党委会、教授委员会、教代会等进行论证和民主决策、科学决策,提高领导班子的治理能力和水平。发挥纪检委员作用,对党内政治生活、学院权力运行、信访举报等工作进行监督和受理,深入推进党风廉政建设。

（二）落实意识形态工作责任制,注重理想信念教育

抓好意识形态工作,发挥党组织的政治把关作用,维护学院安全稳定,促进和谐校园建设。在学院人才引进、招生、年度考核、绩效评定、职称晋升、党员发展、青年教授推荐等工作中,坚持把好政治关。党委委员、党支部书记全程参与,对师生的思想、工作和学习状况等作出综合评价。严格执行报告会、讲座、论坛、学术沙龙等的审查审批。按照学院《学术报告审批管理办法》,依据"谁主办、谁负责"的原则,实行分级审批,加强归口管理。加强对课堂教学的建设管理。坚持领导干部、辅导员、班主任听课制度,强化纪律约束。加强校园网络安全管理。严格执行《网站管理与使用办法》,规范网络媒体管理;坚持网络舆情搜集研判,全方位掌握师生思想动态,及时发现和解决问题,引导师生始终坚持正确的舆论导向、学术导向和价值取向。学院连续多年被评为学校新闻宣传先进单位。

对师生员工进行马克思列宁主义、毛泽东思想和中国特色社会主义理论体系的教育,推动习近平新时代中国特色社会主义思想进教材、进课堂、进头脑,做好党的基本路线教育,爱国主义、集体主义和社会主义思想教育,党史、新中国史、改革开放史、社会主义发展史教育,中华优秀传统文化、革命文化、社会主义先进文化教育,国情教育、形势政策教育、社会主义民主法治教育、国家安全教育和民族团结进步教育。把培育和践行社会主义核心价值观融入大学生思想政治教育工作和师德师风建设的全过程,帮助广大师生员工树立正确的世界观、人生观和价值观,坚定中国特色社会主义道路自信、理论自信、制度自信、文化自信。坚持党委中心组学习、教职工理论学习、党支部理论学习制度。开展先进性教育,解放思想大讨论,科学发展观、创先争优、群众路线、"两学一做"等教育活动,加强德育工作,坚定走有中国特色社会主义道路的信念,树立正确的世界观和人生观。

（三）开展主题教育活动

先后开展了共产党员先进性教育活动、解放思想大讨论、学习实践科学发展观、创先争优活动、党的群众路线教育实践、"两学一做"学习教育、"不忘初心，牢记使命"主题教育等活动，表彰了一批发挥党组织的战斗堡垒作用和共产党员的先锋模范作用的先进党组织、优秀共产党员和优秀党务工作者。

二、党的组织建设

学院始终坚持抓组织建设，健全党的组织体系、制度体系和工作机制，增强党组织生机活力。

（一）健全党的基层组织，优化党支部设置

根据学院党员总数及党员分布情况，合理设置党支部，本科生按专业纵向设立支部，研究生按专业、年级横纵结合设立支部。探索依托科研团队建立党支部，成立了西部农村发展研究中心党支部和资源环境研究中心党支部等，促进党建与业务工作的紧密结合。2000年7月到2020年12月间，学院党委先后优化设置党支部21个，其中大学生党支部16个，将党支部建在教研室和专业年班级。

（二）重视党的制度建设，完善党的工作机制

依据《中国共产党普通高等学校基层组织工作条例》，结合学院实际，建立健全党的制度，制定有《西北农林科技大学经济管理学院发展党员工作实施细则》《西北农林科技大学经济管理学院党支部组织生活制度》《西北农林科技大学经济管理学院党委委员、党员领导联系党支部制度》《党支部书记职责》《经济管理学院关于加强宣传工作的实施意见》等相关制度，规范党的各项工作。

（三）规范党员发展工作，保证党员发展质量

按照"坚持标准、保证质量、改善结构、慎重发展"的方针和有关规定，把政治标准放在首位。坚持对入党积极分子的教育、培养和考察，重视在高层次人才、优秀青年教师和优秀学生中发展党员工作。建立党员领导干部和党员学术带头人直接联系、培养教师入党积极分子制度。根据《中国共产党发展党员工作细则》和学校党委有关规定，制定《西北农林科技大学经济管理学院发展党员工作实施细则》，明确了吸收具有马克思主义信仰、共产主义觉悟和中国特色社会主义信念，自觉践行社会主义核心价值观的先进分子入党，并将其作为一项经常性的重要工作。发展党员工作，贯彻党的基本理论、基本路线、基本纲领、基本经验、基本要求，按照控制总量、优化结构、提高质量、发挥作用的总要求，坚持党章规定的党员标准，始终把政治标准放在首位；坚持入党自愿原则和个别吸收原则，成熟一个，发展一个。2011—2020年共发展党员2433名。

（四）严格党的组织生活，提高组织生活质量

构建多层次、多渠道的党员经常性学习教育体系，加强政治理论教育和党史学习教育以及政治教育和政治训练。进行党章、党规、党纪教育以及党的宗旨教育、革命传统教育、形势政策教育和知识技能教育，坚持不忘初心、牢记使命的制度，推进"两学一做"学习教育常态

化、制度化。严格党的组织生活,坚持开展批评和自我批评,坚持"三会一课"制度,开展民主生活会和组织生活会,落实谈心谈话、民主评议党员、主题党日等制度,保证党的组织生活规范、认真、严肃。

（五）加强领导班子建设

学院党委承担管党治党、办学治院的主体责任,把方向、管大局、作决策、抓班子、带队伍、保落实。宣传和执行党的路线方针政策,宣传和执行党中央以及上级党组织和本组织的决议,坚持社会主义办学方向,依法治院,依靠全院师生员工推动学院科学发展,培养德、智、体、美、劳全面发展的社会主义建设者和接班人。坚持马克思主义指导地位,组织党员认真学习马克思列宁主义、毛泽东思想、邓小平理论、"三个代表"重要思想、科学发展观、习近平新时代中国特色社会主义思想,学习党的路线方针政策和决议,学习党的基本知识,学习业务知识和科学、历史、文化、法律等各方面知识。

（六）立德树人,优化育人环境

落实立德树人根本任务,秉承"诚朴勇毅"校训和"经国本、解民生、尚科学"办学理念,推进"三全育人"工作深入开展,把思想政治教育贯穿专业学位教育全过程,形成"党政领导+导师队伍+学工干部+学生骨干"全员育人体系;突出产学研特色,提升课程、科研、实践、文化全程育人质量;强化校内校外、课内课外、线上线下全方位育人功能;促进学生德、智、体、美、劳全面发展。

突出课程思政融合,全面提升思政教育质量。建立"教师推荐+专家审定+党委审核"教材选用制度,制定了课程思政改革实施方案;举办课程思政教学研讨、课程思政骨干观摩课、思政课教师大练兵、思政理论课优秀实践报告交流会等系列活动,提升了思政教育效果,强化教风学风建设,实现课程思政全覆盖。

创新党建工作方式,筑牢意识形态阵地。以"党建促科研、党建促人才培养"为引领,以"三会一课"为抓手,推进党建工作与科研创新、社会服务、日常管理相结合。开展参观涉农金融机构、企业等主题党日活动;建立 MF 研究生党支部,选配优秀研究生党员担任支部书记,建立学院党委委员联系学生机制,持续开展"亮身份、树形象、践承诺"活动;选聘优秀研究生积极参加"三团一队"和"西部计划"等活动;严格执行《意识形态工作责任制实施细则》,建立院领导听课看课、联系少数民族学生等制度;在公众平台、网站开设"西农精神""优秀党员"等典型案例栏目,发挥网站、新媒体平台育人作用,传播正能量,筑牢新阵地。

做实 MF 研究生党支部,强化基层党组织建设。强化学院党委、教师"双带头人"党支部、MF 研究生党支部对学生思想政治的引领作用,规范理论学习活动;落实校院党政领导定期开展思政教育专题培训和学生座谈会制度。

专兼结合,配齐配强思政队伍。通过校内外选聘等途径,建设专职为主、专兼结合、数量充足、素质优良的思政队伍。定期开展思政工作研讨交流,承办了第五届全国涉农高校经济管理学院学生工作研讨会。

突出实践育人,践行知农、爱农、兴农、强农。开展农地抵押融资试点调查、乡村振兴村域调查、试验示范站田野调查等社会实践活动,培养学生追求真理、严谨治学的求实精神;举办金融大讲堂、创业创新大赛、金点子商业精英挑战赛等活动,丰富校园文化,夯实学生专业创新教育;加强专业实践锻炼,每年暑假组织 MF 研究生深入农村、金融机构等进行实习,提升学生实际应用能力。

深化"三全育人"综合改革,明确全员岗位育人职责,强化课程、科研、实践等环节育人功能,构建全程协同育人新格局。

三、党的统一战线工作

经济管理学院具有数十名高层次党外人士。他们中有全国政协委员、户国农工党陕西省委副主委、九三学社杨凌示范区工委主委、九三学社西北农林科技大学委员会主委、九三学社陕西省常委、陕西省政协委员、中国民主促进会西北农林科技大学支部委员会主委、中国民主建国会西北农林科技大学支部主委、西北农林科技大学归国留学人员联谊会会长、致公党西北农林科技大学支部副主委、致公党陕西省委员会委员、杨陵区政协委员、西北农林科技大学党外知识分子联谊会常务理事等。学院党委十分重视党的统一战线工作,学习贯彻《中国共产党统一战线工作条例》,紧密团结党外人士,尊重和支持各民主党派、侨联、党外知识分子的工作。充分发挥统一战线成员参政议政、凝聚力量的重要作用。

学院的党外人士认真履职,积极参政议政,提出了许多建设性、前瞻性建议、提案和研究报告,引起了国家有关部门的高度重视,为国家有关决策提供了重要参考。主要提案包括《创新集体林经营制度》《以农村社区建设为抓手,加快我省新型农村建设步伐》《关于加快新型农村社区建设、推动我省城乡统筹协调发展的建议》《生态农业及生态农业示范基地的调查与思考》《农村小康社会建设中的农民职业教育问题》《中国农业职业技术教育体系》《新农村建设中民间资本投资农业基础设施的障碍与建议》《关于失地农民的补偿问题与对策》《农村人力资本投资在新农村建设中的地位探讨》《韩国的"新村运动"及其启示》《创新科技推广机制推进我省现代农业发展》《关于建立和完善我省农村产权交易市场的建议》《关于加快我省现代农作物种业发展的调研报告》《科技扶贫助力秦巴山区集中连片特困区同步进入小康社会》《双重保障型农地市场流转机制及其实践》《关于进一步推进农村改水改厕及垃圾处理工作的调研报告》《高度重视经济下行对连片贫困地区农村居民收入的冲击》《关于警惕粮食主产区农地流转"非粮化"倾向》《建立双重保障型土地市场流转机制破解新"三农"问题》等研究报告。

学院九三学社成员提交的多项报告作为全国两会参政议政材料,先后获得陕西省人事厅、陕西省科协等部门调研成果奖,先后获得九三学社中央、九三学社陕西省委员会参政议政先进集体。党外人士多次获得九三学社中央参政议政先进个人、九三学社陕西省委员会先进个人、致公党陕西省委先进个人称号。

第七节 学生工作

经济管理学院成立以来学科专业发展很快,截至 2022 年底,本科生规模达 1865 人,全日制研究生 600 多人,博士后研究人员 25 人,留学生 32 人,博士研究生 157 人,学术型硕士研究生 293 人,全日制专业学位研究生 501 人,MBA、陕西 MBA 1362 人在全校招生规模最大。累计为社会培养博士后 53 人,学历研究生 4008 人(博士研究生 767 人、硕士研究生 3341 人),本专科生 16 618 人。面对庞大的学生队伍,学院坚持科学发展观,坚持以人为本,坚持实践创新,健全学生工作制度,不断完善工作机制,实现全员育人的学生工作目标。

一、生源质量建设

(一)招生规模

学院面向全国 31 个省、自治区、直辖市每年招收本科生近 600 人,在 2014 年前招生为文史、理工类计划,2015 年起均为理工类计划。

(二)招生类型

有普通文理、艺术特长生、高水平运动员、自主选拔录取、农村自主、预科结转、内地西藏班学生、新疆班、农村专项计划、高校专项等类型。

(三)生源质量

通过校院多项措施吸引优秀生报考学院,生源质量逐年提高。一是通过举办科普知识和学科发展前瞻等报告进中学活动,加大招生宣传力度,吸引优秀生源;二是在中学设立校长奖学金,吸引有学农爱农情怀的学生报考;三是邀请中学校长参加学校"中学校长论坛";四是给输送优秀学生的中学颁发"西北农林科技大学优秀生源基地"牌匾;五是开展优秀大学生访母校活动;六是按经济和工商管理两个大类招生。通过以上多项举措,吸引更多优秀学生报考,录取分数逐年提升,生源质量明显改善。

(四)专业选择

学生可根据学校本科生转专业要求,按照《西北农林科技大学本科生学籍管理办法》规定,每年四月可申请转专业。学院对学生原专业不做任何限制,充分体现以学生为本,尊重学生兴趣、满足学生个性发展的要求。

二、学生指导与服务

(一)学生指导与服务

坚持以人为本的理念,以思想教育为先导,以安全稳定为保障,以学风建设为根本,以素质提升为重点,以服务学生全面成长成才为目标,开展多种形式的指导与服务工作。一是开展中国梦主题教育和理想信念教育;二是做好心理问题、学业困难、经济困难等特殊学生群体的工作;三是开展院领导接待日、专家教授与学生面对面、班主任引导、家校互动、朋辈指导以及校企合作等活动,构建全员育人新格局;四是通过分级分类指导,提升学生的综合能力和就业能力;五是在专业教师的指导下,对学生开展结合专业的竞赛活动,提高学生专业学习和运用专业解决实际问题的能力。对学生的指导与服务迎了了学生的发展需要,取得了显著效果,升学率得到逐年提升,就业率一直稳定在85%～90%。

(二)学生指导与帮扶

一是通过大学生成长手册、学生工作面对面、学业生涯指导等工作,排解学生思想困惑;二是通过落实奖、贷、助、勤、补、免、减等资助政策帮助学生解决实际生活困难,并将资助与育人相结合,推进助后感恩教育;三是通过"一帮一"结对子、举办辅导班,帮助学业困难学生提高学业水平和综合素质;四是通过指导学生合理规划职业生涯,开展个性化就业辅导,帮助就业困难学生提高就业竞争力;五是通过开展心理知识讲座、心理骨干培训、心理干预与防范知识普及和心理咨询,帮助心理困难学生走出困境,提高心理素质。

（三）辅导员及学业导师工作

学工老师通过定期深入学生宿舍、课堂以及课外活动等方式贴近学生,一对一约谈,开展个性化指导。通过党团课、工作坊、讲座、导说等示范引导,针对学生成长需求,开展行之有效的教育引导活动,切实做好学生的思想引领和成长服务工作。三年级起给学生配备学业导师,参与导师的课题研究,导师指导学生开展创新创业活动。

三、学风建设

学院按照"严抓细管（重制度）—结合党建（重创新）—学业预警（重保障）—学术化相结合（重引导）"的学风建设工作思路,对各年级学风建设的内容、方式与方法做系统化安排,有重点、有针对性地开展学风教育工作,成效显著。

（一）完善工作机制

坚持制度化,强化学风建设。先后制定《经济管理学院加强学风建设实施细则》《经济管理学院课堂管理纪律制度》《经济管理学院学生请销假制度》《经济管理学院本科生学籍预警暂行办法》《经济管理学院走访宿舍制度》等规章制度,夯实学风建设基础。

（二）抓党建促学风

大学生党建和优良学风建设有效结合。一是党员进宿舍,负责学院宿舍的卫生、安全监督管理与宿舍文化建设。结合团委的星级文明宿舍评比结果,将宿舍的星级多少作为发展党员的重要参考,并且纳入各类评奖评优体系,丰富了党员的考察考评方式,营造了党建促学风的良好氛围。二是党员和党支部活动结合专业教育。结合学校特色,组织高年级党员向低年级学生进行经验分享与课程交流,带动他人积极向党组织靠拢。建立"党支部＋教研室＋专业学生"机制,定期召开专业学风建设座谈会、专业先进表彰会等。三是党员一帮一。结合学院的学业预警制度,选择学生党员作为帮扶者,对红色、黄色、橙色预警的学生进行一对一帮扶。

（三）做实做细专业教育,铸牢学生专业思想

学院在专业分流前邀请教研室教师,围绕专业特点、课程设置及就业前景等方面进行专业推介,帮助学生走出"专业迷茫期",引导学生理性选择专业,做好职业生涯规划。

（四）学业预警细致化

学院逐步形成学工与教学紧密配合的学业预警工作联动机制。每学期末开展成绩梳理,排查学习困难学生,将其作为帮扶的重点和难点,细化预警帮扶方案,提高帮扶对象成绩。

（五）学术化活动常态化,营造学风建设环境

邀请校内外专家来院讲学做学术报告,拓宽学生的知识面和眼界。学生每学年至少听取 6 场次学术报告,学院从"金点子""商业精英销售大赛""校园营销大赛"等多学科竞赛入手,使学生了解和掌握相关专业知识,寓教于乐。举办"本科生研究性课题成果展示大赛",引导学生关注社会热点问题和专业问题。

第三部分

大事记

西北农林科技大学经济管理学院大事记
（1936—2022）

国立西北农林专科学校时期
（1936—1939）

1936 年

8 月　成立农经组,开始招收农业经济专业新生。

9 月　农经组学生李焕章成为中共地下党员,为西农早期的地下党员之一。

1937 年

7 月　党组织确定在国立西北农专建立党支部,李焕章任支部委员。

9 月　9 月 17 日,国立西北农专秘书长、农业经济组杨亦周教授以及教师李道煊、葛春霖、李树芳、薛愚和进步学生共同发起成立了陕西省抗敌后援会国立西北农林专科学校分会,共选出执行委员 15 人。20 日执委会第一次会议推选杨亦周为总务部长,农业经济组学生李焕章为民众工作部长。

1938 年

12 月　12 月 15 日,成立学校最早的学会组织——农业经济学会。

1939 年

1 月　1 月 13 日,教育部高壹甲字第 00842 号训令国立西北农学院筹备委员会,同年 2 月 20 日,招收首届农业经济专修科新生。

西北农学院时期
（1940—1985）

1940 年

2 月　2 月 19 日,教育部指令国立西北农学院农学系农业经济组,改为农业经济学系。

6 月　6 月 6 日,成立农业经济研究室。

1945 年

10 月　农经系青年教师左嘉猷领导邰岗书刊供应社。

1946 年

3 月　农经系青年教师马宗申参与创建新根社。

1947 年

2 月　农业经济专修科停止招生。

8 月　农经系熊伯蘅教授就任国立西北农学院教务长时,在"诚朴勇毅"校训的基础上提出西农"独自的风格"问题,其要点是:朴素、切实、坚强、博大。

1948 年

1 月　农业经济专修科停办。

1949 年

5 月　5 月 29 日,中国人民解放军西安军事管制委员会军事代表王纲(后名王刚)带领康迪、曹达、周尚文等军事接管人员(他们多是中国共产党领导的陕甘宁边区政府中政治、教育和农业等部门的负责人),从西安到达西北农学院。当时西农地下党组织安排学校应变委员会联络员高年级学生杨笃(农经系)、李振岐(植物病虫害学系)、邱明光(森林学系)等代表学校前往迎接。他们在学校东姚安村北的大路上,热情欢迎军代表一行的到来,并引导他们进入西农校园。

6 月　6 月 2 日,在军代表接管小组领导安排下,西北农学院召开院务会议,选举产生新的院务委员,会议选举邵敬勋(农经系教授)、董建平(俄语教授)、李秉权(畜牧系教授)三人为新的院务委员,经三委员互推,选举邵敬勋为主任委员(院长),董建平、李秉权为副主任委员。学校办公室主任由水利系教授董杰(地下党员)担任,黄毓甲(农经系教授)继续留任总务长,左嘉谋(地下党员)任人事处长。以上人员均在军事代表领导下开展各项工作。

6 月　黄毓甲任系主任。

1951 年

3 月　农业经济学系师生参加甘肃、青海土改工作。

1952 年

2 月　农业经济系师生完成甘肃、青海土改工作。

7 月　全国农学院院长会议决定,西北农学院设 7 系 9 个专业,农业经济学系设农业经济专业。

7 月　中央教育部决定,全国农业经济学系 100 多名教师集结北京农业大学校园内集中学习,西北农学院农业经济学系的安希伋教授、黄毓甲教授、王立我教授、杨尔璜教授、万建中教授、王广森教授、刘宗鹤副教授、贾文林副教授、吴兴昌助教、吴永祥助教、麻高云助教、马鸿运助教参加学习。

8 月　万建中任系主任。

1953 年

11 月　中央教育部颁布了新的全国农业经济学系教学计划,调整全国各院校农业经济系科设置,全国 15 个农业经济学系缩减为 8 个,分别是北京农业大学、沈阳农学院、南京农学院、华中农学院、西南农学院、西北农学院、新疆八一农学院及中国人民大学的农业经济学系。

12 月　教育部进行全国性教师队伍调整,西北农学院农业经济学系部分教师(安希伋、刘宗鹤)调往北京农业大学。

1954 年

9 月　农业经济学系改为农业经济系,农业经济专业改为农业经济与组织专业。

1958

6 月　农业经济系改为人民公社经济系,成立公社经济专业。

1959 年

1 月　杨笃任农经系党支部书记。
7 月　人民公社经济系又恢复为农业经济系。

1960 年

6 月　开始招收三年制研究生。

1964 年

4 月　王广森任副系主任。
4 月　傅瑞田任系党支部副书记。
4 月　农业经济与企业组织专业改为农业经济专业。
12 月　万建中教授当选第三届(1964 年 12 月—1975 年 1 月)全国人民代表大会代表。

1966 年

6 月　全国农业院校农业经济系均停止招生。

1971 年

6 月　因"文化大革命"解散农业经济系。

1972 年

10 月　恢复农经组。
12 月　恢复农业经济系。农业经济系设农业经济管理专业。

1974 年

1 月　刘均爱任系主任。

1975 年

6 月　招收农业经济管理专业工农兵学员。

1976 年

6 月　招收农业经济管理专业工农兵学员。

1977 年

5 月　李有信、齐周羊任系党支部副书记。

12 月　万建中教授任陕西省政协第四届委员（1977 年 12 月—1983 年 4 月）。

1978 年

7 月　马鸿运任系主任。

7 月　刘均爱任副系主任。

7 月　万建中任副系主任。

7 月　恢复招收农业经济管理专业 4 年制本科生。

9 月　由西北农学院、华中农学院牵头，在西北农学院召开了全国农业经济专业会议（称"武功会议"）。

1979 年

3 月　万建中教授任西北农学院副院长。

3 月　农业经济系组建了政治理论课教研室，姜肇滨教授任教研室主任，教师有王殿俊、孙淑英、杨绩珍、张伯汉、陈莉霞。

1980 年

1 月　西北农学院隶属农业部主管，成为农业部部属 8 所重点大学之一。

8 月　创建了农村经济研究室。

1981 年

6 月　王广森任系主任。

6 月　马鸿运任系党总支书记。

6 月　郑光明任系党总支副书记。

7 月　刘孝琴任副系主任。

6 月　王广森教授聘为国务院学位委员会第一届(1981—1986)学科评议组成员。

7 月　美国依阿华州立大学高珩教授在学校举办"数学在农业经济管理中的应用讲习班"。

8 月　由西北农学院万建中教授、南京农学院刘崧生教授和华中农学院贾健教授共同负责召集的"全国农业经济教学研讨会"在江西庐山召开。

11 月　西北农学院农业经济系农业经济及管理学科获得硕士学位授予权。

1982 年

1 月　万建中教授任西北农学院首届学位评定委员会主席。

5 月　5 月 30 日—6 月 3 日,全国农经教学研讨会在北京召开。会议由西北农学院王广森等教授主持。

8 月　西北农学院农经系牵头举办全国农经师资培训班,讲授经济数量学、电子计算机等课程。

8 月　农经系举办农经管理干部培训班。

9 月　万建中教授任中国农业经济学会第二届理事会副理事长。

1983 年

2 月　朱丕典任副系主任。

7 月　7 月 14 日,农牧渔业部正式批准建立农牧渔业部经营管理总站西北农学院经营管理服务中心。该中心是第一个挂靠农业院校的经营管理服务中心。

10 月　教育部、农业部决定在西北农学院农业经济系举办二年制研究生班。

11 月　西北农学院农业经济系农业经济管理学科获得博士学位授予权。

1984 年

1 月　农业经济管理获批省级重点学科。

7 月　农业部批准西北农业大学农业经济系招收农业统计干部专科。

西北农业大学时期
（1985—2000）

1985 年

1 月　农牧渔业部 1 号文件批准西北农学院第二届学位委员会名单，批准万建中为主席，王广森、李振岐教授为副主席。

1 月　庹国柱任副系主任。

6 月　招收农业经济管理干部专科。

7 月　农牧渔业部委托学校招收农牧业经济管理民族班（新疆）40 人。

9 月　苏文蔚任系党总支书记。

9 月　张建生任系党总支副书记。

9 月　张栋安任系主任。

9 月　张襄英任副系主任。

10 月　5 日，经国家农牧渔业部批准，西北农学院更名为西北农业大学。

1986 年

3 月　王广森教授被聘为国务院学位委员会第二届（1986—1993）学科评议组成员。

5 月　全国研究生"计量经济学"课程研讨班在学校农经管理服务中心举办。

8 月　万建中教授任中国农业经济学会第三届理事会副会长。

1987 年

3 月　张襄英任系主任。

3 月　徐恩波任副系主任。

4 月　国务院学位委员会批准西北农业大学为第二批有权授予在职人员硕士学位试点单位。试点学科专业为农业经济及管理。

9 月　西北农业大学农业经济及管理硕士研究生培养质量评估获得全国第一。

10 月　万建中、徐恩波、林端共同完成的"宁夏盐池县农村经济综合调查"获宁夏回族自治区农业区划委员会科技进步二等奖。

11 月　万建中教授任民盟陕西省委第五届副主任委员。

1988 年

3 月　全国高等农业院校 35 个农业经济系系主任和部分专家、教授在广州市华南农业大学集会讨论农业经济系的教育改革问题。

3 月　农业经济及管理博士研究生韩立民通过博士学位论文答辩,成为西北农业大学培养的第一位博士。答辩论文题目"论我国农业科技体制改革",指导老师为王广森教授。

3 月　万建中教授任第七届陕西省人大常委会副主任。

4 月　获批货币银行学(含保险)专业。

5 月　扩建农村经济研究所。

6 月　开始举办"土地管理证书"函授班、"农业经济管理证书"教学班,培训在职人员。

11 月　齐霞任系党总支书记。

1989 年

3 月　高耀任副系主任。

6 月　获得中加合作项目"农产品运销及农业保险"。

7 月　货币银行学(含保险)专业开始招生。

8 月　农业部在西北农业大学主办农场管理讲习班,德国库尔曼教授讲课。

10 月　韩杏花参与的"WGAJ0.2A/72kV 微机控制可控硅高压数流电源装置"获陕西科技进步三等奖。

11 月　经国家教委批准,西北农业大学农业经济及管理专业为国家级重点学科,是西北农业大学第一批唯一的国家级重点学科点。

1990 年

3 月　龙清林任副系主任。

11 月　万建中教授主持完成的"西北地区产业结构调查与分布研究"获国务院农村经济社会发展研究中心优秀成果三等奖。

1991 年

2 月　贾生华任系党总支副书记。

2 月　陈彤任副系主任。

3 月　朱丕典任系党总支书记。

3 月　朱丕典任系主任。

6月　万建中教授因病医治无效,不幸于6月4日18时25分在西安逝世,享年74岁。

7月　郑大豪、沈达尊、马鸿运教授共同完成的"山区农业资源开发的技术经济研究"获农业部科技进步二等奖。

8月　马山水主持完成的"适应形势需要努力抓好教学内容方法改革和教材建设",获陕西省优秀教学成果三等奖。

9月　由马鸿运教授等主持参加的国家"七五"攻关项目"黄土高原地区综合开发治理观察"中的"乡镇建设与繁荣农村经济的途径"课题,由中科院综改会主持通过鉴定,达到国内同类研究领先水平。

12月　学校隆重表彰有突出贡献的中国硕士和博士,17名硕士、6名博士获奖励,以实际行动纪念学位条例颁布实施10周年。农经系硕士王赵锟、侯军岐,博士冯海发获此殊荣。

1992 年

3月　冯海发博士被中国农业经济学会聘为青年学术部委员。

4月　王广森教授获批国家自然科学基金项目"农业风险管理的理论与方法研究"。

4月　蔡来虎任系党总支书记。

5月　西北农业大学农经系主办全国青年农业经济理论研讨会,有24省100余名代表参加这次会议,农业部刘中一部长为大会题写"方向正确,思路开阔"的贺词。《九十年代的农村经济发展:问题与对策》会议论文集由农业出版社出版。

5月　乌克兰哈尔夫大学来访。

6月　普林特斯教授来校为农经系师生做"农产品运销、储藏及其方法研究"报告。

7月　经农业部批准,农村经济研究所更名为农业经济研究所。

9月　学校农业经济研究所和陕西财经学院经研所等单位联合主办"中国经济改革与发展问题讨论会"。

1993 年

3月　魏正果教授被聘为国务院学位委员会第三届(1993—1998)学科评议组成员。

4月　马鸿运教授在北京出席贫困山区发展问题国际讨论会。

5月　加拿大曼尼托巴大学农学院院长艾勒尔特教授为团长的曼尼托巴大学代表团来校访问,为师生作"农村发展"和"风险管理"的专题讲座。

6月　新设乡镇企业管理专科,学制两年。

7月　石忆邵博士进入农业经济管理学科博士后流动站,进站科研题目为"中国农村集市的理论与实践",指导教师魏正果教授。

7月　农业部批准建立西北农业大学农业经济研究所,所长为王忠贤教授,名誉所长马鸿运教授,副所长庹国柱教授、冯海发教授。下设农村经济理论与政策研究室,主任冯海发;

农业资源开发与管理研究室,主任包纪祥;农村金融与贸易研究室,主任庹国柱;农村社会学研究室,主任陈彤。

7 月　实行辅修制教学,批准经贸管理辅修专业。

10 月　庹国柱任系主任。

10 月　王静撰写的《农业气象资料信息管理系统的设计》论文获中国科协首届青年学术年会陕西卫星会议优秀论文。

11 月　"黄土高原地区综合治理开发重大问题研究及总体方案"获中科院科学技术进步一等奖,马鸿运教授获一等奖证书。

1994 年

1 月　曹光明任副系主任。

3 月　张襄英、尹志宏、罗剑朝主持的"进一步调整陕西农村产业结构与布局的研究"获陕西省社会科学优秀成果三等奖。

4 月　20 日,西北农业大学经济贸易学院成立。学校任命庹国柱为经贸学院院长,蔡来虎任院党总支书记,郭振海、曹光明、党怀斌、龙清林任副院长。荆家海校长、张志鸿副书记向经贸学院授牌,荆家海校长代表校党政对经贸学院的成立表示衷心的祝贺。

4 月　国际发展农业学术研讨会在学校举行,会议由张宝文副校长和加拿大曼尼托巴大学叶祥馨教授主持,西北农业大学校长、大会主席荆家海教授致开幕词。

7 月　张襄英主持的"杨凌农业科学试验示范基地建设综合技术研究"获陕西省科技进步二等奖。

11 月　王征兵主持的"兴平市土地利用总体规划"获陕西省土地管理优秀成果一等奖,国家土地管理局优秀成果三等奖。

1995 年

3 月　郑少锋任经济贸易学院院长。

3 月　杨生斌、侯军岐、石爱虎任经济贸易学院副院长。

9 月　西北农业大学畜产经济与贸易研究室成立,陕西省农牧厅副厅长、学校兼职教授史志诚任研究室主任,西北农业大学经贸学院徐恩波任副主任。

9 月　张建平任经济贸易学院副书记。

11 月　学院获陕西省社会科学优秀成果奖:庹国柱主持完成的《调整我国奶价政策的意见》(论文)获二等奖。

11 月　庹国柱主持的"我国农业保险发展模式及扶持政策研究"获农业部软科学委员会研究成果一等奖。

1996 年

9 月　获金融学硕士学位授予权。

3 月　马山水任经济贸易学院副书记。

1997 年

9 月　30 日,台湾中国文化大学农学院院长兼土地资源系主任吴功显教授为团长的两岸学术交流参访团一行 18 人来学院进行对口交流。

1998 年

1 月　徐恩波教授被聘为国务院学位委员会第四届(1998—2003)学科评议组成员。

8 月　人事部、全国博士后管委会研究决定,批准西北农业大学设立农业经济及管理等博士后科研活动站。

11 月　根据教育部 1998 年颁布的《普通高等学校本科专业目录》和有关文件精神,学院对现有的本科专业进行了归并整理。经济学系设经济学、金融学两个本科专业;管理学系设会计学、土地资源管理、农林经济管理三个本科专业。

12 月　罗剑朝完成的《中国农业投资与农业发展》获陕西省第五次哲学社会科学优秀成果二等奖。

12 月　张襄英、罗剑朝完成的《跨世纪选择——中国农业企业化发展战略研究》获陕西省第五次哲学社会科学优秀成果三等奖。

12 月　霍学喜获陕西省第五次哲学社会科学优秀成果三等奖。

12 月　侯军岐《中国农户经济行为研究》(合著)获陕西省人民政府哲学社会科学优秀成果一等奖(名列第二)。

1999 年

7 月　罗剑朝获陕西省首届优秀青年理论工作者称号。

9 月　霍学喜获农业部 1997—1989 年优秀教师称号。

9 月　经国务院批准,由原西北农业大学、西北林学院、中国科学院水利部水土保持研究所、水利部西北水利科学研究所、陕西省农业科学院、陕西省林业科学院、陕西省中国科学院西北植物研究所等 7 所科教单位合并组建为西北农林科技大学。根据《西北农林科技大学体制改革方案》,以建设一流大学为目标,按照"有利于学科发展、有利于资源优化配置、有利于人才培养"和"突出特色、发挥优势、优化组合"的原则,按相同或相近的学科专业,对 7

个校区(原 2 所高校和 5 个科研院所)的教学科研力量进行实质性整合,组建经济管理学院等 14 个学院。

11 月　王征兵完成的《中国农业经营方式:精细密集农业》获陕西省哲学社会科学优秀成果三等奖。

11 月　李录堂荣获中华农业科教基金会何康农业教育科研奖。

12 月　王静完成的"高等农业院校社会科学教学建设与实践"获校级优秀教学成果一等奖。

陕西省农科院农业经济研究所暨农业区划研究所时期
（1954—2000）

1954 年

9 月　西北农业科学研究所综合研究室的农业经济组成立。

1958 年

8 月　改为中国农业科学院陕西分院农业经济研究室。

1960 年

7 月　与原陕西省农业综合试验站的农经组合并成立陕西省农科院农业经济研究所,下设农业经济研究室。

1981 年

7 月　7 月 24 日,陕西省政府发文成立陕西省农业区划研究所,与陕西省农科院农业经济研究所为"一套机构,两块牌子"。这是全国唯一一所复式研究所。

1985 年

9 月　刘广镕、白志礼、鲁向平、王雅鹏被陕西省委、省政府授予"陕西省有突出贡献专家"称号。

1987 年

9 月　陕西省合阳县甘井乡试验点通过了国家部级验收。

1988 年

4 月　鲁向平、黄德基、张俊飚、王章陵、王云峰成为获得中国科学院试区办二级证书的专家。

1988 年

9 月　鲁向平、王青获陕西省"三五"人才第二层次高级人员。

1985 年

3 月　刘广镕、高居谦主持的"县级综合农业区划理论与方法的研究"获全国农业区划优秀成果三等奖。

3 月　鲁向平参加的中国社会科学"七五"重点攻关研究项目"中国农村经济发展模式比较研究"获中国科学院和国家科技进步一等奖;"陕西省黄土高原综合治理"获一等奖;"米脂模式研究"获陕西省社会科学优秀成果二等奖。

5 月　高居谦主持的"武功县农业资源调查与农业区划"获全国农业区划委员会二等奖。

5 月　李其昌主持的"陕西省棉花区划与布局研究"获全国农业区划委员会三等奖。

9 月　吴嘉本主持的"中国农业发展若干战略问题研究"获全国农业区划优秀成果三等奖。

1986 年

9 月　"米脂实验区农村产业结构优化研究"经陕西省科委和中国科学院西安分院鉴定,达国内领先水平。

9 月　"黄土高原开发治理的宏观经济政策研究"通过了国家验收。

1987 年

3 月　黄德基主持的"北方旱地农业类型分区及其评价"获农牧渔业部科技进步二

等奖。

7 月　日本农业经济专家、千叶大学园艺部教授小林康平先生来所进行学术交流。

9 月　西北农业大学举行"国际旱地农业学术讨论会"。对研究所提交的《渭北旱原农村经济现状分析与发展对策》和《渭北旱原种植业增产增收增强后劲的优化结构研究》两篇论文进行了交流,收入《国际旱地农业学术讨论会论文集》,吕向贤、鲁向平出席了会议。

1988 年

9 月　王青主要参加的"我国西部地区农村经济开发研究"获农业部优秀成果二等奖。

10 月　农经所主持的兴平、宜君两县的"农业科技承包中的科学实验",分别受到陕西省政府和陕西省科技承包领导小组的奖励。

11 月　鲁向平作为中华青年联合会的成员赴日本进行为期 1 个月的农业经济考察工作。

1990 年

10 月　白志礼主持的"我国西部地区农村经济发展研究"获农业部优秀科技成果二等奖。

1991 年

10 月　白志礼主持撰写的《陕西农业地图册》获农业部优秀科技成果二等奖。

1991 年

1 月　白志礼"陕南秦巴山区经济植物综合发展及种植区划的研究"获农业部科技成果三等奖。

5 月　米脂县试验站荣获全国扶贫先进集体奖励,刘慧娥、杨立社获得扶贫先进个人奖。

1992 年

5 月　鲁向平主要参加的"陕西黄土高原综合治理研究"获陕西省科技进步成果一等奖。

10 月　白志礼主持的"农业综合技术推广"获陕西省科技进步成果一等奖。

12 月　鲁向平主要参加的"黄土高原综合治理定位试验示范综合研究"获中国科学院科技进步一等奖。

1994 年

3 月　黄升泉、鲁向平出席了在三明市召开的全国农村经济发展战略研讨会。

4 月　鲁向平主持的"泉家沟综合开发治理模式推广"获陕西省政府科技推广三等奖。

7 月　鲁向平主持的"黄土高原综合治理定位试验"获国家科委科技进步一等奖。

12 月　鲁向平主持的"米脂模式研究"获陕西省政府科技进步二等奖。

12 月　吕向贤主持的"渭北旱原合阳甘井农村科学示范基地建设及综合技术开发推广"获陕西省科技推广一等奖。

12 月　刘志华主持的"兴平市农业科技集团化承包"获陕西省农业推广二等奖。

1995 年

5 月　白志礼主持的"陕西省中低产田改造模式的研究"获陕西省政府科技进步一等奖,10 月获农业部科技成果二等奖。

6 月　6 月 19 日,鲁向平被香港学者协会、国家科委扶贫办公室授予"振华科技扶贫奖励基金"服务奖。

9 月　鲁向平主持的"黑穗醋栗试管苗生产工艺流程的研究"获陕西省科技进步二等奖。

9 月　吕向贤、王雅鹏主持的"渭北旱原农牧结合及加快畜牧业经济开发研究"获农业部农业资源区划优秀成果三等奖。

11 月　吴嘉本主持的"关中灌区'吨粮田'及'双千田'开发技术经济效益评价"获陕西省科技进步二等奖;孙全敏主要参加的"陕西省农业区划开发规划研究"获农业部农业资源区划二等奖。

12 月　刘志华主持的"兴平市农业综合技术推广"获陕西省农业科技推广二等奖。

12 月　孙全敏主持的"陕西省农业区域开发规划研究"获农业部科技成果二等奖。

1996 年

5 月　张驰、王青主要参加"陕西省主导产业建设开发研究"获农业部农业资源区划三等奖。

5 月　王青、杨立社主要参加完成的"陕西省农村主导产业开发建设研究报告"获农业部科技成果三等奖。

5 月　吕向贤、王雅鹏主持的"渭北旱原农牧结合加快畜牧业发展步伐的研究"获农业部农业资源区划优秀成果一等奖。

5 月　刘慧娥、李桂丽主要参加完成的"武功县农业区划更新研究综合报告"获农业部科技成果二等奖。

5 月　王青主持的"陕西省农村主导产业开发研究"获陕西省农科院科技进步一等奖。

1997 年

1 月　鲁向平主持的"黄河中游多沙粗沙区快速治理模式及试点"获水利部黄河水利委员会科技进步一等奖。

2 月　鲁向平主持的"米脂县桥河岔乡持续高效农业基地建设研究与推广"获陕西省科技推广二等奖。

7 月　陕西省农业科学院决定将陕西省农业经济研究所和农业区划研究所与陕西省农业科技情报研究所合并组建成陕西省农业经济信息研究所,由陕西省农业区划委员会和陕西省农业科学院双重管理。下设三个研究室,即农业经济研究室、农业区划研究室、农业信息研究室;四个编辑部,即《西北农业学报》编辑部、《麦类作物学报》编辑部、《陕西农业科学》编辑部、《陕西农村经济》编辑部;一个图书馆、一个党政综合办公室、一个科技印刷厂等10 个部门。

1998 年

3 月　白志礼主持的"陕西省主要经济园艺作物总体布局与发展规划研究"获陕西省政府科技进步三等奖。

3 月　吴嘉本主持的"关中灌区'两田'开发技术经济效益评价研究"获陕西省农业科学院科技进步二等奖。

1999 年

7 月　随着西北农林科技大学的成立,陕西省农业经济研究所和陕西省农业区划研究所从陕西省农业经济信息研究所中分出,与西北农业大学经贸学院、西北林学院经济管理系合并为西北农林科技大学经济管理学院,原陕西省农业经济研究所和陕西省农业区划研究所更名为西北农林科技大学经济管理学院农业经济研究所。

西北林学院经济管理系时期
（1985—2000）

1979 年

9 月　西北林学院(以下简称西林)成立。根据规划,西林设置理科、工科、文科三类学科专业。

1982 年

3 月　西北林学院林学系设立了林业经济教研室,筹办林业经济与管理专业。

1984 年

3 月　林业部批准西林设置林业经济与管理专科,学制 2 年。
9 月　林业经济与管理专科面向西北五省(区)招生。

1985 年

3 月　成立林业经济系,并任命毛以让、李杨为系副主任。
7 月　西林批准林经系设立林业经济教研室、技术经济教研室、会计统计教研室及情报资料室,同时任命李锦钦为林业经济教研室主任,周云庵为技术经济教研室主任,周庆生为会计统计教研室副主任,逯春英为情报资料室主任。

1987 年

5 月　成立核算室。

1990 年

5 月　成立电算室。

1992 年

5 月　设置会计专科。
5 月　毛以让等参加的"岚皋综合科学实验基地"获陕西省科学技术进步二等奖。
11 月　毛以让、李锦钦主持的"陕西省岚皋县产业结构调查研究"获中共陕西省教委科学技术进步三等奖。

1993 年

9 月　毛以让等参加的"岚皋林业综合技术开发"获得国家科委星火三等奖。

1994 年

3 月　设置贸易经济专科。

3 月　设置会计本科专业。

1995 年

5 月　核算室与电算室合并,成立模拟实验室。

8 月　孟全省获林业部财务司、中国林业会计学会优秀论文一等奖。

12 月　孟全省主持的"会计学专业实践教学改革研究"获西北林学院教学成果二等奖。

1998 年

5 月　林业部批准林业经济系更名为经济管理系,林经系的政策法规教研室及其所属教师调整到新组建的社会科学系。

6 月　周庆生参加的"黄土高原渭北生态经济型防护林体系优化模式建设技术"获陕西省林业厅一等奖。

12 月　侯军岐《中国农户经济行为研究》(合著)获陕西省哲学社会科学优秀成果一等奖(名列第二)。

1999 年

7 月　西北林学院经济管理系并入组建的西北农林科技大学经济管理学院。

西北农林科技大学经济管理学院时期
（2000—2022）

2000 年

1 月　拥有本科专业:农林经济管理、土地资源管理、会计学、金融学、经济学。拥有专科专业:财务会计、林业经济管理。

1 月　获批农林经济管理获批博士后流动站。

1 月　获农业推广专业学位授予权。

4 月　李世平完成的《阻碍农户科技有效需求的因素分析与对策探究》获陕西省统计学

会优秀论文一等奖。

4月　吕德宏完成的《我国西北地区农业可持续发展问题探讨》获陕西省统计学会优秀论文一等奖。

7月　21日,由原西北农业大学经济贸易学院、西北林学院经济管理系和陕西省农科院农业经济研究所三个单位合并组成西北农林科技大学经济管理学院。学院设综合办公室、管理教研室、会计统计教研室、贸易经济教研室、金融学教研室、土地资源管理教研室、经济学教研室、数量经济教研室、资料信息中心、综合实验室、经管服务中心、农业经济研究所、林业经济研究所和西部地区农村发展研究所等。

7月　郑少锋任经济管理学院院长。

7月　侯军岐、周庆生、王青、孟全省任经济管理学院副院长。

7月　霍学喜被中国共青团陕西省委授予"第二届陕西省优秀青年经济理论工作者"称号。

10月　陕西省工商管理硕士学院在西北农林科技大学设立教学点,开办中职教师研究生班。

10月　德国波恩大学专家来院交流"农产品贸易"。

11—12月　台湾中兴大学来院交流"农村发展的经济合作问题"。

11月　日本筑波大学专家来访交流"中国农业高等教育发展的背景、现状和展望"。

12月　农林经济管理获批省级重点学科。

12月　林业经济管理获批省级重点学科。

12月　获农林经济管理一级学科博士学位授予权。

12月　李录堂获陕西省哲学社会科学三等奖。

2001 年

6月　李录堂到德国进行""种子企业管理"交流。

8月　西北农林科技大学举行"海峡两岸农村经济发展学术研讨会"。

8月　侯军岐、王征兵获陕西省优秀经济理论工作者称号。

9月　中国西部大开发研讨会在杨凌国际会展中心举行。

9月　孔荣、吴丽民到台湾进行"农民合作组织的形式运行方式及涉农小企业的融资"交流。

12月　杜君楠完成的"浅谈财政政策与地区间经济的协调发展"获陕西省优秀财政科研成果三等奖。

12月　新增本科专业:工商管理。

12月　郑少锋获陕西省哲学与社会科学优秀成果三等奖。

12月　霍学喜获陕西省科学技术进步三等奖。

12月　李赟毅完成的"陕西省农村经济持续发展跨世纪战略研究"获陕西省哲学社会

科学优秀成果三等奖。

2002 年

9 月　罗剑朝获教育部第三届高校青年教师奖。

11 月　侯军岐获陕西省研究生培养先进工作者称号。

12 月　新增农林经济管理一级学科。

12 月　新增本科专业：电子商务。

12 月　侯军岐获陕西省青年突击手称号。

12 月　王征兵获杨凌示范区十大杰出青年称号。

12 月　李录堂博士学位论文获陕西省优秀博士论文。

12 月　杨立社主持的"兴平庄头农村科学实验示范基地"获陕西省农业技术推广成果三等奖。

2003 年

1 月　霍学喜任政协陕西省第九届委员会委员。

4 月　侯军岐获陕西省五四奖章。

5 月　孟全省完成的"西北干旱地区生态农业系统及其运行机制研究"获中国管理科学学会优秀论文二等奖。

6 月　郑少锋教授被聘为国务院学位委员会第五届（2003—2008）农林经济管理学科评议组成员。

6 月　郑少锋在澳大利亚昆士兰大学访学（6—9 月）。

9 月　郑少锋任第一届教育部高等学校农林经济与管理类教学指导委员会委员（2003年 9 月—2013 年 3 月）。

9 月　新增应用经济学一级学科。

9 月　罗剑朝、侯军岐在台湾大学进行学术交流（9—10 月）。

9 月　赵敏娟在加拿大访学。

9 月　董银果在德国访学。

9 月　获二级学科博士学位授予权：农业技术经济与项目管理、农业与农村社会发展。

9 月　获二级学科硕士学位授予权：农业技术经济与项目管理、农业与农村社会发展。

9 月　获土地资源管理硕士学位授予权。

9 月　获区域经济学硕士学位授予权。

2004 年

1 月　罗剑朝获陕西省青年突击手称号。

2 月　霍学喜入选教育部新世纪优秀人才支持计划。

2 月　院首届教授委员会成立,组成人员名单如下:

主任委员:侯军岐

委　员:王忠贤　张襄英　徐恩波　罗剑朝　郑少锋　李录堂　李世平　王征兵
　　　　王礼力

3 月　赵凯在奥地利访学(3—9 月)。

5 月　罗剑朝任西北农林科技大学农村金融研究所所长。

6 月　罗剑朝主讲的"货币银行学"获陕西省精品课程。

5 月　王礼力在奥地利访学。

6 月　雷玲在以色列访学(6—9 月)。

9 月　新增博士学位授权点:农村社会发展。

9 月　吕德宏在奥地利访学(9—12 月)。

10 月　孔荣在芬兰访学。

11 月　王征兵完成的"中国农业经营方式研究"获陕西省哲学社会科学优秀成果三
等奖。

11 月　杨立社完成的"西部大开发与陕西经济社会发展研究"获陕西省第七次哲学社
会科学优秀成果三等奖。

12 月　陆迁在日本进行学术交流。

2005 年

1 月　王志彬主编的《新编土地法教程》教材获新疆维吾尔自治区政府教学成果二
等奖。

1 月　杨文杰到美国奥本大学访学(1—3 月)。

2 月　"百名博士访三农活动"启动。

2 月　陆迁获陕西省教育工会优秀教师称号。

2 月　2005 年教授委员会组成人员名单:

主任委员:郑少锋

委　员:王忠贤　张襄英　徐恩波　罗剑朝　郑少锋　李录堂　李世平　王征兵
　　　　王礼力　霍学喜　孟全省　贾金荣　杨立社　姜志德　孙全敏　刘慧娥

秘　书:陆　迁

3 月　联合国大学世界经济研究所高级研究员万广华博士被学校聘任为学院院长,聘期 3 年,自 2005 年 1 月 1 日起至 2007 年 12 月 31 日止。

3 月　陆迁获陕西省新长征突击手标兵称号。

4 月　加拿大拉瓦尔大学副校长黛安娜·莱切佩利来校交流、访问及商讨校际合作。

5 月　《中国农村经济》《中国农村观察》编辑部主任陈劲松来校做"高水平学术论文规范与方法"报告。

5 月　加拿大曼尼托巴大学农学院院长 Michael 来校做学术访问。

5 月　贾金荣在英国、德国进行学术访问(5—6 月)。

5 月　聂海任院党委副书记。

6 月　朱玉春参加芬兰世界经济发展研究所主办的国际会议。

6 月　霍学喜任学院常务副院长(正处级)。

7 月　奥地利格拉兹大学教授 Heinz. D. kuzi 来校做"生产经济学研究动态"报告。

7 月　本科试评估于 7 月 15 日—17 日进行,7 月 16 日试评估专家、南京农业大学副校长徐翔教授来学院检查评估工作;7 月 29 日学院召开暑期评估整改工作教职工大会。

7 月　赵晓峰到芬兰世界经济发展研究所进行合作研究(7—9 月)。

7 月　董银果到芬兰世界经济发展研究所进行合作研究(7—9 月)。

8 月　霍学喜到芬兰世界经济发展研究所参加国际会议。

8 月　中国科学院农业经济研究所所长秦富等来校交流与合作。

8 月　"保持共产党员先进性教育活动"启动(8 月 17 日—12 月 3 日)。

9 月　国务院学位委员会农林经济管理学科评议组、教育部高等学校农林经济与管理类教学指导委员会和全国高等农林院校经济管理学院(系)院长(系主任)联谊会在西北农林科技大学承办。会议的主题是:农林经济管理学科发展定位与道路选择,特色学科建设与优势学科培育;提高研究生培养质量、加强研究生师资队伍建设以及提高研究生导师素质的途径和措施;现代教育技术(教务管理系统、双语教学、多媒体网络课件教学等)进展及其在本科教学、管理中的应用。

9 月　25—29 日,陕西省教育厅组织专家对我校进行预评估。27 日上午,专家组成员西安科技大学副校长韩江水教授、西安电子科技大学原副校长傅丰林教授、西安邮电学院教务处处长吕建平教授来学院检查评估工作。

9 月　南京农业大学农业经济研究所所长钟甫宁来校做"研究生学位论文规范化的基本要求"报告。

10 月　罗剑朝主持的《货币银行学》获陕西省现代教育技术成果二等奖。

10 月　中国社科院金融研究所尹中立研究员来校做"中国资本市场研究"报告。

10 月　学校聘任贾金荣同志为经济管理学院副院长。

11 月　浙江大学黄祖辉教授来校做"统筹城乡发展,解决'三农'问题"讲座。

11 月　王征兵在全国大学生课外学术科技作品竞赛中获全国优秀指导教师称号。

11 月　11 月 26 日—12 月 2 日,教育部组织本科教学水平评估专家对我校本科教学进行正式评估。29 日上午,专家组成员、西南林学院院长刘惠民教授来学院检查评估工作。

12 月　姚顺波主讲的"现代企业管理学"获陕西省精品课程。

12 月　王征兵教授获批教育部新世纪优秀人才支持计划。

2006 年

1 月　霍学喜在台湾进行访问。

1 月　孔荣在美国康奈尔大学访学(2006 年 1 月—2007 年 1 月)。

2 月　新增农村金融、农村人力资源管理、农产品国际贸易与政策博士学位授权点。

2 月　新增会计学、企业管理、管理科学与工程、农村金融、农村人力资源管理、农产品国际贸易与政策硕士学位授权点。

3 月　新增旅游管理、公共事业管理本科专业。

3 月　张永辉在奥地利维也纳经济大学访学(2006 年 3 月—2007 年 3 月)。

3 月　夏显力在美国威斯康星大学访学(2006 年 3 月—2007 年 3 月)。

3 月　魏凤在俄罗斯圣彼得堡财经大学访学(2006 年 3 月—2007 年 3 月)。

3 月　霍学喜在澳大利亚进行访学。

4 月　农林经济管理专业被授予"陕西省普通高校名牌专业"。

7 月　姚顺波主讲的"现代企业管理学"获全国农林经济管理教学指导委员会精品课程。

7 月　学院承办"中国农村经济面临的挑战和西部大开发"国际研讨会。

8 月　王静在澳大利亚南澳大学访学(2006 年 8 月—2007 年 8 月)。

9 月　王征兵在新西兰梅西大学访学(2006 年 8 月—2007 年 8 月)。

9 月　李录堂在澳大利亚南澳大学访学(2006 年 9 月—2007 年 9 月)。

10 月　朱玉春在美国访学。

10 月　孟全省在欧洲访学。

11 月　罗剑朝在美国康奈尔大学访学(2006 年 11 月—2007 年 11 月)。

12 月　2006 教授委员会组成人员名单:

主任委员:郑少锋

委　员:霍学喜　罗剑朝　郑少锋　李录堂　李世平　王征兵　王礼力　孟全省
　　　　贾金荣　杨立社　姜志德　陆　迁　王　青　姚顺波

秘　书:陆　迁

2007 年

1 月　中央政策研究室农村局局长冯海发来校作"农村政策的几个问题"报告。

1 月　霍学喜在英国参加国际会议。

2 月 农业与农村社会发展博士学位授权点挂靠人文学院。

2 月 2007 年教授委员会组成人员名单:

主任委员:郑少锋

委　　员:霍学喜　罗剑朝　郑少锋　李录堂　李世平　王征兵　王礼力　孟全省

　　　　　贾金荣　杨立社　姜志德　陆　迁　王　青　姚顺波　朱玉春　卢新生

秘　书:陆　迁

3 月 霍学喜在巴西访学。

5 月 新增市场营销、保险学本科专业。

5 月 美国密西根州立大学尹润生教授来校做"中国生态系统服务与可持续发展研究进展"学术报告。

5 月 陕西省科技厅主办、学院承办的"中印中小企业发展研讨会"在西安举行。

4 月 高建中在加拿大曼尼托巴大学访学(2007 年 4 月—2008 年 4 月)。

5 月 赵晓锋在奥地利维也纳经济大学访学(2007 年 5 月—2008 年 5 月)。

6 月 张晓慧在美国克雷姆森大学访学(2007 年 6 月—2008 年 6 月)。

7 月 邵砾群在美国马里兰大学访学(2007 年 7 月—2008 年 7 月)。

7 月 余劲在日本访学。

8 月 农业经济管理学科获批国家级重点学科。

8 月 王艳花在美国凯斯西储大学访学(2007 年 8 月—2008 年 8 月)。

9 月 刘春梅在美国华盛顿州立大学访学(2007 年 9 月—2008 年 9 月)。

9 月 张晓妮在日本京都大学访学(2007 年 9 月—2008 年 9 月)。

11 月 学院举办"中国农业技术经济研究会第八次代表大会暨学术研讨会"。

12 月 李录堂、姚顺波、温晓林任经济管理学院副院长。

2008 年

1 月 霍学喜任政协陕西省第十届委员会委员。

1 月 朱玉春在俄罗斯莫斯科大学访学(2008 年 1 月—2009 年 1 月)。

2 月 2008 年教授委员会组成人员名单:

主　　任:郑少锋

副主任:王礼力　贾金荣

委　　员:霍学喜　罗剑朝　李录堂　姚顺波　李世平　王征兵　陆　迁　朱玉春

　　　　　孟全省　王　青　杨立社　孙养学

秘　书:王军智

5 月 吕德宏在美国马里兰大学访学(2008 年 5 月—2009 年 5 月)。

5 月 赵凯在英国诺丁汉大学访学(2008 年 5 月—2009 年 5 月)。

6 月 李世平完成的《陕西省建设占用耕地与经济基本面的关系研究》获陕西省土地学

会优秀论文一等奖。

10 月　学院与美国密西根州立大学合作,成功举办"生态系统服务评价与补偿国际研讨会(ISESEP)"。

11 月　获批陕西省哲学社会科学重点研究基地"西部农村发展研究中心"。

11 月　中共陕西省委宣传部、陕西省社会科学界联合会主办,西北农林科技大学经济管理学院、西北农林科技大学西部农村发展研究中心、西北农林科技大学资源与环境经济研究中心承办的"社会科学界第二届陕西省 2008 学术年会暨西北农林科技大学经济管理学院研究生论坛"在学院举行。

12 月　王征兵教授被聘为国务院学位委员会第六届(2008—2015)农林经济管理学科评议组成员。

2009 年

4 月　陆迁在美国阿肯色州立大学访学(2009 年 4 月—2010 年 4 月)。

6 月　新增工商管理(MBA)硕士学位授权点。

6 月　杨文杰主持的"西北地区森林培育激励机制研究"获陕西省教育厅三等奖。

7 月　学院与英国诺丁汉大学合作,举办"黄土高原生态恢复与农民创新研究中英国际研讨会"。

7 月　夏显力获陕西省高校优秀中共党员称号。

7 月　刘超在德国国际继续教育和发展协会访学(2009 年 7 月—2010 年 7 月)。

8 月　姜雅莉在美国佛蒙特大学访学(2009 年 8 月—2010 年 8 月)。

9 月　庞晓玲在美国普度大学分校印第安纳大学访学(2009 年 8 月—2010 年 8 月)。

8 月　李桦完成的"退耕还林对农户经济行为影响分析"获陕西省哲学社会科学三等奖。

9 月　2009 年成立学院教授委员会,组成人员名单如下:

主　任:郑少锋

副主任委员:王礼力　贾金荣。

委　员:霍学喜　罗剑朝　李录堂　姚顺波　李世平　王征兵　陆　迁　朱玉春
　　　　孟全省　王　青　杨立社　孙养学

秘　书:王军智。

9 月　王静、孟全省、杜君楠、胡频、卢新生完成的"金融专业双语教学改革与实践"获西北农林科技大学教学成果二等奖。

9 月　刘天军在美国密西根州立大学访学(2009 年 9 月—2010 年 9 月)。

10 月　李韬在德国哥廷根大学联合培养(2009 年 10 月—2010 年 10 月)。

10 月　罗剑朝获高等学校科学研究优秀成果三等奖(人文社会科学)。

10 月　孟全省主持完成的"经济管理类专业实践教学质量保障体系的建设与实践"获

省级二等奖。

11 月 学院举办以"农村发展:科技、金融、政策"为主题的"2009 年杨凌国际农业科技论坛"。

11 月 姚顺波获陕西省农业推广技术进步二等奖。

2010 年

1 月 牛荣在美国密西根州立大学进行联合培养(2010 年 1 月—2012 年 1 月)。

4 月 王永强在美国佛罗里达州立大学访学(2010 年 4 月—2011 年 4 月)。

2 月 杨文杰参加的"容器育苗造林配套技术示范与推广"获陕西省农业技术推广成果一等奖。

5 月 新增农业推广(农村与区域发展)、金融硕士学位授权点。

5 月 王征兵获第三届全国高校校园社团十佳指导老师。

8 月 李桦在美国密西根州立大学访学(2010 年 8 月—2011 年 8 月)。

8 月 郭亚军在美国密西根州立大学访学(2010 年 8 月—2011 年 8 月)。

8 月 承办"中国农业企业经营管理教学研究会第十五次年会暨学术研讨会"。

8 月 与日本一桥大学等共同主办"退耕还林与环境脆弱地区社会经济发展国际研讨会"。

9 月 唐娟莉获教育部博士研究生学术新人奖。

9 月 王昕获教育部博士研究生新人奖,指导老师为陆迁教授。

9 月 赵敏娟在美国康涅迪格州立大学攻读博士学位。

11 月 举办以"旱区农业可持续发展战略"为主题的"2010 年杨凌国际农业科技论坛"专题 II 分论坛。

12 月 举办以"后危机时代的创新与发展"为主题的"西北农林科技大学 2010 年博士生学术论坛暨经济管理学院研究生学术论坛"。

12 月 王征兵获陕西省成人教育学会"全省高等学校继续教育优秀教师"称号。

12 月 李韬在德国哥廷根大学攻读博士学位(2010 年 12 月—2013 年 12 月)。

2011 年

1 月 "西部地区农村金融市场配置效率、供求均衡与产权抵押融资模式研究"团队入选教育部 2011 年度"长江学者和创新团队发展计划"创新团队,学术带头人为罗剑朝教授。

7 月 经管学院党委被评为西北农林科技大学先进基层党委。

7 月 张雯佳获陕西高等学校优秀中共党员称号。

8 月 姜志德获九三学社中央 2010—2011 年度参政议政先进个人。

11 月 王静教授入选教育部新世纪优秀人才支持计划。

11 月　学院主办以"区域发展与农业风险控制"为主题的"杨凌国际农业科技论坛"。

11 月　学院承办"第二届中国西部风险分析与风险管理学术研讨会"。

12 月　霍学喜主持的"陕西省能源开发水土保持补偿机制研究"获大禹水利科学技术三等奖。

12 月　姚顺波主持的"退耕还林对农村劳动力转移和农民收入影响的实证分析——以吴起、定边和华池三县为例"获陕西省哲学社会科学优秀成果三等奖。

12 月　经管学院获陕西省教育系统 2011 年精神文明建设先进单位称号。

2012 年

1 月　孟全省主持的"农林经济管理专业人才创新能力培养模式的研究与实践"获省级教学成果一等奖。

4 月　聂强在美国密歇根州立大学访学（2012 年 4 月 22 日—2013 年 4 月 22 日）。

5 月　新增食物经济与管理二级学科博士学位授权点。

5 月　新增管理科学与工程一级学科硕士学位授权点。

6 月　农村金融教学团队获批陕西本科高校省级教学团队。

7 月　淮建军在澳大利亚联邦科学与工业组织生态科学所访学（2012 年 7 月—2013 年 7 月）。

8 月　梁洪松在英国雷丁大学访学（2012 年 8 月—2013 年 8 月）。

9 月　汪红梅在美国新泽西理工学院访学（2012 年 9 月—2013 年 9 月）。

10 月　学院承办"中国（杨凌）现代农业发展高峰会议暨发展模式研讨会"。

11 月　学院承办"2012 杨凌国际农业科技论坛"第五分论坛："林业传统文化与绿色经济国际研讨会"。

11 月　承办第十一届中国林业经济论坛"加快林业经济发展，推进生态文明建设"。

12 月　钱冬撰写的《新疆能源发展战略研究——基于投入产出分析方法》获新疆维吾尔自治区人民政府科学技术进步三等奖。

2013 年

2 月　夏显力在荷兰瓦赫宁根大学参加区域空间分析课程培训（2013 年 2 月—2013 年 5 月）。

2 月　刘天军在荷兰瓦赫宁根大学参加高级统计课程培训（2013 年 2 月—2013 年 5 月）。

2 月　2013 第二届教授委员会（13 人）组成人员名单：

主任委员：郑少锋

副主任委员：霍学喜　王礼力

委　员:孔　荣　王征兵　朱玉春　李世平　李录堂　陆　迁　罗剑朝　姚顺波
　　　　姜志德　赵敏娟

秘　　书:丁艳芳

4 月　霍学喜任教育部高等学校农林经济与管理类教学指导委员会委员。

4 月　张晓妮完成的"生态与农业双重安全目标下的农业资源永续利用问题研究"获中华农业科技奖三等奖。

8 月　张雯佳在美国密歇根州立大学访学(2013 年 8 月—2014 年 8 月)。

8 月　王博文在美国密歇根州立大学访学(2013 年 8 月—2014 年 8 月)。

8 月　姚顺波、李桦完成的"吴起县退耕还林政策绩效评估"获陕西省哲学社会科学优秀成果二等奖。

8 月　朱玉春完成的"农村公共品供给效果评估:来自农户收入差距的响应"获陕西省哲学社会科学优秀成果二等奖。

8 月　于转利、罗剑朝完成的"小额信贷机构的全要素生产率——基于 30 家小额信贷机构的实证分析"获陕西省哲学社会科学优秀成果三等奖。

8 月　M. Wakilur Rahman、罗剑朝完成的"小额信贷的影响与可持续性发展:中国陕西和孟加拉的案例研究(英文)"获陕西省哲学社会科学优秀成果三等奖。

8 月　刘天军完成的"气候变化对苹果主产区产量的影响"获陕西省哲学社会科学优秀成果三等奖。

10 月　朱玉春入选教育部新世纪优秀人才支持计划。

11 月　学院主办"2013 杨凌国际农业科技论坛"第三专题"集约化生产经营与组织方式"。

12 月　姚顺波主讲的"现代企业管理"获省级网络精品课程。

2014 年

1 月　王谊在美国科罗拉多州立大学访学(2014 年 1 月—2015 年 1 月)。

3 月　杨峰在新加坡南洋理工大学访学(2014 年 3 月—2015 年 3 月)。

3 月　李红在日本北海道大学进行科研合作(2014 年 3 月—2015 年 3 月)。

5 月　刘天军入选陕西高校人文社会科学青年英才支持计划。

6 月　李开元获第四届"工商银行杯"全国大学生银行产品创意设计大赛陕西赛区一等奖。

6 月　李双博、吴倩获课外科技学术竞赛"创青春"全国大学生创业大赛金奖,董锦春获银奖,张越、张薇薇、史韶颖、靳林林、陈凯、张静、蒋莹、孙聪颖、米嘉伟、翟黎明、贾鑫、王璐、王政柳获铜奖。

7 月　李世平获陕西省土地估价师协会"土地估价行业优秀教育工作者"称号。

8 月　杜君楠在美国奥本大学访学(2014 年 8 月—2015 年 8 月)。

8月　姬便便在澳大利亚阿德莱德大学访学(2014 年 8 月—2015 年 8 月)。

9月　举办校庆论坛"中国西部发展战略与生态文明建设国际论坛"之专题 3:"区域发展分论坛"。

9月　学院主办"农村金融创新与发展"国际学术会议。

10月　学院主办"中国农业经济评论(CAER)"国际学术年会——中国资源约束与可持续食品体系。

10月　学院主办"2014 年全国中青年农业经济学者学术年会暨全国高等院校农林经济管理院长(系主任/所长)联谊会"。

11月　闫小欢撰写的《农民就业、农村社会保障和土地流转:基于河南省 479 户粮农的实证分析》获第四届钱学森城市学金奖"城市流动人口问题"征集评选活动优秀奖。

12月　霍学喜、赵敏娟、白晓红、朱敏、白亚娟主持的"充分利用国际资源,强化农林经济管理学科"获中国学位与研究生教育学会教育成果二等奖。

12月　学院在"中国 MBA/EMBA 经济论坛暨第八届中国 MBA 联盟年会"上荣获 2014 十佳特色商学院,MBA 教育中心获得中国 MBA 院校最佳组织奖。

12月　赵敏娟在第三届中国商学院领袖年会暨中国(深圳)第二届 MBA 文化节上获中国商学院杰出院长称号。

12月　霍学喜、赵敏娟在中国 MBA/EMBA 经济论坛暨第八届中国 MBA 联盟年会上获"优秀 MBA 指导教师奖"。

12月　王军智获中国 MBA 十佳贡献奖。学院获第三届中国商学院领袖年会暨中国(深圳)第二届 MBA 文化节上获中国商学院学子心中最具潜力 MBA 项目。

12月　余劲获中国特色社会主义学习实践活动先进个人称号。

2015 年

4月　陈妍在美国奥本大学访学(2015 年 4 月—2016 年 4 月)。

4月　贾相平在美国密苏里大学访学(2015 年 4 月—2016 年 4 月)。

6月　赵敏娟获陕西省教育工会"五一巾帼标兵"称号。

6月　孟全省获第九届陕西普通高等学校教学名师称号。

7月　朱玉春、李桦入选陕西高校人文社会科学青年英才支持计划。

7月　雷玲在美国科罗拉多州立大学访学(2015 年 7 月—2016 年 7 月)。

8月　宋健峰在澳大利亚埃迪斯科文大学进行科研合作(2015 年 8 月 2 日—10 月 30 日)。

11月　朱玉春完成的"不同收入水平农户对农田水利设施的需求意愿分析——基于陕西、河南调查数据的验证"获陕西省哲学社会科学二等奖。

11月　李桦完成的"农户商品林生产效率测算及其影响因素分析"获陕西省哲学社会科学三等奖。

11 月　姚顺波完成的"集体林产权制度改革及其配套改革相关政策问题研究"获梁希林业科学技术二等奖。

11 月　学院承办"一带一路与区域发展"研讨会。

12 月　学院在第九届中国 MBA 联盟领袖年会上荣获十佳特色商学院,MBA 教育中心获得 2015 中国 MBA 院校最佳组织奖。

12 月　赵敏娟在第九届中国 MBA 联盟领袖年会上荣获 MBA 院校卓越领袖奖。

12 月　刘天军获优秀 MBA 指导老师奖。

12 月　王军智获中国 MBA 十大贡献奖。

12 月　经济管理学院获"陕西省模范职工小家称号"。

12 月　邵砾群主持的"国际经济与贸易专业教学创新平台构建与实践"获西北农林科技大学校级教学成果二等奖。

12 月　霍学喜教授当选国务院学位委员会第七届农林经济管理学科评议组成员。

2016 年

3 月　白秀广在澳大利亚科廷大学访学(2016 年 3 月—2017 年 3 月)。

6 月　孟全省任第四届全国农业硕士专业学位研究生教学指导委员会委员。

8 月　张寒在美国奥本大学访学(2016 年 8 月—2017 年 8 月)。

8 月　李政道在澳大利亚昆士兰科技大学访学(2016 年 8 月—2016 年 11 月)。

9 月　马红玉获陕西省"创青春"创业大赛优秀指导教师称号。

11 月　王永强在澳大利亚昆士兰科技大学访学(2016 年 11 月—2017 年 11 月)。

11 月　学院承办"低碳农业政策法规与发展模式研讨会"。

12 月　赵敏娟获中国 MBA 联盟—MBA 院校卓越领袖奖。

2017 年

1 月　赵敏娟教授入选教育部"长江学者奖励计划"青年学者。

4 月　学院搬迁入住经管园林新大楼。

4 月　刘天军完成的"中国旱区农业技术发展报告"获杨凌示范区科学技术二等奖。

5 月　由姚顺波教授指导、刘宗飞撰写的博士学位论文《于资源诅咒视角下的不同森林资源丰裕区相对贫困问题研究》获陕西省优秀博士学位论文。

6 月　夏显力获国务院发展研究中心中国发展研究特等奖。

6 月　学院承办"第五届全国涉农高校经济管理学院学生工作研讨会"。

7 月　霍学喜当选农工党陕西省第七届委员会副主任委员。

7 月　校第十届学位评定委员会第十三分委员会委员成立,名单如下:

主　席:赵敏娟

副主席:姚顺波

委　员:霍学喜　罗剑朝　郑少锋　李录堂　王征兵　王礼力　孔　荣　陆　迁　　　　朱玉春　夏显力　刘天军。

8 月　闫小欢在澳大利亚昆士兰科技大学访学(2017 年 8 月—2017 年 11 月)。

9 月　汪红梅在新加坡南洋理工大学访学(2017 年 9 月—2017 年 12 月)。

10 月　阮俊虎入选陕西省普通高校第一批青年杰出人才支持计划。

10 月　学院承办"第十六届全国高校土地资源管理院长(系主任)联席会暨 2017 年中国土地科学论坛"。

10 月　28 日,中国科协批准建立中俄农业科技发展政策研究中心。

11 月　张岁平任学院党委书记。

11 月　宋健峰在澳大利亚国立大学访学(2017 年 11 月—2018 年 11 月)。

11 月　龚直文在美国加州大学访学(2017 年 11 月—2018 年 11 月)。

11 月　Fanus A. Aregay、赵敏娟、李晓平、夏显力、陈海滨完成的"The Local Residents' Concerns about Environmental Issues in Northwest China"获陕西省第十三次哲学社会科学(青年奖)三等奖。

11 月　赵凯完成的《耕地保护经济补偿模式研究》获陕西省第十三次哲学社会科学(著作类)三等奖。

11 月　李韬、罗剑朝撰写的《农户土地承包经营权抵押贷款的行为响应——基于 Poisson Hurdle 模型的微观经验考察》获陕西省第十三次哲学社会科学(论文类)三等奖。

11 月　刘明月、陆迁撰写的《禽流感疫情冲击下疫区养殖户生产恢复行为研究——以宁夏中卫沙坡区为例》获陕西省第十三次哲学社会科学(论文类)三等奖。

11 月　夏显力、马红玉等完成的《陕西省农民就近城镇化研究》获陕西省高等学校人文社科一等奖。

11 月　赵敏娟完成的"What to Value and How? Ecological Indicator Choices in Stated Preference Valuation"获陕西省高等学校人文社科三等奖。

11 月　淮建军完成的"Integration and Typologies of Vulnerability to Climate Change：A Case Study from Australian Wheat Sheep Zones"获陕西省高等学校人文社科三等奖。

12 月　学院党委获校级先进单位及先进基层党委称号。

12 月　博士生张珩等撰写的《产权改革与农信社效率变化及其收敛性》获陕西省第三届研究生创新成果展评一等奖。

12 月　赵敏娟获中国商科教育风云人物称号。

2018 年

1 月　赵敏娟当选陕西省十二届政协委员。

1 月　政协第十二届全国委员会常务委员会第二十四次会议通过,任命霍学喜为中国人民政治协商会议第十三届全国委员会委员。

1 月　农林经济管理学科通过合格评估,增设资源经济与环境管理学科方向。

1 月　应用经济学获批一级学科硕士学位授权点,增设产业经济学学科方向。

3 月　石宝峰任学院副院长。

3 月　孟全省主持完成的"圆通制企业成本管理工作标准研究与应用"获得陕西省高等学校科学技术三等奖。

5 月　淮建军指导本科生项目获第八届全国大学生电子商务"创新、创意及创业"挑战赛陕西赛区选拔赛三等奖。

7 月　举办"中国 MBA 西北联盟主席峰会暨共建共享 筑梦新时代"高峰论坛。

7 月　李政道获陕西高等学校第四届青年教师教学竞赛二等奖。

8 月　获批陕西省农村金融研究中心、陕西省乡村振兴发展智库、陕西省西部发展研究院发展智库。

9 月　郑少锋聘为陕西省第十三届人民代表大会常务委员会财经咨询专家。

9 月　举办"2018 International Finance and Accounting Conference – Ten Years after the Financial Crisis：New Opportunities and Challenges for Emerging Markets"(国际会议)。

10 月　张寒获陕西省首届高校课堂教学创新大赛二等奖。

10 月　石宝峰获陕西省青年科技新星称号。

11 月　孟全省获宝钢优秀教师奖。

11 月　张军驰任经济管理学院党委副书记。

11 月　张兴在德国霍恩海姆大学访学(2018 年 11 月—2019 年 11 月)。

12 月　霍学喜被聘为国务院学位委员会第八届农林经济管理学科评议组成员。

12 月　学院获第十一届中国 MBA 联盟领袖年会十佳特色商学院。

12 月　学院获第十二届中国 MBA 领袖年会十佳特色商学院。

12 月　赵敏娟获第十一届中国 MBA 联盟领袖年会 MBA 院校卓越领袖称号。

12 月　孟全省获第十一届中国 MBA 联盟领袖年会最受欢迎商学院教授称号。

12 月　学院举办第一届凤岗论坛(国内会议)。

2019 年

2 月　2019 年教授委员会组成人员名单:

主任委员:郑少锋

副主任委员:霍学喜　王礼力

委　　员:赵敏娟　罗剑朝　孔　荣　王征兵　朱玉春　李世平　李录堂　陆　迁　姚顺波　姜志德

秘　　书:石宝峰

4 月　学院主办"2019 年物联网环境下的管理理论与方法学术研讨会"。

5 月　马红玉获全国农业经济管理类"农业经济学"青年教师教学竞赛一等奖。

5 月　汪红梅主讲的"创业基础"课程和邵砾群主讲的"国际贸易实务"课程,在中国大学 MOOC 正式上线运行。

5 月　学院主办"丝绸之路沿线国家绿色发展与合作共赢国际学术研讨会"。

5 月　学院主办"资源经济与乡村振兴英语论文写作培训会"。

5 月　孟全省主讲的"成本会计学"获国家级线上课程。

6 月　新增"铜川市印台区人民政府""安吉鲁家村""陕西古路坝文旅发展有限公司"3 个教学实习基地。

7 月　晋蓓获第五届全国高校 GIS 青年教师讲课竞赛一等奖。

8 月　学院主办"庆祝新中国成立 70 周年中国国外农业经济研究会 2019 年会暨学术研讨会"。

10 月　闫小欢撰写的"Driversof household entry and intensity in land rental market in rural China,CAER"获 2016—2018 年最佳引文奖。

10 月　学院主办"陕西工商管理硕士学院教学点工作研讨会"。

10 月　学院主办"资源经济与乡村振兴国际研讨会"。

11 月　经济管理实验教学中心获批省级教学示范中心。

11 月　罗剑朝获宝钢优秀教师奖。

11 月　汪红梅获全国农业经济管理类专业"微观经济学"课程教学竞赛二等奖。

11 月　石宝峰入选中国青年农业经济学家论坛 2019 年度学者。

12 月　农林经济管理专业获批国家一流本科专业建设点。

12 月　学院获第七届全国管理案例精英赛全国总决赛"最佳网络人气队奖"。

12 月　学院获丝路全球商学院最具品牌价值 MBA 项目。

12 月　学院获丝路全球商学院创业创新之星。

12 月　学院获中国 MBA 西北联盟主席峰会"十佳特色商学院"。

12 月　学院获中国 MBA 西北联盟主席峰会"十佳 MBA 联合会"。

12 月　赵敏娟获第十九届中国 MBA 发展论坛组"中国 MBA 杰出领导"称号。

12 月　赵敏娟获中国 MBA 西北联盟"卓越领导奖"。

12 月　赵敏娟获丝路全球商学院联盟"领导人物"称号。

12 月　孟全省获第十三届中国 MBA 联盟领袖年会最受欢迎商学院教授称号。赵敏娟获第十三届中国 MBA 领袖年会 MBA 院校卓越领袖称号。

12 月　孟全省主讲的"成本会计"在学习强国平台上线。

12 月　学院主办"'四新'背景下农林经管学科发展及专业建设论坛"。

12 月　赵敏娟主持的"农林经济管理专业'广谱式'创新创业人才培养模式构建与实践"获省级教学成果二等奖。

12 月　学院与河南双汇投资发展股份有限公司签订校企合作框架协议。

2020 年

1 月 学院拔尖创新人才硕博实验班 17 名同学前往美国密苏里州立大学进行为期 4 个月访学。

2 月 2020 年教授委员会组成人员名单:

主任委员:陆 迁

副主任委员:朱玉春 赵敏娟

委 员:孔 荣 石宝峰 刘天军 李世平 罗剑朝 郑少锋 赵 凯 姜志德
　　　　姚顺波 夏显力

秘 书:程文景

3 月 赵敏娟入选 2019 年度全省宣传思想文化系统"六个一批"人才入选名单,成为"理论界别"全省 15 位入选者之一。

5 月 刘天军获陕西省高层次人才特殊支持计划区域发展人才称号。

5 月 张晓妮主讲的"管理学原理"课程在中国大学 MOOC 平台上线。

5 月 牛荣主讲的"货币银行学"课程在中国大学 MOOC 平台上线。

6 月 由汪红梅、王欣谊老师指导,赵文杰、赵晓华、于鹏、申洁、刘洁为队员的代表队,在全国大学生"互联网+"创新大赛暨第七届"发现杯"全国大学生互联网软件设计大奖赛区域赛中获一等奖。

7 月 石宝峰入选陕西高校第四批青年杰出人才支持计划。

7 月 学院召开新一届学院教授委员会委员选举大会,选举产生了新一届教授委员会。

8 月 夏显力在国家人社部留学人员和专家服务中心主办的"高层次专家助力宁夏西吉县特色产业扶贫服务行"活动中受到国家人社部留学人员和专家服务中心的表彰。

9 月 张寒、汪红梅任经济管理学院副院长。

11 月 第四届农业经济理论前沿论坛在我院召开,国内 38 所高校及科研单位的 96 位农业经济理论学者围绕"坚持农业农村优先发展:理论创新与实践探索"主题开展学术交流。

11 月 张寒获国家"万人计划"青年拔尖人才称号。

11 月 渠美完成的"Farmers' perceptions of developing forest based bioenergy in China"获第八届梁希青年论文三等奖。

11 月 张蚌蚌完成的《广西小块并大块耕地整治模式理论与实践研究》获广西人民政府社会科学优秀成果三等奖。

11 月 李韬完成的《农户土地承包经营权抵押贷款的行为响应——基于 Poisson Hurdle 模型的微观经验考察》获第八届"中国农村发展研究奖"论文提名奖唯一获奖人。

12 月 陈伟获陕西省青年科技新星称号。

12 月 李桦获全国社会实践活动优秀个人称号。

12 月 金融学获批国家级一流专业建设点。

12 月　经济学入选省级一流专业建设点。

12 月　赵敏娟荣获 2020 年丝路全球商学院商科领军人物称号。

12 月　朱玉春荣获 2020 年丝路全球商学院最受喜爱教师称号。

12 月　王军智荣获 2020 年丝路全球商学院 MBA 杰出贡献奖。

12 月　阮俊虎获 2020 年度中国商业联合会科学技术进步二等奖。

12 月　渠洪松获陕西第三届高校课堂教学创新大赛（本科）二等奖。

2021 年

4 月　25—26 日，由学校主办，《管理世界》编辑部、农业农村部农村经济研究中心提供学术支持的"第一届'三农'发展前沿学术论坛"在西北农林科技大学召开。会议采取线上线下结合的方式，围绕"十四五"时期补短板、防风险，以高质量发展加快推进农业农村现代化为主题展开研讨。校长吴普特、《管理世界》杂志社总编辑尚增健在开幕式上致辞。副校长赵敏娟主持开幕式。

4 月　夏显力任经济管理学院院长。

4 月　刘军弟任经济管理学院副院长。

5 月　4 日，《人民日报》专版刊登《本专科国家奖学金获奖学生代表名录》，本院方晓丽从 6 万名国家奖学金获得者中脱颖而出，榜上有名。方晓丽免试推荐至北京大学攻读硕士学位。

5 月　张晓妮主持的"管理学原理"获省级一流课程。

5 月　汪红梅主持的"创业基础"获省级一流课程。

5 月　学院 4 门课程获校级一流课程建设。

5 月　31 日，中国共产党西北农林科技大学经济管理学院党员大会在南校区国际交流中心隆重召开。校党委副书记闫祖书、党委学工部部长王文博出席会议并讲话，学院党外人士代表霍学喜教授、李录堂教授、陆迁教授、朱玉春教授应邀列席会议。会议由学院党委副书记、院长夏显力同志主持。党员大会最终选举出张岁平、夏显力、张军驰、汪红梅、张寒、刘军弟、陈海滨 7 位同志为学院新一届党委委员。之后，召开了新一届委员会第一次全体会议，选举张岁平同志为学院党委书记，夏显力、张军驰两位同志为学院党委副书记。

7 月　围绕建党 100 周年主题开展系列活动。开展"四史"知识竞赛、"我与党旗合个影""学党史、悟思想、办实事、开新局"主题征文等活动。组织观看《古田军号》和《第一大案》等电影，承办校园之春"百年征程 波澜壮阔"学生歌咏比赛，开展"庆祝中国共产党成立100 周年网络歌唱展演"。各党支部通过主题党日、"三会一课"等形式组织开展"我想对党说句话""瞻仰革命遗址""新党员集体入党宣誓""承诺践诺"等活动。开展"我为师生办实事""永远跟党走"实践活动。获校"庆祝中国共产党成立 100 周年网络歌唱展演"二等奖、新闻宣传先进单位、优秀新媒体平台奖、阳光体育运动先进单位、大学生"创新创业先进集体"等 16 项荣誉。

7月　夏显力、张静、石宝峰、刘军弟、杨维共同完成的"培根铸魂，创新引领：农林经济管理专业研究生分类培养模式改革与实践"获陕西省学位与研究生教育学会研究生教育成果特等奖。

9月　学院团队在人文社科一类期刊《经济研究》发表了题为《坚持农业农村优先发展：理论创新与实践探索》的论文，石宝峰教授、赵敏娟教授、夏显力教授为本文作者。

10月　阮俊虎、刘天军、冯晓春、乔志伟、霍学喜、朱玉春共同完成的"数字农业运营管理：关键问题、理论方法与示范工程"获陕西高等学校人文社会科学研究优秀成果一等奖。

10月　张寒主持完成的"集体林权制度改革对中国木材供给的影响：基于省级面板数据的实证分析与 GFPM 预测"获陕西高等学校人文社会科学研究优秀成果一等奖。

10月　石宝峰主持完成的"疫情对农民工返城复工影响评估及建议"获陕西高等学校人文社会科学研究优秀成果一等奖。

10月　张道军、贾琦琪、徐鑫、姚顺波、侯现慧、陈海滨共同完成的"Contribution of ecological policies to vegetation restoration：A case study from Wuqi County in Shaanxi Province，China"获陕西高等学校人文社会科学研究优秀成果二等奖。

10月　朱玉春、刘天军、王永强、胡华平、梁凡、杨柳共同完成的"集中连片特困区农户贫困脆弱性研究：资源禀赋与风险冲击视角"获陕西高等学校人文社会科学研究优秀成果二等奖。

10月　王慧玲、孔荣完成的"正规借贷促进农村居民家庭消费了吗？——基于 PSM 方法的实证分析"获陕西高等学校人文社会科学研究优秀成果三等奖。

10月　姚柳杨、赵敏娟、徐涛共同完成的"耕地保护政策的社会福利分析：基于选择实验的非市场价值评估"获陕西高等学校人文社会科学研究优秀成果三等奖。

10月　李晗、陆迁完成的"产品质量认证能否提高农户技术效率——基于山东、河北典型蔬菜种植区的证据"获陕西高等学校人文社会科学研究优秀成果三等奖。

10月　夏显力、陈哲、张慧利、赵敏娟共同完成的"农业高质量发展：数字赋能与实现路径"获陕西高等学校人文社会科学研究优秀成果三等奖。

10月　张蚌蚌、牛文浩、左旭阳、孔祥斌、郧文聚、陈海滨共同完成的"广西农民自主型细碎化耕地归并整治模式及效果评价"获陕西高等学校人文社会科学研究优秀成果三等奖。

11月　赵敏娟教授主持的"微观经济学"获教育部课程思政教学名师。

12月　刘天军获国家"万人计划"哲学社会科学领军人才。

12月　由 MBAChina 与《经理人》杂志联合主办的"2021 中国商学院发展论坛暨教育盛典"云端圆满落幕。西北农林科技大学 MBA 项目第三次入选"中国商学院最佳 MBA 项目 TOP100"排行榜，位列 51 名。

12月　MBA 项目获 2021 丝路全球商学院最具品牌价值 MBA 项目。

12月　赵敏娟被评为 2021 丝路全球商学院商科领军人物。

12月　朱玉春、陆迁、魏凤获 2021 丝路全球商学院最受学生喜爱老师称号。

12 月　王军智获 2021 丝路全球商学院 MBA 杰出贡献奖。

12 月　学院 MBA 学生团队获第十四届"尖峰时刻"全国商业模拟大赛复赛三等奖。

12 月　陈海滨在瑞典斯德哥尔摩大学访学（2021 年 12 月—2022 年 11 月）。

12 月　张静被评为陕西高校就业工作优秀工作者。

2022 年

1 月　刘天军获中共中央组织部文化名家暨"四个一批"人才、国家高层次人才特殊支持计划哲学社会科学领军人才。

1 月　王征兵、刘天军、朱玉春晋升为二级教授。

2 月　27 日，由学院、校党委宣传部和杨凌融媒体中心共同举办的专家学者共议 2022 年中央一号文件直播访谈活动在经管学院举行，经管学院罗剑朝、王征兵、夏显力、刘天军 4 位教授围绕中央一号文件整体框架、农村金融、农村社会治理、耕地保护、产业振兴等进行具体解读。

4 月　30 日，吴普特校长调研经管学院学科建设与创新团队建设。副校长韦革宏、房玉林参加调研。

5 月　27 日，学院召开"学科建设与专业提升"工作务虚会，学院教授委员会委员、系主任、教研室主任、班子成员、部分特邀专家教授及管理教辅人员近 40 人在乡村振兴示范基地王上村参加了会议。

5 月　刘天军主持的"农林经济管理专业'3456'实践教学模式创新与实践"获省级教学成果一等奖。

5 月　朱玉春、闫小欢、徐家鹏、冀昊、魏凤主持的"'产教研学用协同，三维度立体实践'国际农业管理人才培养体系构建与探索"获全国农业专业学位研究生教育指导委员会实践教学成果奖二等奖。

5 月　学院获美国大学生数学建模竞赛国际级一等奖 2 项、二等奖 10 项、三等奖 24 项。

5 月　学院获"正大杯"第十三届全国大学生市场调查与分析大赛国家级三等奖。

5 月　学院获全国大学生人力资源管理知识技能竞赛省级二等奖。

6 月　赵敏娟当选九三学社陕西省第十四届委员会副主任委员。

7 月　8 日，由中国生态经济学学会、中国社会科学院农村发展研究所主办，学院承办的"中国生态经济学学会 2022 年学术年会暨'共同富裕与生态文明'研讨会"在交流中心通过线上与线下相结合形式举办，校长吴普特教授和中国生态经济学学会理事长李周研究员分别在开幕式上致辞。副校长赵敏娟教授主持分论坛。

9 月　刘超、王永强团队所撰写的案例《百折不挠，持之以恒——百恒有机模式诞生记》入选"全国百篇优秀管理案例"。

10 月　1 日，学院在西安举行"庆国庆 迎重阳"暨庆祝离休干部丁荣晃教授百岁寿辰活动，学院党政班子成员代表、丁教授弟子及亲朋好友代表、学院教师代表参加了祝寿活动。

院长夏显力代表全院师生员工向丁教授致祝寿词。同时,大家在西安看望了张襄英教授。

10 月 学院党委顺利通过第二批"标杆院系"创建验收,并再次入选第三批"标杆院系"培育创建单位。项目"网络空间治理视域下高校学生党建创新实践"入选学校党建研究重点项目,西部农村发展研究中心党支部入选"双带头人"教师党支部书记工作室,农林经济管理学硕第二党支部、经济学党支部(本科生)入选样板支部。

10 月 学院获全国高校商业精英挑战赛创新创业竞赛国家级二等奖。

11 月 学院获全国大学生数学竞赛省级一等奖 24 项、二等奖 35 项。

11 月 学院获全国大学生英语竞赛省级特等奖 1 项、一等奖 3 项。

11 月 学院获"学创杯"全国大学生创业综合模拟大赛国家级一等奖。

11 月 学院获全国大学生金融科技应用创新能力竞赛三等奖。

12 月 教育部公布了 2021 年度国家级和省级一流本科专业建设点名单。本院会计学、土地资源管理专业入选第三批国家级一流本科专业建设点,工商管理专业入选省级一流本科专业建设点。至此,学院 8 个本科专业一流专业总数占比 75% ,其中,农林经济管理、金融学、会计学、土地资源管理 4 个专业入选国家级一流本科专业建设点,经济学、工商管理 2 个专业入选省级一流本科专业建设点。

12 月 学院 17 门课程获校级一流课程和全英文课程建设。

12 月 学院获首届我为陕西品牌代言市场营销创新创业大赛(省赛)省级一等奖 3 项、二等奖 4 项、三等奖 1 项。

12 月 全国政协委员霍学喜教授 12 月 29 日在《人民政协报》发表《我国距离农业强国存在哪些差距? 如何弥补?》的文章,就农业强国提出五项基本标准和具体建议。

12 月 赵敏娟、朱玉春分别获批 2022 年度国家社科基金重大项目。

第四部分

附录

附录1 西北农林科技大学经济管理学院历届毕业生统计表
（博、硕、本、专科）

单位：人

年份	博士	硕士	研究生	本科	专科	专业证书班
1939				—	—	
1940				11	—	
1941				45	3	
1942				49	66	
1943				35	40	
1944				33	8	
1945				23	27	
1946				39	34	
1947				40	18	
1948				33	25	
1949				42	—	
1950				18	—	
1951				23	—	
1952				14	—	
1953				12	—	
1954				15	—	
1955				15	—	
1956				—	—	
1957				—	—	
1958				17	—	
1959				56	—	
1960			—	85	—	
1961			—	32	—	
1962			—	48	—	
1963			3	42	—	
1964			—	38	—	
1965			—	39	—	
1966			—	—	—	
1967			—	29	—	
1968			—	61	—	
1969			—	59	—	

年份	博士	硕士	研究生	本科	专科	专业证书班
1970			—	—	—	
1971	—	—	—	—	—	
1972	—	—	—	—	—	
1973	—	—	—	—	—	
1974	—	—	—	—	—	
1975	—	—	—	—	—	
1976	—	—	—	—	—	
1977	—	—	—	51	—	
1978	—	—	—	30	—	
1979	—	—	—	—	—	
1980	—	—	—	—	—	
1981	—	—	—	—	—	
1982	—	2	1	32	—	
1983	—	1	—	65	—	
1984	—	2	1	62	—	
1985	—	5	2	62	—	
1986	—	11	12	92	64	
1987	—	22	4	60	93	
1988	1	15	4	63	65	—
1989	4	15	3	59	74	—
1990	1	13	—	105	83	58
1991		11	—	60	32	99
1992	2	6	1	79	58	34
1993	2	8	—	88	60	—
1994	3	6	—	157	102	—
1995	2	6	—	182	146	
1996	2	12	—	188	157	
1997	9	21	—	268	127	
1998	7	15	—	376	94	
1999	17	12	—	412	38	
2000	15	22	—	446	—	
2001	38	23	—	379	—	
2002	45	30	—	441	—	

年份	博士	硕士	研究生	本科	专科	专业证书班
2003	55	32	—	430	—	
2004	36	23	—	477	—	
2005	22	28	—	444	—	
2006	20	35	—	445	—	
2007	46	54	—	578	—	
2008	44	54	—	608	—	
2009	28	158	—	608	—	
2010	23	141	—	510	—	
2011	40	119	—	633	—	
2012	51	227	—	698	—	
2013	53	270	—	677	—	
2014	34	195	—	636	—	
2015	41	191	—	696	—	
2016	30	172	—	699	—	
2017	31	176	—	708	—	
2018	29	178	—	630	—	
2019	22	212	—	637	—	
2020	23	221	—	654	—	
2021	23	209		568	—	—
2022	35	440		558	—	—
合计	847	3393		15571	1047	191

附录2　西北农林科技大学经济管理学院职工名录

一、西北农业大学经济贸易学院任职人员

（1936—2000）

安希伋	包纪祥	卜艳	白晓红	蔡来虎	曹二平	曹光明	曹锡光	常国庆	陈光新
陈建辰	陈金云	陈兰英	陈丽霞	陈日新	陈彤	崔永红	邓俊锋	丁荣晃	丁少群
东启明	董海春	董银果	杜君楠	段波	范秀荣	冯海发	付茂荣	付瑞田	付文平
高德芬	高强	高耀	龚道熙	郭晓明	郭正华	果志英	韩杏花	贺凯玉	侯军岐
胡桂珍	胡自翔	黄升泉	黄天柱	黄毓甲	霍学喜	吉政军	季陶达	贾生华	贾文林
姜雅丽	姜兆斌	姜肇宾	姜志德	金彦平	孔荣	雷胜利	黎琴南	李炳汉	李朝伊
李富德	李汉朝	李军社	李抗	李录堂	李民寿	李敏	李其昌	李社南	李世平
李淑英	李铁岗	李小键	李写一	李亚英	李迎红	李有信	李泽红	梁甲荣	林端
蔺大庆	刘蔼	刘鸿渐	刘景向	刘均爱	刘明彦	刘庆生	刘潇然	刘孝琴	刘勋求
刘宗鹤	刘佐太	龙清林	卢新生	陆迁	吕德宏	罗剑朝	罗静	麻高云	马鸿运
马山水	马宗申	毛志峰	盂广章	穆普国	南秉方	南灵	齐绍音	齐涛	齐霞
乔启明	权秋莲	邵敬勋	沈忠勋	石爱虎	石新香	石怡邵	苏文蔚	孙淑英	孙养学
陶孟和	同金蝉	同海梅	庹国柱	万建中	万滔倜	王成义	王创练	王德崇	王殿俊
王广森	王吉荣	王金铭	王景新	王敬荣	王静	王宽让	王礼力	王立我	王立业
王邻梦	王茜	王素珍	王新建	王秀娟	王亚平	王艳	王艳花	王养锋	王玉涛
王赵锟	王征兵	王执印	王志彬	王忠贤	蔚俊	魏正果	魏朋	文玉珊	吴春科
吴清华	吴伟东	吴兴昌	吴永祥	伍元耿	武创西	夏春光	夏良椿	夏显力	谢群
谢世健	谢正英	邢恩涛	邢润雨	熊伯蘅	熊义杰	徐恩波	闫德忠	闫淑敏	杨伯政
杨翠迎	杨笃	杨尔璜	杨峰	杨积珍	杨觉天	杨满社	杨生斌	杨卫江	杨小霞
杨亦周	杨紫珠	叶敏	叶守济	负晓哲	袁维铭	张伯汉	张德粹	张栋安	张富祥
张红林	张建君	张建平	张建生	张俊萍	张丽萍	张明海	张丕介	张琪	张全印
张权炳	张陕生	张襄英	张永	张永辉	张履鸟	赵光荣	赵建仓	赵锦域	赵凯
赵敏娟	赵生权	赵锡铮	赵晓锋	赵重阳	甄瑞麟	郑光明	郑清芬	郑少锋	郑英宁
周德翼	周高社	朱德昭	朱辉	朱俊学	朱鸣皋	朱玉春	朱丕典	朱智斌	

二、陕西省农科院农经所任职人员

（1955—2000）

白志礼	曹建武	曹瑾	淡全立	包竞成	范秀荣	樊新英	冯宗宽	冯宝荣	冯西平
高居谦	郭军盈	郝直	郝婷	贺昌信	何君	黄德基	韩曙萍	贾宝元	冀伟
孔捷	来国超	李建军	李其昌	李赟毅	李桂丽	李淑婵	李侠	李碧清	梁延萍
梁振思	刘广镕	刘志华	刘凤琴	刘慧娥	刘毅	刘华珍	鲁向平	吕向贤	孟昭权
宁明杨	石忆邵	史昭平	孙全敏	王青	王选庆	王雅鹏	王云峰	王章陵	王锡凤
王兆华	吴嘉本	吴麟荣	徐军宏	许俊杰	杨立社	杨华珍	杨福成	姚伯岐	张会
张正社	张俊飙	张转时	张民政	张长宪	张粉婵	张爱武	张赟	张逢才	张爱武
张聪群	赵智贤	周维							

三、西北林学院林经系任职人员

（1985—2000）

曹翠萍	陈林	陈绍辉	崔红梅	丁艳芳	方丽	范军	高建中	高国宝	何志坤
霍朝华	胡频	黄林	蒋尽才	康政文	雷玲	李安民	李锦钦	李妮鸽	李谭宝
李艳	李扬	李芸生	刘超	刘春梅	刘天军	刘燕	刘正光	刘志莲	栾永峰
马富民	马煜	毛以让	孟全省	庞晓玲	权俊峰	邵砾群	宋振英	苏燕平	逯春英
司汉武	王文博	王博文	王德连	王湘桃	王晓梅	温晓林	武苏里	肖斌	徐薇
杨文杰	杨广峰	鱼晓	姚顺波	由婉茹	张谦	张雯嘉	张雅丽	张跃宁	张忠潮
张建锋	周云庵	周庆生	周祖湘	周炳钢	邹青	朱国栋	朱海霞		

四、西北农林科技大学经济管理学院任职人员

（2000—2022）

白晓红	白秀广	白亚娟	包赫囡	包纪祥	鲍巍	鲍亚宁	卜艳	曹新龙	常国庆
常楠	常小文	陈海滨	陈红沙	陈金云	陈兰英	陈伟	陈晓楠	陈妍	崔红梅
崔永红	党红敏	丁吉萍	丁艳芳	董春柳	杜君楠	杜永峰	段波	樊慧荣	樊慧荣
范秀荣	方丽	冯建国	冯西平	冯晓春	高保山	高建中	高丽娟	高岩	龚直文

苟晓东　郭晓勇　郭亚军　郭正华　韩杏花　韩　樱　贺世芳　侯军岐　侯现慧　胡华平
胡明铭　胡　频　胡　振　淮建军　黄明学　黄毅祥　霍学喜　姬便便　冀　昊　贾金荣
贾相平　姜　晗　姜雅莉　姜玉东　姜志德　晋　蓓　靳亚亚　孔　荣　雷　玲　雷　鹏
李　冰　李大坒　李根丽　李桂丽　李　红　李　桦　李纪生　李　抗　李　蕾　李录堂
李　璐　李民寿　李　敏　李妮鸽　李世平　李　韬　李　通　李　侠　李潇雨　李小健
李晓燕　李写一　李赟毅　李政道　李治霖　梁红松　梁润雅　梁子龙　刘　蔼　刘　超
刘海英　刘慧娥　刘金典　刘军弟　刘孟飞　刘天军　刘文新　刘　燕　刘　莹　刘志莲
陆　迁　吕　璐　吕淑杰　罗剑朝　罗添元　骆耀峰　马红玉　马奕颜　孟广章　孟全省
穆普国　南　灵　聂　海　聂　强　牛　荣　庞晓玲　齐　涛　钱　冬　邱　璐　渠　美
任海云　任丽洁　任　娜　任彦军　阮俊虎　邵砾群　师学文　石宝峰　石红艳　宋健峰
宋振英　苏燕平　睢　博　同海梅　汪红梅　王博文　王成义　王冠英　王　华　王家武
王　静　王军智　王礼力　王　倩　王倩茹　王　青　王文隆　王文娜　王秀娟　王雅楠
王艳花　王　谊　王永强　王宇涛　王钰凡　王云峰　王运动　王兆华　王征兵　王志彬
王忠贤　卫　丹　魏　凤　温晓林　吴春生　吴龙刚　吴清华　吴　松　仵程宽　夏显力
谢　群　徐恩波　徐　海　徐家鹏　徐军宏　徐文娟　许唯聪　薛彩霞　薛建宏　闫淑敏
闫小欢　闫振宇　杨宝安　杨翠迎　杨　峰　杨虎锋　杨慧茹　杨继涛　杨克文　杨立社
杨　维　杨文杰　杨小霞　杨学军　姚　岚　姚利丽　姚柳杨　姚顺波　姚晓霞　雍双渠
余　劲　贠晓哲　袁亚林　翟　立　张爱武　张蚌蚌　张　晨　张道军　张粉婵　张　寒
张红林　张　会　张　静　张静兰　张静怡　张军驰　张俊萍　张丽萍　张　琦　张岁平
张婷婷　张雯佳　张襄英　张晓慧　张晓妮　张晓宁　张　兴　张雅丽　张永辉　张永康
张永旺　张　赟　张志远　赵光荣　赵惠聘　赵锦域　赵珏航　赵　凯　赵敏娟　赵　玮
赵晓峰　赵殷钰　郑少锋　郑伟伟　仲　会　周慧光　周庆生　朱郭奇　朱　敏　朱玉春

附录3　西北农林科技大学经济管理学院历届党政领导任职情况

一、西北农学院—西北农业大学农业经济系党总支书记任职一览表

（1959—1994）

书记	任职时间	副书记	任职时间
杨 笃	1959—1966	傅瑞田	1964—1966
马鸿运	1981.6—1985.9	齐周羊	1975—1977
苏文蔚	1985.9—1988.10	李有信	1977—1981.6
齐 霞	1988.11—1991.3	郑光明	1981.6—1984.7
朱丕典	1991.3—1992.4	张建生	1985.9—1992.4
蔡来虎	1992.4—1994.4	贾生华	1992.4—1994.4

二、西北农业大学经济贸易学院党总支书记任职一览表

（1994—2000）

书记	任职时间	副书记	任职时间
蔡来虎	1994.4—1996.3	张建平	1995.9—1999
		马山水（主持工作）	1996.3—1999

三、陕西省农经所历届党支部书记任职一览表

（1978—2000）

书记	任职时间	副书记	任职时间
		冯宗宽	1978.3—1984.9
		冯宝荣	1984.9—1993.12
黄德基	1986.12—1988.5		
冀 炜	1990.9—1992.7		
张长宪	1994.12—1997.7		
鲁向平	1997.7—2000.7（农信所）		

四、西北林学院林业经济系党支部书记任职一览表

（1986—2000）

书记	任职时间	副书记	任职时间
李扬	1986.12—1989.4	周庆生	1986.12—1989.4
刘正光	1989.4—1991.4		
蒋尽才	1991.4—1994.6		
周庆生	1994.6—1996.7		
李安民	1996.7—1998.5		
		王文博	1998.5—2000

五、西北农林科技大学经济管理学院党委书记任职一览表

（2000—2020）

书记	任职时间	副书记	任职时间
高保山	2000.7—2003.6	张建平	2000—2001
侯军岐	2003.7—2004.5	杜永峰	2003.7—2004.11
罗剑朝	2004.6—2010.6	聂海	2005.5—2012
姚晓霞	2010.6—2016.	温小林	2014—2016
张岁平	2017.11—	张军驰	2018.11—
		夏显力	2021.04

六、西北农业大学农业经济系行政领导任职一览表

（1936—1994）

国立西北农林专科学校—西北农学院农业经济组（系）历任主任

系主任	任职时间	副主任	任职时间
南秉方	1936—1938.9	王广森	1964.4—1966
张丕介	1938.9—1939.4	刘均爱	1978.7—1983.6
熊伯蘅	1940—1943	万建中	1978.7—1981.5
王德崇	1943—1944	王广森	1980—1981.5
刘潇然	1944—1946	刘孝琴	1981.7—1985.9
龚道熙	1946—1949	朱丕典	1983.2—1987.3

系主任	任职时间	副主任	任职时间
黄毓甲	1949—1952.9	庹国柱	1985.1—1989.3
万建中	1952.8—1964.4	张襄英	1985.9—1987.3
刘均爱	1974—1978.7	徐恩波	1987.3—1989.3
马鸿运	1978.7—1981.5	高耀	1989.3—1994.1
王广森	1981.5—1985.9	龙清林	1990.3—1994.3
张栋安	1985.9—1987.3	陈彤	1991.2—1994.4
张襄英	1987.3—1991.3	曹光明	1994.1—1996.3
朱丕典	1991.3—1993.10		
庹国柱	1993.10—1994.3		

七、西北农业大学经济贸易学院行政领导任职一览表

（1994—2000）

院长	任职时间	副院长	任职时间
庹国柱	1994.4—1996.3	曹光明	1994.4—1996.3
		郭振海	1994.4—1995
		党怀斌	1994.4—1995
		龙清林	1994.4—1996.6
郑少锋	1996.4—2000.7	郑少锋	1995.3—1996.3
		杨生斌	1996.3—1998（调离）
		侯军岐	1996.3—2000.7
		石爱虎	1996.3—1997（调离）

八、陕西省农经所历届行政领导任职一览表

（1957—2000）

所长	任职时间	副所长	任职时间
刘广镕(负责人)	1957.3—1960.7		
—	—	刘广镕	1960.7—1967.1
—	—	刘广镕	1977.7—1978.10
刘广镕	1978.10—1984.10	杨富成	1978.10—1980.10
黄德基	1984.9—1988.5	刘志华	1984.9—1993.12
		白志礼	1986.9—1988.5

所长	任职时间	副所长	任职时间
白志礼	1988.5—1993.2	冯宝荣	1988.5—1993.12
王雅鹏	1993.3—1997.12		
赵献军	1998.2—2000.7（农信所）	赵锁劳	1998.2—2000.7
		张联社	1998.2—2000.7

九、西北林学院林业经济系行政机构负责人一览表

（1985—2000）

主任	任职时间	副主任	任职时间
		毛以让　李扬	1985.5—1986.10
毛以让	1986.10—1997.1	李扬	1986.11—1989.3
		周庆生	1989.4—1991.3
		周庆生　蒋尽才	1991.4—1995.11
		周庆生	1995.12—1997.1
周庆生	1997.1—2000.7	孟全省　李安民	1997.1—1998.5
		孟全省	1998.5 – 2000.7

十、西北农林科技大学经济管理学院行政领导任职一览表

（2000—2022）

院长	任职时间	副院长	任职时间
郑少锋	2000.7—2004.5		
万广华	2005.1—2007.4（外聘）	侯军岐	2000—2004.5
		周庆生	2000.7—2002（离任）
		王青	2000.7—2004.5
		孟全省	2000.7—2010.6
		侯军岐（常务副院长）	2004.6—2005.6
		霍学喜（2005.7 任常务副院长）	2004.6—2007.5
		陆迁	2004.6—2007.12
		贾金荣	2005.10—2007.12
霍学喜	2007.5—2014.9	李录堂	2007.12—
		姚顺波	2007.12—

续表

院长	任职时间	副院长	任职时间
		温晓林	2007.12—2014.12
		赵敏娟	2010.6—2014.9
赵敏娟	2014.10—2020.12	王云峰	2014.12.12—2020.12
		夏显力	2016.5—2020.12
		刘天军	2016.12—2018.4
		石宝峰	2016.12—2020.7
		张　寒　汪红梅	2020.9—
夏显力	2021.4—	刘军弟	2021.4—

284

附录4 西北农林科技大学经济管理学院历届教授委员会人员名单

届次	主任	副主任	委员						秘书	年份
1	侯军岐	—	王忠贤 张襄英 徐恩波 罗剑朝 郑少锋 李录堂 李世平 王征兵 王礼力							2004
	郑少锋	—	王忠贤 张襄英 徐恩波 罗剑朝 郑少锋 李录堂 李世平 王征兵 王礼力 霍学喜 孟全省 贾金荣 杨立社 姜志德 孙全敏 刘慧娥						陆 迁	2005
	郑少锋	—	霍学喜 罗剑朝 郑少锋 李录堂 李世平 王征兵 王礼力 孟全省 贾金荣 杨立社 姜志德 陆 迁 王 青 姚顺波 朱玉春 卢新生						陆 迁 王军智	2006
2	郑少锋	霍学喜 王礼力	孔 荣 王征兵 朱玉春 李世平 李录堂 陆 迁 罗剑朝 姚顺波 姜志德 赵敏娟						丁艳芳	2013
	郑少锋	霍学喜 王礼力	赵敏娟 罗剑朝 孔 荣 王征兵 朱玉春 李世平 李录堂 陆 迁 姚顺波 姜志德						石宝峰	2019
3	陆 迁	朱玉春 赵敏娟	孔 荣 石宝峰 刘天军 李世平 罗剑朝 郑少锋 赵 凯 姜志德 姚顺波 夏显力						程文景	2020

附录 5　西北农林科技大学经济管理学院工会、共青团、社会兼职、民主党派、人大代表、政协委员

一、经济管理学院工会机构组成人员名单

（2000—2022）

主席及任职年份	副主席及任职年份	委员及任职年份	
王　青（2000—2003） 杜永峰（2004） 聂　海（2005—2014） 王云峰（2015—2022）	孙养学（2000—2009） 冯西平（2010—2017）	冯西平（2000—2009） 王宇涛（2000—2009） 张文佳（2010—2022） 梁子龙（2018） 马红玉（2019） 曹新龙（2021—）	张雅丽（2000—2009） 刘　超（2010—2017） 王军智（2010—2022） 罗添元（2018—2019） 晋　蓓（2022）

二、经济管理学院共青团组成人员名单

（2000—2022）

书记及任职年份	副书记			部长				
温晓林（2000—2002）	朱绍格 李　英 侯明辉	谢正罡 段秀成	张严娜 郭韶青	郑江春 余根来 张毅飞 郭　涛	吴昊旻 梁　磊 侯明辉 梁田茂	王军智 蒋永利 郭林林 张　伟	肖玮娟 史　娜	
刘春梅（2003）	董化伟	陈华瑞		彭金萍	何耀华	唐宏刚	陈华瑞	
刘海英（2004—2005）	邢汝峰 王志杰	王　元 王照斌	王　静	郭惜光 马会芳	陈　磊 朱丽琼	孟　院 毛　瑜	黄越慈 王　勃	任宝山
王家武（2006—2007）	谭荣花 毛　瑜	高　帅 董伟峰	郭晓勇 邹婷婷	龚志超 答元军	谭　杰 杨　盛	董伟锋 王石桥	刘文娟 李　博	王　航
郭晓勇（2008—2009）	代　乐 刘　越	屈晨阳 石　删	石金星	马乾龙 熊小兵	李　欣 马国智	王言森 翟斌皓	周　波 杨光宗	
薛宏春（2010—2011）	韩久保 刘瀚文	何兴义 何　娟		张新娜 李清莹	温　凯 李俊鹏	林均超 单霄旋	田双双 朱　斐	
韩久保（2012—2013）	卢玮楠	骆占斌		张洪山 曾佳怡	栾舒婷 周泽光	施政刚 史洁洁	刘婉君 张　瑶	

续表

书记及任职年份	副书记	部长
	李双博　孔崔亮	苏　彤　朱文奇　陈思佳　陈一诺
	史雨星　王子迪	苏　彤　郭沥阳　陈思佳　陈一诺
	周　毅　尚　夏	苏　彤　郭沥阳　陈思佳　陈一诺
	高　翔　张子馨	王　昊　颜　宇　陈雪妍　张依驰
卢玮楠（2014） 马奕颜（2015） 梁子龙（2016） 张鹏飞（2017） 张　静（2018—2022）	张鹏飞　崔椿浩　谭　然 王冠英　田镕恺　杨晓玉 赵婉凌 吴龙刚　卢飞旭	范赢月　沈祺琪　冯浩澜　蔡卓言 李　辉　华雪洁　牛昱佳　邢源涛 杜雨昕　杨馥玮　熊文晖　江　霞 郭章栋　郑焱之　殷博厚　王一凝 王　悦　李晓玙　卫梦帆　宋晓玉 周瑞彤　韩尚洁　卢飞旭　张　婷 吴志晖　梁璧蓉　李　佳　禾种妮 田思宇　王海青　谢婉静 吴　庆　陈彦睿　李美静　阎彦霖 任茹萌　魏敬力　龙玉嫣　刘明轩 徐辰浩　叶　昊　王津仁　杨紫妍 马子晴　李子萱　田英颖　张润廷 丁　蕴　杨　烨　赵恒驰　黄　银 袁艺铭　张诗奇　杨卓霖　韩　淼 王溥轩　王佳媛　王梓名　杨　芳 李天宇　卢揽月　杨韬叠　黄红艳 张孟迪　朱仕攀　史健华　白珂莹 刘若凡　陈雅琳　罗丹丹　柳世栋 徐宇晨　王俊烨　陶学乐　李岱群 朱　可　顾天宸　金海灵　李冰迅 吾什肯　王冠淞　赵祎婷　张梦甜 朴辰镛　王欣怡　李　睿　张曦月 张健康　狄元欣　杨林炎　谭　杰 殷　切　张　帆　周　雯　李　欣

三、经济管理学院教师在国家、部省级各学会、协会任职情况

姓名	任职情况
万建中	中国农业经济学会第二届理事会副理事长 中国农业现代化经济研究会干事长 陕西省农学会副理事长
王广森	国务院学位委员会第一届学科评议组成员 中国统计学会第一届理事会、第三届理事会理事、常务理事 农村统计研究组组长 国际统计学会会员 美国夏威夷东西方协会会员
刘均爱	陕西省经济学会理事 陕西省农业经济学会副理事长
黄升泉	全国农业经济学会理事 国务院农村发展研究中心研究员
贾文林	中国土地经济学会顾问 中国农村合作经济研究会理事、顾问
吴永祥	中国农业会计学会理事 陕西会计学会常务理事 陕西省农村金融学会常务理事
魏正果	国务院学位委员会第三届学科评议组成员
马鸿运	全国技术经济研究会副理事长 中国农业经济学会理事 陕西省农业经济学会副理事长 中国农业技术研究会常务理事
丁荣晃	中国土地学会理事 陕西省农学会理事 陕西省土地学会理事
果志英	全国农业经济学会农业计划分会理事兼组长
朱丕典	中国农村合作经济管理学会常务理事 陕西省农业经济学会理事 陕西省农村合作经济经营管理研究会副总干事长

姓名	任职情况
张襄英	中国农业经济学会第五、六届理事 第四届陕西省农经学会常务理事 第五届陕西省农业经济学会副理事长 陕西省哲学社会科学规划专业委员会委员 第五届中国农经学会理事 第六届中国农经学会理事
王忠贤	国务院学位办学位与研究生教育评估专家组成员 中国农村企业管理研究会常务理事 全国农机管理研究会常务理事 甘肃省庆阳地区经济顾问
包纪祥	中国土地学会第二、三、四届理事 中国自然资源学会理事 陕西省土地估价协会常务理事 陕西省土地学会理事 国家 A 级土地评价估价师
刘庆生	陕西省土地学会常务理事
徐恩波	国务院学位委员会第四届学科评议组成员 全国畜牧经济研究会理事
齐　霞	陕西省保险学会常务理事 陕西省保险研究所特约研究员 陕西省农村金融学会理事
庹国柱	中国社会保险学会理事
高　耀	陕西省统计学会理事
孟广章	中国外国农业经济学会常任理事
马山水	中国农村经济管理学会常务理事 中国乡镇企业协会学术委员会委员 陕西省农垦经济研究会理事
刘广镕	陕西省农业区划学会副会长 陕西省经济学会常务副会长 陕西省农业区划学会理事长
高居谦	陕西省农业区划学会副理事长兼秘书长 陕西省决策咨询委员会委员兼农业组组长 陕西省农业区划学会秘书长

姓名	任职情况
白志礼	陕西省农业区划学会副理事长 陕西省农业经济学会副理事长 陕西省农学会副会长 中国农业经济学会第六届副会长 中国农业经济学会第七届顾问 陕西省政协委员、政协科技委员会副主任 陕西省科学技术协会副主席 全国农业区划学会副理事长 陕西省农业区划学会副理事长 陕西省农业经济学会副理事长 陕西省农学会副会长 中国农业经济学会副会长
王　青	中国农业资源与区划学会理事 陕西省农业区划学会理事
刘志华	陕西省农业经济学会理事
鲁向平	陕西省第一、二届生产力经济研究会理事 中国农学会高级会员 陕西省决策咨询委员会委员 陕西省专家顾问委员会委员 陕西省决策咨询委员会成员 陕西省经济学会常务理事
郑少锋	国务院学位委员会农村经济管理学科第五届评议组成员（2003—2008 年） 陕西省学位委员会第二、三届学科评议组成员（1998—2007 年） 教育部第一届高等学校农林经济与管理类教学指导委员会委员（2003 年—） 亚洲开发银行财务分析专家评审专家（2007 年—） 财政部农业综合开发项目、科技部农业科技成果转化资金项目评审专家（2004 年—） 陕西省农业经济学会第五届常务理事（1997 年） 陕西省会计学会常务理事（2002 年） 陕西省人大常委会财经咨询专家（2020 年）

续表

姓名	任职情况
罗剑朝	中共陕西省委讲师团特聘专家教授 陕西省首批农业专家服务团成员 中国国外农业经济研究会常务理事 陕西省经济学会常务理事 陕西省农经学会常务理事 陕西省金融学会理事 西安金融学会常务理事 陕西省村社发展促进会专家 陕西省综合评标评审专家 中国国际贸易促进委员会陕西省分会专家委员会智库专家 咸阳市第六届人民代表大会代表委员,第六届财政经济委员会委员杨凌金融学会名誉会长 杨凌示范区决策咨询专家委员会委员 杨凌金融学会副会长
余 劲	国际经济学会会员 陕西决策咨询委员会委员 亚洲政治经济学会会员 国际经济学会会员
姚顺波	中国林业经济学会常务理事 中国生态经济学会理事 中国林业经济学会技术经济专业委员会副主任 中国林业经济学会资源经济与环境管理专业委员会副主任 亚洲开发银行财务咨询专家 陕西林业经济学会副会长

姓名	任职情况
霍学喜	国务院学位委员会农林经济管理学科第七届评议组成员 中国农业技术经济学会副理事长 中国农业经济学会副会长 陕西省经济发展战略研究会常务副会长 陕西省农业经济学会副会长 陕西省管理科学研究会委员 农业部第五届软科学委员会副会长 陕西省管理科学研究会副会长第五届副会长 陕西省农民专业协会研究会第一届副会长 农业部科学技术委员会第九届委员 农业部第五届、第六届软科学委员会委员、第九届副会长 陕西省决策咨询委员会委员 中共陕西省委员会政策研究室特约研究员 陕西省学位委员会第三届学科评议组成员
李世平	中国自然资源学会理事 陕西省土地估价师协会常务理事 陕西省土地学会常务理事 陕西省耕地保护与土地整理复垦专业委员会副主任委员 国家建设部、人事部注册房地产估价师 国家土地督察西安局专家组成员
王征兵	国务院学位委员会农村经济管理学科第六届学科评议组成员 全国优秀博士论文评审专家 中国人民大学《农业经济研究》顾问 美国《现代管理》《世界经济探索》编委、审稿专家 陕西广播电视台特约评论员 杨凌现代休闲农业产业联盟会长 西安乡村振兴研究院院长 陕西省经济学学会乡村建设研究会顾问 湖北省高校人文社会科学重点研究基地食品安全研究中心学术委员会主任 "陕西省委理论讲师团"特聘专家

姓名	任职情况
李录堂	第七、第八届中国农业企业经营管理教学研究会副理事长 全国农业企业教学管理研究会副理事长 中国管理科学研究院专家咨询委员会委员 中国农业企业经营管理教学研究会第九届理事会常务副理事长 美国《经济管理前沿》杂志同行评议专家 陕西省畜牧业协会专家服务团成员 陕西生猪产业科技创新体系产业发展规划岗位科学家 陕西省农村集体产权制度改革宣讲指导团成员 咸阳市杨陵区现代农业园区技术专家
陆　迁	陕西省农业经济学会副会长
李　桦	中国林业经济学会理事、中国生态经济学会理事
王　静	陕西省农业经济学会常务理事 中国灾害防御协会风险分析委员会常务理事副秘书长 中国风险管理师认证考试大纲主要制定人
孔　荣	陕西省农业经济学会副会长
朱玉春	中国农业技术经济研究会理事 陕西农经学会理事副会长 陕西省软科学学会理事 陕西省财政学会理事 陕西省现代农业科技创新体系玉米产业经济岗位科学家
赵敏娟	陕西农村经济与社会发展协同创新研究中心首席专家 中国国外农业经济学研究会副主席 中国农业技术经济研究会常务副会长 陕西省农业经济学会常务副会长 陕西省委决策咨询委员会委员
赵　凯	陕西省第七届农业经济学会常务理事 陕西省家兔产业技术体系家兔产业经济岗位专家 中国城郊经济研究会理事 中国区域科学协会会员
杨文杰	陕西省农业经济学会副会长 陕西省农业农村经济产业技术体系首席专家

经济管理学院 **院史** 1936——2022

姓名	任职情况
刘天军	中国农业技术经济学会常务理事
	陕西省猕猴桃、葡萄产业技术体系经济岗位专家
	教育部高等学校农业经济管理类专业教学指导委员会委员
	陕西省高校教学指导委员会公共管理类工作委员会副主任委员
	陕西省农业经济学会副会长
王志彬	中国农业经济法研究会理事
	中国农业经济法研究会理事、律师
刘军弟	中国农业技术经济学会理事
张 兴	中国农林牧渔业协会常务理事
石宝峰	陕西省农业经济学会常务理事
	中国农业经济学会青年(工作)委员会委员
	陕西省农业技术经济学会常务理事
	中国系统工程学会会员
	中国国外农业经济研究会常务理事
	中国优选法统筹法与经济数学研究会青年工作委员会委员
夏显力	中国农村发展学会常务理事
	中国土地学会学术委员会委员
	中国国外农业经济研究会常务理事
	中国高等教育学会科林服务专家指导委员学会委员
	陕西省农业经济学会常务理事、副秘书长
	第七届中国城郊经济研究会常务理事
	陕西省乡村振兴发展智库负责人
姜志德	第七届陕西省农业经济学会常务理事
	第七届中国城郊经济研究会理事
	中国生态经济学会会员
	中国自然资源学会会员
	中国农业标准学会会员
	农业部微生物肥料技术研究推广中心专家委员
	陕西省樱桃产业技术体系经济岗位专家
贾相平	中国留美经济学会(CES)会员
	国际农业经济学家协会(IAAE)会员
	欧洲农业经济学家协会(EAAE)会员

续表

姓名	任职情况
王博文	陕西省软科学研究会副秘书长 陕西省委省政府决策咨询委员会委员
牛　荣	陕西省农业经济学会常务理事 陕西省农业协同创新与推广联盟专家委员会、陕西省科技特派员
张雯佳	陕西省普通话水平测试员
张蚌蚌	美国土壤学会会员 中国土地学会会员 陕西土地学会会员 中国国土经济学会青年工作委员会委员 陕西土地学会会员 陕西省农业经济学会理事
张　寒	中国林业经济学会林产品贸易专业委员会委员 中国林学会青年工作委员会委员
闫小欢	中国农业经济学会青年(工作)委员会委员 陕西省侨联青年委员会委员 陕西省发展经济学会委员 陕西省侨联青年委员会委员 陕西省发展经济学会委员
张道军	国际数学地球科学协会终身会员 中国土地学会会员
侯现慧	中国土地学会会员 中国地理学会会员 中国生态学会生态管理专业委员会委员 中国系统工程学会生态环境系统工程委员会委员 中国管理现代化研究会城市与区域管理专业委员会副秘书长 陕西省乡村振兴软科学研究基地常务秘书
包竞成	陕西省农业区划学会副秘书长
白秀广	陕西省农业经济学会常务理事 陈海滨中国地理学会会员 中国草学会会员 北京生态学会会员
陈　伟	中国农业工程学会土地利用工程专业委员会委员 陕西省土地学会理事
淮建军	中国自然资源学会分委会委员

姓名	任职情况
吕德宏	陕西省农业经济学会常务理事 陕西省农村金融研究中心副主任 中国管理科学学会会员 陕西省肉羊现代农业产业体系岗位专家 杨凌金融学会副会长
渠 美	巴塞尔公约亚太区域中心——废物环境管理智库专家
任彦军	中国留美经济学会会员 中国健康经济学会会员 德国农业经济学会会员 欧洲农业经济学会会员
王永强	生命健康产业联盟常务理事
汪红梅	中国高等教育学会高等财经教育分会政策研究专家 中国农学会农业产业化分会副秘书长 陕西省农业经济学会常务理事
薛彩霞	中国注册会计师协会会员,中国林业经学会林业政策与法规专业委员会委员
姚柳杨	中国高校科技期刊研究会和 Taylor & Francis 出版集团"同行评议卓越计划"会员 欧洲农业经济学协会(EAAE)会员
龚直文	中国林业经济学会林业技术经济专业委员会委员 中国森林生态经济专业委员会委员
韩杏花	中国电子商务学会会员
罗添元	中国农业机械化协会农机安全互助保险工作委员会委员
南 灵	中国土地学会理事 陕西省土地学会常务理事
邵砾群	西部农村发展研究中心成员
徐家鹏	陕西省发展经济学会会员
张蚌蚌	中国国土经济学会青年工作委员会委员 陕西省土地学会会员 陕西省农业经济学会理事

四、经济管理学院教师担任民主党派负责人一览表

姓名	党派职务	任职年份
万建中	中国民主同盟西北农林科技大学委员会主委	1961
	中国民主同盟陕西省委会副主委	1995
霍学喜	中国农工民主党陕西省委副主委 农工党西北农林科技大学委员会主委	2010
王忠贤	九三学社西北农业大学第九届支社委员会主委	1990
	九三学社西北农业大学第十届委员会主委	1994
	九三学社陕西省委第八届委员会委员	1997
	九三学社陕西省委员会杨凌示范区第三届工作委员会主委	1997
	九三学社西北农林科技大学第一届委员会主委（兼）	2001
	九三学社陕西省委第九届委员会常委	2002
	九三学社陕西省委员会杨凌示范区第四届工作委员会主委	2010
姜志德	九三学社西北农林科技大学第二届委员会委员	2006
	九三学社陕西省委员会杨凌区第四届工作委员会副主委	2010
	九三学社陕西省第十一届委员会委员	2012
	九三学社中央农林专业委员会委员	2013
	九三学社第十二届中央委员会委员	2017
赵敏娟	九三学社西北农林科技大学第三届委员会委员	2012
	九三学社陕西省第十二届委员会常委	2017
	九三学社陕西省委员会杨凌示范区第五届工作委员会主委	2017
李录堂	中国民主促进会陕西省直属工委副主任	2013
	中国民主促进会西北农林科技大学支部委员会主委	2006
朱玉春	中国民主建国会西北农林科技大学支部委员会主委	2016
李小键	中国民主同盟西北农林科技大学委员会委员	2016
余　劲	中国致公党西北农林科技大学支部委员会副主委 陕西省侨联第八届委员会副主席	2013

五、经济管理学院教师担任各级人大代表、政协委员一览表

姓名	届别、职务
万建中	第三届全国人大代表 第七届陕西省人大代表（省人大常委会副主任） 第四届陕西省政协委员（常委） 第五届陕西省政协委员
霍学喜	第十二届全国政协委员 第十三届全国政协委员 第九届陕西省政协委员（2007年增补） 第十届陕西省政协委员会委员 杨陵区第六届人大代表
白志礼	陕西省政协委员，政协科技委员会副主任
王忠贤	第七届陕西省政协委员
罗剑朝	咸阳市第六届人民代表大会代表、委员
姜志德	第十一届陕西省政协委员（2016年增补） 第十二届陕西省政协委员 杨陵区第八届人大代表
李桦	咸阳市第八、第九届人大常委会常委及代表 杨陵区第九届人大代表 杨陵区第十届人大代表
赵敏娟	陕西省第十四届人民代表大会代表 第十二届陕西省政协委员 杨陵区第八届政协委员
马鸿运	杨陵区人大代表
张襄英	杨陵区第一届人民代表 杨陵区第二届人大代表
南灵	杨陵区第七届人大代表
王秀娟	杨陵区第八届人大代表 杨陵区第九届人大代表
郑少锋	杨陵区第六届政协委员 杨陵区第七届政协委员
李录堂	杨陵区第七届政协委员 杨陵区第八届政协委员 杨陵区第九届政协常委

续表

姓名	届别、职务
朱玉春	杨陵区第八届政协委员
	杨陵区第九届政协委员
	杨陵区第十届政协委员
余 劲	杨陵区第九届政协委员
邵砾群	杨陵区第十届政协委员

附录6　经济管理学院出版专著一览表（2000—2022）

序号	著作名称	作者	出版单位	出版年份
1	《资源·环境·经济可持续发展》	李录堂	西安地图出版社	2000
2	《世纪之交的陕西农村经济》	罗剑朝	西安地图出版社	2000
3	《农户经济增长源泉与发展机制》	侯军岐	西安地图出版社	2000
4	《中国企业资本经营及其保障机制研究》	朱玉春	中国科学文化出版社	2002
5	《中国农业经营方式研究》	王征兵	中国科学文化出版社	2002
6	《农民奔小康指南》	刘慧娥	西北农林科技大学出版社	2003
7	《涉农小企业融资问题研究》	孔　荣	西北农林科技大学出版社	2003
8	《中国农业技术进步运作机制研究》	陆　迁	西北农林科技大学出版社	2003
9	《棉种产业化经营及其制度创新》	侯军岐	西北农林科技大学出版社	2004
10	《中国政府财政对农业投资的增长方式与监督研究》	罗剑朝	中国农业出版社	2004
11	《银行公共关系深化研究》	邓俊锋	中国农业出版社	2004
12	《涉农经济组织融资信用与金融支持研究》	王　静	中国农业出版社	2004
13	《中国农业经济合作组织发展研究》	赵　凯	中国农业出版社	2004
14	《农产品成本核算体系及控制机理研究》	郑少锋	中国农业出版社	2004
15	《中国土地资源可持续利用研究》	姜志德	中国农业出版社	2004
16	《农村经济学》	刘慧娥	中国农业出版社	2005
17	《SPS措施对猪肉贸易的影响及遵从成本研究》	董银果	中国农业出版社	2005
18	《陕西关中城镇体系协调发展研究》	夏显力	中国农业出版社	2005
19	《西部金融结构重组及其金融政策研究》	吕德宏	西北农林科技大学出版社	2005
20	《中国非公有制林业制度创新研究》	姚顺波	中国农业出版社	2005
21	《中国农地金融制度研究》	罗剑朝	中国农业出版社	2005
22	《西北地区森林培育激励机制研究》	杨文杰	中国农业出版社	2006
23	《陕西观音山自然保护区综合科考与生物多样性研究》	王　谊	中国林业出版社	2006
24	《农业高新技术企业成长研究》	孙养学	中国农业出版社	2006
25	《森林生态产品价值补偿研究》	高建中	中国农业出版社	2006
26	《经济发展与收入不均等、方法和证据》	万广华	上海人民出版社	2006
27	《中国转轨时期收入差距与贫困》	万广华	社会科学文献出版社	2006

续表

序号	著作名称	作者	出版单位	出版年份
28	《中国农村合作医疗制度研究》	张建平	中国农业出版社	2006
29	《陕西摩天岭自然保护区综合科考与研究》	王　谊	陕西科学技术出版社	2007
30	《中国农户融资机制创新研究》	孟全省	中国农业出版社	2008
31	《中国工业化进程中农村劳动力转移研究》	张雅丽	中国农业出版社	2009
32	《陕西省能源开发水土保持生态补偿标准研究》	霍学喜	中国农业出版社	2009
33	《生猪饲养规模及其成本效益分析》	李　桦	中国农业出版社	2009
34	《村干部职务行为研究》	王征兵	中国农业出版社	2009
35	《返乡农民工创业与就业指导》	罗剑朝	经济管理出版社	2009
36	《中国农村居民消费及其影响因素分析》	郭亚军	中国农业出版社	2009
37	《陕西黄柏塬自然保护区综合科学考察与生物多样性研究》	王　谊	西北农林科技大学出版社	2009
38	《农民土地权益立法保护研究》	王志彬	西北农林科技大学出版社	2011
39	《基于企业生命周期的组织创新动因作用机理研究》	梁洪松	中国商务出版社	2011
40	《陕西房地产业发展报告》	王圣学　余　劲 沈　悦　赵乃全	社会科学文献出版社	2012
41	《老子的管理思想》	郭亚军　姚顺波	中国商务出版社	2012
42	《吴起县退耕还林政策绩效评价》	姚顺波　李　桦	中国商务出版社	2012
43	《公司治理、R&D投入与企业绩效》	任海云	中国经济出版社	2013
44	《商业银行资本管理办法》学习读本	杨虎锋	中国农业大学出版社	2013
45	《企业成本管理工作标准》	孟全省　王民权	中国财政经济出版社	2013
46	《农村留守儿童教育研究》	王　谊	中国农业出版社	2013
47	*Land Tenure Arrangements，Factor Market Development and Agricultural Production in China：Evidence from Henan Province*	闫小欢	Margraf Publishers，Weikersheim，Germany.	2013
48	《双中保障型农地流转机制研究》	李录堂	陕西人民出版社	2014
49	《农民专业合作社融资机理研究》	赵　凯	西北农林科技大学出版社	2014
50	《小额贷款公司的制度安排及其绩效评价》	杨虎锋	中国金融出版社	2014

序号	著作名称	作者	出版单位	出版年份
51	《中国农村信用合作社管理体制改革研究》	杨　峰	中国金融出版社	2014
52	《中国旱区农业技术发展报告》	朱玉春	西北农林科技大学出版社	2014
53	《地方政府在加快农村信用体系建设中的作用研究》	李　韬	西北农林科技大学出版社	2015
54	《中国农村金融前沿问题研究（1990—2014）》	罗剑朝等	中国金融出版社	2015
55	《农村金融发展报告》	罗剑朝等	中国金融出版社	2015
56	《技术接近、地理位置与产业集聚的技术溢出效应研究》	张晓宁	中国社科出版社	2015
57	《基于资源开发的区域环境治理与经济社会发展研究》	冯宗宪　姜　昕	中国社会科学出版社	2015
58	《创新生态与创新国度的理论与时间》	唐银山　梁洪松　姚顺波	社会科学文献出版社	2015
59	《中国农村合作医疗制度研究》	张永辉	中国金融出版社	2016
60	《耕地保护经济补偿模式研究》	赵　凯	西北农林科技大学出版社	2016
61	《集体林权制度改革对中国木材供给的影响——基于省级面板数据的实证分析与GFPM预测》	张　寒	中国林业出版社	2016
62	《蔬菜价格波动及传导研究》	姜雅莉	中国农业出版社	2016
63	《中间层参与的上市企业信息披露的博弈分析与实证研究》	淮建军	西北农林科技大学出版社	2016
64	《西部地区农业基础设施财政投融资研究》	杜君楠	中国农业出版社	2016
65	《2015中国旱区农业技术发展报告》	朱玉春	西北农林科技大学出版社	2016
66	《中国农户创业选择——基于收入质量与信贷约束作用视角》	彭艳玲　孔　荣	社会科学文献出版社	2017
67	《中国与哈萨克斯坦农业比较研究》	魏　凤	中国农业出版社	2018
68	《苹果合作社:治理、结构与行为》	冯娟娟　霍学喜	社会科学文献出版社	2018
69	《粮食直接补贴政策效果及影响路径——以陕西省为例》	张彦君　郑少锋	社会科学文献出版社	2018
70	《造林补贴政策与林业可持续发展》	于金娜　姚顺波	社会科学文献出版社	2018

序号	著作名称	作者	出版单位	出版年份
71	《气候变化与苹果种植户的适应》	冯晓龙 陈宗兴 霍学喜	社会科学文献出版社	2018
72	《养殖户经济损失评价及补偿政策优化——以禽流感疫情冲击为例》	刘明月 陆迁	社会科学文献出版社	2018
73	《新型农村金融机构支农:信贷可得性、满意度与福利效应》	牛晓冬 罗剑朝	社会科学文献出版社	2018
74	《流域生态补偿:基于全价值的视角》	樊辉 赵敏娟	社会科学文献出版社	2018
75	《村干部职务行为规范研究》	许婕 王征兵	中国农业大学出版社	2018
76	《我国西北半干旱地区现代农业发展与区域示范相关问题战略研究》	霍学喜等	兰州大学出版社	2018
77	《服务提供方视角下的节能服务合同及合同方行为选择研究》	钱冬	西安交通大学出版社	2019
78	《社会信任、关系网络与农户行为——以小型农田水利设施供给为例》	蔡起华 朱玉春	社会科学文献出版社	2019
79	《2019 中国旱区农业技术发展报告》	朱玉春	西北农林科技大学出版社	2019
80	《农户农业环境保护行为:基于动机视角》	李昊 李世平	社会科学文献出版社	2019
81	《社会网络与农业技术推广——以农户节水灌溉技术采纳为例》	乔丹 陆迁	社会科学文献出版社	2019
82	《中国农业产业投资报告》	刘天军	中国财政经济出版社	2019
83	《社会信任、组织支持与农户治理绩效——以农田灌溉系统为例》	杨柳 朱玉春	社会科学文献出版社	2019
84	《节水农业补贴政策设计:全成本收益与农户偏好视角》	徐涛 赵敏娟	社会科学文献出版社	2019
85	《四化同步视角下东北老工业基地农村人力资本投资研究》	房国忠 马红玉	东北师范大学出版社	2019
86	*Understanding China's Belt & Road Onitiative*	Saleh Shahriar	LAMBERT Academic Publishing	2019
87	《中国退耕还林效益评估与政策优化》	姚顺波	科学出版社	2020
88	《中亚地区粮食问题研究》	魏凤	中国农业出版社	2020
89	《行走乡间:对"三农"问题的思考》	王征兵	西北农林科技大学出版社	2020
90	《2020 中国农业产业投资报告》	刘军弟 闫振宇	中国财政经济出版社	2020

序号	著作名称	作者	出版单位	出版年份
91	《2020 中国旱区农业技术发展报告》	朱玉春	西北农林科技大学出版社	2020
92	《生产外包与经济效益——以小麦种植户为例》	段 培 王礼力	社会科学文献出版社	2020
93	《收入渴望与收入不平等：以苹果种植户为例》	尤 亮 霍学喜	社会科学文献出版社	2020
94	《农户自主治理与农产品质量安全》	程杰贤 郑少锋	社会科学文献出版社	2020
95	《黄河中游生态治理访谈录》	淮建军 上官周平	科学出版社	2021
96	《休耕的社会福利评估》	姚柳杨 赵敏娟	社会科学出版社	2021
97	《创新驱动的供应链信息共享》	王文隆 刘天军 朱玉春	中国人民大学出版社	2021
100	《细碎化视角下耕地利用系统空间重组优化理论、模式与路径》	张蚌蚌 孔祥斌	中国农业出版社	2021
101	《贫困地区农户农地转出行为及其减贫效应研究——基于六盘山片区的微观实证》	蔡 洁 夏显力	中国农业出版社	2021
102	《风险与机会视角下连片贫困地区农户多维贫困研究》	王文略 张光强 余 劲	中国农业出版社	2021
103	《资本禀赋、政府支持对农户水土保持技术采用行为的影响研究——基于黄土高原区农户的调查》	黄晓慧 王礼力	中国农业出版社	2021
104	《金融素养、农地产权交易与农民创业决策》	苏岚岚 孔 荣	中国农业出版社	2021
105	《粮食主产区农户粮食生产中亲环境行为研究——以山东省为例》	曹 慧 赵 凯	中国农业出版社	2021
106	《政府卫生支出与农村居民健康不平等的影响机理与对策研究——以陕西省为例》	刘 莹	西北农林科技大学出版社	2021
107	《农村集体经济组织载体变迁：新庄村个案研究》	杨 峰 赵敏娟 夏显力 高建中	中国农业出版社	2021
108	《草原生态补奖政策对农牧民生计影响研究：以北方农牧交错区为例》	周升强 赵 凯	中国农业出版社	2022

序号	著作名称	作者	出版单位	出版年份
109	《风险认知、环境规制与养殖户病死猪无害化处理行为研究》	司瑞石　陆　迁	中国农业出版社	2022
110	《西北地区城乡水贫困失衡性研究》	刘文新	中国农业出版社	2022
111	《基于生计能力的农户持续性贫困生成机制与脱贫路径研究》	胡　伦　陆　迁	中国农业出版社	2022
112	《榆林市绿水青山转化为金山银山的模式、绩效、恢复路径和长效机制》	淮建军	西北农林科技大学出版社	2022
113	《中俄农业发展研究》	朱玉春　刘天军 魏　凤　王永强 徐家鹏　阮俊虎 冀　昊　赵殷钰 胡华平	中国财政经济出版社	2022

附录7 经济管理学院国家级、省部级科研项目一览表（2000—2022）

序号	项目名称	项目类别	项目主持人
1	中国乡镇企业涉农发展方向与管理模式创新	国家级	张襄英
2	西北地区农村资源破坏典型分析及其控制机制研究	国家级	赵敏娟
3	中国政府财政对农业投资的增长方式与监督保障体系研究	国家级	罗剑朝
4	瘦肉型商品猪生产经济分析	国际合作项目	郑少锋
5	黄土高原综合治理开发示范研究（米脂、长武、安塞、淳化、乾县、吴旗）	省部级	王 青
6	陕西农业产业转换与升级的机理与对策研究	省部级	霍学喜
7	我国种子管理体制改革研究	省部级	霍学喜
8	西部地区可持续旱作农业发展途径研究	省部级	郑少锋
9	中国农地金融制度的构建方案与管理创新研究	国家级	罗剑朝
10	农产品成本核算	省部级	范秀荣
11	陕北黄土高原丘壑区畜牧业产业化发展及配套政策研究	省部级	王 青
12	陕西省农业产业化龙头企业成长机制研究	省部级	杨立社
13	陕西农业高新技术企业融资问题研究	省部级	孔 荣
14	陕西农业财政投资效率评估与监督保障体系研究	省部级	罗剑朝
15	主要粮食作物和经济作物生产成本和生产效益分析	省部级	郑少锋
16	村干部在农村经济管理中的激励与制约机制研究	国家级	王征兵
17	杨凌农业高新技术产业示范区对陕西农业产业化带动研究	省部级	朱玉春
18	构筑现代农业体系战略研究	省部级	霍学喜
19	陕西国有林场危困及对策研究	省部级	杨文杰
20	黄土高原林草植被生态经济评价及价值实现与补偿模式	省部级	孙全敏
21	在新形势下陕西畜牧业发展途径及产业化研究	省部级	李云毅
22	中国西部农业高新技术产业风险投资研究	省部级	谢 群
23	农业产学研一体化体系建设研究	省部级	范秀荣
24	农业综合开发研究	省部级	杨立社
25	中国西部农地金融的组织体系构建与信用风险分担研究	省部级	罗剑朝
26	农业产业化龙头企业与农户利益关系研究	省部级	侯军岐
27	我国农业可持续发展的技术选择和技术创新理论与"入世"技术战略对策研究	省部级	朱玉春
28	西部生态环境重建中政府财政投资效益评估与监督体系研究	省部级	罗剑朝
29	畜产品成本效益比较研究	国际合作项目	郑少锋

续表

序号	项目名称	项目类别	项目 主持人
30	农业高新技术企业成长研究	国家社科基金	孙养学
31	关中"一线两带"城镇体系构架及其管治研究	省部级	夏显力
32	"一线两带"区域特色农业持续发展模式及激励机制研究	省部级	侯军岐
33	科技创新对陕西省农业发展推动作用的技术经济评价	省部级	朱玉春
34	陕西省农民合作经济组织构建与发展研究	省部级	杨立社
35	陕西苹果产业绿色经营战略研究	省部级	张　会
36	森林及野生动植物自然保护区及其社区的一体化管理模式	省部级	王忠贤
37	新阶段农业行业科技发展政策研究	省部级	霍学喜
38	贫困地区社会发展项目中期评审	国际合作项目	姚顺波
39	陕西省农村城镇化建设中的生态环境问题研究	省部级	刘　超
40	加快解决"三农"问题的思路与对策	省部级	杨立社
41	陕西省苹果产业公司化经营机制研究	省部级	张　会
42	陕西省非公有制林业制度创新研究	省部级	姚顺波
43	陕西省中小企业集群发展与农民增收互动研究	省部级	孔　荣
44	"一线两带"无公害农产品出口基地建设研究	省部级	霍学喜
45	陕西省农业科技发展战略研究	省部级	霍学喜
46	陕西省果品产业组织运营一体化研究	省部级	高建中
47	陕西省种子产业管理体制改革研究	省部级	霍学喜
48	中日农业多样性比较研究(退耕还林政策实施与绩效评价)	国际合作项目	余　劲
49	中日农户经营状况比较研究(米脂县调查)	国际合作项目	余　劲
50	陕西农村人力资源开发及其可持续发展战略研究	省部级	张晓妮
51	秦川牛国际贸易中面临的SPS措施及应对方略研究	省部级	董银果
52	关于建立陕西农业投入增长机制的研究	省部级	罗剑朝
53	陕西省财政科技投入绩效评价研究	省部级	陆　迁
54	陕西省耕地和基本农田保护专题研究	省部级	李世平
55	大学科技推广体系与农村技术推广体系对接研究	省部级	陆　迁
56	陕西省土地规划实施保障措施专题研究	省部级	南　灵
57	农地产权深化中农村基层组织行为研究——陕西平利县农地流转实证分析	省部级	赵敏娟
58	陕西省土地利用总体规划实施评价	省部级	南　灵
59	陕西农民合作经济组织促生与成长机制研究	省部级	赵　凯
60	林草植被建设生态经济评价与经济补偿模式研究	省部级	孙全敏

序号	项目名称	项目类别	项目主持人
61	吴旗县经济社会可持续发展战略研究	省部级	姚顺波
62	城乡收入差距及地区之间、农户之间农民收入差距变化趋势研究	省部级	万广华
63	财政支持中国粮食主产区发展投资模式研究	省部级	霍学喜
64	农林高等院校财务管理体制改革与控制模式研究	省部级	霍学喜
65	农地制度变迁中地方政府的职能变化与能力研究	省部级	赵敏娟
66	陕西省农户融资机制创新研究	省部级	孟全省
67	关于陕西新农村建设中的公共财政投入问题研究	省部级	罗剑朝
68	陕西省农业支撑体系建设研究	省部级	杨立社
69	农业产业化中的龙头企业与农户对接机制及模式研究	省部级	贾金荣
70	陕西省区域农村主导产业开发研究	省部级	王 青
71	陕西公共财政支持农村公共产品供给的机理与模式研究	省部级	霍学喜
72	陕西新农村建设中农业科技创新体系研究	省部级	刘天军
73	涉农知识产权产业化模式研究	省部级	王征兵
74	陕西畜牧业规模饲养促生与成长机理及其成本效益研究	省部级	李 桦
75	农地制度变迁中地方政府的职能与能力研究	省部级	赵敏娟
76	SPS措施对猪肉国际贸易的影响及遵从成本研究	省部级	董银果
77	国民收入分配格局与农业支持保护战略研究	省部级	罗剑朝
78	杨凌示范区农业科技推广模式研究	省部级	杨立社
79	陕西涉农民营企业国际化中的政府服务研究——以杨凌高新产业示范区为例	省部级	任海云
80	陕西苹果产业供应链模式研究	省部级	姜雅莉
81	新农村建设的人力资源支持问题研究	省部级	李录堂
82	陕西省农村公共产品供给效率分析及实证研究	省部级	王博文
83	关中城市群与新农村协同发展的理论与实践研究	省部级	夏显力
84	基于粮食安全性条件下陕西耕地资源保护研究	省部级	夏显力
85	陕西乡村债务成因与化解技术研究	省部级	吕德宏
86	改善农村公共服务问题研究	省部级	朱玉春
87	黄土高原退耕与还林区森林资源动态评价及管理机制研究	省部级	王忠贤
88	中国生态恢复工程效益评价	国际合作项目	姚顺波
89	基于信任视角的弱势农户正规融资风险的度量与控制研究	国家级	孔 荣
90	西部新农村建设与城镇化进程契合问题研究	国家社科基金	贾金荣
91	陕西果业合作组织中的社会性别调查与研究	省部级	王秀娟

续表

序号	项目名称	项目类别	项目主持人
92	退耕还林政策对陕北农户经营转化的绩效研究	省部级	余　劲
93	陕西固定资产投资调控对策研究	省部级	孔　荣
94	陕西果业经济合作组织效益评价指标体系构建与实证分析	省部级	王秀娟
95	综合可再生生物质能发展(财务分析)	省部级	郑少锋
96	关中经济区及城市群建设的财税政策调研	省部级	霍学喜
97	提升陕西城镇化水平研究	省部级	张雅丽
98	陕西省畜牧业可持续发展战略研究	省部级	王博文
99	陕西畜牧业发展问题研究	省部级	李　桦
100	关中地区小康生态村建设模式及政策支持体系研究	省部级	姜志德
101	陕西农业基础设施项目管理研究	省部级	刘天军
102	陕西省林权制度研究	省部级	薛彩霞
103	陕西农村信用社联合社中长期发展规划	省部级	罗剑朝
104	我国农村合作医疗制度研究	省部级	张永辉
105	弱势农户融资的信用风险评价与控制研究	省部级	孔　荣
106	晋、陕、蒙资源富集区农村基础设施、民间资本介入与目标模式选择研究	省部级	朱玉春
107	苹果产业经济研究	省部级	霍学喜
108	秦岭重大森林有害生物松树小蠹的生态调控与优化林分结构模式研究与示范	省部级	吕淑杰
109	农户网络组织(PNO)机制及其信用演化机理研究	国家级	王　静
110	交易成本对农户农产品销售行为的影响及专业化组织创新研究	国家级	霍学喜
111	关中地区农村人才结构问题研究	省部级	姚顺波
112	南水北调中线水源涵养区农业发展战略研究	省部级	王　青
113	农户农地流转行为及其市场化引导机制研究——以陕西关中地区为例	省部级	夏显力
114	食品安全监管体系研究	省部级	刘天军
115	社会资本在陕西省农业技术采用中贡献度的实证研究	省部级	江红梅
116	陕西省区域经济发展研究	省部级	郭亚军
117	陕西农产品质量安全保障体系研究	省部级	赵晓锋
118	基于动态经济学视角对陕西省城市住宅与土地价格互动研究	省部级	余　劲
119	陕西省农业龙头企业组织创新的动因与模式研究	省部级	梁洪松
120	陕西省农业基础设施财政投融资方式研究	省部级	杜君楠

序号	项目名称	项目类别	项目主持人
121	陕西省粮食安全保障研究	省部级	王征兵
122	陕西返乡农民工就业问题研究	省部级	张雅丽
123	农村土地流转制度下的农民社会保障研究	省部级	姬便便
124	地方政府在加快农村信用社体系建设中的作用研究——以杨凌示范区为例	省部级	李 韬
125	陕西省粮食增产规划	省部级	霍学喜
126	陕西退耕区域农业生产效率提高途径和机理实证研究	省部级	李 桦
127	农村社会治理的新问题和新机制研究——农村 PNO 机制与农户信用提升问题研究	省部级	王 静
128	陕西省农户借贷行为及其收入影响研究	省部级	牛 荣
129	陕西实现现代农业的路径选择研究	省部级	雷 玲
130	陕西省果品市场物流体系研究	省部级	王博文
131	晋、陕、蒙资源富集区农村公共品投资效率评价及优化研究——基于农户满意的视角	省部级	朱玉春
132	完善农村合作医疗制度研究	省部级	姬便便
133	农村 PNO 机制与农户信用提升问题研究	省部级	王 静
134	俄罗斯水产业和淡水养殖业发展状况	省部级	朱玉春
135	基于农业现代化及农户参社意愿的农民专业合作社功能综合评价和建设	省部级	高建中
136	西北地区森林培育可持续发展研究	省部级	杨文杰
137	农户网络组织（PNO）机制及其信用演化机理研究	省部级	王 静
138	大学生创业的动机结构研究	国家级	薛建宏
139	联合生产、农户选择与后退耕时代农业生态补偿机制研究	国家级	姜志德
140	西部返乡农民工创业环境评估研究	国家社科基金	魏 凤
141	西部农村金融市场开放度、市场效率与功能提升政策体系研究	国家级	罗剑朝
142	粮食主产区建设社会主义新农村的理论、机制与模式	国家级	朱玉春
143	基于选择模型的西北地区水资源价值评估及其效益转移研究	国家级	赵敏娟
144	共生真菌毒蛋白酶在"虫－树－菌"互作体系中的致害机理	国家级	吕淑杰
145	陕西农村土地流转模式与机制研究	省部级	朱玉春
146	陕西省土地问题研究	省部级	李世平
147	农业龙头企业带动农民收入增长的方式与效果研究	省部级	孟全省
148	陕西省苹果产业自主创新研究	省部级	姚顺波

续表

序号	项目名称	项目类别	项目主持人
149	互动联关经济计量模型引进及陕北退耕还林工程的评价	省部级	余　劲
150	陕西现代苹果产业质量安全保障体系研究	省部级	赵晓锋
151	陕西省经济增长方式研究	省部级	张雅丽
152	西安市农民工社会保障与维权问题研究	省部级	姚顺波
153	陕西农业发展"十二五"规划编制及关于建立农业长效机制	省部级	霍学喜
154	陕西财税支持科技资源整合调研	省部级	姚顺波
155	乳品产业改造升级项目可行性报告	省部级	罗剑朝
156	冀北山区输水型小流域生态补偿标准与机制研究	省部级	姜志德
157	已租赁集体林产权改革路径研究	省部级	李　桦
158	无公害蔬菜基地农户使用农药行为控制研究——以西北地区为例	省部级	王永强
159	中国集体林产权改革相关政策研究	省部级	姚顺波
160	基于城乡统筹视角下的小城镇群网格化形成机理、模式与路径研究	省部级	夏显力
161	货币政策冲击下资产价格波动非均衡效应研究——基于动态经济学视角	省部级	余　劲
162	给予目标强度的企业 R&D 投入影响因素研究	省部级	任海云
163	基于农户收入和社会资本异质性双重视角的农村社区小型水利设施合作供给实证研究——以陕西省为例	国家级	陆　迁
164	贫困地区小额信贷的目标偏移问题研究	国家级	聂　强
165	"农超对接"模式效率评价及效率提升机制研究	国家级	刘天军
166	基于碳汇效益内部化视角的造林补贴标准研究	国家级	姚顺波
167	跨区域输水中水源地生态服务价值损失评估与补偿标准研究——以京津与冀北山区间跨区域输水为例	国家级	宋健峰
168	陕西省新生代农民工就业能力评价体系构建研究	省部级	马红玉
169	陕西省生态补偿研究	省部级	聂　强
170	苹果种植户生产经营效率、行为及演化提升机制研究——基于两大苹果优势区的实证分析	省部级	白秀广
171	陕西省土地整治与农业发展研究	省部级	李世平
172	陕西新型农村合作医疗可持续发展研究	省部级	张永辉
173	西北地区农业面源污染的经济分析与对策研究	省部级	姜雅莉
174	陕西省土地整治战略研究	省部级	南　灵
175	植物性农药国内外知识产权保护状态及核心技术研究	省部级	刘天军

序号	项目名称	项目类别	项目主持人
176	基于资源禀赋变化视角的西部退耕还林地区农户收入增长机制研究	省部级	郭亚军
177	建立蔬菜产业固定观察点及相关数据调查与采集	省部级	胡华平
178	"大荔模式"特征及其效果评价研究	省部级	霍学喜
179	陕西食品生产许可证管理制度优化研究	省部级	张永辉
180	蔬菜产业固定观测点的建立及相关数据的采集	省部级	徐家鹏
181	中西部农村社会养老保障制度持续发展研究	省部级	张永辉
182	我国农村小型金融机构试点运行绩效评价与支持政策研究	省部级	罗剑朝
183	西部地区农村金融市场配置效率、供求均衡与产权抵押融资模式研究	省部级	罗剑朝
184	农民专业合作组织融资信用及风险演化机理研究	省部级	王 静
185	黄土高原退耕区农户低碳生产模式与政策研究	国家级	姜志德
186	反贫困视角下生态移民政策的农户响应及经济效应研究——以陕西省南部地区为例	国家级	余 劲
187	杨凌"土地银行"运行绩效评价及其优化策略研究	省部级	夏显力
188	村干部在农村社区管理中的职务行为规律及规范研究	省部级	王征兵
189	基于农民参与意愿的陕西省新农村社区建设影响因素研究	省部级	李 敏
190	陕西省土地退化防治公私伙伴关系现状调研	省部级	姚顺波
191	基于农户分层视角的陕西农村宅基地退出补偿机制研究	省部级	赵 凯
192	"农超对接"情景中的农产品质量规制研究——基于链条化利益契约关系治理视角	省部级	刘军弟
193	陕西现代农作物种业发展研究	省部级	夏显力
194	新形势下劳动力外出务工对农户农业生产的影响及对策研究——基于新迁移经济学理论	省部级	徐家鹏
195	农村金融教学团队	省部级	罗剑朝
196	食品安全监管工具创新研究	省部级	赵晓锋
197	陕西省资源密集型区域可持续发展研究——以吴起县为例	省部级	薛彩霞
198	西部地区农户收入质量、信贷需求与农村正规信贷约束的联动影响研究	省部级	孔 荣
199	陕西省南部生态移民绩效评价技术研究	省部级	余 劲
200	农户碳汇生产、CDM 概念与退耕还林生态补偿机制市场化研究	国家级	李纪生

序号	项目名称	项目类别	项目主持人
201	基于农户异质性视角的农业环境全要素生产率增长分析及提升机制研究	国家级	白秀广
202	林权改革背景下林农参与森林经营方案编制的行为意愿研究	国家级	渠 美
203	农村金融联结机制及其关联信用风险演化机理研究	国家级	王 静
204	基于农户收入质量的农村正规信贷约束模拟检验及政策改进研究	国家级	孔 荣
205	基于资源环境禀赋视角的生态修复工程补偿标准研究	国家级	郭亚军
206	西北地区水资源配置的多目标协同研究：全价值评估与公众支持	国家级	赵敏娟
207	农民专业合作社纵向一体化研究	国家级	王礼力
208	儒释道里的森林文化对林业发展的影响及政策思考	省部级	张 会
209	技术接近、地理位置与产业集聚的技术溢出效应研究	省部级	张晓宁
210	陕西省现代产业发展新体系构建研究	省部级	张晓宁
211	陕北退耕还林前后土地利用/覆被变化及驱动机制研究	省部级	龚直文
212	陕西省森林碳汇抵押融资机制研究	省部级	杨文杰
213	农村集体产权法律化研究	省部级	李录堂
214	陕西农村宅基地退出补偿标准研究	省部级	赵 凯
215	陕西省质量强省发展战略研究	省部级	赵晓锋
216	我国林业生态修复工程财政支出效率研究	省部级	姚顺波
217	中职师资培训包会计专业开发研究	省部级	孟全省
218	2014 年大学生寒假返乡退耕农户问卷调查	省部级	姜志德
219	陕西与丝绸之路沿线国家在农业科技方面的合作：基于杨凌示范区的作用研究	省部级	李 韬
220	商业性小额贷款公司的信贷供给：运作机制及绩效评价研究	省部级	杨虎锋
221	金融联结机制及其稳定性研究	省部级	王 静
222	农产品产销纵向协作模式及关系整合研究	省部级	徐家鹏
223	集体林权改革背景下西部农户林地经营行为及效率提升路径研究——以四川省农户为例	省部级	薛彩霞
224	基于粮食安全视角下我国新型耕地保护利益补偿模式的构建及其运行机制研究	省部级	赵 凯
225	农户创业绩效及其影响因素研究	省部级	魏 凤
226	农村信息资源标准及信息技术集成与示范	省部级	李录堂
227	合作信任、关系网络与小型农田水利农户地域性自主参与供给研究——以黄河灌区的宁夏、陕西、河南为例	省部级	朱玉春

序号	项目名称	项目类别	项目主持人
228	合作信任、关系网络与小型农田水利农户参与供给研究	省部级	朱玉春
229	农民专业合作社纵向一体化研究	国家社会科学基金	王礼力
230	基于农户异质性视角的农业环境全要素生产率增长分析及提升机制研究	国家自然科学基金	白秀广
231	基于资源环境禀赋视角的生态修复工程补偿标准研究	国家自然科学基金	郭亚军
232	融合重力模拟机制和地表几何形态的 DEM 地形分析矢量方法研究	国家自然科学基金	晋 蓓
233	基于农户收入质量的农村正规信贷约束模拟检验及政策改进研究	国家自然科学基金	孔 荣
234	农户碳汇生产、CDM 构念与退耕还林生态补偿机制市场化研究	国家自然科学基金	李纪生
235	"农超对接"模式效率评价及效率提升机制研究	国家自然科学基金	刘天军
236	中国苹果产业安全生产研究	国际合作项目	霍学喜
237	中国苹果安全生产研究	国际合作项目	霍学喜
238	黄土高原退耕区农户低碳生产模式与政策研究	国家发改委	姜志德
239	生物多样性价值核算及保护政策实践研究——以成都市温江区为例	国家环保总局	姚顺波
240	林改监测调研及数据分析	国家林业局	高建中
241	我国集体林产权改革配套改革效果与政策分析	国家林业局	李 桦
242	基于抵押品的西北地区森林碳汇贷款机制研究	国家林业局	杨文杰
243	集体林权改革背景下西部农户林地经营行为及效率提升路径研究——以四川省农户为例	教育部	薛彩霞
244	商业性小额贷款公司的信贷供给:运作机制及绩效评价研究	教育部	杨虎锋
245	中西部农村社会养老保障制度持续发展研究	教育部	张永辉
246	合作信任、关系网络与小型农田水利农户参与供给研究	教育部	朱玉春
247	农村信息资源标准及信息技术集成与示范	科技部	李录堂
248	"西北旱区农业水资源潜力与高效利用模式集成及应用"子课题"典型灌区农业节水激励机制与节水效应研究"	科技部	宋健峰
249	国内种子企业发展态势	农业部	李 桦

续表

序号	项目名称	项目类别	项目主持人
250	蔬菜产业固定观测点的建立及相关数据的采集	农业部	徐家鹏
251	推进城乡要素平等交换和基本公共服务	农业部	朱玉春
252	生态文明建设背景下自然资源治理体系构建:全价值与多中心途径	国家社会科学基金	赵敏娟
253	农村土地经营权抵押融资风险控制及模式创新研究	国家社会科学基金	吕德宏
254	粮食主产区耕地保护经济补偿模式及运行机制研究	国家社科基金西部项目	赵凯
255	集体林权改革背景下南方农户商品林生产要素配置效率及其提升路径研究	国家自然科学基金	李桦
256	基于农户收入差异视角的农田水利设施供给效果及改进路径研究——以黄河灌区为例	国家自然科学基金	朱玉春
257	农产品供应链质量规制研究—基于利益主体契约选择及其治理视角	国家自然科学基金	刘军弟
258	欠发达地区农村社区老年健康促进机制——基于健康不平等和社会资本异质性视角的分析	国家自然科学基金	张永辉
259	基于农户异质性视角的农业环境全要素生产率增长分析及提升机制研究	国家自然科学基金	白秀广
260	异质性约束下黄土高原苹果干旱风险的分类适应性管理研究	国家自然科学基金	淮建军
261	西北地区农户现代灌溉技术采用研究:社会网络、学习效应与采用效率	国家自然科学基金	陆迁
262	黄土高原区退耕还林政策生态效率评价与提升路径	国家自然科学基金	姚顺波
263	农户异质性、碳汇生产激励与后退耕时代生态补偿机制研究——以黄土高原退耕区为例	国家自然科学基金	张兴
264	少数民族社会——生态系统对气候变化的响应与适应机制研究——基于云南哈尼族农村社区的数据	国家自然科学基金	骆耀峰
265	基于利益主体契约选择与关系视角的生猪产销纵向协作整合治理研究	国家自然科学基金	徐家鹏
266	西部农户非木质林产品经营行为选择及效率提升路径研究:基于家庭劳动力配置视角	国家自然科学基金	薛彩霞

序号	项目名称	项目类别	项目主持人
267	农民职业化对高价值农产品规模化经营实现路径的影响研究——基于苹果种植户的实证分析	国家自然科学基金	闫小欢
268	规模生猪养殖场(户)污染治理技术采纳行为及应用效果研究——基于技术吸收能力约束视角	国家自然科学基金	闫振宇
269	基于普惠金融视角的 P2P 网络借贷绩效评价及其制度优化路径研究	国家自然科学基金	杨虎锋
270	基于双内生视角的非农就业对林地流转的影响研究——以福建、江西、云南集体林区为例	国家自然科学基金	张 寒
271	基于生物多样性的秦岭次生林经营优化研究	国家自然科学基金	龚直文
272	食品价格波动对城镇低收入人群福利影响及补贴政策研究	教育部人文社科研究项目	同海梅
273	农村金融联结机制及其稳定性研究	教育部人文社科研究项目	王 静
274	基于双内生视角的非农就业对林地流转的影响研究——以福建、江西集体林区为例	教育部人文社会科学研究项目	张 寒
275	基于农户异质性的碳汇生产激励机制研究——以黄土高原退耕区为例退耕还林生态补偿机制研究	教育部人文社科研究项目青年基金项目	张 兴
276	西部生态恢复工程财政支出效率与提升研究	教育部人文社科研究项目	姚顺波
277	政府主导下农地流转对农户福利影响及改进策略研究:以关中—天水经济区为例	教育部人文社科研究项目	夏显力
278	新丝绸之路经济带框架下西北与中亚和俄罗斯农业合作模式研究	教育部人文社科研究项目	魏 凤
279	农户农地经营权反担保贷款可得性研究:机理、实证与对策	教育部人文社科学研究项目	李 韬
280	政府卫生支出对农村居民健康不平等的影响激励与对策研究——以陕西省为例	教育部人文社科学研究项目	刘 莹
281	领导者心理契约对下属的影响机理研究	教育部人文社科研究项目	韩 樱
282	涉农企业上市成长路径研究	科技部	赵敏娟

序号	项目名称	项目类别	项目主持人
283	水果生产提质增效及老果园改造技术模式集成	农业部	闫振宇
284	陕西省农业"走出去"重点产业与合作模式研究	农业部	刘天军
285	农业产业化和农产品质量安全:农业标准形成与作用机理	农业部	邵砾群
286	农村电子商务与农业现代化:产业组织模式创新及政策研究	农业部	贾相平
287	全国农产品加工业及农村一二三产业融合发展研究项目	农业部	赵　凯
288	推进城乡要素平等交换和基本公共服务均等化研究	农业部	朱玉春
289	国内种子企业发展态势	农业部	李　桦
290	新常态下我国林业发展面临的机遇与挑战研究	国家林业局	高建中
291	国有林场改革背景下森林公园管理机制与模式创新研究	国家林业局	邵砾群
292	退耕还林工程效益监测、评估与优化技术	国家林业局	姚顺波
293	市场主导型林业生态工程建设制度研究	国家林业局	姚顺波
294	基于抵押品的西北地区森林碳汇贷款机制研究	国家林业局	杨文杰
295	陕西省政策性农业保险绩效评价	纵向协作	姬便便
296	不同类型生态技术识别、演化与评价	国家重点研发计划课题	姜志德
297	信息化及"互联网"运行机制研究	国家重点研发计划子课题	丁吉萍
298	集体行动对农户水土保持关联技术采用行为影响机制研究——以黄土高原区为例	国家自然科学基金面上项目	陆　迁
299	轻资产生鲜 O2O 模式下的终端库存控制策略和协调机制研究	教育部人文社科项目	李政道
300	基于农户异质性视角的碳汇生产激励机制研究——以黄土高原退耕区为例	教育部人文社科项目	张　兴
301	西北旱区大型灌区灌溉用水反弹效应研究	教育部人文社科项目	宋健峰
302	气候变化、适应性对粮食作物生产的影响:收益、产量及全要素生产率	教育部人文社科项目	白秀广
303	农业人力资本投资供给侧改革影响因素及模式创新研究——以西北 5 省新型经营主体为例	教育部人文社科项目	刘　超
304	西北地区新生代农民工创业绩效研究——社会资本和心理资本双重视角	教育部人文社科项目	马红玉
305	集中连片特困区农户贫困脆弱性研究:资源禀赋与风险冲击视角	教育部人文社科项目	朱玉春

序号	项目名称	项目类别	项目主持人
306	西部与丝路经济带前段国家农业互补性合作研究:潜力测度与机制优化	国家自然科学基金面上项目	魏凤
307	陕西壮大农村集体经济的思路与对策	陕西省创新能力支撑计划－软科学研究计划－联合项目	李韬
308	关于实施乡村振兴战略中促进农民增收的研究	陕西省创新能力支撑计划－软科学研究计划－联合项目	夏显力
309	中国老科协助力乡村振兴行动计划(2019—2022年)	陕西省其他	赵敏娟
310	陕西省农村居民金融素养及其对金融资产配置的影响机制及优化路径研究	陕西省社科基金	胡振
311	面向乡村振兴的陕西土地流转:结构困境、模式比较与路径优化	陕西省社科基金	张蚌蚌
312	林草业支持民营经济发展政策研究	横向(国家林业和草原局经济发展研究中心)	高建中
313	草原生态保护重大政策与工程评价	横向(国家林业和草原局经济发展研究中心)	姜志德
314	第四期秦巴山区科技特派员农村科技创业骨干培训班	六次产业研究院(复旦大学)	赵敏娟
315	金融行为中介作用下农民金融素养对收入质量的影响机制及提升策略研究	国家自然基金面上项目	孔荣
316	返乡动机、人力资本与返乡农民工农业生产行为研究	国家自然基金青年项目	李敏
317	权属来源、用途特性、经营规模视角下农地经营权抵押约束的实证研究	国家自然基金面上项目	李韬
318	信任与农民创业:机会识别、创业决策与创业绩效	国家自然基金面上项目	刘天军
319	南方集体林区资源禀赋、产权演化与森林质量	国家自然基金面上项目	姚顺波

续表

序号	项目名称	项目类别	项目主持人
320	现代通讯技术使用对农户市场参与行为及绩效影响机制研究——基于交易成本视角	国家自然基金面上项目	郑少锋
321	农户参与农田灌溉系统管护研究:资源禀赋、组织支持与治理绩效	国家自然基金面上项目	朱玉春
322	电商模式下基于成熟度的鲜果采摘与发货联合决策研究	国家自然基金青年项目	阮俊虎
323	基于 Copula 方法的西北地区农业天气风险管理研究	国家自然基金青年项目	冀昊
324	新型集成膜技术与食品－能源－水系统可持续发展研究	国家重点研发计划国际合作项目	余劲
325	陕北不同耕地细碎化整治模式绩效差异与质量提升路径	第十二批中国博士后科学基金特别资助项目	张蚌蚌
326	工业用地利用转型的状态识别、驱动机制与优化策略研究	第六十五批中国博士后科学基金面上项目	陈伟
327	环境规制视角下产业转移与碳转移的空间路径及减排策略	第六十六批中国博士后科学基金面上项目	王雅楠
328	种植户亲环境行为与意愿悖离及行为激励政策研究	教育部人文社科一般项目青年基金项目	朱郭奇
329	公众异质性预期、羊群行为与房价波动——基于 ABNK 模型的研究	教育部人文社科一般项目青年基金项目	赵玮
330	国家现代农业产业技术体系燕麦、荞麦、产业经济	农业农村部	赵敏娟
331	国家现代农业产业技术体系苹果产业经济	农业农村部	霍学喜
332	基于空间效应的陕西省种植业碳减排潜力与治理策略研究	陕西省自然科学基础研究计划一般项目(青年)	王雅楠

序号	项目名称	项目类别	项目主持人
333	普惠金融视角下陕西农村小微贷款信用风险决策评价研究	陕西省创新人才推进计划青年科技新星项目	石宝峰
334	基于精准扶贫视角的陕西省经济林经营效率及其适度规模研究	陕西省软科学研究计划一般项目	李 敏
335	陕西省电商产业集群环境对创业人才吸引力的影响研究	陕西省软科学研究计划	张晓慧
336	环境规制、技术创新与陕西资源型城市转型发展新动能培育研究	陕西省软科学研究计划	张晓宁
337	陕西农村垃圾治理优化机制及政策路径研究——基于政府及农户双重主体	陕西省软科学研究计划	孔 荣
338	乡村振兴战略下陕西特色现代农业产业体系建设路径研究	陕西省软科学研究计划重点项目	陈 伟
339	基于农户需求的陕西省农村有机垃圾分类补偿模式研究	陕西省自然基金青年基金	袁亚林
340	陕西省税优递延型养老保险研究	陕西省保险学会研究课题	姬便便
341	科普服务乡村振兴战略的模式及效果研究	陕西省提升公共科学素质研究计划项目	汪红梅
342	陕西农业特色优势产业发展研究	陕西省发展和改革委员会	孙养学
343	陕西资源型城市转型发展与新动能培育研究——基于环境规制和创新补偿的视角	陕西省社科基金	张晓宁
344	养殖规模对陕西奶山羊产业链组织利益分配的影响研究	陕西省社科基金	赵晓锋
345	基于合作金融视角的农户与新型经营主体利益联结机制研究	陕西省社科基金	牛 荣
346	关中平原城市群工业用地利用转型的驱动机制与协同优化研究	陕西省社科基金	陈 伟
347	陕西省种植业碳减排潜力、影响机制及减排政策研究	陕西省社科基金	王雅楠

续表

序号	项目名称	项目类别	项目主持人
348	纳入全价值的草原生态恢复管理体制评价与优化对策	国家林业和草原局软科学项目	赵敏娟
349	集体林区林地适度规模测度及相关政策选择	横向(国家林业和草原局经济发展研究中心)	高建中
350	草原生态补偿激励机制研究	横向(国家林业和草原局经济发展研究中心)	李　敏
351	新时期粮食安全战略研究	横向(农业部农村经济研究中心)	石宝峰
352	土地承包经营权流转管理与有偿退出试点任务绩效评价	横向(农业农村部)	石宝峰
353	农户宅基地有偿退出模式及优化研究	横向(农业农村部)	赵　凯
354	我国西部农业市场培育与开放研究	国家自然科学基金重点项目	刘天军
355	保护性耕作技术采用的需求诱导机制研究:组织支持、跨期选择与激励效果	国家自然科学基金面上项目	陆　迁
356	生鲜农产品物联网电商:种植户"认知－意愿"及需求驱动的运作模式研究	国家自然科学基金面上项目	阮俊虎
357	基于水土安全的黄河流域可持续生产能力评估与调控	国家自然科学基金中美合作交流项目子项目	张蚌蚌
358	禁牧管制、舍饲养殖集中污染排放与退耕区农户清洁低碳养殖激励机制	国家社科基金面上项目	李纪生
359	植被恢复"潜力－实现"视角下生态政策效果评价方法研究及应用——基于空间统计建模	国家自然科学基金面上项目	张道军
360	新冠疫灾与气象灾害耦合作用下黄土高原农户应对多重风险的生计恢复研究	国家自然科学基金面上项目	淮建军
361	农村劳动力成本上升与营林投入结构固化:悖论、形成机制与影响研究	国家自然科学基金面上项目	张　寒
362	高质量发展下工业用地利用转型:演化机制、环境效应与协同优化研究	国家自然科学基金面上项目	陈　伟

西北农林科技大学
经济管理学院 **院史** *1936—2022*

续表

序号	项目名称	项目类别	项目主持人
363	可持续集约视角下的苹果病虫害防治手机应用服务:农户采用行为与效果评估	国家自然科学基金青年科学基金项目	丁吉萍
364	经济集聚促进区域节能减排机理与政策研究	国家社会科学基金青年基金项目	王雅楠
365	新农人绿色创业绩效评价及影响机理研究——基于创业生态系统视角	教育部人文社科项目规划基金项目	马红玉
366	农户信息获取能力、政策认可度与特色农产品保险购买研究	教育部人文社科项目青年基金项目	罗添元
367	农村人居环境整治背景下西北地区农户生活垃圾分类行为驱动机制及政策响应研究	教育部人文社科项目青年基金项目	袁亚林
368	西北地区耕地资源保护政策体系评价与完善:多目标协同与公众支持	国家自然科学基金面上项目	赵敏娟
369	"风险－等级－利率"匹配视角下家庭农场信用评级与贷款定价研究	国家自然科学基金面上项目	石宝峰
370	陕北不同细碎化整治模式下耕地利用转型的过程、机制与效应研究	国家自然科学基金面上项目	张蚌蚌
371	再制造闭环供应链:消费者购买意愿及平台模式研究	国家自然科学基金青年科学基金项目	张 琦
372	制造商遭受黑客攻击情形下零售商信息共享决策研究:基于数据安全视角	国家自然科学基金青年科学基金项目	王文隆
373	农村居民生活垃圾分类行为研究:驱动机理、政策响应与仿真	国家自然科学基金青年科学基金项目	袁亚林
374	休耕政策影响下农户耕地利用行为响应、环境效应及优化策略研究	国家自然科学基金青年科学基金项目	侯现慧
375	生产托管促进小农户与现代农业发展有机衔接的机制、效应与政策优化研究	国家社会科学基金一般项目	夏显力

序号	项目名称	项目类别	项目主持人
376	"农超对接"模式下苹果种植户绿色生产行为研究：契约选择、组织支持与行为决策	教育部人文社科项目规划基金项目	闫小欢
377	基于解释水平理论的农户粮食生产托管契约安排及引导政策研究	教育部人文社科项目青年基金项目	钱　冬
378	水贫困视角下西北地区县域城乡用水质量时空演变及配置路径研究	教育部人文社科项目青年基金项目	刘文新
379	关中平原耕地非粮化时空格局、形成机制与管控策略研究	教育部人文社科项目青年基金项目	郑伟伟
380	国家公园体制试点区农户参与生态旅游经营的决策行为研究：驱动机制与绿色引导	教育部人文社科项目青年基金项目	姚　岚
381	新型经营主体信用评价体系研究	中央农办农业农村部乡村振兴专家咨询委员会软科学课题	石宝峰
382	乡村振兴工作推进机制问题研究	国家乡村振兴局软科学课题	张　寒
383	小宗农产品供应链博弈机理与价格稳定策略研究	中国博士后基金面上资助二等	黄毅祥
384	水贫困视角下陕西省县域农村水资源利用绿色效率测度及提升路径研究	中国博士后基金面上资助二等	刘文新
385	数字农业管理理论与方法	陕西省科技计划项目陕西省自然科学基础研究计划 – 杰出青年项目	阮俊虎

序号	项目名称	项目类别	项目主持人
386	地方依恋、柔性治理与合村并居中农户决策行为研究	陕西省科技计划项目 陕西省自然科学基础研究计划 一般项目	夏显力
387	基于实物期权的集体建设用地租赁住房项目投资策略及激励政策研究	陕西省科技计划项目 陕西省自然科学基础研究计划 一般项目	钱　冬
388	陕西省区域水贫困评价、驱动力与对策研究	陕西省科技计划项目 陕西省自然科学基础研究计划 一般项目	宋健峰
389	乡村振兴背景下陕西省农地集约利用的环境风险评价与绿色引导研究	陕西省科技计划项目 陕西省自然科学基础研究计划 一般项目	姚　岚
390	后扶贫时代陕西农村生态环境治理模式及效果研究	陕西省科技计划项目 陕西省创新能力支撑计划 软科学研究计划	汪红梅
391	陕西省农村集体经济组织融资效率及金融支持研究	陕西省科技计划项目 陕西省创新能力支撑计划 软科学研究计划	李　韬
392	乡村振兴背景下陕西农村公共服务设施供给模式研究	陕西省科技计划项目 陕西省创新能力支撑计划 软科学研究计划	赵　凯
393	供给安全目标下陕西省粮食低碳生产政企农协同路径研究	陕西省社会科学基金年度项目	朱郭奇

序号	项目名称	项目类别	项目主持人
394	陕西省农村人居环境治理水平测度及农户参与机制研究	陕西省社会科学基金年度项目	王博文
395	新型农业经营主体视角下陕西农产品区域品牌发展路径与政策研究	陕西省社会科学基金年度项目	李大垒
396	粮食安全视角下关中平原耕地非粮化的空间模拟及其管控策略研究	陕西省社会科学基金年度项目	郑伟伟
397	可持续生计框架下农户创业的多维相对贫困治理路径研究	陕西省社会科学基金年度项目	马红玉
398	乡村振兴视域下陕西省苹果产业可持续性品牌策略研究	陕西省社会科学基金年度项目	张 琦
399	陕西省中小规模生猪养殖户高质量发展适应性问题研究	陕西省社会科学基金年度项目	闫振宇
400	信息流动性视角下陕西苹果"保险+期货"试点的溢出效应研究	陕西省社会科学基金年度项目	罗添元
401	陕西农业产业高质量发展研究	陕西省哲学社会科学重大理论与现实问题研究项目重点智库研究项目	夏显力
402	生态产品价值实现机制一般理论与陕西实现路径研究	陕西省哲学社会科学重大理论与现实问题研究项目重点智库研究项目	赵敏娟
403	陕西省用水质量与经济高质量发展的协同性研究	陕西省哲学社会科学重大理论与现实问题研究项目一般项目	刘文新

续表

序号	项目名称	项目类别	项目主持人
404	基于禀赋效应的农地流转补贴政策研究	陕西省哲学社会科学重大理论与现实问题研究项目一般项目	宋健峰
405	山地苹果种植户低碳技术采纳行为研究——以陕北地区为例	陕西省哲学社会科学重大理论与现实问题研究项目一般项目	党红敏
406	易地搬迁地区农民土地利用及提升路径研究	陕西省哲学社会科学重大理论与现实问题研究项目一般项目	王　倩
407	全省救灾物资储备及救灾装备种类、数量、需求研究	陕西省哲学社会科学重大理论与现实问题研究项目陕西省应急管理课题研究项目	阮俊虎
408	自然灾害评估方法及机制制度	陕西省哲学社会科学重大理论与现实问题研究项目陕西省应急管理课题研究项目	赵　凯
409	生态保护空间识别及其可持续性经营机制设计	陕西省哲学社会科学重大理论与现实问题研究项目陕西生态空间治理重点课题	李　桦
410	国家公园管理体制优化研究——以大熊猫国家公园秦岭片区为例	陕西省哲学社会科学重大理论与现实问题研究项目陕西生态空间治理重点课题	张　寒

西北农林科技大学 经济管理学院 院史 1936—2022

续表

序号	项目名称	项目类别	项目主持人
411	基于相似生境潜力的生态修复区划关键技术研究	陕西省哲学社会科学重大理论与现实问题研究项目陕西生态空间治理重点课题	张道军
412	基于承载力的陕西省生态系统修复重点区域划定及路径研究	陕西省哲学社会科学重大理论与现实问题研究项目陕西生态空间治理重点课题	晋　蓓
413	陕西省生态空间规划战略研究	陕西省哲学社会科学重大理论与现实问题研究项目陕西生态空间治理重点课题	张蚌蚌
414	秦岭生态环境"天地一体化"的监管体系研究	陕西省哲学社会科学重大理论与现实问题研究项目省政府研究室重大课题研究项目	龚直文
415	双碳视野下陕西省县域经济高质量发展潜力及优化路径研究	陕西省哲学社会科学重大理论与现实问题研究项目全省高质量发展若干重大课题研究项目	刘文新
416	"双碳"目标下农业绿色发展体系创新与政策研究	国家社会科学基金重大项目	赵敏娟
417	统筹推进县域城乡融合发展的理论框架与实践路径研究	国家社会科学基金重大项目	朱玉春
418	生态振兴促进农民农村共同富裕的实现路径研究	国家自然科学基金专项项目	赵敏娟

序号	项目名称	项目类别	项目主持人
419	托管平台下基于智能合约的苹果植保无人机调度优化	国家自然科学基金面上项目	阮俊虎
420	草地资源协同治理行为与结构的形成过程：基于制度匹配的视角	国家自然科学基金面上项目	陈海滨
421	农业生物资产价值动态评估、抵押融资模式与风险管理政策研究	国家自然科学基金面上项目	罗剑朝
422	扶贫信贷特惠政策退出情景下脱贫农户信贷行为变化与政策调适研究	国家自然科学基金面上项目	李 韬
423	金融健康、收入质量与农户消费结构：作用机制及优化策略研究	国家自然科学基金面上项目	孔 荣
424	内生动力视角下产业发展与农户就近就地就业机制研究——以乡村振兴重点帮扶县易地搬迁政策为例	国家自然科学基金面上项目	余 劲
425	黄土高原沟壑区耕地非粮化过程及生态效应模拟研究——以陕西长武县为例	国家自然科学基金青年科学基金项目	郑伟伟
426	龙头企业主导下果品全产业链延伸的动力机制与实施路径研究	国家自然科学基金青年科学基金项目	邱 璐
427	粮价波动下华北粮食主产区经营主体的土地流转行为响应及应对策略研究	国家自然科学基金青年科学基金项目	王 倩
428	基于产业链信用共同体的农民合作社融资机制与路径研究	国家社会科学基金一般项目	牛 荣
429	义务教育财政投入促进西部农村青少年人力资本平等发展的作用机理及对策研究	国家社会科学基金西部项目（教育学）	杨克文
430	基于新型农村集体经济发展的西部农地股份化动态调整机制研究	国家社会科学基金西部项目	王志彬
431	农业农村减排固碳问题研究	中央农办、农业农村部中央农办乡村振兴专家咨询委员会软科学课题	赵敏娟

序号	项目名称	项目类别	项目主持人
432	金融赋能乡村振兴政策取向和实施路径研究	中央农办、农业农村部中央农办乡村振兴专家咨询委员会软科学课题	罗剑朝
433	干旱半干旱地区粮食稳产增产研究	中央农办、农业农村部中央农办乡村振兴专家咨询委员会软科学课题	张　寒
434	农户保护性耕作技术采用行为对化肥利用效率的影响机制、效应及政策优化研究	教育部人文社科项目规划基金项目	白秀广
435	草原生态补奖政策对牧户内部福利结构变化的影响机制研究——基于牧户生计脆弱性分化视角	教育部人文社科项目规划基金项目	李　敏
436	核心企业主导下蔬菜全产业链延伸的动力机制与模式研究	教育部人文社科项目青年基金项目	邱　璐
437	空间规划权视域的城镇开发边界划定体系与运作策略研究	教育部人文社科项目青年基金项目	靳亚亚
438	地方政府决策竞争与区域碳排放研究:经验证据、机理分析与减排策略	教育部人文社科项目青年基金项目	李晓燕
439	中低产粮田改造工程关键技术研发及示范	陕西省科技计划项目重点产业创新链(群)农业领域	张蚌蚌

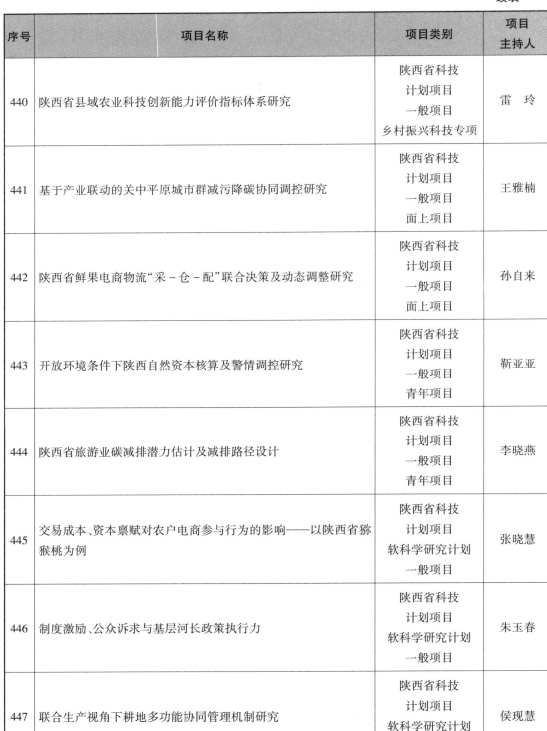

序号	项目名称	项目类别	项目主持人
440	陕西省县域农业科技创新能力评价指标体系研究	陕西省科技计划项目 一般项目 乡村振兴科技专项	雷 玲
441	基于产业联动的关中平原城市群减污降碳协同调控研究	陕西省科技计划项目 一般项目 面上项目	王雅楠
442	陕西省鲜果电商物流"采－仓－配"联合决策及动态调整研究	陕西省科技计划项目 一般项目 面上项目	孙自来
443	开放环境条件下陕西自然资本核算及警情调控研究	陕西省科技计划项目 一般项目 青年项目	靳亚亚
444	陕西省旅游业碳减排潜力估计及减排路径设计	陕西省科技计划项目 一般项目 青年项目	李晓燕
445	交易成本、资本禀赋对农户电商参与行为的影响——以陕西省猕猴桃为例	陕西省科技计划项目 软科学研究计划 一般项目	张晓慧
446	制度激励、公众诉求与基层河长政策执行力	陕西省科技计划项目 软科学研究计划 一般项目	朱玉春
447	联合生产视角下耕地多功能协同管理机制研究	陕西省科技计划项目 软科学研究计划 一般项目	侯现慧

序号	项目名称	项目类别	项目主持人
448	陕西省农村人居环境质量测度及提升路径研究	陕西省科技计划项目软科学研究计划一般项目	王博文
449	陕西省区域创新生态系统与新型城镇化协同发展研究：基于生态位适宜度的评价	陕西省科技计划项目软科学研究计划一般项目	徐家鹏
450	陕西省县域农业生态效率时空差异及其影响因素分析	陕西省科技计划项目软科学研究计划一般项目	白秀广
451	陕西省特色农业绿色发展的驱动机制与优化策略研究——基于区域品牌生态系统视角	陕西省科技计划项目软科学研究计划一般项目	李大垒
452	陕西省农业科技创新发展效果评价研究	陕西省科技计划项目软科学研究计划委托项目	雷　玲
453	健康陕西战略背景下居民健康不平等测度及改善策略研究	陕西省社会科学基金项目年度项目	杨克文
454	陕西省易地扶贫搬迁城镇化集中安置的政策效果研究：基于安置人口就业质量视角	陕西省社会科学基金项目年度项目	徐家鹏
455	省际贸易视角下陕西省碳排放转移及驱动机制研究	陕西省社会科学基金项目年度项目	冀　昊
456	农服平台下陕西省苹果植保无人机服务定价调度与提升策略研究	陕西省社会科学基金项目年度项目	阮俊虎

序号	项目名称	项目类别	项目主持人
457	粮价波动下陕西省农户粮食生产行为响应及保障机制研究	陕西省社会科学基金项目年度项目	王倩
458	供应链视角下陕西农产品直播带货多元协同治理机制研究	陕西省社会科学基金项目年度项目	王文隆
459	"双碳"视野下陕西省农业经济高质量发展潜力及实现路径研究	陕西省社会科学基金项目年度项目	刘文新
460	陕西农村集体经济发展的金融支持及其模式研究	陕西省社会科学基金项目年度项目	李韬
461	"双碳"背景下陕西绿色经济发展统计监测与综合评价指标体系构建研究	陕西省哲学社会科学重大理论与现实问题研究项目2022年度陕西省统计科学课题	张晓宁
462	"双碳"驱动战略下陕西省旅游业低碳发展路径分析及实施方案设计	陕西省哲学社会科学重大理论与现实问题研究项目一般项目	李晓燕
463	陕西省农业绿色发展中多主体协同机制和实现路径研究	陕西省哲学社会科学重大理论与现实问题研究项目一般项目	渠美
464	生态文明建设背景下陕西自然资本核算及优化利用研究	陕西省哲学社会科学重大理论与现实问题研究项目一般项目	靳亚亚
465	合阳县新农人电商创业与县域经济包容性增长研究	陕西省哲学社会科学重大理论与现实问题研究项目社科助力县域高质量发展活动项目（重点项目）	马红玉

序号	项目名称	项目类别	项目主持人
466	数字经济与新农人可持续创业培训	陕西省哲学社会科学重大理论与现实问题研究项目社科普及活动资助项目	马红玉
467	我省粮食种植提质增效问题研究	陕西省哲学社会科学重大理论与现实问题研究项目省政府研究室2022年度重点课题研究项目	张蚌蚌
468	建立健全生态产品价值实现机制问题研究	陕西省哲学社会科学重大理论与现实问题研究项目省政府研究室2022年度重点课题研究项目	龚直文
469	高质量打造秦创原农业板块的思路研究	陕西省哲学社会科学重大理论与现实问题研究项目省政府参事室重点调研课题研究项目	王博文
470	西北地区耕地资源保护政策体系评价与完善:多目标协同与公众支持	面上项目	赵敏娟
471	"风险－等级－利率"匹配视角下家庭农场信用评级与贷款定价研究	面上项目	石宝峰
472	陕北不同细碎化整治模式下耕地利用转型的过程、机制与效应研究	面上项目	张蚌蚌
473	再制造闭环供应链:消费者购买意愿及平台模式研究	青年科学基金项目	张　琦
474	制造商遭受黑客攻击情形下零售商信息共享决策研究:基于数据安全视角	青年科学基金项目	王文隆
475	农村居民生活垃圾分类行为研究:驱动机理、政策响应与仿真	青年科学基金项目	袁亚林

序号	项目名称	项目类别	项目主持人
476	休耕政策影响下农户耕地利用行为响应、环境效应及优化策略研究	青年科学基金项目	侯现慧
477	生产托管促进小农户与现代农业发展有机衔接的机制、效应与政策优化研究	一般项目	夏显力
478	"农超对接"模式下苹果种植户绿色生产行为研究:契约选择、组织支持与行为决策	规划基金项目	闫小欢
479	基于解释水平理论的农户粮食生产托管契约安排及引导政策研究	青年基金项目	钱 冬
480	水贫困视角下西北地区县域城乡用水质量时空演变及配置路径研究	青年基金项目	刘文新
481	关中平原耕地非粮化时空格局、形成机制与管控策略研究	青年基金项目	郑伟伟
482	国家公园体制试点区农户参与生态旅游经营的决策行为研究:驱动机制与绿色引导	青年基金项目	姚 岚
483	新型经营主体信用评价体系研究	乡村振兴专家咨询委员会软科学课题	石宝峰
484	乡村振兴工作推进机制问题研究	软科学课题	张 寒
485	小宗农产品供应链博弈机理与价格稳定策略研究	面上资助二等	黄毅祥
486	水贫困视角下陕西省县域农村水资源利用绿色效率测度及提升路径研究	面上资助二等	刘文新
487	数字农业管理理论与方法	陕西省自然科学基础研究计划－杰出青年项目	阮俊虎
488	地方依恋、柔性治理与合村并居中农户决策行为研究	陕西省自然科学基础研究计划－一般项目	夏显力
490	基于实物期权的集体建设用地租赁住房项目投资策略及激励政策研究	陕西省自然科学基础研究计划－一般项目	钱 冬
491	陕西省区域水贫困评价、驱动力与对策研究	陕西省自然科学基础研究计划－一般项目	宋健峰

续表

序号	项目名称	项目类别	项目主持人
492	乡村振兴背景下陕西省农地集约利用的环境风险评价与绿色引导研究	陕西省自然科学基础研究计划－一般项目	姚 岚
493	后扶贫时代陕西农村生态环境治理模式及效果研究	陕西省创新能力支撑计划－软科学研究计划	汪红梅
494	陕西省农村集体经济组织融资效率及金融支持研究	陕西省创新能力支撑计划－软科学研究计划	李 韬
495	乡村振兴背景下陕西农村公共服务设施供给模式研究	陕西省创新能力支撑计划－软科学研究计划	赵 凯
496	供给安全目标下陕西省粮食低碳生产政企农协同路径研究	年度项目	朱郭奇
497	陕西省农村人居环境治理水平测度及农户参与机制研究	年度项目	王博文
498	新型农业经营主体视角下陕西农产品区域品牌发展路径与政策研究	年度项目	李大垒
499	粮食安全视角下关中平原耕地非粮化的空间模拟及其管控策略研究	年度项目	郑伟伟
500	可持续生计框架下农户创业的多维相对贫困治理路径研究	年度项目	马红玉
501	乡村振兴视域下陕西省苹果产业可持续性品牌策略研究	年度项目	张 琦
502	陕西省中小规模生猪养殖户高质量发展适应性问题研究	年度项目	闫振宇
503	信息流动性视角下陕西苹果"保险＋期货"试点的溢出效应研究	年度项目	罗添元
504	陕西农业产业高质量发展研究	重点智库研究项目	夏显力
505	生态产品价值实现机制一般理论与陕西实现路径研究	重点智库研究项目	赵敏娟
506	陕西省用水质量与经济高质量发展的协同性研究	一般项目	刘文新
507	基于禀赋效应的农地流转补贴政策研究	一般项目	宋健峰
508	山地苹果种植户低碳技术采纳行为研究——以陕北地区为例	一般项目	党红敏
509	易地搬迁地区农民土地利用及提升路径研究	一般项目	王 倩
510	全省救灾物资储备及救灾装备种类、数量、需求研究	陕西省应急管理课题研究项目	阮俊虎
511	自然灾害评估方法及机制制度	陕西省应急管理课题研究项目	赵 凯

序号	项目名称	项目类别	项目主持人
512	生态保护空间识别及其可持续性经营机制设计	陕西生态空间治理重点课题	李 桦
513	国家公园管理体制优化研究——以大熊猫国家公园秦岭片区为例	陕西生态空间治理重点课题	张 寒
514	基于相似生境潜力的生态修复区划关键技术研究	陕西生态空间治理重点课题	张道军
515	基于承载力的陕西省生态系统修复重点区域划定及路径研究	陕西生态空间治理重点课题	晋 蓓
516	陕西省生态空间规划战略研究	陕西生态空间治理重点课题	张蚌蚌
517	秦岭生态环境"天地一体化"的监管体系研究	省政府研究室重大课题研究项目	龚直文
518	双碳视野下陕西省县域经济高质量发展潜力及优化路径研究	全省高质量发展若干重大课题研究项目	刘文新
519	"双碳"目标下农业绿色发展体系创新与政策研究	重大项目	赵敏娟
520	统筹推进县域城乡融合发展的理论框架与实践路径研究	重大项目	朱玉春
521	生态振兴促进农民农村共同富裕的实现路径研究	专项项目	赵敏娟
522	托管平台下基于智能合约的苹果植保无人机调度优化	面上项目	阮俊虎
523	草地资源协同治理行为与结构的形成过程：基于制度匹配的视角	面上项目	陈海滨
524	农业生物资产价值动态评估、抵押融资模式与风险管理政策研究	面上项目	罗剑朝
525	扶贫信贷特惠政策退出情景下脱贫农户信贷行为变化与政策调适研究	面上项目	李 韬
526	金融健康、收入质量与农户消费结构：作用机制及优化策略研究	面上项目	孔 荣
527	内生动力视角下产业发展与农户就近就地就业机制研究——以乡村振兴重点帮扶县易地搬迁政策为例	面上项目	余 劲
528	龙头企业主导下果品全产业链延伸的动力机制与实施路径研究	青年科学基金项目	邱 璐
529	粮价波动下华北粮食主产区经营主体的土地流转行为响应及应对策略研究	青年科学基金项目	王 倩
530	基于产业链信用共同体的农民合作社融资机制与路径研究	一般项目	牛 荣
531	义务教育财政投入促进西部农村青少年人力资本平等发展的作用机理及对策研究	西部项目（教育学）	杨克文

序号	项目名称	项目类别	项目主持人
532	基于新型农村集体经济发展的西部农地股份化动态调整机制研究	西部项目	王志彬
533	农业农村减排固碳问题研究	中央农办 乡村振兴专家咨询委员会软科学课题	赵敏娟
534	金融赋能乡村振兴政策取向和实施路径研究	中央农办 乡村振兴专家咨询委员会软科学课题	罗剑朝
535	干旱半干旱地区粮食稳产增产研究	中央农办 乡村振兴专家咨询委员会软科学课题	张 寒
536	农户保护性耕作技术采用行为对化肥利用效率的影响机制、效应及政策优化研究	规划基金项目	白秀广
537	草原生态补奖政策对牧户内部福利结构变化的影响机制研究——基于牧户生计脆弱性分化视角	规划基金项目	李 敏
538	核心企业主导下蔬菜全产业链延伸的动力机制与模式研究	青年基金项目	邱 璐
539	空间规划权视域的城镇开发边界划定体系与运作策略研究	青年基金项目	靳亚亚
540	地方政府决策竞争与区域碳排放研究：经验证据、机理分析与减排策略	青年基金项目	李晓燕
541	中低产粮田改造工程关键技术研发及示范	重点产业创新链（群）－农业领域	张蚌蚌
542	陕西省县域农业科技创新能力评价指标体系研究	一般项目－乡村振兴科技专项	雷 玲
543	基于产业联动的关中平原城市群减污降碳协同调控研究	一般项目－面上项目	王雅楠
544	陕西省鲜果电商物流"采－仓－配"联合决策及动态调整研究	一般项目－面上项目	孙自来
545	开放环境条件下陕西自然资本核算及警情调控研究	一般项目－青年项目	靳亚亚
546	陕西省旅游业碳减排潜力估计及减排路径设计	一般项目－青年项目	李晓燕

序号	项目名称	项目类别	项目主持人
547	交易成本、资本禀赋对农户电商参与行为的影响——以陕西省猕猴桃为例	软科学研究计划–一般项目	张晓慧
548	制度激励、公众诉求与基层河长政策执行力	软科学研究计划–一般项目	朱玉春
549	联合生产视角下耕地多功能协同管理机制研究	软科学研究计划–一般项目	侯现慧
550	陕西省农村人居环境质量测度及提升路径研究	软科学研究计划–一般项目	王博文
551	陕西省区域创新生态系统与新型城镇化协同发展研究：基于生态位适宜度的评价	软科学研究计划–一般项目	徐家鹏
552	陕西省县域农业生态效率时空差异及其影响因素分析	软科学研究计划–一般项目	白秀广
553	陕西省特色农业绿色发展的驱动机制与优化策略研究——基于区域品牌生态系统视角	软科学研究计划–一般项目	李大垒
554	陕西省农业科技创新发展效果评价研究	软科学研究计划–委托项目	雷 玲
555	健康陕西战略背景下居民健康不平等测度及改善策略研究	年度项目	杨克文
556	陕西省易地扶贫搬迁城镇化集中安置的政策效果研究：基于安置人口就业质量视角	年度项目	徐家鹏
557	省际贸易视角下陕西省碳排放转移及驱动机制研究	年度项目	冀 昊
558	农服平台下陕西省苹果植保无人机服务定价调度与提升策略研究	年度项目	阮俊虎
559	粮价波动下陕西省农户粮食生产行为响应及保障机制研究	年度项目	王 倩
560	供应链视角下陕西农产品直播带货多元协同治理机制研究	年度项目	王文隆
561	"双碳"视野下陕西省农业经济高质量发展潜力及实现路径研究	年度项目	刘文新
562	陕西农村集体经济发展的金融支持及其模式研究	年度项目	李 韬
563	"双碳"背景下陕西绿色经济发展统计监测与综合评价指标体系构建研究	2022年度陕西省统计科学课题	张晓宁
564	"双碳"驱动战略下陕西省旅游业低碳发展路径分析及实施方案设计	一般项目	李晓燕
565	陕西省农业绿色发展中多主体协同机制和实现路径研究	一般项目	渠 美
566	生态文明建设背景下陕西自然资本核算及优化利用研究	一般项目	靳亚亚

序号	项目名称	项目类别	项目主持人
567	合阳县新农人电商创业与县域经济包容性增长研究	社科助力县域高质量发展活动项目（重点项目）	马红玉
568	数字经济与新农人可持续创业培训	社科普及活动资助项目	马红玉
569	我省粮食种植提质增效问题研究	省政府研究室2022年度重点课题研究项目	张蚌蚌
570	建立健全生态产品价值实现机制问题研究	省政府研究室2022年度重点课题研究项目	龚直文
571	高质量打造秦创原农业板块的思路研究	省政府参事室重点调研课题研究项目	王博文

附录8　西北农林科技大学经济管理学院校友名录

一、经济管理学院本科毕业一览表

（1936—2022）

毕业年份	毕业生姓名								
1940	安希伋	陈　秀	卜兆祥	万建中	王殿俊	王瑞麟	王家义	李世享	王文灿	倪方儒
	余　慧									
1941	张凤元	张季恒	张耀辰	张泰生	赵元桂	陈耀玺	陈继贤	金湘涛	范汝杰	许文英
	任莲芳	甘馨声	高玉梅	高世杰	葛克敏	苟耀全	郭心宽	郭梓强	李　超	李荣华
	刘广铉	刘业锦	刘志兴	刘光铭	罗守义	慕佩文	梅百魁	宁廷桂	庞启谟	裴鸿鹏
	薛瑞华	施钟毓	田径畬	陶世麒	杜景琦	董正钧	王秉桢	吴厚叙	姚建业	张崇悌
	王　恭	胡锡珊	张耀麒	王恒德	孙震华	任莲芳	马伯璜			
1942	孙芳世	罗永芳	邦宗铂	杨迺巍	沈　烈	史宝贞	樊守聚	杨凝瑞	萧廷桂	俞占鳌
	胡绍瑷	范汝杰	胡锡珊	许文英	王法莞	杨　麟	罗有道	王晋华	黄家钰	王鹰福
	田世勋	侯懋霖	孙善和	刘均爱	邵太炎	黄鸿炤	张嘉吾	贾新一	何朝勋	任雨中
	金云璋	康　宁	毛芙蓉	汤纯武	王秉桢	杨晓钟	黄土杰	尚际运	赵逢允	牛阴周
	欧阳国显	宋荣昌	王器瑚	余　灏	王泰管	朱淑英				
1943	张声桂	张文溶	傅熙霖	胡宏纪	高继述	鲁家瑜	王又新	王先增	吴婉若	吴桂秀
	吴秀英	杨鸿哲	杨光浚	杨慧修	阴士杰	于惠玲	崔宝琪	孙枢侠	张孝纯	李善纪
	郭维俊	杨宏谋	卜祥楷	郑克义	王潜义	何效钟	高俊英	谭瞬凯	樊秀娥	
1944	张庆统	张顺存	张辅汉	张守恭	樊长庆	谷照伦	兰佩伯	刘秉恒	李云峰	李文秀
	李启善	孙延琪	宋延年	萧佐汉	杜建潘	崔柄兑	蔡鹤年	王幼汉	王嗣昌	袁鸿烈
	于壮威	姚傅禹	冯　珍	张凌霄	李润海	陈荷洲	垒祖倪	邹立豫	熊淑良	王祖鑫
	杨道薄	吕大奎	萧立铎							
1945	赵定基	韩守恭	郭晋昱	李其昌	李百诚	马宗申	马秉荣	席葆贞	韦明焕	王群英
	吴体尧	张梁圻	金允剑	雷汉纬	郭淑哲	马国庆	李作人	张育敏	刘　杰	许志远
	贾义光	赵禄荣	鲍珆华							
1946	安永庆	张庭选	左嘉猷	郭士杰	朱绍卢	董根芳	吕双绪	娄象峰	史继文	孙韵声
	钱赓禹	吴含曼	崔岱鸿	曹方久	王景祥	王凤琳	王俊才	王志忠	武景惠	袁博文
	王慕昭	白淑贞	高泰严	余澄衷	阎蕙兰	孙径文	李宝树	刘人征	徐同山	李箴铭
	何耀南	白嗣志	袁本可	余　桐	贾同亮	赵寿昌	赵宗泽	王履新	孟仪积	

毕业年份	毕业生姓名									
1947	李稞	张文选	张文杰	胡效昌	靖饮恕	张国治	田素青	康赞元	刘衡	郭鸿义
	李昭	曹纪庄	蒲耀春	刘松岭	丁俊德	袁克义	周恕	吴兴昌	张肇赓	于道年
	杨之田	钟纶	孙葆恒	萧贵麟	吴文浩	赵连城	邓惠霖	白菊元	翟凌沧	郭德荣
	梁宝林	周嘉麟	易庆康	白天良	鲍琨	庄汉霆	武毓燹	张凯	徐恒煜	刘世骐
1948	王得元	赵发旺	李明显	萧含英	郭建章	张昆	黄宗玲	韩树椿	张醒华	张瀛州
	雷家骒	田信	樊守杰	余盛炯	樊守衡	萧孟侠	涂建河	王云武	柴敬宗	李建民
	李佩缙	赵宗汤	陈荣漠	孟直然	耿精一	李临章	刘慧颖	杨凌榆	张芝舫	殷宗元
	王子真	王奠基	刘象震	孙醒勋	许声耀					
1949	李成贤	温明章	薛美亭	陈克森	张效周	刘广镕	麻高云	杨笃	李生武	刘汉涛
	王守乾	李永江	王绶	张文学	李宝华	李鸿钊	周嘉福	曹立让	刘世凯	孟武佳
	陈琪	黄庆华	张西铭	成缵捷	曹冯德	马君慧	王懿民	张鹏	司顺卿	王志文
	林之梧	孔宪莲	张延年	负止廉	刘东晓	刘学孟	王甦	李舜华	宗海顺	金亥深
	张景尧	方永顺								
1950	丁荣晃	杨有谦	曲尔度	王景元	王先武	吕象贤	王鹤龄	杨惠金	李松玉	董呈祥
	王永光	杜克泮	穆育人	韩景泮	李芝田	牛克复	刘丕烈	齐韶音		
1951	刘钊年	郭靖华	李绾	李景铭	孙醒勋	程致远	李源生	姜典文	刘杏村	赵博渊
	邓纪英	王士骥	师德	杨庚仁	何尚贤	刘汉文	张赤堤	段桂蓉	刘芳卿	刘毅
	吴永祥	侯岳堂	李英蓴							
1952	蔡宪章	马鸿运	王振中	尚振兴	阎光祖	刘安恬	李玉庆	何中渠	吴永昌	宁名扬
	田瑞	习仲喜	邢恩涛	段振家						
1953	郭运德	魏正果	董仁	张权柄	淡清泉	翟德彦	段锦章	刘毓英	李本澍	王能猷
	果志英	李正棠								
1954	傅瑞田	杨紫珠	郭景铭	吕应熊	李捷	李谷	樊钟俊	朱雪英	刘智芳	李秉琪
	李修宁	李文俊	曹鸿	田平志	余守安					
1955	杨寿翔	李仁峰	成虎云	李杨	韩翠英	贾琦	雷少霞	杨文安	万惠芬	韩效忠
	宋安定	张伯平	梅英	王永春	田学义					
1958	周新泉	刘天杰	李品章	赵尚智	任焕章	刘武生	东启明	仲材魁	杨文忠	伦泉隆
	朱丕典	尤贵	罗骥	孙元广	黄文雄	田世昌	杜兴云			

毕业年份	毕业生姓名									
1959	王楚榆	谷俊友	李鸣岐	龙志坤	王康有	武三运	湛高伄	黎俊杰	杨逸华	刘惠珍
	马焕文	胡祖维	赵光明	刘德光	李振喜	段传礼	郭玉锁	谢世健	王月华	杨贵瑚
	黄俊华	秦全善	张崇昌	高治民	吴传辉	刘南元	杨锡屏	梁文俊	朱元珍	张传善
	蒋敬涛	王印峰	邵月书	赵学森	吴世光	栗俊波	胡长维	谢珂	欧阳维平	
	袁光兆	李朝伊	游昌能	王绍林	李欣苓	吕廷凤	程寿	王永智	钟亮	刘庆生
	谢正英	张守宪	李桂兰	吴惠琼	高枞林	杨法林	李兴业			
1960	李明心	季鸿	罗远迎	凌吉昌	吕丽蟾	夏良椿	刘安良	李俊峰	李卫鑫	刘金贵
	张祥进	迟玉兰	郭宗武	周学俭	李治唐	林振发	徐恩波	刘淑莲	包纪祥	王景新
	卢履修	匡学明	蓝佩瑶	戴可端	马国英	张金泉	刘惠群	朱学东	刘德才	尹中灿
	范禄猷	曾德森	姚新民	刘子深	潘敬宗	李秀英	王昺川	廖国奇	谢思聪	王基良
	郑珍儒	韩志廉	郭治民	樊中道	贾兴科	黄福安	毛焕万	陈道邦	刘联茂	杨国支
	贾应高	黄善文	徐瑞芝	王立业	王阳照	江泳	魏永昭	何振纲	高兴	吴邻荣
	郭德彦	梁世露	吴景柞	徐经镇	董海春	和丕蝉	吴清玉	徐水仙	李梦白	朱德昭
	杨元林	高天福	温玉仙	苏培萌	丁淑华	黄才金	唐一成	杨熙孝	刘在忠	张榜牢
	郭蕊	李富德	卢力	孙澜	关瑞琼					
1961	张武臣	翟绪发	齐霞	马顺英	田华堂	黄培瑞	张襄英	王梦林	王忠贤	赵人骥
	裴心田	蓝志铮	李新成	张子民	胡建民	曹志汉	李侠光	王世琴	马彦清	唐福成
	陈启扬	刘秀兰	孟进朝	徐明凯	曹英华	单哲民	张广员	负丽君	代天良	曾繁才
	杨嗣云	端木云								
1962	李仲岚	杜治国	李振东	王益坤	武秀莲	杨淑琴	丁家驹	袁继铭	景海善	张世英
	刘丁玲	孟美蓉	裴成顺	王志福	张永顺	廉喜亭	温宗权	许敬兰	孟桢厚	杨国栋
	高满英	姜英杰	刘德中	郭嘉珍	彭百怀	李志厚	李维盛	齐怀珠	刘香科	刘文宏
	樊相生	朱定民	晁玺印	孙泮水	习云英	吴修德	李贵茹	张国文	张晓梅	李玉枝
	贾振华	王志钧	王正	王志龙	杨玉印	付良玉	刘芳雪	袁维铭		
1963	贾明德	陈玉芳	熊志玉	谢素	席纯忠	韩清贤	董耀柄	胡德茂	肖栋材	刘生选
	王家柱	赵如菊	龙云中	崔有德	王育民	焦光有	胡训祥	王太来	李文章	崔庆泰
	王建卿	秦昌中	王书清	李福汉	王执印	李洁光	文昭奎	宋志山	陈泽秀	杨一清
	王家柱	何志清	王应利	严祥林	宗宗琴	舒紫信	王素珍	徐海停	王怀德	李建保
	张进宝	李忠平								
1964	将尽才	李林章	于增学	徐文善	王耀宗	王英民	牟志杰	张学智	刘志福	冉兴武
	张中太	程廷玺	原江	胡龙仓	金泽安	麻伯龄	吴加本	张新兴	赵有勤	刘翠珍
	同胜	石海龙	刘悦博	王如莲	肖正元	张志礼	苏玉琴	张汉	车新民	孙志斌
	李学诚	周崇文	任东海	李宗福	王勃	王玲	崔维忠			

续表

毕业年份	毕业生姓名									
1965	张伯汉	蒋鸣振	于增学	刘军	陈广恩	王根印	任南海	陈进乾	同顺禄	李亚英
	国存财	韩云龙	吴对盈	李淑蝉	刘志华	翟福禄	白新学	裴秀英	张文华	于晓霞
	尹志宏	王思林	周君成	李科	和暗琦	孙志寿	于璞芳	黄建中	姚柏俤	孙宏文
	孙荣英	姚春成	胡改珍	姜天柱	史桂琴	陈学孟	刘玉梅	钱启春	夏晨英	
1967	毛育平	温玉凤	洛洁	任又新	岳芳梅	周明顺	王轶	高信韩	马秋风	姜玉良
	张峰	李瑛	韩群杰	齐军	庹国柱	董爱云	奕江	项复英	周俊波	成辉
	国强	李云侠	梁兴无	呼有贤	刘生友	陈玉亮	郭中和	张国忠	曹光明	
1968	李安定	郭大敏	常平阳	冯如意	郑小才	宋改义	晁新华	刘兴和	冯继如	尚香玲
	刘存念	曹对萍	边群启	刘玉贞	李景涵	刘珊珍	李云珍	孙宝玲	毛双奎	翟英霞
	余培娥	马连芳	李淑兰	郝芝兰	王竹蔚	刘应城	辛琴勇	丁瑞生	阎桂兰	刘金员
	苗竹梅	杨金发	冯密楼	杨荣华	李忠平	王东平	王采风	高增朗	李淑芳	董冬芳
	项素芳	张爱贤	马文祥	李永杰	郑相书	王忠义	崔小立	许胜利	郑养民	冯萧香
	徐珍青	李彩贤	李富强	曹斌	冯志进	王耀成	赵小梅	陈惠贤	魏英琴	王密霞
	薛蔼明									
1969	赵光仁	包莉莉	朱玉	王俊义	代宏勋	任益民	毕花卉	史彩琴	郝嘉债	张火炎
	王凤仙	王益人	张建琦	王顺緒	杜兴吉	支富民	刘志德	刘平	谈访桂	刘好礼
	王喜兰	杨新民	刘泽晓	林振义	吴月琴	王文娟	赵有书	张志中	刘素英	杨春
	代淑珍	刘蒲城	李振翔	李凤霞	马竹阁	罗群才	王飞	将平均	栾宏怡	刘建忠
	魏君	邵定孝	杨稚英	王科普	荅成	王翠兰	王徽	杨桂贤	贾文学	苗长川
	李俊堂	王传武	刘雪梅	吴润芳	袁珍芳	李志顺	刘芳萍	安忠兰	纪群富	
1970	赵光仁									
1977	徐存德	曹爱民	齐彩萍	史兴社	王根锁	何建民	程化龙	杨兴财	张寿昌	古普全
	陈莉霞	刘忠林	付兴章	杨新民	苏来印	狄耀斌	赵月琴	王存芺	梁清海	张栋青
	李汉朝	姚慧贤	郭存元	王崇运	赵绪兴	安志欣	马建民	张新宝	路欣发	杨积峰
	于孝谋	郭继明	苏振涛	傅建义	杨生斌	同新社	马山水	龙清林	王建军	成金生
	屈顺田	何启科	毛宗福	李宏志	冯玉霞	卫瑞琴	邢正荣	童水冻	张福军	杨战叶
	唐兴安									
1978	宋巨宝	赵克荣	王军明	何志强	张明德	赵智贤	刘兴堂	杨朝霞	刘全	刘三红
	张建生	白玉玺	刘慧娥	成新曼	李吉社	郭俊松	马广珊	付茂荣	刘振学	李菊芳
	段义民	惠学英	张立国	吴宗越	王义举	狄方汗	王景耀	刘正芝	朱文书	彭书娥
1982	刘登高	高晓明	史照林	同金蝉	王吉荣	叶敏	王礼力	朱俊学	刘振伟	王乃明
	王国庆	任华	张卿	姚素琴	曹克瑜	秦秋红	苏列英	付保民	许济周	肖芳
	高保京	鲁振惠	冀智山	贾仲升	边俊校	郑少锋	陈彤	江秀凯	熊义杰	刘选利
	李锁平									

毕业年份	毕业生姓名									
1983	原亚丽	万兰生	陈阿黎	韩惠玲	党新锁	王艳	高志刚	刘培仓	李建强	戴强
	翟以平	赵俊辉	梁安林	王安利	王爱民	雷胜利	李军社	吉政军	董迎春	李小建
	史立新	米保山	赵百成	尤孝明	贺昌信	陈西蓉	李天明	栗财富	李彦亮	王庆斌
	卢新生	叶应玲	马莹	荆建林	刘焕菊	王选社	王银花	王秋侠	王保民	许建财
	赵勤明	王青	张连科	刘素云	杨奎花	蔡世忠	孙科选	杨治业	张和平	郑升有
	赵媚娜	李仲为	李超来	袁惠民	张富祥	黄怀林	孟新社	王影平	张远骧	刘中蔚
	张爱峰	贾生华	惠哲	陈润岐						
1984	张建设	同凤阁	徐文安	曾向丽	王宽让	王赵琨	郑秀明	骆经济	惠建学	张百鸣
	杨万锁	王西平	李怀珠	丰霞鸽	王秉儒	翟岁显	杨伯政	张亚芹	窦双喜	马晋武
	何独业	张来玉	李金有	毛克贞	张敬东	朱磊	秦学锋	杨彩霞	冯志平	姜明
	段林冰	杨满社	卢丙来	陈宏利	宫浩兴	赵建仓	蔡利军	李永波	王保鱼	孙养学
	鱼金芳	雷润巧	郭保旗	段文秀	孟全省	徐春燕	王锋	胡玲	孙海梅	罗钢
	吴生学	高静川	赵文江	魏宝君	王创练	刘国宁	任群罗	汤国滨	袁荣	张治华
	席公会	汤武军								
1985	胡先岳	牛刚	张全印	梁振思	董毓斌	王志新	王健	王文博	侯军岐	张正贤
	梁战存	焦志华	李秉雄	方侠	赵建华	王章陵	杨建仓	王卫忠	李铁岗	王意明
	任雁顺	张俊飚	谭育祥	陈来生	蔚俊	周红云	李华	钟齐整	郑清芬	张聪
	刘社教	王成	杨生斌	杨来谋	焦长乐	邱中华	张建平	朱正晞	米祥	谭文德
	罗志勇	钟学军	淡全立	王多福	雷耀武	刘庆锋	程振平	王选庆	杨立社	吴加波
	王养峰	李磊	张红岩	李杰	同忠义	薛晓鸽	范春利	丁亢玲	吴艳平	张艳荣
	霍学喜	马荣昌								
1986	唐云岗	李斌赟	马小现	陈秉谱	沈飞	王龙	张琦	王彦清	付仲民	毛志明
	白忠本	周元福	王彦杰	蔡振中	刘保艺	卢蜀江	邹玉忠	陈兴锋	张振西	刘安民
	党升亮	王鹏毅	史昭平	刘惜菊	贠鸿婉	唐倩	罗静	李春	孙洁	辛绵绵
	王增孝	茹官林	马亚教	付筱华	陈龙	陈天鸿	范海龙	罗剑朝	王继军	姚尚勇
	赵成龙	王金平	王计存	于剑	李建	张新权	李世平	王丰世	周祖湘	史金善
	闫亚洲	李中	张磊	石冬莲	南灵	李桂丽	薛亚萍	王亚丽	司玉林	朱秀英
	王建军	王云锋	王宏斌	马鸿程	齐誉	王斌	杨向领	于战平	周建奇	白西荣
	张志明	董晓林	徐章勇	袁明贵	刘克钢	杨金田	袁建岐	冀翼	张均峰	蔡川生
	张学武	王贵兰	朱辉	崔远萍	袁朝兰	张冰玉	徐晓玲	赵玲	庞秋燕	赵多堂
	白光伟									

续表

毕业年份	毕业生姓名									
1987	李高庄	李 辉	包兴鸣	蒲小兵	麻进仓	陈 雷	张建平	王晓勇	范进明	石爱虎
	张宏良	张敬荣	张水森	尚松山	曹国强	王 戈	关中勇	马玉平	余泽军	王伏龙
	张学琴	王代霞	阎芳芳	徐 玲	王冬芳	薛华伟	郭海冰	姬博文	朱海霞	吴世斌
	张会江	郑增善	骆进仁	刘发奎	孙卫南	赵光耀	李建新	赵启鹏	张正社	孔金才
	崔 平	李添森	李有宝	刘 章	岳玉贵	杨俊孝	杨康云	妥国栋	孙宏滨	李 理
	王变凤	张卫华	王凤霞	李 抗	兰江丽	杨芝侠	王永霞	杨玉芸	冯玉新	谢青江
	王恩勇	马晓华								
1988	李永宏	郭晓民	杨修仓	王西荣	雷绪刚	李 钊	刘 波	宋军芳	彭 飞	王崇霞
	李志儒	毛加强	赵密霞	贾金荣	李瑞芬	都兴文	陈江峰	明万军	李珍祖	宋海燕
	安新芳	刘成龙	许朝正	李怀庆	杨蜀豫	王引平	罗 勇	胡建平	王晓明	姜俊峰
	陈旭辉	何春武	麻玉琴	权菊娥	王 峰	张玉团	史育社	杨海娟	郭正治	高万里
	杨晓明	高 强	路广平	张永宏	王征兵	李铁山	秦世海	刘重军	王嘉瑞	陈海涛
	魏 青	张东伟	陆 迁	安宏伟	张海霞	赵 俊	王晓燕	王文珏	薛 路	李江荣
	李东鸿	潘丽珠	母坤荣	朱国栋	杨文杰	杨 强				
1989	高 健	李忠郎	刘雁乐	王东芳	弓富斌	靳跃兴	张永科	梁林科	许继平	李 毅
	刘文学	吴 云	王 军	杨 军	姚新建	管 玉	周 沪	何 滨	胡 信	赵寅科
	赵继武	杨中平	赵 新	尚建库	王 也	李若菲	李朝阳	冯启胜	韩联社	夏春侠
	刘少雄	聂存霞	康彬彬	荣建敏	赵炳录	王社民	郭权智	席新维	蔺红卫	姚红海
	金安全	王建斌	焦鲜元	张志平	杨沫沫	武文飞	王春晓	焦应鸿	王东升	张国昌
	周世栋	刘宁侠	蒙博学	苗建伟	李永宏	刘天晓	张聪群	潘田英		
1990	强俊宏	周 军	李晓权	马红荣	刘遇林	李 辉	王刊录	陈春里	王武练	王亚平
	赵 锋	刘君良	张红林	韩 军	张 林	李银德	陈国栋	田华云	叶继涛	艾长明
	张德华	杜银杰	刘秀玲	黄晓燕	姚淑琼	李文红	侯晓红	毛凤侠	杨 桦	杨翠迎
	白仲良	杨晓盛	李军民	马春晖	马宪章	姚红义	董建中	朱兴平	张永恒	高印奇
	陈兴平	张建国	刘卫军	孟军望	贠建平	杨文杰	周思良	罗永康	李锦礼	白建军
	石年生	岳 键	颜成琪	孙 伟	纪 睿	杜巧宏	杨秀云	史燕春	任 宏	孔 荣
	俞 红	吴 辉	丁少群	李学军	俄格兰	布音巴图	达林台	努尔沙薄烈提		
	叶力夏提	图尔松	阿拉西才仁	迪力夏提	哈依尔江	阿布都克尤木	居来提	图尔汗		
	赛尔江	牡尼拉	古丽娜子	阿尔泰	苏尤里其米克	山吉尔格力	莎吾烈	努尔古丽		
	加合帕尔	艾力热合曼	杰恩斯汗	对山拜	依德热斯	买哈木提	热合木	唐努尔		
	克里比努尔	茹仙古丽	阿曼古丽	阿布都哈瓦尔托合提	艾热提	帕吐尔	艾比布			
	依买尔	买买提托合提	阿布都拉	艾木尔江	艾尔肯					

西北农林科技大学 经济管理学院 院史 1936—2022

毕业年份	毕业生姓名									
1991	宋高升	穆永桢	刘明鑫	孟随善	郑英宁	左向东	赵渭	张礼	刘友	尚启君
	屈志力	吴臻峰	王小安	闫海兵	童庆遵	张征兵	郑红丹	齐开鸿	刘彦明	张永峰
	吉力宏	和蓉	高丽	聂雪峰	周咏	王欣	张敏	韩彬	李明贤	李小玉
	王平	郑三民	朱乐永	高建中	王国强	李丰玉	陈麟	侯嘉	王军利	王永进
	倪树伟	董文富	王忠强	曾凡军	李高明	刘红堂	朱小峰	徐红	杜清泉	华春根
	靳延强	刘思忠	桑晓靖	李淑萍	李芹芹	李昱	徐昕行	王玉钏	王丽英	王耀飞
1992	张海林	冶志祥	王新锁	程新智	李生龙	郭世明	龙文虎	黄志安	樊进昌	许志坚
	高光勇	兰瑛	张剑峰	陈伦	王利垂	刘宗盛	赵培定	焦发明	吴小明	何照稳
	李忠	王芳中	王福林	肖延川	朱玉春	白洁宇	刘国萍	韩署平	王国茹	邵海华
	孟祥久	李情民	肖经波	李美长	张献奇	高合峰	于南军	李忠智	许华	张兵龙
	张志远	徐汉才	郑冰	文建水	华海鱼	王晓东	宋结合	杨乾	戴发山	孙慧平
	任丽杰	黄世秀	汪爱武	李文侠	王玉环	王克强	周学恒	宗仁	高瑞琪	康晓彬
	赵群民	陶然海	麻永宏	李光	张义林	付东生	彭丹斌	唐玉明	谭刚	郭剑化
	曹德新	李宇	韩思民	乔林	季宝国	杜小华	王科志	曲波	廖玉	
1993	李琼	刘占红	张自强	刘金华	黄君华	赵敏娟	王舟	李萍	任永开	王智逸
	郑海涛	管建斌	赵凯	杨春华	但承龙	王忠献	水铁军	郝吕周	贾天啸	尹小康
	刘福忠	郭录芳	张建兵	杨枝	杨旭东	雷红潮	曾灏	刘烨	丁生喜	鲍瑞茹
	王生贵	李权昆	闫仁利	田思胜	韦克	杨勇军	杨治中	王正文	徐瑞茂	刘芬芹
	王军	孙光文	王洪军	杜明生	刘卫峰	刘治学	高平	马品芳	杨亚会	朱晓霞
	李红艳	曹云河	刘永红	史玉明	竹炎文	贠小哲	赵立群	张萍	李情民	党彦争
	赵团结	胡学礼	姜新成	吕浩	戴继森	杨陕彬	肖诗顺	黄东	王姮	朱焰
	王锋	周继红	吕德宏	苏国栋	郭明辉	余万林	范占锋	韩水泉	孔晓宇	师艳琼
	张晓莉	刘建华	黄召忠	刘登科	范冲	涂兴中	李泽勇	房彦敏		
1994	闫德忠	向月贵	余敬德	侯新锋	罗永珍	李正乐	李金伟	裴爱国	文娅娅	董文秀
	李列侠	李红梅	李竹娜	王联社	彭琳	牛卫中	赵丙奇	周玉溪	何成中	李芝芬
	任宗印	梁平	丁永平	曹建龙	孟祥军	魏玮	余保西	冀冬辉	何强	田广星
	吴燕波	田建彪	张强	张永良	聂海	刘水杏	朱晖	翟龙	付尚伟	邓文勇
	张晓健	周霞	刘金忠	朱燕	姚国志	蒙夏	杨成安	董文军	周丽艳	江华荣
	王瑜	沈菊芬	张红梅	王明焕	吴庭基	吴延锋	宫长巍	曲小刚	王凤华	韩晓群
	雷晓梅	王宇	张明军	焦洪坡	王新	王志敏	李丹彤	谢群	耿建军	王凤华
	郑建武	杨婷婷	郭文	刘月环	张辉	蒋巧林	党宝喜	陈志勇	华钜彪	文小才
	柴叶波	陈社通	郝雁	叶波						

续表

毕业年份	毕业生姓名								
1995	冯小武	任英杰	耿红莉	冯海叶	岳亚旗	何亚妮	华　明	王向荣	朱锦峰	路亚洲
	周建刚	刘　恒	费建华	穆普国	冯美蓉	阮　勇	杨国兴	王　力	邓俊锋	张　丰
	耿红莉	高雅琴	郑　丽	贠亚艳	段丽丽	张　棉	杨燕妮	秦　黎	杨　茸	李秋秋
	王淑庆	康　虹	陈宏斌	张芝侠	郭碧侠	罗　红	张合军	王　敏	李　瑜	罗　锋
	冯福禄	吴志军	贾利忠	张军平	王　军	庞军孝	段家喜	雷　玲	胡　毅	鄢达昆
	呼守键	李正彪	王爱民	杨　宇	宋于峰	马小亚	郭晓宇	刘晓丽	杨　俊	马立春
	韩凤玲	何　妞	郭亚萍	张　伟	廖莱联	闫建兴	赵晓鹏	高红亮	齐　涛	周训江
	王伟平	梁　东	张积智	田伟利	彭小林	张　强	李岩晖	何　丽	王素平	费淑静
	刘淑平	杨良金	郑慧娟	宴新忠	李福全	侯亚南	戴永勇	陈武权	张　卫	
1996	化小锋	徐　燕	王麒云	于高山	王　宇	张新强	张　平	李晓琪	段　阳	祁永新
	熊小贤	高洪涛	梁亚明	王兆华	陈　颖	吴绪辉	江东波	严耀军	冯险峰	吴梦珠
	张小霞	郭　晖	魏　兵	杨隆丰	王秀娟	杜君楠	李　冬	杨洪雷	张　洁	
	诸葛理县	徐启顺	邹积岭	王　骋	杨晓芬	于文涛	陈晓萱	王宏波	李景跃	
	孙联锋	赵明堂	张建利	任　涛	王　让	冯步高	陈武平	张玉芳	张　华	田翠娴
	胡　豹	闫争民	黄英胜	任　蓉	夏显力	张　会	李明辉	王世鹏	牛利平	黄天柱
	刘　铭	张慧芳	寇晓梅	马健梅	柯玉富	徐建洪	胡志荣	张松林	吴丽民	张军林
	寇梦天	李国峰	吴健龙	吴彬海	张志辉	吴新民	陈金虎	韩卫军	宋海英	宁碧波
	李有耐									
1997	程永锋	张俊山	张宝林	张景辉	钟铁铮	廖太斌	周轩宇	张　坚	韦　超	李怀东
	曹　卓	王　志	赵建华	梁永振	王向龙	房志科	黄晓天	张冬冬	周守兵	刘录昌
	冯明昌	任喆英	曾　颖	侯苏芬	马淑萍	罗　旭	焦丽华	侯思画	蔡东苹	党亚静
	皇甫翔华	林新光	柴小森	郑小荣	李文中	梁　军	郭永明	魏照辉	秦军贵	
	孙自保	季东升	王福让	杨建波	张建锋	毛金华	李甲贵	冯光戍	张海峰	张　宏
	刘　明	刘　强	赵小勇	王　斌	朱财展	崔小斌	赵宇娟	丁海莺	张颖慧	廖文芳
	关文侠	刘敏娟	郭爱红	牛　敏	张天中	何红森	王立新	路大勇	刘晓禹	张　辉
	常虎强	张宽明	董学能	葛晓巍	刘乃祥	廖常华	杨诗恒	曹增民	杨　峰	任宇翔
	吴学炎	张永锋	伍东明	杨学军	王建康	陈全林	师学萍	刘海燕	王燕妮	任海云
	尹玉华	杨东娥	杨军芳	周　琳	张　颖	马晓旭	张晓妮	赵万祥	山传海	鲁智斌
1998	蔡　勇	韦漫秋	李万强	李军花	封安海	赵　岚	徐　莉	程文霞	阚景阳	竺毛年
	王家任	高　峰	周天星	刘　陈	刘和春	吴文进	张俊锋	李海燕	陈伟芳	严保强
	朱　丹	冯　涛	张丽燕	张　进	王　西	王晓妮	杨成杰	唐　伟		
	阿里甫江·阿布都赛买提　阿斯娅·巴哈夏尔　米热古丽·买买提　艾买提·塔依尔									
	尼米代力格尔　迪丽拜尔·克依木　海日尼沙·阿不列孜　努尔买买提·吐尔逊									
	努尔艾合买提·艾比布拉　帕尔哈提·江·肉孜　穆塔利甫·热合曼									
	阿不都热合木江·阿不力克　马海燕　库尔班·赛买提　沙迪亚·阿里木									
	阿衣尼沙·尼亚孜　阿娜尔·阿布都热合曼　艾尔肯·托合提　再努热									

毕业年份	毕业生姓名
1998	米热合买提·吐拉克　凯赛尔·买买提依明　吐鲁洪江·吾甫尔 阿布都马木提·热依木　吐尔地·那斯尔　吐尔洪江　库尔班　吐尔逊江·阿斯木 阿比旦·阿布莱提　阿依努尔·斯迪克　祝光红　宗磊　张盛　刘敏　雷君锋 余宏山　沈桢祥　权继忠　李斌　杨天权　张凤文　王俊　崔跃生　黄勇　赵红雨 张军青　王龙　邢庆林　杨洪　张琼　李桦　梁红　张银玲　温春娟　庞崇 赵巧英　陈静　王艳　张占华　张锋　卢林　董新航　王文良　胡玉平　魏永锋 田建华　马爱俊　查斯虎　吴鹏　淡红卫　王延红　李朝霞　张粉蝉　郝婷　翟雪玲 肖维歌　白夏平　杨英娟　郭春曼　贾翠荣　张雨萍　吴美妮　张凤娜　张红霞　张强莉 周莉　王晓平　张雯佳　王莉华　贺群群　夏丁　黄秀芳　王玲　白亚娟　陈新蓉 王瑜荣　娄小芳　刘明　徐楠　金鑫　倪薇莉　陈亚娥　汪行影　张春艳　管云峰 张卉　沈建斌　杜华　郭增尚　刘天军　余涛　周汝重　冉建军　胡节旬　张宗法 丁德育　崔焕勤　雷永东　刘晓锋　苏泽军　于论河　茹鲜古丽·沙力 邱克丽克·那尔买提　热古丽·买买提　木巴拉克·买买提　阿依努尔·拉扎提 莎里塔木提　布海利鲜木　哈丽亚　帕孜来提　茹鲜古丽·吾　马哈木达·帕尔哈提 茹鲜古丽·艾合买提　阿依古丽·马木提　依扎提·古丽　哈力努尔·哈米提 阿依肯古丽　米热尼沙·吐尔逊　哈丽布·米吉提　热孜万　茹克亚·肉孜 卡米·阿不都热依米　蒙克巴特　木合塔尔·米吉提　阿不都诺夫·阿不都米努尔 阿迪力·托来吾巴依　艾尼·卡地尔　努尔艾合买提·亚森　艾力·司马义 亚生江·居马洪　阿不都热合漫阿晨　努尔波拉提　热比亚
1999	姚鹏　王志坚　胡和平　朱绍格　丁建国　宋明哗　周伟　东海山　宋金鹏　马立群 卢国栋　王辉　李长宝　何青华　李兵　李成江　李海燕　史金月　栾晓艳　符月欣 李萍娟　黄惠雯　贺建刚　吕晓英　秦传桥　孙亚锋　李会峰　张永成　侯延刚　师锋 尚洪斌　王秀霞　高晓春　肖恩敏　石红艳　母小琴　班婵　王亚红　尹慧君　杨慧莹 唐学玉　单英中　贾林春　胡国坚　肖朝锋　范钦琢　王慧　刘小圣咏　卢丽斌　夏登节 蔡传桥　黄英　黄明学　周卫军　李永宁　陈安祥　洪立胜　陶学倡　司东涛　邹喜方 岳璘　田开春　杨文祥　杨晓东　李耀峰　王艳静　李曼　张秀梅　李亚芹　许曰玲 麦国香　杨红梅　李育斌　崔颐　刘霜　谢建军　黄海峰　张小伟　周华盛　白守林 肖文斌　彭文礼　王洪兵　阎云峰　徐英义　张伟　谭志云　田作全　刘晓辉　吴艳琴 韩蓉　王亚飞　樊云慧　王洒宏　张晓娟　范红霞　孙志明　王素香　李苑　董雅梅 苏蓉　郝小伟　闫晓丹　帕提玛　杨彬彬　沈镭　陈星平　阿布都伟力　王中亮 张进涛　沈桂军　容宇桥　李青松　肖秋　马志宏　徐德伟　陈伟荣　吴彩鑫　王德喜 穆南空　高普及　吴明珍　唐立兵　张晓玲　董敬菊　宋妮　张林　沈小东　舒亚军 袁小妹　刘玲娴　任巧云　贾慧茹　宫亚红　尤汉萍　叶春　罗华　杨金丽　吴娟芳 刘雅娟　贾玲　张志红　洪秀芳　黄显周　宋晓峰　王宏伟　郭海军　顾志国　贺联兵 王新民　王军平　李春程　齐冰　田富忠　徐贵河　李富平　王勇　秦学峰　周银 吴伟成　黎李　周兆梅　吕赛君　梁艳梅　贾玉玲　朱延军　杨青梅　张艳新　刘春梅 闻海燕　吴小波　夏春利　万仞　张建宏　姜俊英　刘剑峰　彭隆凯　周钟华　闻峰 高新前　宁义　李文强　韩魏　刘国宁　张学伟　李君　闫田明　李军科　肖朋利

续表

毕业年份	毕业生姓名								
2000	买买提吐尔孙	热娜古丽	木塔力甫	阿娜尔古丽	艾米达	阿孜古丽	坎拜尔尼沙		
	马木提江	阿曼古丽	阿不都沙拉木	买买提明	吾买尔	阿布力克木	阿不都克依木		
	阿布来提	海力其古丽	努尔古丽	居来提	阿布都肉苏力	吐尔尼沙	阿孜古丽		
	阿曼古丽	孜拉吉古丽	叶尔肯	叶尔兰	娜孜古丽	贾伊娜	玛尔娃	文建明	甘春强
	霍友民	齐晓辉	张勇宁	李国栋	徐波	晁云涛	解勇	胡芳营	姜雪海	石建平
	沈延辉	袁忠香	熊群英	王娜	余万军	亢冬伟	罗明华	王萍	米小宝	王勇胜
	刘俊峰	张霞	夏国柱	渠立权	傅翠霞	袁奇林	李学敏	韩菊敏	高华	陈建生
	王大方	郑建英	谢杰	王鸿斌	胡永瀚	徐斌军	周天策	马红	陈仕仲	边立刚
	王树娟	李庆梅	高利娟	冯慧	华健能	李文刚	翟艺	周华芹	张彦玲	何智娟
	任惠东	强学恭	李海军	李雪松	党文萍	马治宇	杨祖超	滕玉花	谭亚荣	畅小艳
	吕苌莹	孙爽	常永明	卢红章	贾炎	王勇	周滢	褚军	李桂兰	王宁
	杨超	吴静	王洪建	王少瑾	董利	李志明	张加林	林雪婷	孙建德	张淑英
	陶艳芳	吴坤	贾贵奎	王金凤	姜英利	任妮	孙连平	郑晖	蔺肖恩	王元斌
	宫新辉	曹永国	张占锋	徐炎	杨建军	杨琳	杨智杰	蔺肖恩	刘和辉	侯文亮
	张华	梁爱琴	干俊堂	李丽	段淑焕	王强	牟凤丽	乔美新	王娟	邵慧
	张世成	曹继成	陈丽群	马鹏举	张婕	郦丽君	赵纳	严彦兵	袁丁	李镇岐
	陈广文	杨祖文	单勇	冯志刚	杨建刚	王崇国	邵洁	赵雷	张舞龙	牛荣
	冯建国	张勇军	车森	侯爱琴	任文瑞	何润国	王桂荣	李莺	李虹	欧兴业
	邓军易	陶先胜	蔡玉	卢皓轩	马渊	董亚军	何峰	李晓玲	吴应华	吴振亮
	毕永刚	陈莉	杨莉琴	潘海英	丁敬省	许新建	陈海涛	李晓平	朱元亮	袁鹃
	李东	罗睿	杨晓亮	张鹏	杨思文	张新茹	张继香	高立良	王东兴	陈蓉辉
	韩锁昌	潘晨静	康明山	王红便	孙鹏飞	杨立平	胡四明	司军辉	于永刚	孙缠西
2001	王辰辉	胡丽妍	穆红军	张蕊	王春雷	徐永华	李一红	岳欣茹	王文静	宋瑞
	武松会	李敏	黄海霞	刘国将	王宏亮	陈泉	雷超球	陈宗锐	张静	李时治
	刘宏化	雷延利	张超	赵碧亮	赵杰	任晓鸿	李昊翔	吴赣宁	邓颖	蔡敏
	王雷利	韩梅	高翔	杨利强	陈云霄	张社梅	韩非	陆逊	张保坤	李亚军
	张萌	史璞松	马群峰	丁建荣	王小波	李德军	陈正平	路斌	郭艳艳	张治龙
	陈世昶	周鹏涛	姜建卫	张军	王宇娃	张保玲	李小良	屈家鑫	陈媛	马保林
	皇建国	李燕	王靓秋	阮美霞	于振海	张强	王芳	任高峰	王雁	蔡捷
	解晓鹏	吴烈	邓艳丽	王丽平	王丽艳	葛元芳	方友	邱爱国	邱宗存	宋伟
	徐高亮	魏学亮	董亚梅	高文敏	曾生	王鹏翔	段勇卫	喻红玲	范金蓉	陈少华
	田智勇	王黎明	彭治国	郑高潮	黄祖军	杨栋枝	王静涛	陈秀	李文发	马志勇
	谷明	赵洁	刘文学	杨梅	郭亮亮	王娟	毕林	段跟社	刘小永	史争艳
	刘旭涛	闫戈	张江浦	王君茹	谭婉君	任利军	冯利利	魏莹	王克	李亚歌
	容育毓	张新霞	李晓伟	景养利	聂力	李战群	薛春莉	李韬	李华	柴小军
	赵冬梅	赵晓霞	马新龙	刘印权	高峰	张海霞	冯文娟	胡彦丽	祝东新	张严娜
	张万忠	成军	田新军	水红亮	曹小玉	樊生寿	雷清	赵晔	安春华	吕忠华

毕业年份	毕业生姓名									
2001	张霞	张淘沙	胡敏	马桂英	张苗红	吴昊	陈芳	吴灵丽	张滨	唐富强
	范永刚	张红霞	苗立国	汪勇攀	王志远	胡静文	高明	张大海	夏李伟	耿文才
	刘光志	关广峰	郭建伟	唐良松	胡艳萍	张红梅	蔡宗远	姚天罡	康小军	张咏华
	林治刚	黄豹	王治国	孙淑玲	饶小康	程文仕	李峰	董四娟	吴建霞	王新军
	石志恒	马珊珊	董明明	滕昀	欧阳洄	李锋然	史建俊	马成驹	于跃刚	徐磊
	李红燕	范敏	刘虹	吴泽华	刘琼	钱春莲	王志国	张新丰	何学松	谢倩
	于转利	李奎	苏利涛	王海波	李宇新	谭昕力	王亦明	王艳	潘永才	翟新宇
	王向华	李春敏	陈利霞	张红霞	李兴华	马宁	常红	杨华	赖泓杉	赵新春
	冯靓	孙晓莉	田高继	王桂梅	李川冰	曹继成	刘峰	李耀钰	解京	袁英
	陈福娣	李国栋	杜运苏	卢海军	朱继坤	张钟游	万桂林	张荣海	芦大胜	杨青梅
	陈加强	谢冰云	唐国满	詹涵懦	冯其刚	赵洪美	李妮	范晓珍	师妍	安登奎
	郑锁	王筱英	朱晋屹	王静	李亚辉					
2002	刘霈	耿霞	冯静	侯俊斌	武晓明	刘金富	王金梁	刘静	秦赓俊	米强
	赵洁	杨丽丽	李总	盛美月	付志刚	傅向坤	李强	宁泽逵	王国乐	余业秋
	曾传露	李春梅	程天矫	谢正刚	高立	肖波	李宇峰	石俊峰	严峰磊	刘亚艳
	潘涛	藏香利	李卫平	尤军锋	孙建奎	何瑞	包文波	刘杨	王振	梁磊
	王振华	张军	邓亚丽	李红辉	刘西鹏	赵安邦	祝党伟	薛恒	周继红	董文绢
	雷亚平	张雪枫	张晓红	周洪莉	李红	吴东	李兵兵	王维新	胡军	张鹏
	张泽微	郭宏霞	冯海军	陈捷生	吴晓燕	张运坤	王儒密	赖晓辉	林刚	朱林旗
	汪圣	彭昱	李志林	段金跃	崔宏涛	李琼	李若艳	姚娜	王维涛	支晓娟
	徐海	蒲媛	郭海兵	张小飞	纪丽娟	王珩	唐燕	刘声刚	吴智渊	刘银山
	闻彬	吕建国	任建忠	李建军	温婕	张琴	乔艳	张毅	周铸文	申云仙
	骆凤英	崔永俊	刘忠华	李传英	刘海英	戴文亮	邓辉	余根来	常健	杜盛
	何凤平	陈亮	尹樟平	熊青松	王迎花	王传庆	鹿洪芳	白俊杰	陈之涛	林爱军
	段俊统	吴灵辉	王小霞	董丽萍	刘军	王立波	潘广伟	艾尝明	秦勇	潘有活
	刘丽华	荣秀	王波	曾利	蒋来	张晋	杨祖攀	刘焱	景艳梅	訾国栋
	刘娜	程晓娟	王玉衡	王鹏	刘亮	张彦	刘芳	李妙鸽	侯举儒	王海林
	张有强	张媛	范俐	侯化娟	李忍忍	沈严	王学超	姚高斌	张军红	王大莉
	张万利	叶小玲	王变君	张萍	臧敏	孔婷婷	史陈龙	张薇	杨永防	李香
	吴后军	王小波	何立新	贺文强	张小华	张炳红	王招娣	孟彩琴	祁芳梅	李桂凤
	贾喜琴	怡霞	叶建华	马斌	李超	赵晨光	程普光	盛媛媛	米热古丽	
	赛力克	艾力木江	巴合提古	努尔古丽	阿不都热	努尔买买	玉山江	艾合买提		
	艾斯哈尔	努尔哈孜	地力夏提	古丽苏木	热娜古丽	艾力甫·	买力克扎	帕提古丽		
	买买提江	地拉热	岳媛	买尔孜亚	米热古丽	热衣汗古	卡米力·	加尔肯别		
	铁恩泽	古丽努尔	库尔班·	王国栋	席娜	王紫光	马艳秀	阿不力克	张新	
	李松青	徐科	吉茂成	王汉强	包景浩	李碧生	马松涛	何龙慧	田从义	韦庆友
	苏文锐	许宇扬	唐燕	熊小东	马如愿	徐增兵	韩娜	王斐	纂翡	黄文博
	王蕊	范雅勤	雷敏莉	王云锋	马利	徐玉梅	张志盛	张小霞	蒋永利	高玉祥
	高志刚	王柏媛	王小利	郭汉节	秦素云	高胜杰	王新艳	张丽萍	鄢守平	刘畅

续表

毕业年份	毕业生姓名									
2002	柴斌锋	李平	吴万盛	罗新炎	王庆珍	刘文坡	罗时锋	张飞	黄洪波	周工作
	张庆宁	杨萍	郑江春	陈洲	陶丙富	杨兴海	王贵林	王利英	王金林	张宇
	王欣强	蔡振宁	刘春燕	赵雪艳	刘永强	薛宁超	汤静	杨亚强	杨拴儒	海红妮
	李亚萍	梁媛媛	荆六一	侯玲	聂敏	陈建刚	全少坤	马国华	胡义学	付文波
	谢方	耿涛	黄兆平	韩德智	罗建	郭丽丽	王军智			
2003	冯青	陈国栋	刘宇翔	苗珊珊	高苒	吕薇	王耘华	余学勤	白俊海	陈建国
	李安界	李荣政	王晓娜	陈桂洋	李继东	何秀红	邵付强	陈双宏	邢金君	付蓉
	李英	翟金荣	田荣军	宋桂菊	周璐	杨军力	谷妮	葛明庆	程仙丽	周秀娟
	李吉利	冯艳	王宏杰	王娜	郑蕾	刘薇	郭婵	何敏丽	崔丽飞	周永玲
	项丽晓	强伟	王兆福	肖志飞	汤振辉	刘珍明	何文虎	郑锁劳	郭秀贵	王周颖
	詹盛	高永鹏	李芮	王春灵	雷佳	冯松蕾	郑连勇	陈嫒	张军田	杨学辉
	池航	张著	孙山霁	吴文华	王东升	蔡敏	付颖	周繁华	孙军	刘静
	张倩	赵星怡	霍丽	弥晓晔	刘金锋	孙浦源	侯延娟	金玲	陈贤玲	刘鹏
	祁博	吴毅恒	安兆博	韩晓东	牛晓庆	唐建华	李鹏凌	安芳慧	高雅萍	黄军礼
	董晓毅	邹小丽	刘军仓	陈子健	邹伟	陈益江	蒋跃亮	郭艳红	曹磊	张明
	姚明捷	俎志英	解金利	杨丽	牛维德	刘晶	王育玲	司徒泽南	聂恒	王晓丽
	李琳	钟准	曹亚男	姜雪云	张春杰	杜岩	王玉良	肖玮娟	周鹏飞	王梅
	王娟利	杨洁	赵益轩	石峰	吴雅莉	夏宝田	彭慧	柴瑞雪	曹柏勇	庞永军
	张长营	许静	牛熔	周狄昆	王体斌	王箭	王洁	高杰	寇雪莲	蒿仲涛
	纸少龙	曲婧	秘丹	丁月清	畅伟伟	张海社	李建军	蒋君颜	明平锋	孙楠
	孙珂	武娟	程思	李胜军	洪冬青	康亚鹏	袁建军	姜波	宫密桢	孙洁
	齐书民	王雄昂	杨岁欢	王继国	申倩	李丽萍	马森嵌	赵文伟	牛燕	刘宗耀
	王萍	刘贵萍	魏璟轶	李嫒嫒	王芬	赵建刚	张小燕	陈艳琴	何永峰	江美丽
	刘晓英	韩德军	李淑生	马新成	史继英	唐亮	曹多进	刘飞	张志军	王振江
	秦良斌	庞博	张传平	黄建东	丁丽丽	张爱国	余华锋	李建波	王海亮	陶海斌
	余琳	环莹	雷鹏	程永杰	陈艳	王伟强	杨涛	刘建	范睿	张帅军
	孙丹	黄绍冰	王燕	闫小欢	陈冲	李红刚	魏爱平	冯利兵	富康平	韩森
	刘海扬	刘莉娜	刘帆	周瑞	王海霞	刘勇城	安锦	杜娜	唐善静	屈锦伟
	王永红	谢忠业	范涛	曹昊坤	梁小峰	寨荣	张艳	赵建红	王进峰	徐娟
	岳呈文	唐玉宏	刘明哲	于兴前	杨成良	李鑫	韩迟	李造成	杨美玲	任漓江
	张凤婕	邱建平	周富珺	杨丙权	宗丽辉	王国哲	庄江涛	周新立	余中国	吕付平
	沈秀娟	马巧燕	项婷	曹亮	张潮	丁成军	李昉睿	李华	宋志东	张锋
	解永宁	尹斌斌	刘小龙	杨秋莉	樊利宁	张雅琴	钟简	杨建	段秀成	张军
	刘武英	丁小龙	毕忠刚	张文波	赵丽莉	杜星龙	李兴红	张莹方	张弛	孟宪杰
	王光伟	赵阳	宋小娜	高庆伟	田萌	张栋	郑雪	赵挽强	王俊瑛	王楠
	岳瑞	谭荣花	王亚娜	李杨	周乐	王云	付辉辉	马宇	李景云	吴福瑞
	穆党刚	唐学凤	范博强	李兴年	靳文丽	黄丽坤	李博	陈草	陈冬梅	张之峰
	马小峰	宋贤安	王卿	张红梅	张林	吴正海	徐怀继	陈亮	薛建英	雷婷
	张洁	尤应恒								

毕业年份	毕业生姓名									
2004	孙 玥	魏锡源	赵新伟	王 涛	梁浩锋	杨 挺	艾志刚	张治荣	杨高举	王欣荣
	隗立锋	亢丽君	向尹玲	莫冬兴	陈中林	陆 艳	王 斌	吉 敏	张 旭	张友勇
	孙首萌	张黎鸣	潘 娟	韩志宏	谈得芳	宇轶飞	刘玉涛	郭允龙	陶建文	崔丽华
	孙志成	薛 竹	王 峰	徐林芳	胡朋军	孙 艳	齐春会	刘 锋	夏春莉	吴晓芬
	丁娇萍	王 锁	杜 娟	姜 峰	王 莺	张 磊	杨大伟	邓华军	张永斌	陶艳丽
	李 娟	史 娜	王 浩	刘海斌	王晓明	谢熙伟	张得森	李 鹤	李 宁	谭 斌
	陈 静	李兆斌	毛 飞	王 欢	张 莹	张小芹	石鹏飞	王 蓓	吉环利	洪似秋
	关意攀	郭 芳	李 宁	宋兴桥	王 军	周 佳	葛建勤	董艳春	胡年丰	薛 妍
	鲁 毅	王 磊	白钰娟	刘绍霞	崔 燕	卢 伟	陈 宇	郑明英	朱艳春	郝红霞
	王 伟	谢宝军	兰泽能	张婷婷	牛永胜	傅方蕴	王 明	甘 娟	王 钰	李 易
	钟 华	张玉双	郭 燕	吕 宏	蒋 丽	赵仙强	张 飞	王军锋	余 波	吕宏东
	卢 伟	陈 静	张 娜	胡 芳	安 娴	任秋房	周建生	林中原	李丽娜	李 灿
	邓善平	潘琳洁	祝兰芳	高德山	王 冲	郭 斌	马 静	余莹莹	高 娜	代宏玮
	马凤仙	吴建英	李祖国	陈 星	吴 龙	张君利	林冬雪	张晓辉	马良斌	王海龙
	刘根岑	张一君	赵伟鹏	万继飞	高结宁	朱 磊	邱萧峰	游春晖	陈祥云	李文娟
	赵 晨	李 霁	王艳萍	郭 平	刘永楚	张晓燕	张会会	黄俊豪	袁永新	梁 伟
	郭旬波	焦 鹏	马 宁	谭本俊	樵莺莺	邱中华	陈 婷	蔡文昭	杨泗斌	穆爱莉
	周荣晖	董海燕	王晓平	李婵娟	王丽霞	伍玉春	解建涛	赵红利	祁建军	阎 敏
	安素强	朱 刚	马国栋	王海燕	高 博	张 婷	张蕊蕊	李 晶	王军栋	韦小兰
	王海宁	张永艳	贺海莲	张对怀	徐 辉	辛志平	黄健峰	李弟元	刘晓芳	普光华
	朱紫群	余义国	姚美玲	陈少平	安 莹	潘飞虎	杜江涛	廖红燕	舒 涛	廖 晶
	张剑萍	林晓婵	付建利	周晓丽	曹永龙	李宏科	邱苗苗	刘 松	孙 磊	金 红
	雷 红	王文海	李 维	李 敏	白玉梅	刘 莹	赵剑武	常庭苑	党西锋	李绪梅
	高海娟	侯彦显	武宏文	崔 亮	赵 辉	张丽雅	康秀梅	王公山	孙 武	李 晨
	岳立洋	李 会	刘昌林	唐海霞	王志荣	尹秋月	黄 剑	葛宇琦	裴 蕾	叶水爱
	于 洁	任 奎	刘 慧	李 锐	顾银军	羊春林	罗 卿	冷志明	刘丽荣	周 敏
	陈恒娟	李荣生	梁立政	周 伟	李晋生	刘 鹏	高利兴	代英涛	乔 锦	田海涛
	胡星星	母建刚	代继波	贾宏海	王东垚	韩 晓	程 安	薛 婷	邢景辉	张阿玲
	贺元军	朱园园	胡忠艳	康 敏	韩 卫	王 斌	李 明	杨福涛	朱 斌	何艳敏
	杨小红	曾银川	罗文春	惠 凯	胡 磊	郑晏文	沈燕会	齐 欣	王巧丽	夏富强
	刘长青	庞爱宁	李 昊	高志峰	陈 红	王 敏	杨 薇	姜 羽	谢海勇	储丽丽
	卢北京	邵 侃	尹文静	郭韶青	李亚培	郭海丽	王 兵	满明俊	廖正华	韦吉飞
	江小容	种胜兵	王 佳	冯明侠	杜晓燕	郭 江	罗 列	刘 雁	施俊平	李晓燕
	张海军	金 涛	张 迪	唐明杰	闫卫军	魏亚儒	任 伟	李丽鑫	刘 元	赵 烨
	王 芳	刘艳荣	王 勇	李晓东	曲洪波	杨青莲	侯明辉	蒙海勇	王朝友	李小燕
	王春军	陈士利	何 群	黄广伦	张 磊	林 宇	王永利	徐利娟	张宗辉	郑 璐
	李 霞	张毅飞	商兆奎	毛进朋	袁 丽	杨 辉	李 兵	刘 焰	郭云燕	叶建洋

续表

毕业年份	毕业生姓名									
2004	张天龙	郭林林	白雪瑞	刘续军	王锡翔	阮 芳	李祖业	杨 莺	阮海兵	卢 明
	许长亮	黄 江	李志荣	李朋伟	王 雷	叶小雯	唐燕辉	蒙西宁	史翠萍	刘 璐
	王方轶	曹银华	兰大彭	杨学平	苏智淙	李 雪	李小明	李安民	徐 寒	朱 芳
	张 娜	陈海冬	刘 罡	姚培冬	王升龙	齐永社	董 伟	芦 健	谢瑞芳	张凤山
	吴雷娃	姚占军	张 云	陈 庆	郭 涛	薛岩龙	庞志俊	施 云	王密侠	强 燕
	董 涛	武淑平	孙 婷	王 鲜	刘俊华	李 荣	王文文	冯晓芳	赵忠楠	陆东泽
	莫留海	任 斌	张 伟	童维军	赵 娟	陈绍飞	姚建国	贾照国	高红霞	陈进军
	刘宇伟	王丹丹	刘文华	张 玲	马丽萍	王丽娜	李 伟	康 璐	穆晓玮	钟 辉
	马海燕	祖志英	曾庆波	余 克	蒋 霞	贺生霞	韩 娟	俞国梅	张国伟	许 强
	石 林	许清婷	张志军	胡乃娟	李 启	朱秀梅	李 维	张 燕	杨 磊
	蔚 娜	严艳芳	李 志	但 宁	张展望	刘晓东				
2005	黎亚萍	焦 伟	卢蔚梅	邓红果	刘 松	朱 立	王小花	苗杰军	姜雯雯	许 娜
	郭雨航	赵 勤	刘 莉	康 艳	史 良	康 俞	周 静	刘 蕾	魏 林	杜 颖
	李 娜	梁 珊	聂卫娜	何 华	屈 琳	严赛薇	纪卫华	袁文娟	郝丽萍	马宏超
	徐 彦	于小妹	李贵德	余丽燕	韩莹莹	张 存	魏丽红	郭群成	邱 慧	高改英
	李艳玲	李三虎	王向涛	张慧敏	李冬梅	陈 苗	李 鸣	宋 佳	李 慧	万会萍
	宋玲玲	陈媛媛	杨 东	张建存	马小玉	李海东	黎明胜	葛云刚	赵学瑛	郭荣玉
	张文科	蓝旭勇	白斌伟	彭金萍	丁伯锋	弓文利	杨晓宁	刘德运	刘晓芳	覃金媛
	田海祥	邱保杰	唐 欢	何雪亮	李秋睿	纪 娟	张 文	李 沙	刘利红	汪 刚
	陈学敏	沈燕飞	赵 丽	梁 伟	徐跃明	高 洪	左 楠	吴红仙	崔林江	连旭霞
	汪红水	梁鹏飞	康泽荣	常 健	王鑫奎	王俊伟	崔 婕	李世娟	李新宝	方 敏
	刘 欣	伍玉春	彭 怡	王海龙	徐团团	杨晓丽	刘国霞	杨艳芳	刘 婷	梁 娟
	易媛媛	姜 营	张 曼	何 磊	黄 亮	杨志亮	王 璇	王 斌	冷 涛	吕世明
	杨 勇	王润琴	吴正萍	丛春荣	刘履冰	张燕军	安建佼	文友贵	姚文丽	刘 毅
	杨小勇	常竹青	王 超	邱亚军	郭 涛	刘少华	魏 兵	李海月	李玉建	李景全
	刘旭颖	祝仕坤	马换彬	谭姚锋	陈璐鹭	黄 振	王军锋	侯莉莉	纪 钦	张 莹
	周 琨	李 涛	杨 璐	蒲 涛	张亮军	李永明	梅祥波	宋 铭	毛效银	刘云峰
	李志斌	王仁伟	丁 瑜	武绍基	庞林丽	刘冠余	蒋舟文	时保国	王 芳	鲁明瑜
	谢熙伟	黄钦海	曹 磊	聂 星	冯海龙	李助援	张友勇	黄治武	王欣荣	陈华瑞
	尤雄建	刘 麒	何耀华	袁修成	刘加岳	张志敏	孙文涛	武慧飞	李 明	童福海
	方玲玲	张志强	亢丽君	朱周森	杨战江	罗满福	傅鸿昌	张尉斌	张晓宇	王 彬
	张月婷	房怀营	陶建文	钟 莉	李向丽	贺文涛	黄 燕	高彦云	刘 聂	张欣磊
	田春芳	惠林尧	安 萍	张 昭	穆粉花	刘 涛	杨 涛	吴晓芬	李前宏	鲁靖康
	李耀华	李恩杰	薛凯鸿	邢 玎	杨艳萍	南长鑫	汪飞宁	汪显斌	侯志铭	乔 浩
	高建新	沈道春	张仕明	周 伟	范 浩	齐来金	张 萍	魏 盟	徐运华	史 倩
	刘 蕾	周 娟	王天社	赵 喆	丁桂枝	李 延	赵 爽	李红奎	余新华	韩 刚

西北农林科技大学经济管理学院院史 1936—2022

毕业年份	毕业生姓名									
2005	赵帅	李世怀	刁艳	张悦	李岩	贾蕊	周楠楠	陈京	唐宗琼	邱威
	王正香	杨瑞	李玲玲	黄增见	阮班强	赵红雷	马辉	王仙君	田平	彭天佑
	史瑞婷	杨朔	张洁	李平女	李炜	冯小玲	胡阿丽	何瑞	段小伟	孟珊
	曾照英	段瑞锋	崔荣	王晓	王鸥	刘炜	潘庆江	靳玉峰	段艳侠	贺晋嗣
	张桅	蒲明华	邓明芬	乔芳芳	邵聪艳	王小利	刘俊龙	王丹	许红娜	张青成
	吕小青	郭文静	袁丽	汤根固	梁传勇	胡春	赵磊	张玲	季翔	缪微微
	马福增	崔长亮	刘明	孟令通	吕亚军	阿布都扎布尔		管政文	劲	李娜
	马宗峰	郭己余	赵世鹏	柳富刚	任道祯	江洪泉	贾飞	梁彦峰	宋小辉	马秀平
	赵昕	赵广成	赵中坡	唐安宁	曾丽萍	尧菊	党丹州	李丕峰	余丹妮	吕春
	张小军	李伟	王榭茹	韩建强	解子慧	丁晓军	李鹏	杨沛	梁田茂	买买提
	苏丽	吾尔尼	阿达来	韩海军	马国勇	李宏益	朱兆婷	苏晓宁	文宁一	谢颖博
	刘彦池	牛婷	王鹏	石明刚	刘代书	张建国	胡波	康晓琳	任方红	董化伟
	张宵慰	苏县龙	高仁航	王健美	王莹	李荣标	李沙	黎诚	杨倩	王艳增
	杨耿	王艺	贺蕾	孙炜波	张勇	王晶晶	薛鹏	杨昊	雷霞	谭聚志
	耿兵	沈雪良	李昕	魏东晖	屈凯	赵麒	方栋	齐春建	于磊	韩雅
	张挺	赵文娟	解薇	刘博	王东垚	曹振军	严碧峰	许文龙	贺元军	杨燕波
	王静	段晓娜	杨帆	邢慧勤	刘永红	赵安	李笑宇	严菲	翟宜东	赵永涛
	张秀军	曹玉刚	卜峰	刘兴喜	易何胜					
2006	彭宏冠	王克照	许敏	王菁	董晶	阿玉顺	赵自方	蒋慧	劳惠升	毛献永
	韩光辉	黄红诗	张馨芳	黄虹	杨曦	史枫	杨光勇	李军	张建华	杨平
	孟令华	吴丹	龚璐	史丽娜	陈苑莉	徐峰	林托	高军行	王磊	姜玉
	刘柯	王磊	王磊玲	黄磊	杨霞	姜振超	聂伟娜	王栋	池玉玲	王伟林
	王家琪	蒋锦仕	金小林	刘义侠	崔珍珍	张秀明	尹少勋	赵密茂	莫丽萍	陈楠
	赫玉彪	焦英伟	唐会兵	刘娟娟	艾明国	马玉兵	张洪霞	符丽珍	郭亚军	李瑾
	马永涛	谷勇	张赵晋	冯乖芳	李亚川	张欣	张满友	张艳彩	贾坤坤	王亮
	李海澎	张荣	张惠	黄显武	张渤	刘国辉	徐忠昌	谷惠	胡云飞	张春英
	范翠芝	鲍二伟	李智彦	孙亚微	王潇	金沙江	陈文林	张磊	郭树龙	贾威
	黄明星	马光辉	陈磊	张秀华	冯彬	张霞	华莉	李方	董建明	樊元如
	温彩	王亚宁	贺飞	刘正波	位玉华	刘立元	王昶命	曹伟华	刘翠萍	石刚
	刘丽娟	刘艳	周静	刘荣昌	李君省	张斌	王仲平	陈军	马蕴南	宗甲兴
	吴王玺	胡龙华	付磊	方鑫	杨欢	廖丽琴	黄旭龙	赵雷	刘成琴	张荣华
	孙娜	谢清德	李克洪	符小华	乔宏伟	王近金	莫艳玲	林夏	朱媛媛	武若鹏
	唐敏	毛中一	王严勤	冯梅秀	褚伟	张郭伟	时钢	盛男	周少飞	薛永浩
	汝漩卿	曹俊芬	王东伟	李春善	马霞	张芳芳	王丽丽	赵恒飞	赵建超	贾磊
	孙晓辉	张晓东	耿宇宁	王玲玲	王健	段体文	孙拓	张金波	齐云洲	王广强
	赵现伟	常鸣	马文清	程小舟	祝玉梅	王亚男	郭鸿飞	连福忠	尹江源	鲁珍珍
	黄圣贤	黄越慈	赵熙月	李琨	徐蔺如	唐宏刚	刘洪涛	贾东升	崔宁	燕萍

续表

毕业年份	毕业生姓名								
2006	王次玉	张　琛	王慧琼	唐娟莉	王　丹	闫雪非	杨　洁	白如冰	郭惜光	单常芝
	秦茂林	邹建德	隆　梅	李　艳	黄苏南	陈仁俊	成新江	王　颖	杨丽丽	刘正东
	何顺心	钟　林	张悟生	霍光歧	孙　尚	杨丽娜	吴　斌	顾劲尔	刘素坤	李志强
	王荣华	贺利梅	朱　鹏	周松涛	吴冠星	张晓蕾	祁　飞	刘　凯	魏大鹏	康军强
	倪细元	连慧琳	睢宇恒	曹　剑	姜　楠	张彦军	刘会英	崔玲珑	李延锋	孙明飞
	邓岳华	徐　冰	张晓惠	赵　璇	宋婵婵	李超伦	吕凌晶	李毅强	王燕英	宁　楠
	富　育	韩　洁	权　玮	李高帆	王雄伟	尹晓丽	张文静	孙振荣	黄连生	魏宏杰
	白玉平	张　斌	张建华	李雄军	王　晶	冯　颖	王晓锋	王　硕	刘　虎	祁永富
	李冬冬	杨　丽	杨文博	闫斌博	刘速扬	陈明明	赵　宴	饶志娟	倪永良	王　琦
	韩　明	龚　飞	汪　莎	孙　杰	魏天化	梁　严	应　岳	罗　俊	刘　敏	尹香菊
	孙海燕	涂　蓉	陈秀苇	杨　光	李海妮	李玉生	周　惠	曾丽英	仇干兄	蒙维艳
	李会玲	吕亮亮	倪豫凤	吴永晖	李　哲	韩秀梅	孙军丽	董　剑	刘　建	王阳崇
	徐建霞	聂永华	张　劢	张晓燕	袁玉立	李永进	徐　静	屈利平	刘理扬	金燕鸣
	唐占林	常　英	蒋太凤	何　倩	史志强	雷　练	李成凤	邢　靖	许贤德	冯孝娟
	张志博	沈志平	庞　淋	尤　超	银　帅	金　玲	白全斌	彭超平	孟颖宇	张新卫
	肖　晓	杨锦娟	龚少如	谭　珺	韩善宾	白　玉	姜　帅	刘　英	张加利	陈　洁
	郝　宇	张文江	刘文斌	张秀琴	张　方	丁玉林	王　玉	张传新	齐　虎	林　义
	武　威	宁　宇	张宇飞	刘　涛	马　战	李泽秦	杨万青	田海峰	韦美色	陈　娟
	张　瑜	唐小琴	赵鹏长	付国富	齐雄师	赵春娟	高海涛	于凤标	叶冬冬	刘　瑜
	周　强	黄　勇	周　云	吕嘉雄	李亚成	牛生麟	王启才	蒙守斌	马　强	罗启军
	阿布都扎布尔	黄启兴	徐　凤	高　鹏	王小栋	刘　顾	唐清源	刘　洋	蔡小明
	张　杰	周春霞	徐大伟	樊　琴	孟召彬	段国锋	王　元	杨　宇	李晓光	罗　玲
	张文静	付建磊	袁宏波	王贤超	刘　森	张及英	刘萃萃	薄夫伟	赵军丰	邢汝峰
	罗伯夏	张　敏	宋　娜	郁　超	王　勇	姜　楠	高　峰	雷　磊	李王锋	马少华
	张华国	李惠珍	梁　琴	李　刚	黄毅楠	高明明	王雅楠	陈培贤	窦金良	俸晏修
	石　缨	刘燕花	周　伟	肖　京	杨莉莉	刘　丹				
2007	蔡天鹏	陈金华	陈陕陕	董学荣	杜玉环	郭艳英	郭志星	韩　振	胡春艳	胡　俊
	贾晓玲	江庆朝	蒋　霞	雷晓妮	李　刚	李　夏	李　鑫	廖安林	宁　渊	彭　宇
	齐　维	乔　敏	尚旭亭	宋关闯	宋慧丽	宋　涛	苏　琳	孙银环	陶友杰	王　刚
	王　慧	王聚鹏	王　蕾	魏　林	夏丽娟	向永召	熊小刚	薛小青	闫凤霞	闫科科
	杨满仓	杨　倩	杨延龙	杨　艳	尹　安	尹光生	曾晓红	张　飞	张亚翠	张永明
	赵　阳	安　稳	曹巧利	查兰芳	陈友海	程杰贤	杜　涛	杜　伟	杜延刚	冯　丹
	冯　磊	高立刚	关语博	郭莉莉	韩慧娟	何道德	何　娉	贺云峰	洪清辉	黄利平
	贾利利	蒋廷元	焦立川	金　苗	雷卫永	李福来	李维维	李　鑫	李艳兰	李　哲
	栗仲谋	梁安健	梁克国	刘　博	刘　佳	刘　明	刘　瑞	刘雪婷	刘亚娟	芦　青
	罗锦昊	马正伟	孟　培	朴升姬	戚利宝	钱传海	钱真强	乔　文	饶永权	尚宗元
	师锋刚	宋海波	宋　露	宋先芳	孙淑芬	孙西贝	王焕弟	王立飞	王美锋	王　平

毕业年份	毕业生姓名								
2007	王权	王昕	王雅楠	王玉彬	王珍妮	韦成宝	温慧	武绒绒	肖鹏	邢敏莉
	徐晓洋	许欢	杨海龙	杨莉娜	杨阳	于忠刚	俞利利	袁俊	岳斌	张超
	张黎君	张路莹	张瑞华	张雪梅	赵海鹏	赵艳艳	郝洪霞	常晓艳	陈东艳	陈艳
	程冬梅	崔小前	淡坤	董冠然	董瑜	樊海平	范遵秀	付秀英	郭飞飞	郭婷
	韩玉林	郝洪霞	何海生	何军	侯春娜	贾丰琳	金永娟	康宁	雷雪	李倩
	李晓丽	李行萍	李赢	李玉明	李振云	廖小琴	刘海江	刘慧胜	刘晓鹤	刘裕
	娄术楠	马凤兰	马会芳	孟明辉	彭文英	曲木你色	曲培晓	沙晓瑜	思元山	苏丹
	苏芮	孙庆凯	孙学双	索杰	王光	王慧	王静	王鹏	王勤	王拓
	王雅雅	王煜	王照斌	王真	魏爱芳	魏宗凯	文平丰	文容容	吴锋	肖娟
	肖宁	许国庆	杨敬超	杨秀珍	姚康	易韦	张丹	张焕珍	张佳珩	张静
	张娟	张雷	张猛	张牧青	张培	张俏	张伟	张文慧	张小艳	张轩
	周益卫	朱丽琼	卜旭辉	陈慧武	陈容清	程京京	单安娜	董浩智	方宏	冯贵祥
	冯金龙	符志敏	高冬玲	高护国	高雪梅	谷芳芳	郭翠芳	郝洁	何芳	何静
	呼健	黄小艳	黄臻	亢洁	李春雷	李峰	李建伟	李莉	李强	李青
	李宴龙	李勇	梁凤山	蔺志子	刘会勇	刘亚峰	刘燕	刘毅	刘裕学	龙花
	吕鹏	骆增强	雒佳	马光莉	马欣竹	南夫权	宁婷丽	彭振嫣	邱斌	邱秋云
	石微	宋跃邈	孙鹤	孙晶晶	孙晓凯	孙云师	孙自可	田溯	王宝兰	王勃
	王凤芽	王健	王琨	王丽	王丽丹	王明	王璇	王正青	韦东东	魏中敏
	吴军	谢岳芳	熊红床	徐彬	徐丹阳	徐艳冰	杨冬敏	杨婕	杨柳	杨松
	于璇	张丹	张纪文	张蕾	张涛	赵阳	赵哲	赵正权	郑树开	周婷婷
	卓昕韦	毕列娥	卜鹏楼	曹磊	陈涛	陈叶强	程航航	崔洪荣	杜兴华	高海波
	高娜	高蕊	高微	高瑛花	黄继林	黄振坚	焦晓建	金林	郎旭晖	李晓佳
	李兴福	李宇飞	李云新	刘宏	罗燕	马超	彭丽娟	钱迎芳	任保山	宋敏
	谭东明	唐娇	王冰	王荟众	王娟	王科	王强	王蕊娟	王婷婷	王子瑄
	武兆庆	肖泽华	谢远凤	徐海涛	徐娟娟	叶文娟	尹华银	于玲	余旭昌	张睿
	张莎莎	张溢森	张志超	赵金彦	赵伟光	郑建敏	钟金燕	钟美洁	周增先	朱凤战
	陈君利	淡丹莉	邓晓旭	黄杨钢	黄媛	霍锋	李林	李伟	李熹	李永平
	李转玲	刘峰	刘素兵	路前元	吕凤梁	罗来喜	马菲菲	阮利萍	桑蕊	孙章波
	王天嘉	魏玉玲	谢金娥	杨静	姚斌侠	余艳	张宏斌	张俊	张娜	张银婷
	张瑛	冯秋晓	高希凯	韩秀兰	李冬雪	李鹏	李勇志	刘薇	刘文斌	龙国强
	马卫强	马永春	曲洁	苏东亮	孙占义	田宁宁	王静	吴海萍	吴墅	徐磊
	杨琳	杨子波	于金娜	张明明	张攀	张晓利	张晓芸	赵斌	卜阳博	陈俊华
	冯彬彬	高冠军	龚妮	郭邵花	郝圆	何威波	贺功	胡晓笑	李金虎	李凯
	李梦阳	林勇刚	刘红红	刘娅	刘志军	马彦琴	王策	王欢	王微	王志杰
	杨彬	岳永胜	张佳	张明林	张睿	赵梅	赵雪	朱广铮	朱耘佐	班群芳
	曹美微	查优	陈廷见	陈宗达	崔立硕	邓慧灵	刁成军	董晓光	董新	方静茹
	冯小鹏	付小东	胡惠敏	黄佳琳	惠海涛	惠战旗	姜丹丹	蒋将	雷婷	李海莹

356

毕业年份	毕业生姓名									
2007	李海远	李红霞	李 杰	李 萍	李 倩	林 岩	刘 臣	刘 丹	刘 玲	刘 涛
	麻 帅	马 林	毛培轩	彭媛媛	强有民	秦勤花	孙少敏	邰 明	田 刚	王 丹
	王海燕	王卿娜	王晓娟	王志华	吴 哲	杨明华	杨 旭	余明辉	袁 媛	张晨露
	张 浩	张家乐	张 敏	张 乔	张绍宣	张 馨	张智会	赵青霞	朱大鹏	朱俊坤
	朱文生	才旺拉姆	陈佳荣	陈 静	陈 维	陈艳娟	崔文凤	旦增群培	段月萍	冯 辉
	符致敬	郭 儒	郭莎莎	韩翠兰	胡丹夏	黄 燕	雷 莹	李冬梅	李 昆	李 琳
	李水生	李 扬	刘得腾	刘 焕	刘 新	卢亚灵	陆冠宏	庞 刚	申权利	孙桂香
	孙 涛	陶广林	王锋强	王晓婷	王兆云	吴文言	吴 旭	许成委	严秀芬	杨 玲
	杨明敏	杨 霜	杨 婷	湛冬梅	张 戈	张 渭	张战锋	张子娟	赵世发	赵吟纾
	钟邦平	周炎儒								
2008	姜尚锋	张 宜	张 微	马四伟	王焕梅	李俊超	张 玮	寇少强	宋学良	吕景芹
	黄飞杰	澹台凡娇	李国栋	杨 莉	吴曼宁	黄 稳	贾 韬	赵小安	朱才睿	慕军虎
	吕德荣	王晓娇	冯洪宇	史剑梅	赵康康	魏 云	王 亮	刘双双	薛斌斌	郑 超
	吴 丹	程小亮	付 潮	范 丽	褚 敏	张 超	李全军	冯 敏	王丹丹	王 政
	王海球	贝雪莲	宋小均	邓 旭	田文所	密云峰	郝 璐	朱文静	杨小磊	尚 睿
	许小敏	薛 英	薛永东	田宝宏	吴天虎	李成君	马青龙	化建华	潘 乐	李明珠
	张海娟	张海丽	吴俊成	雷 蕾	樊有宏	吴吉庆	李兴华	任俊茹	史 敏	黎庆垚
	李 艳	周有录	李鸿挺	保莉莉	杨玉萍	逯慧芳	郝剑锋	张新帅	史武豪	杨汉利
	姚祖斌	李应龙	杨小松	马福平	杨树贤	郭丽美	孟庆阳	王春花	杨 森	包晓宇
	崔恩日	金光熙	洪 敏	高加湄	曾扬波	莫慰校	刘星星	曾先勇	张 惠	杨 娟
	翟鹿鹿	何 博	弥文文	张呈辉	李晓娟	田 宁	袁莲花	葛 洁	张文奇	曹小丽
	张 文	王 瑜	李莎莎	张 宇	伏晓兵	韩 军	周瑞洁	连 萌	王 芹	李春霄
	王杏芝	王立丰	陈 玲	刘 慧	阳玛丽	彭林溪	刘珍珍	王宏星	黎才毅	邹学明
	尹 雪	柳 丛	宁玉琴	沈 飞	冯 娟	管伟明	刘国涛	杨礼洁	伍 文	王勇庆
	王星星	李 茜	张 展	赵 强	徐 伟	张 文	谷 牛	赵 洁	刘媛琦	高 娇
	李晓明	张勇超	贾永平	曹卫林	尹燕妮	阚晓峰	徐 敏	谢宗礼	袁亚林	李 铖
	樊保虎	范灵燕	谢寒梅	张家巾	谢 威	林 咪	李红娟	付 弦	魏少娜	魏妙妙
	冯小玲	罗长娟	李晓光	沈彦峰	刘致恒	张 东	陈传梅	谭 杰	王 媛	赵振华
	刘 琪	王 亮	刘勋莉	訾银渊	李彩花	连丽萍	陈延斌	王 涛	母意清	岳明亮
	钟 燕	王夏枝	周志红	张 云	葛春梅	衣洪胜	张 辉	樊菲菲	张鸣娇	刘成大
	孙桂森	曹晓丽	孙抗显	李香丽	喻 苗	覃 丽	姚丽华	葛朝晖	杨 阳	韩 奎
	程建宏	潘宇佳	段海燕	邓昌桂	李秀娟	舒艳辉	高 亢	白如兵	丁 卓	闫 肃
	张雅静	赵丽琴	张 娜	施 璐	柏 秀	吴 云	王小平	王瑾琳	张 雪	程静静
	牧留记	张 霞	陆咏晨	林赛紫	陈 鑫	李文墨	姚 婷	马 瑞	郭 佳	李 娜
	魏芳宁	安 莉	花 蕾	刘 欢	罗亚娟	吴 艳	吴 蓉	钟 琴	周安玲	邓静璟
	王 娜	王 晓	张 媛	洪 柳	田富刚	罗小平	尚 雯	庄琳琳	李 静	孔 娟
	于 森	衣明卉	郑真真	姚利丽	刘 丽	郑 醒	肖 浩	鄢 莹	吴 涛	何 玲

毕业年份	毕业生姓名								
2008	亢海涛	徐 剑	马 倩	刘宇萍	李孙财	段春梅	段淞友	孙 超	潘 静	王 力
	王玉龙	张瑞瑞	宋立杰	王 立	刘 春	张 伟	姚奉仕	王 聪	王春艳	胡 力
	朱 花	许甘泉	邱秋露	袁世兵	谭海波	敖金荣	杨 云	黄如美	李剑明	张 娟
	强巴曲桑	次仁旺堆	李会鹃	吴丽丽	温瑜华	赵 楷	戴 璐	常 婧	曹 青	
	张健男	胡颖杰	曹军忠	贺福财	李海月	马晓丽	唐春艳	赵倩倩	安玉然	田 楠
	高 帅	赫瑞娜	王 莉	马秉会	闫志伟	刘 云	郑永安	孙小飞	李文彬	姜文标
	谢江龙	刘红梅	赵 江	王 坤	马 凯	冯佳佳	闵战锋	王永全	贺宝林	高小波
	李海润	冉永岩	王艳花	孙颖会	赵国栋	何立娟	徐宏伟	张 超	张 楠	张登山
	刘 霖	周 梅	王文娟	温川川	蒯 伟	张 爽	王 琳	秦美华	张洁琼	刘思佳
	吴 娜	罗 飞	李建敏	宫 伟	张 睿	文红艳	周 婷	贺凤丽	蔡欢欢	刘忠琦
	王佐乾	李改玲	乔楠楠	芦 晶	李芬芳	汪向玲	王攀科	安 丹	李瑞英	辛怀慧
	郭 跃	张玲玲	刘 宇	齐 芳	兰继雄	魏 涛	王 硕	刘建琴	辛庆欣	管锡兵
	马 丽	许俊荣	唐 宏	王鹏涛	韩 艳	宋亚荣	杨 珍	李庆新	徐文艳	钮厚鹏
	孙 明	张 亮	张雅卓	黄晓明	陈雪琴	曹国忙	李广建	孙 颖	赵官官	关丽丽
	朱超凡	师海伟	贝丽芝	陈云清	李文富	冯 翠	张明媚	伍成容	贾仙杰	马建维
	蔡文灏	杜晓鹏	王琳琳	李菲娜	王宇康	白冬梅	董 帅	呼 延	赵国栋	储 芳
	王少勇	杨培栋	张艳萍	杨晓梅	雷统虎	康学慧	祝 丹	杨春艳	刘 剑	李 霞
	毛海燕	乔 蕊	杨葱葱	寇文武	郭少华	贾永刚	杜金霞	宋泽虎	白 龙	丁昌杰
	樊 鹏	杨 超	刘 洋	宋丽洁	姚旻辰	龚志超	张 杰	程 茹	赵 凯	魏宇慧
	李文博	周慧玲	方丹燕	马争波	王启伟	葛宗平	葛兴燕	李纪伟	邵元军	刘玉杰
	周 炯	张 静	郭雨果	李 鹏	杨 耀	韩永波	龚兴伟	黄斯言	王 航	胡红勋
	王 平	王晶晶	陈 萍	杨莉娟	赵 晶	张世雄	申 娟	阮仕海	詹 恺	张新建
	高富花	赵玖琳	张春梅	齐 心	任洪浩	李 佳	薛 欧	王翠兰	谢芒芒	汪阳洁
	李 莹	章 岩	武亚辉	宋正旭	屈新瑜	纪 刚	魏秋满	赵 园	左兴起	武 鹏
	李根伟	崔伟厅	龚秀娟	范远彪	陈廷春	常元媛	寇 强	张 涛	毛 瑜	刘煦来
	党 亮	阿发仁	李 贵	户进荣	孙 硕	裴占春	李 珍	陈丽娟	马 犇	牟 野
	吴建国	王 璐	张 峰	李 震	朱 帅	苏晓娟	李勃峰	王 允	朱 政	杨永娟
	尚 进	陈云鹏	刘晓艳	赵峰娟	陈占莲	蔡松锋	杨青芳	许鹏飞	张 菲	余 漫
	王艳杰	唐建军	范 英	郭英辉	谭志兵	杨 姣	曹锃杰	李一帆	王 伟	刘 娜
	陈岩岩	邹海涛	黄梦华	吴民志	曾正永	陈文凯	单国荣	景赟德	许艳娇	吴小姣
	赵苗苗	刘建朝	冯 洁	马燕花	孙景宏	薛小溪	杜 雯	郭 兰	郑凤娇	彭 凌
	任晓晴	张军强	王瑷灵	林 燕	岑沁芳	朱德君	王亚辉	李 睿	汪晓燕	陈 帅
	欧菁菁	王晓丽	张艳玲	代 梅	钞娜娜	龙 云	张 菲	孙艳艳	苏 琦	谭生彦
	姜焕玲	王洪刚	孟芳芳	柳 萍	张 洁	孙江静	王 娟	张 宁		

续表

毕业年份	毕业生姓名									
2009	张建芒	王丽娜	曾雯	赵哲光	王依涵	王俊	杨年龙	贺子文	孟佳佳	郑铭钊
	范晓慧	李文涛	李艳美	曹会敏	郭超哲	兰丽娃	李璞	罗志涛	魏欢宁	胡铃
	李悦	刘翠翠	王群	刘坚	晁霞	阚克兴	樊涛	黄小凤	符宁	汪德育
	王晓曼	刘军	曾红美	贺坤建	李唯唯	纪伟彬	刘西洋	汤显亮	张莉	李博生
	李颖	杨德志	何云	王奋飞	秦晶	徐慧颖	吴文轩	张玉梅	刘天虎	陈斌
	张建龙	李聪慧	黄禹兰	刘星园	郭磊	于卫平	柯军	顾朝娥	田兴旺	孙亚东
	贾丹花	汤超	陶可敏	孙瑞	蒲光俊	谢虎	夏天山	孙效磊	万翠玲	韩艳秋
	黄懿	彭坤林	黄二伟	向秀锋	赵敏	李帅华	岳彭涛	冯伟	杨文	苏晓
	陈积金	郭俊领	罗建玲	倪永泽	吕伟超	高建佳	雷皓普	王雪芹	贾丽娟	王婧
	何涛	虎新利	雷晓萍	李佳	孙爱军	高瑞	杨莉萍	陈虹	张晓虎	刘娜
	焦光哲	王昕	陈永明	周超	范玲燕	沈楠	张文静	朱静	杜建宾	张瑜
	任倩	薛玉涛	任旺强	王珍	徐西元	余阳	甄东方	王董博慧	李真真	刘永梅
	黑佐明	陈燕	尚利丰	刘燕昌	王敬颉	杨春洲	李俊杰	霍宗凤	黄培颖	李蓉蓉
	覃华	陈会平	秦大治	曾良红	李敏	唐苌江	郑姣	姚首平	陈吉祥	王江浩
	何娟娟	薛嘉良	张华	杨洋	黄铄云	吕京娣	向勤	代世菊	孙珊	张羽
	王顺靖	郭艳	李玲霞	王佳楣	黄永彬	周文娟	张倩倩	马婷	徐颖连	刘倩
	戴家奇	侯晓林	申军学	张美	甄静	李博	闫文收	侯明	杨立成	蔺海花
	张亚超	张旭杰	刘颖	杨桂	王从伟	麻亚静	杨少青	汪泉	陈涛	张文
	尚彦霞	马晓敏	吴业彦	林梅燕	汪一	马桂	付豪英	郭瑞芳	王财涛	陶昊
	赵海瑞	王维琦	乔森	乌丹	蔡琨	靳灵聪	李飞	郑陆星	钱炜晶	孟院
	武林芳	祁尉恭	吴必军	刘荣	陈俊国	白荣	张岂铭	武岳	韦玉琼	彭晓菲
	江湖	王艳妮	汤冬梅	邹婷婷	于少游	王前	董伟锋	姜波	申向楠	李辉
	阮文君	阮文秀	崔瑞雪	王思峰	陈良斌	杨明彧	贾同跃	颉文劭	索文健	王恒
	祝冬甲	吴修乾	魏鑫	黄慧珍	李宁	许柳惠	董宁	宁鸣明	李贤伦	曲春晓
	武洁	陈志强	吴文春	李馈云	段睿敏	李超	任景林	刘树辉	李茜	龚洪成
	李星军	惠花娟	王玉	韩蓉	王艳	权刘娟	丛丽	刘孝青	张健康	马永杰
	邬小若	胡晓丽	马燕	程爱华	余倩	冯楠	薛巧丽	王芹	朴英莲	周卉
	年瑞丰	秦茜	王小荣	任乐	张磊	邱业古	张超	郑丹丹	刘飞	张钰
	丁万明	吴娅雪	魏真丽	贺文静	罗冬梅	郭月萍	王平	万鸣	邢铮	任飞龙
	杨鹏飞	唐琦	徐丹丹	郭顺超	王小丽	王琴	李龙	李海东	王晓旭	孟蕾
	杨琳	钟勇	何春武	孙静	刘佳	张洪强	林惟贞	管清仿	董国晨	丁荣华
	郑爱玲	李周成	郝健楠	卢卓基	任健华	赵思义	李亚楠	陈媛	马军	张雅丽
	徐晓琳	贺浩杰	高爱萍	何双双	李迎春	陈兴达	马金富	马蓉	王燕凯	项青贤
	周秀花	梁珏	郭悦	吴晶	陈华凤	孔建莉	张蕾	宋浩亮	韩磊	张小帅
	贾红梅	拓庆阳	江曼	吴虎	王慧	王文姣	王金宝	张玲	郭书胜	邓茂芬
	罗彬	熊彩会	鲁丹丹	吴丹	符贝贝	陈晓华	黄叶诗	曹雪娇	苏夏琼	王娇
	王琪凤	王亮	黄育文	龚彦清	雷鹏	杨娟	李燕春	许文波	陶玉玲	陈玲玲

毕业年份	毕业生姓名									
2009	石宇	杜阳阳	骆莉	杨琰	史江凯	霍刚	李永娟	韦黎刚	祁松林	黄电
	冯佳裕	郭元硕	陈顺刚	季金鑫	师卫武	薛中	易元彪	朱晨露	姚杰	王倩玉
	叶青	李华	郝斌	梁海兵	刘虎	朱龙涛	赵莎莎	甘慧	王蕾	牛芳
	王峰	何莹莹	王静	马春梅	卫亮	刘静	王文隆	高慕瑾	郭磊	刘文娟
	常钢花	王喆	张召华	王宝伟	闫欣	沈英	权卫民	李梅	党辉	章娜
	宋沈坤	孙艳喆	杨宝清	乔晓亮	苏照普	华博	刘锐敏	陈大志	周强	答元军
	彭福琼	石璐璐	叶颖	杨晓雪	吴晓丹	李海付	赵强军	李阳	谭晓丽	周庆礼
	靳晓丹	陈伟	周小康	汪兴	杨明平	冯小宇	徐目圣	孟凡林	李倩倩	李可夫
	武甲兴	李强	陈影	韩玉婷	朱海锋	王妙	聂菊	姚芬	徐林	高春蕾
	刘佳	欧欢欢	陆晓光	李玲玲	田永锋	魏翔	卜镝	单俊俊	周超	刘晓飞
	秦绪华	季罗毅	方翔	颜开发	高亮亮	苗丹	李广	王桂波	胡丽姗	郝友宾
	折小龙	高彦鹏	刘文涛	蒋松林	胡生隆	宋海燕	杨盛	何红梅	逯顺莲	王兴洋
	谢辉	李苗	甄丽琴	玉素甫吾	阿通古力	冯秋虎	阿地力江	包康	明阿力别	
	刘烜孜	帕孜来提	马学军	刁晓东	赵溪润	戴晓伟	屈蕊勃	李佳	柯磊	赵和璧
	柳海燕	李崧	王卓	王磊	陈薇娜	贝荣春	周正凯	陈鹏	唐露芳	张长龙
	付榕	张志飞	刘国章	邓丽平	李向阳	田兢娜	蔡旭旭	肖洪	陆刚	李青卿
	徐逞䌹	姚孟泽	乔娟	张明	张晓星	祝卫平	高宾	贺西侠	冯皓	姚凯
	刘小颖	赵浚烨	钮钦	田雪平	张雁东					
2010	苏正华	赵丽娟	王志皋	刘志兴	张四伟	苗小梅	曾若愚	刘忠婧	李莎	赵丽丽
	张凯	刘斌	曹俊逢	关浩	刘红刚	秦治领	马立伟	王敏	李芳芳	任玖雯
	史宝成	边晶	赵丽	孙鹏辉	吴建	解泳	杜亚丽	代乐	王磊	邓俊秀
	王钧洋	乔攀	陈道菊	叶佳瑾	韩少英	罗刚	马程	叶玉洪	王世庄	李金丰
	王其端	余仕胜	孙春波	王毅	陈莎莎	银杰	黄海峰	吴忧	王晓峰	张磊
	黄珠	毛定鹏	蔡海唐	郭睿	郑银龙	寇雯	黄艺轩	高明阳	薛会会	刘丽佳
	张庚梅	陈俊伟	徐艳	程超	华相方	沈莲婷	郝晶辉	赵心武	赖丹	杨逸潇
	伦晓玲	韦柳梅	李卫娟	甘雨	董娇娇	陈蕊	霍丽贤	张路旎	王江华	陈辞
	许鹏	戴薇	潘庆伟	邵宪宝	任伟帅	公娜	付珍珍	孙娟娟	郭霄	肖强
	师莹	戴江伟	南耀婷	陈兵	高彩瑞	郑先斌	王波波	侯建昀	童倩	王超
	刘江	贾龙	张金来	武利敏	张娜	程静	焦伟	李海明	杨春鹏	王寒冰
	徐利刚	温晓敏	陈旭	麻鑫华	何娅莉	屈晨阳	于丽卫	李园	高正亮	陈晨
	毋亮	谭飞燕	庄溪	刘遥遥	黄天婵	杨俊山	吴豪	孙敏	苏帅	王善燕
	张春红	袁宁	韦碧	韩青	任祥	蒙伍妹	张贺军	杨成武	李婉坤	尚二宾
	黄超越	谌飞龙	包萍	穆睿	谭阔	杨栋	沈利明	庞鑫	郭超	刘盈盈
	杨成	邓志	余巧巧	高金保	张学慧	马驰原	朱津祁	刘波	卞迎新	巩萌
	李燕飞	冯建妮	谢昕昕	张坤	惠晶晶	陈文剑	梁方达	蒋超	毕雅博	张剑
	郝欢	丁维俏	刘斌	高轻	常亮	胡雪涛	郭磊	王伟杰	杨承翰	吴洋晖

毕业年份	毕业生姓名									
2010	田瑞敏	刘英锋	刘雷海	刘维军	谢寒	钱连香	郑翔	程琦	刘雨童	刘江波
	冯继磊	伍凤荣	俞越	陶文静	靳书朋	程世超	曹仁锋	王欢	许丹	冯晓雪
	阳洋	戴义	刘龙飞	赵国龙	冯世杰	赵克起	张小会	李强强	兰鹰	宋妍妍
	李晓霜	张振江	张蕾	苑媛	吴玉莉	闫彦	刘廷	王婷婷	赵王爱	崔东东
	陈菊英	郑勇	王建成	刘声林	尹亮	万龙	吴杰	杨卫兵	赵王爱	王思瀚
	钟文治	巩帅	潘明远	赵静	罗晓明	潘富强	车贵玉	刘宗飞	刘林鹤	李然
	马英豪	嵇素玲	刘迎	王旭	张悦凌	谷蕊	李芳芳	武丹妮	韩苗	陈甜甜
	杨玲	南俊鹏	王旭烜	路吊霞	吴金群	郭荣荣	石波	高志强	黄朝侠	张忠平
	屈健康	余方芳	徐著艳	王忠海	曹茜	李能飞	高丽	包巧祥	权黎洁	赵兴楠
	蓟渊龙	陈肖琼	黄宗岳	赵娜	魏红武	高亚军	田博韦	刘艳	何爱荣	张琪
	马安宁	艾佳	廖杰	马乾龙	秦晓苗	蒋坤敏	张健	张保玉	张桂菊	赵瑞芹
	刘遥	宋仁鹤	陈桂村	吴威成	鲁丽	李洛	左少朋	周治江	韦明秋	鲜倩
	汤华元	李江伟	姚嘉	闫曼曼	买芬芬	周倩	赵志刚	刘婷婷	丁秋丽	郑铁炼
	李天为	石利娟	刘敬利	高蕾	宋佳晟	田寸莲	王丹丹	李艳	冯晓丽	林晓琳
	李晓曦	刘金攀	张洋	陈泓羽	兰晓羽	王鹏浩	张晓利	张倩楠	彭俊萍	张桂丽
	张秀	黄秀华	陈秋实	李强	蔡依婷	曾忠燕	饶治洋	潘诚	王华君	刘丛
	任翠翠	陈强	贺进	陈绍兴	李玲	刘敏	曾琛	高先英	姬慕源	王卓
	徐永金	朱自立	花婷婷	石龙静	范英明	张芳	唐轲	马冰冰	李妍	覃义琛
	赵莹	鞠翔	唐凯	高亮	付金龙	周露	马彩萍	林海艳	冯珊珊	何潇
	岳飞燕	蒋婷婷	冀翠翠	高建国	李欣	柳雪涛	肖伟奎	此里拉次	高云昌	刘乐
	黄加威	苏娟	杨悦	徐斗锋	邱丽环	钟佳错	宋文博	成方圆	王芳	张任远
	张乐	张路	陈子钦	李宁	才恒卓玛	林文凯	方圆	金华旺	周青桃	张欣
	张立军	兰云	张云霞	董春燕	王丽	贾筱智	张佳静	打付全	杨超	王雅雯
	张三强	周小鹏	周大超	封钦宏	谢竺君	周胜男	赵俊波	程楠	王璐	朱烨炜
	盛秋华	赫明洋	周波	刘婕	刘哲	陆钰玮	岳荣怀	王思民	梁丹	徐坤
	陈霞	陈钦林	赵西湖	岳小燕	欧阳磊	王格玲	周炳智	朱文剑	陈琦	李海龙
	赵红	康波锋	刘粉粉	康亚超	刘天栋	周瑞	王德军	焦丹丹	梁晓珍	段吕
	张娟宁	李翔宇	袁鸿兴	刘娜	黄芳	慕旺东	高山	廖庆华	李静	范文慧
	陈大红	雷琳	袁丹丹	阿依古丽	代周游	赵东东	茹克娅	孙文龙	覃宗琼	康卫强
	高静	黄晓晓	佟怡悦	杨辉	阿依妮萨	付贵锋	不海里且	戴宏希	陈敏月	热古丽
	董帅	刘殿成	谢绍元	王琴	张志强	吕文飞	张文娟	甘城	翟秀军	马凯
	王石桥	母晓光	高攀	董雅云	赵萌	赵占南	王言森	干斌	徐洪鑫	单传乐
	王亚坡	袁江波	赵峥	任茜	刘杰	冉淑娟	李斌	李德明	周晓	焦悦

西北农林科技大学 经济管理学院 院史 1936—2022

毕业年份	毕业生姓名									
2011	程正	张文学	韦增乾	史敬赏	马建新	曾冠琦	王晓光	乔士帅	董庆浩	刘凯龙
	黄佳强	董彦武	赵文	王庆欣	聂杰	陈宏建	李晓乔	韩伟	高雪	邢雯雯
	井洁	曹娜	杨扬	何睿莹	吴安苗	王芳	陶黎宁	苏承敏	刘全	苏纪龙
	韦国晓	高占锋	刘苏	刘洋	董玉迪	周煜峰	闫文彬	薛宝琦	何延喜	李攀
	邹敏	许青海	马金一	曹新鹤	邵滉挺	陈俊玉	李倩	李新新	丁丽丽	李立超
	张琳	吴晓霞	崔京玉	王一哲	李萌	胥晓林	李紫薇	窦浩瑄	孙楚宜	张喆
	黄河	彭雪	张涛	路治洲	石昌文	李光	李磊	田博文	吕麒	高颂
	边涛	吴振华	陆庭俊	林晓青	罗述凤	赵莉芳	刘若楠	祝明侠	魏远莹	朱丽娜
	姬悦	王书娟	刘瑞霞	李瑞	朱琳	刘忠艳	马姣	欧俊	张兴富	周春江
	王文龙	王琨	刘舜杰	白龙	周阳	石小龙	黄烈刚	康万宾	张瑞娟	龚秀媛
	黎仕贤	梁月	郭瑜	李慧	石珊	陈欢	姚丹	胡回香	赵敏萍	李文
	胡孙楠	卢茜	付世金	柴晓璐	李明博	刘锡政	王琮淇	何方	李宇	李自强
	张泰铨	宋澎涛	戴照宝	吴宁	周念筑	祁涛	雷西洋	胡静	赫雯	吴同
	高唯靖	杨静	韩欣莹	宋雪	黄敏莉	徐晨姝	廖泽蓉	高丽龙	郭森	王秀峰
	李琪	张金波	刘兴华	董科霖	秦继宗	李科杰	傅叶红	霍艳丽	韦晓	刘曼
	陈淑珍	贾胜博	葛睿	王丽	乔佳丽	刘娇	冯娇	陈兰芳	陈成	宁江娇
	杨毅	申萍	张静芸	徐雯迪	黄家宸	郝文硕	石晓	李沁蓉	仇星	郑小勇
	吴陈锐	刘波	王洋	甄浩明	尹如康	杨朴	张栋	朱晖	张琦	杨光宗
	裴豪翔	单振宇	范明杰	王仁贵	王泽	张志国	郭恺	吴迪	陈浩	安森中
	曾武帅	向太锐	贺径舟	杜丽君	郑小青	程子晗	郭晋希	高阳	于一多	侯晓艳
	彭倩	许聪聪	钟月	谢德会	黄娇阳	路岚淇	赵凡一	李晓君	胡小明	朱准
	杨洋	孙亮	宋倩倩	刘洁	董甜	李晶	祝兆卓	白忠明	许晓飞	刘东宁
	郭金泽	王金康	曹政	冯凯	田原	李书博	杨斐	姜慧慧	刘枭	缑雪
	党茜	刘佳	姚娜	雷雪	孙小佳	袁静	马关辉	姚忠妙	何铃铭	吴永东
	史银锋	刘越	黎毅	张洪柱	马玉龙	辛兆滨	孙星星	寇应超	吴琛	武智伟
	何水	胡泽华	董妍	潘晓婷	王梅娜	陈怡	曾祥茹	李丹	蔡文华	胡志鹏
	白艺红	黄艳	王娟	杨洁	刘霞	薛明伟	余俊	刘进	郭川	赵宝乐
	冯忠	于海龙	黄进宝	姚宇	徐兵	赵立海	张小浩	艾飞	陈长春	孙凯
	李雪	毛雪丽	席敏	赵迎	张敏	尚丽	刘磊	程理	刘熙金	何润龙
	毕思斌	江德兵	张富强	张维浩	喻科	邹勇军	王志坤	郭佩坤	王万朋	刘聪聪
	苏文飞	张扬	王超	杨树权	张梦云	刘芬	张苏苏	吕连花	于洁	刘争
	王文静	白文斌	窦龙祥	刘原原	张逸飞	胡帅	赵一行	阳捷	李琳琳	王凤
	马硕硕	师翠翠	向俊	李瑞雪	仲晓文	赵娉婷	孙宇轩	谭紫薇	邓晓蕾	郭瑜
	赵晔	张晓春	李敏	黄佩	董倩文	李恬	郑云霞	叶聪	孙彬	王瑞
	王永庭	蒲磊	方志磊	杨正光	耿娟	毕晓琳	殷淑芳	王丹	佘好	赵媛
	柴婷婷	孙爱玲	王凤丹	刘珍珠	张濛予	王小婷	王俊霞	佘娟	蔺财山	邸龙
	张关阳	陈凯	唐龙	赵彦军	张晓龙	蔡水	唐坤	汪琪	周倩	刘洋

毕业年份	毕业生姓名									
2011	陈晨	包雨萌	王立红	张在荣	佘璐	于婷婷	冯晨	何克波	张超	田海林
	张睿	丁超	张宏吉	杨周城	巨红智	宋涛	汪洋	杨立康	李国鹏	方炎
	梁继尹	李召	高媛	孙莹爽	柳莹莹	吴丹	寇宏伟	郭青	李迎沫	余森源
	李玉红	董浩	富旸	宋豪	李亮	戴爱民	曹俊	刁旭	锁忠瑞	慕宝春
	尹浩	刘佳宽	李丁	卢春兰	王静	陈立莉	李倩	李进南	王秦英	严林萍
	刘璐	贾蓉	卫海梅	罗娅馨	滕宇佳	张瑶瑶	钟文学	马国智	苏杭	刘敬伟
	毛政伟	张峰	刘顺	钟飞龙	齐洪达	秦鹏	郭泮军	尹剑	杨会成	刘岗
	李少华	姚林	艾科拜尔	沈斌斌	杨春燕	赵慧	李可阳	刘洁	马劭娟	宣伟
	韦催	肖徐巍	徐立利	郭兴兴	赵传江	欧祁胜	袁玮玮	曾龙海	于吉庆	金浩然
	王一可	张立飞	熊春辉	杨昆	朱明	成蒙正	董贝	曾津津	张扬	王丽娜
	高腾腾	卢银凤	张铭娟	喻生强	李明	苏爱华	刘宇轩	苏俊华	刘雷雷	胡宪洋
	齐成果	陈清宽	熊小兵	牛增嗣	袁辉	韩亮亮	沙鹏	孙超	巨源远	王龙
	寇永哲	严瑜翡	谢文武	段文靖	梁姗姗	段坤	赵玮	魏群	蒿坡	张欣姬
	倪媛	黄天亿	张增正	张志勇	翟斌皓	殷浩栋	方领	张紫庆	王尧	游会兵
	王飞	石金星	宋金泓	张小卡	周平	周伟	卜云姣	王红	王丛丛	王世秀
	常瑞萍	张玉云	贾洋洋	程晓霞						
2012	张烩宁	孙伟尚	梁营营	成宇	曹亚运	姚茜	孙强	孙迪	刘影	尹慧
	王祎然	杨金阳	吴家发	李淑艳	陈猛	任勇	曹山山	郭琪	王明明	孙利辉
	董海蛟	徐明月	曾晶	孔孟麒	谢文彬	陈泰名	黄海宝	赖彦霖	徐柳	邱晓梅
	蒲景泽	周尧	李力	杨航	房煜佳	乐萌	薛军宝	董珺	李苗娜	梁丰林
	黄政	李翾	陈哲	魏柔云	张乔蕾	张真	陈则文	宋少平	徐志红	高霞
	刘莹丽	郝刚	梁森	刘洋	赵菲	王琨	卫璐莎	席文浩	韩久保	邱运彬
	朱江	郝龙	潘东	赵兴野	朱旭	王辉	徐小龙	郭瑞杰	郭飞	刘胜贤
	段匡哲	张旭锋	黄浩	杨昭	杨慧慧	卿诚浩	李可冰	邹莹莹	孙光阳	孙骁贤
	张迪	刘晔辉	杜龙	杜晶晶	杨旭	张静	吴春娟	席飞艳	钟萍	党艳
	梅渭飞	赵卫卫	李婷	郝明正	刘妮	郭龙	任雪利	汪得涛	刘宝凡	贾博元
	张盈	王建虎	马福	祁香贤	陈晨	彭晓婕	郭丽园	王梦雪	刘振兴	张梦洁
	冯海龙	张一帅	王佳	吕国华	林彩霞	王冬雪	陈文倩	袁嫒	张静	富娟
	靳孟楠	柳公一	于苗苗	吴双	王晓青	金美玲	庄若萱	冯玲玉	赵久阳	杨怀鹏
	薄纯溢	赵士强	薛浩	耿倩茹	庄皓雯	周扬子	翟宇	赵欣	郭晓雪	于爽
	冷春秋	石新颜	念惠	曾青	彭勃	梁艳	梁红利	张晨曦	王理想	李冲
	李振东	李亚飞	张裴盟	滕灵云	陈磊	张树声	梅伟	岳岭	刘忠华	胡妮
	邱建发	李绵雄	张海潮	朱江	易晨晨	金超	刘翼龙	高洁	杨俊华	许菁
	廖琦	王莉蓉	聂玺盈	马晨颖	王伟	张文智	曾益增	杨靖	张嘉钰	张颖
	岳一傲	刘洋	张宁	李江	王晓	温静	穆坤	胡妍	汪桂记	石方坤
	许晓蕾	邢明明	刘峥峥	陈露	李昕灿	丁海帆	杨怡康	宗姝君	曹希恒	柳灏爽

毕业年份	毕业生姓名									
2012	贾安磊	周昉	刘艳凤	刘莉	贾丽丽	刘晓芳	王凯	郝培玉	赵帆	贺彩娟
	王玲玲	陈雪梅	温凯	王叶春	李瑶	任彦南	李芮萌	陈钰	田双双	张亮
	马晓雨	艾玲	储晓萍	周鹏飞	梁晓霞	夏亮亮	郑滢	吕颖菲	蒋巧丽	袁琦
	罗彬	马原	罗超峰	杨伦	潘素	杨砚	周璇	于淼	白云	刘丹阳
	牛润芝	贾章聪	李春晓	张钟毓	杜春姿	张新娜	孟情	邵宏伟	田风伟	渠文灵
	姚珊珊	张甜甜	李雪娇	王鹏	徐烨	黄程远	沈江凡	穆倩	张华	解周莹
	谢小康	刘羽	许沛勇	谭彬	曾玲	贺水平	宁亚男	禹小萍	谢恩	史媛瑜
	李振荣	蒙成凰	张日莉	杨思	刘丽梅	周琪欢	黄丽莎	袁玖零	冯静	张坤
	宋英	袁萌	李波	罗国强	蒙莉莎	柯源	李伟	赵云娇	杜玫	王国栋
	王梦珏	吴萱	梁文佳	刘若楠	雷蕾	翟晔晔	高俊	周欢欢	高欣燕	闫婷
	邱以纯	张维娜	党红叶	李晓伟	杨文娣	冯朝	徐昊南	徐临朝	党白鸽	李豆
	付李阳子	王豫	杨英	袁方	孟楠	侯巧梅	李黎	张燕芬	张文馨	张静
	吴红霞	樊俏	郝志强	冯琪	温方	胡蓉	郭小平	程贤猛	谷博	郭斌
	张金芳	王辉	吴泽栋	陈小强	胡敏	董菲	王正均	吴宗杰	张英驰	王立宁
	罗维娜	马永祥	马成银	陈海敏	常婷	张晓芬	葛琼	马生辉	贺耀萱	沈娇
	李培	马如艳	马倩茜	韩可	邱万新	王萌	王丁一	王昊	赵可	田婷
	陈彦先	王娜	杨华	许晋	杨雪	张梦雅	姜贺	姜文谦	蒋峰	李研
	徐佳璟	钟明	许琳娜	董必胜	汤林超	陈亚妮	李子恒	张文彬	黄义雄	王芊文
	王珏	单柯喻	颜秉政	刘玉立	金鑫	庞念伟	赵冠楠	宋庆光	袁晓园	唐华明
	高刘阳	于倡浩	张鹏云	李金培	温武	陈波	易卫薇	李敏	严慧芳	易楚晰
	常磊	周俊	罗亚飞	杨丹	余碧波	王祥君	宋滔	陈刚	罗敏	卢国刚
	张琼戎	肖美艳	范琳	高婷婷	王华星	韩晶	肖文娟	史堃	李路	刘楚楚
	张祎琛	王珉琪	金世华	李朵	张曼	马婷	赵元芳	程春	张柳叶	史金
	梁雪婷	张真涵	党夏婷	黄晴	闵玲	宁楚婧	郭婷	康榆滢	赵栎	杨慧英
	董李渊	张佳佳	张宁	韩冰	王若屹	胡馨月	李婷婷	何兴义	马瑶	李艳
	张小然	宋磊	宁一凡	朱红匣	徐中奇	卫雪峰	张彬蔚	郭琳琳	栾天	刘怡馨
	周琳	姚奇运	刘彬彬	何凌霄	田九思	董思远	张寿君	魏柏然	李允标	唐虹
	李晓庆	朱伟佳	牛杰	朱兴珍	杨开敏	范清清	韩亚飞	李宇	张根洋	杨涛
	王鑫	马淑英	古智广	曲洪春	敖雪	闫伟华	张建华	杨正铃	李京芮	张乐
	李征骁	薛丹	孙源	任静	邓玄	奚晓鸽	翟素青	李絮	李铭娟	闫湘北
	侯佳宁	高娜	王西平	贺小艳	耿存英	杨志健	石丹	祝高先	代钰	朱柯柯
	李林茜	孟影	李鑫	张富强	赵刚	王坤	雷馥源	杨文歆	申志平	赵倩楠
	郭艳斌	孟繁宇	倪燕	王卓异	闫菡	李荣耀	黄思青	陈辉	金亮	翟莹
	明快	侯翔贺	相雯雯	张译文	王唯超	谢恬恬	李铭	宋亚楠	韦关生	姬森森
	王姗姗	冯迪	易晓峰	程丹	陈峰	胡碧	莫琴	胡娟	袁春艳	刘婷婷
	李赵盼	高云婧	张淑秀	荆乐乐	李艳	王咪咪	陈佳莉	张勇	郭凯	王冰
	谢佼	李鹏辉	郝江龙	白莹	郭玲玲	周丽芳	郝璠	王媛	姜顺宝	罗彬

续表

毕业年份	毕业生姓名									
2012	高德隆	陈璐	丁利	尚艳	刘志平	边吉卓尕	夏媛媛	雍正	王翔	陆月月
	王豪杰	王伟彬	王刚	李晓英	杨芝琳	刘佳斌	张婷钫	刘颖琦	刘波	李玉奇
	于松波	贾琳星	蔡莉莉	李大龙	韦鹏	徐莹	张章	彭婷	王爱华	苑皓铭
	马政	牛建强	刘健	李文婧	郝真真	张涛	莫现文	毛玲玉	张菲	王溧
	姚志林	王盼盼	谭秀琴	谢辉	樊清辉	雷蕾	李海艺	甘洁	冯佳翔	王林
	李春燕	蒲玉凤	伍俊蓉	林均超	巴成萍	段成思	刘琪	陈佳睿	马晓萌	田叶
	张小龙	张旭	张丽	杨柳	杨娜	陈从军	钱翀	董金琼	尹凡	刘双
	张万清	张凯	包晓燕	杨丽	周亚					
2013	吴昊	甘明林	任冠宇	钱叶成	卜祥设	张玮	张尚斐	张志安	高家兴	冯海亮
	韩晓宇	李思南	宁应会	申学敏	赵子彦	侯双艳	陈聪	李洁	游红萍	吴祉璇
	亢佳琪	刘凌伟	蒋辉亮	钟鹏	梁竹夫	卓源	兰余波	袁珩洋	潘国强	王力
	张佳浩	毕强	谢谢	张帅	蒋敏	张洪玮	蔺玉甜	周贵芳	陈甘霖	王惠
	焦美霁	肖营营	王改瑞	刘孟娜	任晓敏	向芳兴	边素梅	朱斐	陶明明	赵文浩
	张宗勇	张剑超	郑孝海	刘瀚文	周勃	李乐	蒋坤	陈波	元旦次旺	付多芹
	马小玲	黄秀芳	王馨佩	王亭亭	周静	孙静	刘颖宇	樊丽敏	刘楠	解建蕊
	黄丽华	李盼	可梦娜	宋星宇	周燕玲	雍馥嘉	曹影	白吉	孙德森	石俊豪
	宋平	李俊鹏	乔磊	靳祥军	肖振鑫	向巴久尼	杜娟花	张燕妮	张丽楠	卢翠丽
	吴美娟	候冰栋	侯斐翡	张茵	张婧	周笑	张译尹	陈颖	卢禹蓉	朱小静
	李洪娟	霍安迪	文艺	尹雨晴	李淑娴	阮承诚	徐立伟	牛铭伟	赵潇雪	罗晓宁
	郭金龙	范意	陈龙杰	罗鑫	柏少坤	张弛	杨守云	贺茂斌	陈世健	曹磊
	于朋芬	周慧琴	闫佳璐	姜娉婷	刘超凤	梁晓宇	迟超楠	刘素伶	吴彤丹	车秋楠
	高巧鱼	崔婷婷	蒋敏	郭珊珊	刘俊伕	姜英	韦善月	滕飞宇	刘超勇	姜宗奎
	张学冶	贾海巍	张昀琦	李佰涛	黎峰源	蒋友彬	蔡燕秋	滕娟凤	纪达	焦晶洁
	吴雪	袁芳	徐莉薇	黎丽萍	李敏	李静	钱臻	潘楠	王英	聂慧
	杨静	彭丽娟	王玉华	马宇婷	胡毅	蒙劲湘	陈中桃	刘英杰	马申	李根深
	王民杰	田力	赵智航	王宁	周建荣	童玖鑫	宋学文	赵增匐	杨丹	王素素
	王旖	徐晓玲	张姣洋	王月	王欢	杨宁	张钰	杜洪荣	王璐	廖雄泽
	张天真	樊亚鸽	吴宏能	高贺	尹昊旻	单霄旋	靳慧超	宋嘉蒙	李小康	赵恩
	李相坤	阮翔	陈高强	杨艳文	林秀清	郝红伟	魏玉芝	廖文婷	金正斐	赵思瑀
	庞彦芳	姚华超	郭星	董雪娇	汤蕊	曹婷	魏嘉琪	矫萌萌	张海迪	彭雪鸽
	陈杨	牛顿	阳青燕	魏俊红	常朝	徐浩毅	冯永星	田鹏	朱海波	张江华
	穆子晓	李嘉璇	张超	南云峰	赵明	吕秋林	赖阳萍	程亮兄	黄兰婷	底幸幸
	冯亚玲	聂金玲	王倩茹	贾茹	孙方玉	张宝霞	董静	蔡路阳	白迪化	王秀秀
	王重阳	解雪彤	徐俊杰	陈建为	刘有泉	申田田	齐亚茹	田会军	樊恩伟	李航
	邹颖	黄伟伟	郝双全	杨越尧	支博宇	马虎平	窦锦泽	张钊	李凯	张志丹
	李丽丽	李清莹	王秀嫚	涂姣	徐菁菁	常琦	苏嘉宇	王立敏	李翠翠	刘静
	李宜健	成艳梅	刘涛梅	唐霆	李怡扬	张琪	李一园	吴强	邱俊琦	唐乐

毕业年份	毕业生姓名								
2013	蓝飞顺	何骁	潘超	郑龙德	李明亮	陈祥民	王英海	白浪	陈文慧	樊建
	王健	程鹏	陈亚萍	刘佩佩	杨茜	李笑云	彭小航	钟金凤	王海纳	李宜
	王玥	丁焕明	朱惠场	张瑾晖	石文慧	王子英	汤琪婉	王甜	许欢欢	何琼
	戴繁昌	余汶樯	卢丽丹	宋波	王茜	李金真	苏晓	郭洋	韦晶	郭玥佳
	张舒雅	张格	王文振	孙志欢	赵依宁	丁欣	李彤彤	冯中鹏	田勇	李超
	宋晓雅	李永超	袁杨欣	武婷婷	霍翠翠	张鑫	张柳青	袁青青	李朋	高盼盼
	李幸兴	张倩	徐易	戴芳娜	李婷婷	王春艳	王楠楠	邓伟	唐威	黄睿
	侯林林	时翔	许达	刘刚	陈波	孙沐源	何磊	李彬	张雪	赵曾幸
	齐明	李媛	李雅丽	刘敏	苗梦雅	丁会琴	尹会鹃	谢丹	杨静	周燕
	安莉	邵晨	张晓娇	梁爽	李倩	何娟	肖瑞	徐海涌	王利兵	张硕楠
	陈钰	储钰娟	姚静	李腾	王超	魏宏斌	孙昭鹏	宋天航	海育刚	薛永风
	张勇	林杰	王文钊	赵付磊	王啸骋	李艳琴	黄路娟	胡平潞	薛璇	田凯花
	张婷	张善平	赵子谊	张续	任姣	任美静	郭子晗	杨佗	李雯娟	惠晓茹
	王金金	林茂娜	韦然	牛福燕	方瑞	万珊	于洋	黎沛	侯志刚	梅森
	刘梦阳	孙帅	许卓	刘灿	李天琪	郭燕	孙利英	何金龙	王辛睿	石晓红
	任洋	刘力嘉	李永豪	刘周	王乔旭	章旺旺	史雯	刘婧	李玉婉	李雅静
	褚绪柳	汪晓宇	吕琳	董啸	程卓	贾建伟	任浩	曾超	王涛	魏小斐
	杨晶晶	田莹	罗姣	罗晨	李溯然	王辉	唐冬	杨文学	徐世友	李威
	刘旭辉	田世野	徐鹏	郭鹏飞	彭植	董菡	李苗	于芷慧	向碧云	李晓平
	周春阳	杨佳瑞	赵琳琳	谭陈晨	王婷	李福琳	周帅	赵静	周易	李诗蒙
	苏超	於锴	符家辉	张弛	李亚	陈溪溪	杜凯	周炽昊	魏云霏	罗伟
	龙佳	陶姝颖	张文文	张静	姜苗苗	刘玲玉	苑笑怡	马双双	马鑫	帖锐
	巨倩	王润清	刘瑜	刘茜	李孝静	董志丽	周文美	马俐敏	贺平	陶然
	崔敏	王嘉实	王雪	尚荣	刘一笑	于灿灿	刘韦辰	车凯	讷文志	张永扬
	张登宇	贺强	王昱昕	吴乐	车现勇	周国建	王冬梅	黄春桃	杨亚云	李莹
	梁新鑫	冯菁菁	刘玉银	徐婷	付彩霞	宋雪	王慧娟	王丹	雷稼颖	李来雪
	白学芳	白静	姚植夫	樊腾腾	段彬	房勇霖	邢小婷	欧阳静	万先平	单珂
	张滨	王进进	李政	苗书溢	宁南京	张杰	邱明超	张亚文	熊庆	李瑶
	韩珊	肖桂春	王传锐	雷理湘	许彩华	马宇祺	马玉红	高平	吴璟	丁丹
	魏静	聂银娟	邸欢欢	柴竞竞	靳景	黄习茜	杨陈玲	庞玺成	王存义	祝亮亮
	马银祥	王辉	彭志宇	闫泽意	于小刚	吉晓东	匡威羊	王伟伟	马清风	李常泰
	郑鹏山	何仕勇	黄烈桐	蔡浩权	张珍珍	郭珊	陈丹	谢帅霞	张亚婷	尚雪莲
	苏珊珊	辛田	周方舟	孙冬艳	羿昌霞	黄凤	刘其榕	吴诗华	王磊	黄粟
	张宝华	邓子源	贾晓军	陶建建	张廷晖	高俊涛	张才记	陈宝	邓丽萍	许杏宁
	陈力华	闫佳	张海梅	付艳丽	管蓉霞	刘琰婷	王荧	杨雪	郭文玲	周心玫
	周桥	夏宇山	胡刚	符志成	吕晓杰	刘雷	辛翔	伍穹	罗通	侯宁
	张海达	刘国强	王江江	陶金	李佳胤	丁程鹏	李昀鞠	杨蕾	马璇琨	扶婷婷
	符嵘	李治花	王斐	张聪	周馨	田昭莉	周天	邓艳	王娅萍	石丽姣
	童维	钟伟	陶涛	王欢	曲昌	黄楷琴	邓琦			

续表

毕业年份	毕业生姓名									
2014	王雄艳	晏维翰	邹汇雨	豆小菊	蒋秋兵	韦佳佳	陈晓成	吴建伟	吴　越	伍　松
	龙圆贝	金柳林	刘钰玲	贾　浩	李　珊	吴　强	李晓旭	候启兵	李怡烨	张云锋
	陈之鸣	谭　建	胡秋园	王　宽	刘　源	聂　钰	刘鹏飞	肖　戈	李　同	于巍波
	高　凯	张洪山	付若男	郭　敏	张博远	周亚龙	蒋　旭	程言斐	张　杨	张　珊
	施正刚	叶凯涛	文　飞	王　芳	王薇贻	龚云松	代成亮	赵文件	骆　欢	王艳君
	鲁欢欢	葛　贝	孟祥金	许森园	兰　菁	许继业	罗　也	吴　萌	李　硕	李九维
	杨　晴	张爱琴	王颖霞	王　璠	汪雪丽	杨　倩	张宇轩	才旺群措	程　亮	
	王　燕	曹　永	纪　潇	王亚鹏	封义先	王向婷	刘前龙	王　蒙	常亚玲	高　月
	杨　衡	王玉仙	毕红停	周　琪	王　桐	李慧莉	徐　冉	李春霞	陈新立	伍　睿
	何小琦	卢　卫	石　飞	阿迪力·艾麦尔		茹扎·买代提汗		欧晴晴	杨大儒	李允译
	黄　雪	杨　羊	杨丽红	刘旺礼	甘　甜	李彦勋	吴若然	万　嫄	王丰娟	赵　芳
	王康会	王　裕	樊秀玉	胡毅杰	常春艳	周梅梅	张小兰	马　威	张顾楠	马亚亚
	王伊雯	刘清晨	吕　江	李　斌	黎　平	黄位义	杨　畅	苏勇锴	刘金金	柳士安
	于　敏	吴秀云	陈盈汐	刘明国	韩　筝	卢运鑫	邓涵瑜	薛　萍	邰忠勇	杨改丽
	李明宝	毛　维	杨李薇	刘　强	古丽帕尔·安尼瓦尔		翟　莉	高　扬	芦　洁	
	宋翠芳	赵耀荣	李云芳	侯　敏	王宁兵	王一伟	贾良钰	张经纬	王玄玄	董艳明
	柴　威	任　慧	周升强	张志齐	韩永伟	周夏香	江　曼	唐　勇	杨雨晴	孙金建
	刘映彤	姜　特	吴季桐	吴　柳	徐存阳	潘远梅	李　珊	刘建佳	宋军平	张　垒
	张　焕	王　明	袁　帅	黄海洋	李　雪	王博健	王智慧	华勇奇	张　希	张永芳
	纪庆楠	苏　鑫	苗雅楠	文　芸	韩　峰	张　茹	李亚蓉	陈雅莎	武佳琪	张安琪
	姜　鑫	卢施羽	苏　煜	周祺琪	姜冰心	吉瓦阿支木	伍丹琪	三志鲲	潘嘉仪	
	赵明浩	韩　明	马翠华	张子一	胡焕玲	朱敏昌	周晓霞	夏　璐	仲相杉	赵慧慧
	王　鑫	郭冠楠	马　萍	侯淑曼	张　雷	贺李根	王　钰	徐雯溪	李　晶	薛　朵
	王　阳	孙盛霞	韩艳青	雍双渠	李长奎	刘昱彤	鲍睿娴	孟志欣	吴碧清	贾海荣
	樊秋宇	韩柯威	李朋轩	叶本金	马小晴	王　冲	张盼盼	龚德孔	马婧圆	刘巧燕
	孙　帅	王健枝	刘东梅	王少华	余凡超	宋　欢	张　琳	张倩楠	李　健	郭　娟
	王安伟	李竹欣	肖　洋	杨　樾	牟　聪	李天曦	邹筱涵	王天骄	江文娟	蔡亚娉
	黄　丹	罗园园	李　媛	邵　雯	潘玄星	刘　原	夏世敏	丁远芳	葛梦琪	陈锦华
	刘旭东	吴　冬	刘素蕊	卓陈朋	刘　倩	马文俐	王　盼	宋　延	张兴虎	孙　悦
	郑振玲	徐爱月	李建芳	王　艳	林梦晴	唐　杰	曹嘉宝	宫晓琴	边勇阳	戴　瑶
	费　璠	王丽美	陈　璐	屈晓丹	王　娇	张亚婷	彭　佳	秦庆娟	杨天宇	徐圆圆
	刘婉珺	董轶轩	马吉菲	龙婷婷	陈　潇	聂　琪	徐晓璐	周建宇	白改转	汤国英
	王　琴	段皓玉	信　鑫	崔永荷	马茂山	李　敏	崔　静	慕书静	张金玺	周　云
	朱　丹	郝　翔	王哲哲	朱雯静	彭元华	何　欣	宋　鑫	陈文丽	蒋立伟	于　浩
	李文彩	王福东	田华娟	郭一霖	罗冬煜	罗林林	李　梅	张梦娜	牛婷婷	刘　唯
	刘　瑞	杨　彤	强　珺	刘　玲	武皓燃	马　俊	李　倩	许家浩	芮芳媛	卿启姣
	李　阳	郭一江	钟　西	蒋鸿阳	刘楚榕	朱雪洁	李启婉	何　伟	呼培菊	李金龙

西北农林科技大学经济管理学院院史 1936—2022

毕业年份	毕业生姓名									
2014	杨琳蕊	梁骁	马婧	刘梦颖	尤优	张坤	刘盼盼	吕伟	刘书汝	雷蕾
	孟楠	周彦伶	于茂娟	宫小飞	张文超	董子瑛	章卓羽	蒋可	杨旭丹	李仲庆
	史一飞	张曦文	管翊婷	孙晨曦	邓迎	王青文	王玲	王晓蒙	张无坷	李青格
	王春银	马遥	钱春玲	万宇涛	曹倩云	薛丹淇	何德凤	郑振	胡倩琳	王青
	万志林	董方	王晨钊	章梦媛	伍芯乐	王庆庆	周北	张臻雨	张睿	姜伟
	李伟乐	马卓	李东子	黄瑜	王璐璐	朱旭东	赵广燕	黄彬	李晓宇	戴薇
	周扬	李琳	苏丹	谢东翰	程智勇	田丹	白治娥	龚颖楹	左雅楠	柴振尧
	罗小英	桑娜	尹贝	周志涛	吴枚烜	甘锡杰	张小康	张婷	史福星	方朝勇
	彭诗森	冯震	张和	李颖	董佳树	许莉琳	孟繁星	刘岱	袁聪颖	鲍哲哲
	谭妮娜	曹莉	王迪	陈灵玲	陈敏	董召亮	张艺园	包蒙娜	陶文军	朱泽源
	张献	王靖	赵子甲	孙尚卓	张长生	王燕杰	李振宇	徐高云	莫佳颖	刘璐
	雷云	李亚云	王伟	陈强	梁冰	薛飞	张艳	刘树斌	刘玥函	温武斌
	曹敏	卢玮楠	王禹	张瑞	吴光浩	钟敏	景小康	常星	庆文	雷明旺
	万辉	袁月	贾凡	吴清银	石美娇	熊先明	朱雪梅	樊海灵	李志	黄禾虹
	杨亚丽	潘鼎	曹天梦	刘春燕	颜俨	罗苏潭	李佩丰	马庆超	栾舒婷	李航
	胡美玉	李星光	杨海琳	张建伟	袁方	刘朝	张岩	任旭雅	杨丽	岳小军
	刘芸	李凯	孟竹青	张鑫	曹廷	叶川川	卫雅萍	陆文昊	朱灵伟	唐进
	任梦	韩佳宁	李冬青	樊阳	左俊美	谢刚	陈远方	马运浩	贾书楠	李志刚
	张雷	骆占斌	江姗姗	张琰	冯巍仑	范祎	谢皆慧	王宁	陈瑜	刘小钰
	张雪静	张寒雨	纪冬冬	卢卫芳	刘婵	张敏	张星	李嘉诚	刘佳定	高鑫
	贺永浪	王娜	常兴	张宇	杜沂航	张露	苗越	李锐	杨杰	姜文涛
	刘薇	党亚枫	刘景华	马思莹	施腾	张宇声	白洁	袁皓	吴玉珂	李鹏丹
	权也	张熠晨	田丹丹	任文博	王丹菊	华克琳	杨飞	曾崇贵	王慧萍	杨宇
	宁悦	盛洁	麻喜斌	杨阳	陆波	骆亚男	朱晓新	秦琳	顿永生	王繁荣
	龚小明	邵双	李鑫	王宣	张琨伟	齐宁	王虹戈	任维	宁静	焦娇
	雷轩	倪宁	曾嫒嫒	闫镜宇	蒋德英	穆怀举	刘静宜	解强	曲昌	黄楷琴
	邓琦									
2015	朱德华	刘鸿志	吕阳	葛志宏	李彦伟	黄荣光	钟锟	张志强	朱进军	吴宏宇
	朱增宝	王文超	蒋淇威	刘欢	刘国鹏	刘开礼	尼玛旺堆	陈锐一	赵慧婷	王欣欣
	李贝贝	张晓晨	李妍	唐颖杰	常佳虹	任静	李根丽	任雨晴	杨敏	刘瑞青
	李宇尘	满云飞	史冀川	张晓晨	林飞宇	李展鹏	候猛	冯永涛	普布旦增	郭如强
	付丹丹	郭凡	刘灿	杜婷婷	周杨	李瑞芬	杨晓亮	程欣	吕何姗	王蕊
	孙宏越	梁晓琦	高思敏	高宇	霍晓萌	杨茗	黎堃	施寓献	张红一	吴缘立
	龙垚	龙廷坤	曹阳	石晓东	李伟娟	侯妍妍	霍达	叶晓峰	李继康	赵铭阳
	黄腾	刘文杰	张豪	周延松	王昭	沈晓平	刘珊	伍海婷	彭月	赵莹莹
	谢雪玲	洪韵致	王博宇	刘晓	杨鑫	朱轩宜	黄琰婷	李春霜	刘倩	高丹

毕业年份	毕业生姓名									
	晓倩	范钊萍	张园园	魏菲	刘俊	邱健	王鑫	罗屹	张国峰	冯超
	李振	张彬	潘峰磊	刘玉娇	陶婷	施斌	白永春	侯亚希	杨健	刘春玲
	邵珍	王馥佳	李傲霜	于沁	白晓艳	郭惠惠	安娜	侯晴怡	王浏祯	苏丹
	方涛	张婧	周咏珺	潘鹏	李豪	卢福海	李德映	刘冬	刘振国	钟家升
	常秀	徐慧敏	本莉伟	游楠楠	姚韩雪	谢羽	刘欣瑞	张良佳	翟雪君	高丽华
	胡纳敏	邓张亚男	台淇月	王蕾	曹宇姝	黄向琴	张文霞	汪艳	杨睿智	刘磊
	张龙飞	庞文琪	靳小雪	刘米媛	封凡	朱宁	王露瑶	李春龙	刘杰	秦晓德
	孙亚玲	徐家芳	张蕾	蒋卓余	王亚丽	袁一幻	张林祥	张程	曹少攀	徐杨
	曹亚平	王玉曦	魏梦楠	邵甜甜	韦丹	牛雅蕾	梁雄斌	许晗	曹宇	徐新茹
	吴成晨	于婧瑶	许蔚琦	陈雅丽	陈春林	董锦春	许畅	张楠楠	刘鹤励	刘能山
	王杰	陈凯	刘珈成	杜平	张恒	马北辰	刘蓓颖	杜晓轩	郭彩云	王东方
	唐航	张潇天	周艳	薛智元	姚旖	谭家莲	王畅	潘宁	张金鹏	高敏
	路存霞	阮仕燕	丁家政	陈律玮	熊祖然	丁一峰	肖竣篷	刘泽宇	陈秉	蔡杰
	陈天骄	赵娜娜	何婷婷	田爽	职娟娟	李彦融	荆兰清	谢园园	郭芳	杨宇尘
	史洁洁	刘双	白宇星	张春燕	曹婧	解婉婷	吴倩	肖晓	赵慧婷	张昀
	王冬君	金燊	詹浩琨	梁仙亮	刘孟宸	姚同鑫	肖正强	卢恒	张碧婷	高宁
	张亚楠	李双博	张月	刘丹	纪雅茜	郭昌华	武雪倩	杨晓	刘璐	畅慧琳
	易敏	高璐	梁爱珍	刘玲	冯慧	李慧	谷雪	王炜	杨宗	周勇
2015	简仲勤	铁鑫林	李阳	徐鑫	王凯强	史韶颖	段婷	刘晨珠	靳林林	褚瑞楠
	曹洋	吴雨桐	于鹤晨	李卓鸿	张越	王清清	张薇薇	张梦柯	韩蓉	张秦月
	刘丽媛	张姣	刘琳溪	肖从英	刘富存	杨正琪	杨启凡	胡田田	管凯迪	郭喆
	王富荣	王晓云	段阳	胡晨	周建秋	裴承度	唐楠	王静	王春雨	董亚男
	陈思齐	胡霄	张姗	李佳	景瑞峰	杨苗苗	黄福重	李文晴	姜亚朋	李旺竹
	张富祥	汪梦真	蒋会霞	刘晓静	朱王冕	焦丽丽	张华硕	赵冉冉	王东阳	续广义
	李艳华	王健	吴祯	付璐瑶	佟彪	许昕童	杨申文	李一琛	郭玥悦	董钰
	尹卓亚	董丹璐	牛生莉	谢萱	周博	张丽	周本焱	冯奇文	范为	李婷
	范涛	宋迪	诸葛东昊	郝建树	胡鑫	胡潇潇	张铭	李晨専	万博	王焱青
	段海平	李浩	潘琳林	许鹏涛	曹鹏	罗浩	刘永杰	魏中凯	王剑	杨玉龙
	何海亮	谢东正	申钊远	付肖行	吕俏枝	陈晶	雷昕	杜丽	常娥	弋微微
	张森	史芬芬	张倩云	莫凤梅	陈若愚	闻特	韩香希	叶亚敏	李依	韩金超
	刘瓅	柳净婷	韩东祚	李帆	李开元	陈国玖	石战名	蒲泓锦	王弘扬	徐敏
	白小龙	臧所	邹荀	王祥	王玫	万翮	田韵	任瑞	汤晶晶	梁言
	李晶瑾	刘兴露	朱涵岭	潘越	李莹	延诗苑	赵敏惠	陈飞燕	牛丽青	李娇
	程文婧	敖雪	曾嘉怡	王志伟	杨青	刘熹	魏子潇	唐楠	张杰	邸越越
	孙嘉敏	陈敬辉	左悠阳	任昶燎	黄露	刘子旸	阮贝娜	张静娴	贾梦立	赵敬丽
	杨才云	刘美辰	韩靖雪	王盼龙	程红瑞	李爱文	李悠然	权李之	宋妍妍	费凡
	邹俊琳	吕欣然	陈子衣	刘召	陈龙	赵威	张艺鹏	胡广翰	杭沿达	刘霄

毕业年份	毕业生姓名								
2015	张寒星	丁　皓	周　琼	程万军	韦思竹	黄瑞丽	汤　佳	吕小英	杜雯樱	魏海静
	唐雅静	刘艳梅	孙　蓉	刘嘉乐	思代慧	吴焕琴	贺　棋	张雅丽	傅文章	吴　清
	庞信明	田　野	王　磊	方　原	王　逊	金　泷	马　哪	徐意萌	徐乃宸	谢镕泽
	杨　剑	任小波	吴晓获	彭雪曼	马　娜	吴　坤	彭东迎	李梦雅	许莉欣	张正阳
	冯依兰	谷　滢	张娅锋	何雅兴	李潇雅	杨瑞博	易中敬	王丽娜	王莹莹	武思瑜
	李金朋	陈文娟	张凌周	韦紫琛	杨　帆	薛春敏	张纪堂	徐拓远	李　壕	答　晶
	王　然	张　琛	卢嘉琦	孔崔亮	黄广乾	麦文博	韩剑文	杨　泉	翁开远	程　锋
	程小林	危朋朋	欧阳图南	王威扬	米嘉伟	王亚宁	张　悦	崔珊珊	郭佳文	李　享
	黑慧娟	尹雪媛	孙聪颖	张　静	贺　咪	刘　静	张　妍	刘　尧	蒋　莹	郭　超
	马秀英	莫贵聪	张　宇	周泽光	蒋春翔	易序儒	万发林	李润泽	辛伟华	张孝鹏
	郑　彬	刘春来	谢可意	占兆龙	刘霁瑶	刘晓琴	王　怡	陈思宇	付　玉	刘新元
	张　艺	司文晶	孟　珠	樊卓坤	王家霓	杨　媛	郭　育	白新宇	刘燕亭	蒋梅岑
	王　瑞	李　娇	张　瑞	龙春萌	王　恒	王铤尧	韩　伟	李天则	韩　强	郝　磊
	张　超	张利军	申忠维	周　军	张　臣	彭玉军	王卓祺	李　磊	马国全	李苹苹
	刘几女	韩巧宁	赵爽爽	程朦朦	王　盼	王　婷	潘小丹	胡亚莉	毋子宣	郭晓亚
	翟秋菊	陈倩文	张格格	张秀英	朱　尊	赵隆彪	王学仁	任一凡	杨林立	刘　奇
	袁鸣坤	蒋　屹	雒宏兴	陈锡权	张鹤瀛	金　萍	任鹏娜	刘泽华	吕朵朵	段丽婷
	杨静怡	魏卉萌	殷　俊	张晓丽	叶凤蕾	韦柳杰	孙玲玉	贾天香	马旭杰	张义凯
	管　睿	董立宽	贾　鑫	汤杰仁	刘　操	梁洗尘	杨志昊	翟黎明	杨　帆	程西鹏
	景宇航	鲍甜甜	田　源	姜留馨	李　飞	王慧婷	朱燕芬	王亚玲	何　艳	孟婧文
	张　瑶	李　萌	曹　敏	高嫄嫄	龚宴宜	肖　卫	徐春旸	王慧玲	迟晓兵	李志强
	张　鹏	刘　超	潘　敏	孙逸遒	程世聪	吕召鑫	杜国庆	张继东	任建设	郭浩浩
	田伦华	朱鸿锋	赵　健	杨学刚	魏晓燕	农殷璇	黄　超	戴晓丹	汪　贝	麻小婷
	贾才毛加	屈　芮	车　蕾	曹水艳	胡美兰	牛影影				
2016	方涯雅	张　玲	王佳庆	刘　薇	王东升	刘　克	王丽君	陈婷婷	薛　敏	杨德言
	赵艳芳	周福林	徐鼎晨	嘎玛索朗	唐国伟	拉巴次仁	马露楠	陈建友	刘入洋	
	孔　威	孟瑞芳	陆　涛	丁秀洁	顾雪晴	丁佳琦	娜日美	潘乐平	孙梦雯	段　萌
	高占宇	谭嘉旖	周也可	刘　琪	高鲁彦	王　静	韦小兰	杨　林	邹建红	吴　娇
	张欣欣	李　灵	赵　谦	张　坤	王亚珍	刘　通	陈　思	叶茂婷	王阳川	孙　灏
	黄　蕾	王子怡	陈　庚	任超超	叶　扬	刘则君	宁　炜	黄渐佳	马菲菲	周锦玮
	黄发睿	左哲凡	任玉秀	刘旭堂	雷洁琳	薛舒予	王雪蕾	王　京	罗瑞平	郭　鹏
	万芝铭	杜雁翔	李星彤	陈达罡	赵继跃	夏红艳	高伊凡	何　妍	尹　丽	方浩天
	谌鹏辉	周沛杉	崔嘉琪	刘志恒	郭嘉喆	张　梦	王兆一	刘明金	杨奇山	胡正达
	郝友凤	杨欢维	安晓纬	李翠伟	宁立荣	苗晨阳	高　宁	马银鑫	刘　杰	商海旭
	卫江铭	周益林	颜子涵	党　俏	李雪敏	齐甜甜	杨　帆	文　果	郭　靖	张　芳
	彭丽娜	邓家雨	张　婧	武　威	田佳丽	陈善强	隋　宁	许馨予	刘雅涵	邹逸纯

续表

毕业年份	毕业生姓名									
2016	林子铃	王雅倩	赵佳妮	程　果	张　丹	李　倩	陈　杰	高文迪	高　焰	秦　芬
	贾伟童	王一瑾	覃远新	穆　燕	许宇寒	石　丹	武祥鸿	杨　萍	牛之琳	华茹月
	睢　丽	郭小菲	胡镇泷	蒋泽昕	鲁斯迪	李临洪	李昕妍	卜晓宇	明筱菲	金梦颖
	李艳芳	王　韬	卢冠中	李　坤	高凌云	郝霄鹏	邹　球	皇甫明阳	张　赛	李　明
	陈婷婷	张　艳	晏杨惠子	赵翠虹	郑天琦	何特特	简彦翔	宋　丹	邹明均	曾文雯
	刘　晗	李翊民	田雪雯	李宇佳	王思佳	孙　睿	贾辉辉	高瑞君	刘方媛	魏　辉
	张　杰	鲁　燚	陈俊秀	秦文君	梅元汉	黄红运	梁晶晶	杨志国	邓成云	李　乐
	朱　朋	任艳萍	姬　玉	王雪梅	李雅男	何　畅	冀思媛	艾晨曦	王　荣	陈　曦
	张苗苗	李　娜	白茹雪	戴君华	苏　彤	乔艳娜	杨宏涛	杜　昇	缪云保	杨吉西
	张翼飞	赛　骞	樊旭康	李　政	马广海	李泉波	孙明聪	李　昊	李星儒	唐　睿
	李　靖	赵新羽	曾紫芬	仝　洋	杨宇华	钱雅静	陈　楠	杨　浩	惠　君	曹　钰
	雷欢欢	王　婷	张　洁	张昀琪	段崇艳	韩雅青	李晓妍	朱凯迪	王忠波	何甜祥
	孙国卿	孟祥祐	马建伟	梁卓文	莫笔胜	赵　璟	杨全睿	卫马强	赵　璇	王兆怡
	戴支业	席俐敏	马菲菲	徐丹妮	蒋　欣	姚锦雯	李凡凡	潘亚丽	吴婷婷	张思佳
	江宇晖	廖梦梅	吴静宇	赵宵梅	徐　星	刘鉴瑶	贵桑曲珍	陈宏璋	汪鹏志	李斌元
	袁明政	刘　瑞	李本亮	张　凯	王英男	张宏鹏	孟德桥	胡誉芯	孙丽荣	王　辉
	董　璐	高　晗	李　玲	金　凤	皮　娇	肖大悦	李　洁	王　宁	莫斯敏	王文莉
	曹晓彤	张秋梦	高　熠	王　蔚	旺　珍	陈　雄	智　峥	吴鹏飞	熊　建	苏　凡
	龚越廷	张明华	邱文赞	张鲁廷	孙超越	殷　源	冯红蕾	李晓连	李　屪	张嘉辰
	王聪聪	盛莹健	马　赛	刘德玉	王　璐	张靖妏	梁　艳	高美艳	刘娅苹	朱　怡
	张　卓	朱　祎	徐　梅	王乾华	钟　旺	朱晓磊	赵曙毫	马智瀚	桂　俊	王　卓
	向　凯	罗肖雄	杨　赏	梁　煜	徐明磊	李亚茹	杜夏依	朱诗梦	李玮嘉	武嘉仪
	杨　澜	杨博涵	王威然	张若焰	王瑛瑛	寇甜瑜	钱昌燕	晏培雯	吕小璇	肖白灵
	姜　琦	王彤彤	高　晴	何珂磊	欧阳鹏	陈旭东	王少兵	马雪峰	李　涛	杨　敏
	任　鹏	杨世波	段　博	史雨星	张　鹤	邵紫萱	吴涵言	陶莹莹	丁宇馨	张　萍
	张　悦	李　瑨	耿　洋	郝荣霞	郭　曼	叶文玲	秦凯薇	史　番	王若菡	吴佳格
	辛唯玥	郑恺慧	祁　悦	陈　颖	杨崿哲	杜晨阳	秦国庆	田　灏	刘建鹏	靳少伟
	李雨佳	郭琴琴	袁　迪	闫颢芯	苏畑瑜	张槃昀	赵红艳	王　欣	党　瑞	贾　静
	龚垭婷	明　菊	胡　定	李　路	郝宸跃	卢小莲	胡懿纹	姜晓旭	陈　茜	陈明灿
	徐婵娟	王冯涵熙	金华健	郭洪健	张贤靖	杨红伟	关懿宸	周　涛	杨　涛	刘浩天
	孟　超	张晓宇	胡顾妍	李超琼	王晓茜	郭家欣	彭祥贵	车诗琴	罗　灿	王芝旸
	周依凡	张　萌	姬朝霞	李　梦	朱安祺	何　琪	韩佳莉	黄林霞	陈美红	谢安然
	张新伟	陈一诺	应　萍	姒　栋	吴郑平	聂泽霖	毕云逸	刘　陆	龚　岳	聂小岚
	蔡云瀚	郭楚楚	张　莉	夏　萌	段文君	曹秋羽	赵志叶	张丽平	姚思慧	严静妮
	邸　英	纪雪韵	路　蓉	满霜冯	李　希	陆晓青	姜思禹	樊　自	代婷婷	李　斌
	田　骋	王佳慰	马　路	刘　越	郑贤享	叶　飞	时培源	杨　帅	刘仕雄	杨　秣
	郭雨鑫	谢楠楠	余露平	王　欢	何依衡	郑　璐	杨　涵	冯子珊	金玉子	舒利平

毕业年份	毕业生姓名									
2016	李婷晖	芮雪霏	崔心如	廖雨萱	黄慧敏	刘晓雯	赵彤彤	南燕	刘晓梅	金晓飞
	岳健蓬	孙昊之	王俊杰	孙荣声	邹尧	刘力维	李天毅	申建	冯慧	付嘉妮
	唐雅洁	王璠	李鑫	章丽	李筱雯	张筱	谭宇东	刘宁宁	贾方红	田潇雨
	王天娇	朱莎莎	吕雪茹	伊楠楠	石美珊	董莹莹	靳巧	曾冰嫦	黄天壹	王军祥
	问鼎	刘鹏伟	罗杨	高融行	余聪	刘晗	刘张江	钟思宇	崔悦	陈彦希
	申宁	明李娜	杨甜	龚丹	林嘉玥	吴娜娜	邹小涛	李春华	李宜桐	陈艾
	王子迪	王旖纯	陈冲	苗舒媛	孙玮	陈小娟	刘昂昂	张梦珂	陆柏州	刘昊洋
	明柱	陈辉光	张连政	吴昱旗	田天	唐旭东	丁盛	辛晓华	张斗青	张越
	杨舒雯	甘霖	贺怡清	张苗	冯力慧	刘静	陈欣如	胡小英	廖询	曹亚男
	张梅	王瑞	李佳	潘文哲	汪健	陈芘宇	柳建宇	张悦	台明昊	张旭
	陈俞君	李鹏飞	相立宾	许祺然	余彦旻	狄晏玲	曲朦	姹娜	何睿	邓娟
	曹文姬	贺金金	王意	陈梦妍	王佩	全珏	周丹	史一茗	张婷	刘相宏
	张倩	杨承尧	陈俊文	陈正杰	陈洋	常亮	于冲	史宇波	雍炆才	尚登翔
	唐明	丁坤	朱文奇	尹航	关鑫	方圆圆	张文静	王君香	杨永迪	吴欢
	冯雪	陈瑞	朱群	段鑫	刘晓敏	赵晶旭	房敏敏	陈思佳	王政柳	张英洁
	刘嘉迪	刘丹	刘炎	杨博文	王超世	赵露	张帆	张钰承	白路	师宏涛
	侯宝恒	周田	赵梦瑶	艾宁	马鸣铮	李香琼	江叶静秋	李瑶	张新庆	高志梅
	王日丽	曾玮	刘莉	王鑫荣	张上明珠	李娟	殷雅祺	杨阳	田慧	许博颖
	张雪莲	邸琦	兰向民	陈云红	张吕	周志伟	王卓	杨旭宁	黄涛	徐浩
	姜曙明	颉建新	张子龙	呆倩琴	王光亚	邱月清	孙亚男	杨谦	彭松林	娄月
	贾增壮	黄洁	彭一帆	周家安	王照阳	狄忐颖	张博雅	蒋志霞	杜怡蒙	尹斯祺
	王东辉									
2017	魏永平	严金玉	郭晶	罗武	廖丹	赵佳	陈柏	张晓芸	覃靖淇	黄新量
	刘浩洋	钱尧	李轩	陈果	李梦藏	黄珝	杨闿睿	卞泽华	高迪尔	陈修平
	杨小刚	黎奎	王硕	朱轶琪	李乾	凌良宇	叶梦	谷雪	黄红梅	郭睿禳
	李泽敏	常娜	张丹	林幼珠	陈晓晓	强秀娟	祁星星	孙浩	徐艺华	刘硕
	程臻	张锦怡	程龙	陈奕丞	郝佳炜	郑甜甜	陶伊倩	张梦璐	任琳博	徐婧
	王艺桦	刘瑾	刘怡然	薛芸莎	王玲	石太莉	郭思婕	李宇森	李旭冉	韦钰洁
	王晨	刘育荣	易晓峰	王嘉禾	高西	宋芮	赫玉玲	李靖楠	姚怡帆	张龙池
	汤雨彤	王方圆	陶思雨	张煜坤	徐科	雷成杰	李思源	袁涵	杨黎明	李康莉
	梁皇兴	杨盼	郑宏	童微乔	胡佩	张明瑞	范思妤	薛璐瑶	刘奕	席小喻
	王丹璐	王亚利	王崧	杨潇远	王晓彤	徐依涵	冯浩洋	谢仁焱	李洪苛	马磊
	徐勋辉	王佳惠	焦晓敏	邹璇	党梦璇	刘学民	李文轩	王新皓	吴凯莉	毕馨予
	史西平	梁钰茹	郝达	祁正梅	李世博	张丁天	朱甜甜	霍修宪	赵雪心	张伊凡
	董喆	黄晨	王慧源	李蓉	王瑞琛	张鹤	陈美光	杨康梅	曾含之	哈斯叶提
	李子烨	单晶	张璐	陈金发	李蓉	和宇娟	张琼英	马艺璇	刘云霄	张宇奇
	熊君豪	杨坤	王喜威	毕平伟	周毅	邢伏伏	王峰	郭沥阳	任登海	李桂兰

续表

毕业年份	毕业生姓名									
2017	崔胜楠	闫芳芳	张彩荣	龚瑜凡	胡郁旋	米玛潘多	张裕敏	刘双双	刘莉莉	陈　彩
	陈　艾	高　媛	薛文婧	陈雅君	高　洁	粟冬梅	刘占峰	刘子祥	宋　健	王晨凤
	王裕韬	李广贵	李　钊	马军军	吴桂刚	杨　宁	王立娜	邸孟英	程雪晴	檀智宏
	王　智	高　钰	张雨晨	段正陵	范　攀	肖　璐	曲宇微	王　珍	王　茜	郑红娟
	薛　娜	王珍珍	梅玉慧	陈婉玉	裴玉璘	郑兆卓	豆正清	王文川	潘俊阳	张鹏飞
	李瑶函	杨胜宁	王怀斌	赵　越	兰　丹	龙雨彤	李怡茜	刘小慧	孟　瑜	王一晨
	陆　倩	杨汝越	邱　越	吕　静	张馨月	关婷婷	梁露颖	刘思萌	张　倩	张　璐
	李瑞琰	樊亭亭	叶婷婷	赵凯悦	黄娟丽	张　渊	张　尧	陈昱霖	普非拉	崔　通
	徐远征	晁　越	王　磊	荣济海	黄慧丽	刘师荷	李　珊	武　菁	胡艺轩	周欣苑
	丁海燕	张紫钰	潘伊笑	赵艳玲	张欣欣	许佳佳	黄佳宇	米　兰	张雨心芯	刘嘉欣
	童　昕	吴　欢	寇豆豆	岳　原	卫金梅	雷飞鹤	张　雯	朱　迪	宋海鸣	袁嘉帅
	苏彦龙	李　哲	谢承斌	路其远	程　杰	张子曦	高达宇	张小花	王心怡	蒋承祚
	刘韵琦	邓宇冉	刘品君	余燕珍	张　杨	张秉婧	朱倩玉	朱珮尧	胡佳瑞	张雪瑞
	郭莹莹	尚艳梅	霍佳雨	张华窈	唐　蕊	张倩倩	许　凡	孙泽宇	包　智	夏志禹
	李　明	吕世玉	郝雪珍	杨玉莹	邢　伟	田昀鹭	陆航航	时小娟	曹晓君	李炳娴
	孙雅倩	刘　恬	张　鹏	和　洁	吴梦如	武　婷	王露宇	韩婷婷	刘玉珏	陈艳丽
	程　沛	胡淑萍	郭会贞	艾雨楠	苍耀东	陈卓伟	付文昊	李树荣	曹裕衡	蔡晓乐
	韩　丽	王　茜	李佳炯	许　鑫	刘　娛	李效宇	杨姣艳	李枳葳	江　霞	麦晓春
	韦甜云	杨　璨	刘颖琦	马　垚	穆　迪	赵　杉	张　妍	赵美嫱	牛　晔	李　维
	屈小琴	马　强	李　政	董　智	滕治伟	谭湘豪	张槐卿	方　元	党　凡	朱碧涵
	孙素梅	张佳琪	陈奕彤	朱晓峰	杨雪莹	张　馨	郭　蒙	杨淑燕	凡安瑞	杨　阳
	何继欣	钟彩艳	李云肖	徐安英	张鑫优	谷沁恩	张笑宵	刘芮杞	侯　珵	尹惠荣
	李嘉伟	李洪吉	杨　翔	修宇鹏	刘诗轩	余　飞	王浩泽	周思远	华　茜	李云燕
	苏美玲	王丹阳	赵雪晴	何碧莹	严甜甜	张　洁	吴春颖	王　倩	侯慧丽	李青燕
	杜　琳	饶　娟	屈　臻	白　瑜	刘怡莹	海亚琼	贾丽文	刘　韬	李懿飞	蔡泽鑫
	张祖德	潘欣智	朱　鑫	王　晨	梁　科	王一然	付腾雲	王金萍	白子凡	谢晨曦
	王　琪	陈　婧	孟　梦	陈　乐	周传萍	韦　菡	李余璇	李　颖	刘　洋	王若童
	汪兴旺	郑琼烨	魏　昕	买小倩	李慧杰	任　豪	梁小宝	曹涌泉	戴金红	谢　京
	郑子昊	赖建才	赵育龙	杨　阳	刘　浩	赵　月	赵　晴	高锦照	高双双	苏　丹
	唐丽丽	彭一书	凌子惠	杜维娜	张梦莹	付　欢	杨乔乔	杨　凡	刘莎莎	蒋红丽
	沈　娜	贾利雯	马诗卉	殷　春	胡行喆	张　帆	徐一然	吴显昆	刘燕平	邵天萌
	唐　乾	邱意婷	张天琦	郑皓月	杜　睿	张心宁	姜婉婷	李　丽	林嫚桦	郭　悦
	晁　鑫	鲁钟睿	陈小蕊	童　星	杨　颖	杨　杨	李　琪	葛智民	李震逸	黄永星
	张雷钰	杜权达	丁　澜	杜立恒	王隆慎	蒋德利	王定琴	毕梦琳	胡嫩柔	韩振菲
	李雨晨	王美知	颜小益	蔡　瑜	廖梦婷	申恩惠	霍丽佳	白桦锐	张　蓉	贺誉婵
	王　蓉	屈亚萌	尚　夏	高　原	王　亮	武宇星	吴仪波	谢　辉	王　威	王诗豪
	李　轩	朱昱臻	李文越	柳　韬	田肖雅	刘　畅	费宏娜	朱璐璐	朱安然	段静琪

毕业年份	毕业生姓名									
2017	贺婧	郑雪	刘相汝	李超	杨羿	唐颂	袁聪	马瑞临	宋雅琳	寇敏鸽
	张雯雯	洪敏	王婧琰	李瀚翔	齐泽	桑瑞	石晓磊	来一鸣	刘曜龙	王佳瑜
	王东驰	孙涛	刘智强	罗永锋	杜煜	曲静悠	郭凝	杨梦茹	何粒芸	柴菊泓
	吴佳迪	毛梦安	操琳琳	孙钰茜	许明慧	赵妍	刘涵宇	李华	韩晨	郝娜
	李艳	葛海蓉	张时悦	阿伦	黄明珂	江仕嵘	夏利恒	吕亦忻	兰建斌	杨彪
	徐恒	刘燕龙	侯亚争	韩舒逸	李玲玉	卢丹丹	杨文意	夏玮静	沈月	黄思华
	高丽娟	李筱丹	吴欢	刘瑞红	成佩昆	陈琼	蔡露	丁桦	陈澜	马宝宝
	孔德印	罗建雄	何学文	张传钧	龙西杭	李朋锦	谭桉	马博通	佘丰伟	陈小东
	勉晓虎	孙思遥	高梦涵	杨凌菲	阮云	刘玥	王潇寒	汪文绣	洪燊	李慧
	高艺嘉	严进敏	田月	张研桢	裴颖雯	陆莹	毛雪	郝芸漪	李燕如	张昭
	樊林	马培银	陈绍峰	靳鹏	梁绍碧	杨军	懂再鹏	杨卫红	韩昆	华健
	穆科	焦旭辉	王玉琳	张冰	孙祺	郎晓薇	陈子晶	吴贻源	滕甘霖	徐阳
	熊希婷	杨林	张岚晰	奥永倩	肖业虹	程静静	任萌	杨敏	熊小娜	姚凯淇
	金梦玲	谢丹阳	孙轶博	孙怡楠	王丽媛	于可染	葛筱蒙	李玉彬	周双燕	刘杰
	姜渊博	李明蔚	李想	刘雨薇	任星	张飞	苏悦宁	赵昱	张驰	江康俊
	裴健宇	董玉琢	寇灵芝	李子晗	颜宇睿	李佳琪	林明倩	孙晓阳	王雪梅	于力杰
	李准	肖雅馨	张语涵	李宝洪	郭柳阳	胡婧涵	郭承涵	宗源	李元桢	郭威
	孙瀚	李家林	徐赫	陈柯宇	董琪	张秀珠	田申			
2018	贾硕	孙砚秋	吴之韵	易安晴	廖丽妮	常茂林	何华义	魏雪晨	马丹	陶诗雅
	乔亚磊	李淑月	徐嘉佳	王炜	汤雪苗	邵帅	张筱可	杨鸽	魏琪	宋茹燕
	于松	谢诗言	靳雅茹	何富丽	郝俊杰	郭会艳	童磊	何俞欣	叶秋好	王蓢
	甄家泽	李娟	张楠	赵鑫	李美娟	庞歌桐	李晓月	吴冰昕	郭娇阳	王煜华
	王俊瑶	颜云明	朱爱怡	刘树豪	崔艺蒙	负春晓	韩雅文	刘文吉	石大千	杨入一
	韦雪蕾	芮旭晨	李宣宏	廖琳	谢旨祺	屈晓宇	商依琳	吕高尚	李泽王	郭俊廷
	马楚璇	惠英英	赵佳咪	贾楠	田超君	刘一凡	林楚欣	朱雪芹	任晓慧	王甜
	罗程玥	徐梦晨	李晓欢	陈昕	李泽	闵亚希	陈思洋	祝烨	贾梦园	刘哲
	周霞	朱玥	杨永慧	王一鸣	廉鑫	赵素心	卢卓	张雨琛	陈月园	要生悦
	邓聪莹	韩承宇	秦越	赵通	黄珍珍	宋爱英	张德开	马燕	刘宏宇	杨佳林
	赵云飞	汪承志	许冯兴	何辰昊	杨昌华	程志浩	王杰	舒森	郭峰	赵佳萌
	王越	尹凡希	汪思琦	崔炳钰	孙悦	郭雅鑫	杜宝瑞	潘玥	廖瑾	江铁梅
	丁柳	包海鲜	熊睿	罗蓓	雷碧莹	焦美琪	屈突明月	刘宁宇	刘小霞	陈洁
	曹天祺	李远豪	梁宸睿	唐发林	徐洞然	边杨森	李斌辉	刘建有	韩雪	庞梦伊
	王林菲	史升平	刘健宇	牛锦珂	王秋宇	付夏蕾	周盼	郑素素	陈雅	韦斯娜
	熊萍	陈钟艺	刘叶涵	曹艺伟	伏宣儒	胡文	杨玉涵	王楠	王伏楠	常玉凡
	宋舒聪	彭起明	王梓伍	吴冠华	阿旺旦增	米正虎	孙友娟	张新月	路冉	李卓勋
	孙钰莹	孙新冉	陈庆迎	张亚蕾	何莉	宋露茜	张一诺	周倩宇	侯丹婷	郝静
	曹珂雯	南久香	黄玉雪	游小香	李建华	何娜	赵志超	曹宇	杨伟鸿	连斌

毕业年份	毕业生姓名									
2018	吕圣钧	余汉平	王天炜	吕佳辰	张世超	李晴	马泽蓉	沈俊宜	梁晨	刘娟
	甘小蕾	蒙杜彬	刘侯君	次仁卓玛	景雨濛	贾笑梅	康文敏	马苗	王博苑	任亚琴
	朱晓燕	李红娟	刘金笛	苗延宇	张昊	陈思焚	李芳波	张少歌	华艺鸣	徐文毅
	马建	李煜阳	何明宏	高天志	张乃凡	王玉	张心彤	唐一宁	魏一卓	马洁蓉
	田颖	王心语	杨瑷嘉	侯春梅	齐迪	黄思悦	李国栋	邹良奇	顾恒齐	汪启航
	杨立伟	刘全威	杨晰喆	陈国强	张永基	白舒晖	王帅	李佳芙	任家明	杨思嘉
	殷思源	张安琪	吴鑫桐	高涵	王艺璇	马凯歌	常芮	李琴	呼延梦洁	于祥瑞
	王琳菲	张怡萍	马倩琳	左怡忱	李敏	卜小燕	王亚平	石毓婷	张辕康	付鹏
	李明聪	王亚	李书训	吴倩	杨子琳	杨萌	余思	王木子	王艳	白滢浩
	刘丽媛	党慧慧	赵雨露	杨佳蕾	张冰玉	吕紫薇	唐雪飞	靳蔚瑶	李涵	全泽宁
	李艺	胡小蝶	彭杨惠	余晶	张文婷	高嘉祺	韩强	包炎	綦恩成	黄平宝
	罗正欣	程晰洁	贾晨	畅庆东	张凯悦	马乐	刘娟	吴德娥	徐颖	姚敏
	安晓坤	王鑫	张淑娜	屈茹	顾润	诸葛子琪	陈胜杰	刘雪婷	张宁	黄博雅
	曾雅媛	曾雪梅	赵语婷	杨莉娟	姚远	李宜芸	张扬	冯嘉培	蔡文浩	徐嘉
	何世宇	王震寰	郗鹏康	窦一航	武朝	张昱琪	魏莉	高虹	刘睿宇	包彤
	易小楠	付巾书	王明	陈兰	祁钰珠	赵恬	刘素琴	沈苏秦	王瑾瑶	宁文欣
	马媛萍	程茵	郭燕	董一粟	裴凯强	任元浩	赵新宇	李朋飞	施五一	潘骏
	王莘	姜天	王甲子	左璐雯	宫菲	郭岳	索达	郭静	陆冰欣	熊娟
	陈橹伊	李桢	赵琴	张春	梁佳婧	王萱	王熠琳	王永珍	龚莹	陈静怡
	魏金秀	李克韩	孙世贤	赵群	陆舒立	金桢栋	高爱良	杨雪萌	迟宏帅	王文鑫
	石雪琦	贾香婷	李贝	鞠佳呈	郭佳怡	杨宁	千治君	尹香平	刘仪榕	陆莹惠
	邱丽萍	朱家谊	刘水	张林静	高苗	龙科含	刘宇欣	王潇晨	车丽娟	崔镭嘉
	刘继元	周鹏达	王庆旭	石路强	钱浩然	桂春凯	张诗炜	蔡皓琛	刘云逸	张翼飞
	米娟	王巧瑜	陈珍	熊慧芳	梁晨	彭黎	张月	侯英英	符璐	贺红艳
	张璟	庞溪茹	吴小敏	朱珍红	李臻	刘冬	韦诗豪	毛淋玄	牛世豪	余成澄
	辛颖志	张振隆	梁玉茹	江南南	王静	丁一冉	娄佳宇	毛晶晶	姜盛赟	陈哲祺
	聂欣	石伍茗	罗义婷	刘雨珊	尤珊	程莉娟	高静	林佳刁	徐菲	李宁
	黄艳妮	张承瑜	杨丽	王铮子	黄宽	刘宏杰	王奇	白煜	郭强	李登峰
	石传鑫	李琦	李薇	赵雪	商子琪	王艳珍	祝明妍	王蒙	刘桐言	朱舒宁
	裴晓婷	陈春杏	熊悦伶	孙玉婷	冯巧娥	袁双	杜睿	陶荟琳	陈悦怡	杨晓蓉
	付朝榕	孙宏冀	李京轩	宁嘉晨	毛振阳	刘超	张世诚	侯博瀚	李树栋	胡洋
	李超	牛渊	赵杰	刘一科	俞鹤	高伊晨	黄克	孙丹	钱琛	怀梦宇
	季静文	王倩	孟悦	贾若楠	刘金雨	李林霏	杜婧怡	张选花	杨震	郝博广
	邬金哲	张坤	冯铁元	张明瀚	单威翰	韩天宇	罗俭植	王磊	刘蒙蒙	白浩
	梁恬	鲁燊	袁文学	贾琦琪	付文洁	王梦颖	刘姝言	李雪菲	凌芝	李怡晓
	李佳奇	郭嘉蓉	余乐佳	丁翔	张蒙	才仁卓玛	刘嘉慧	许世圆	王浚宇	沈钊
	龙林	林国鑫	熊文聪	肖治平	邵志杰	李少明	周美琪	徐越	曹延娟	徐静

毕业年份	毕业生姓名									
2018	马晶晶	刘香莲	赵柯蒙	王怡婷	张曼	亢贝元	吴倩	李小娜	黄小卉	张碧颖
	杜盼盼	韩勖	李忠文	贾弘兆	曾江	宋博	文佳贤	黄爽	黄铄	耶凯
	李文立	范慧荣	李佳忆	韩一鸣	朱洁	袁雅馨	林艳艳	蔡铭淳	丁星晓	唐诗书
	刘金华	唐倩文	左曦	张新悦	刘媛	陈临	张云蕾	丁晓慧	何婷	吴永珊
	马紫洋	刘源	庞雪蕾	鲁艺玺	韩承毅	汤媛婧	王栩康	张朝瑜	高山雲	李晶
	杨雅楠	胡程锦	周世东	闫雨浓	王晗	勒丽君	梅俊	刘瑞鸣	肖振东	王秀秀
	宁家腾	刘一阳	冯硕	郭彤	崔景靓	刘聪	肖昕翼	刘欣妍	路尧麟	王聪
2019	李玉莹	李昊伦	陈丽虹	张思阳	熊佳敏	黄茂华	何维妮	刘京	杨博葳	吴密密
	白宇	孙楠	王琳	巩睿	陈若尘	张晓宇	白云	谢建铭	邢菀祯	梁志洪
	何琪	李佳美	刘鹏	岳芳安	王育麟	郜珂	李敏	任海鹏	方如园	杨彦邦
	张笑	周献	薛佳钰	郝普凡	王文鑫	魏宇鸽	杨明瑾	郑雪蓉	谭骁	贠晨
	唐通	李沛舆	金笛	蔡坪芮	何纯	孔令勇	周炜航	刘郭帅	杨启墅	盛一清
	周震	向帅	刘晓东	赵桧杏	田丹	曹雪迎	林琳	张依驰	扎西央拉	朱洋
	喻波涛	张烨华	冯蓉	王惠茹	张雨杨	王雅婷	王若琦	李杨小梅	常心爱	何浩
	魏振新	孙铭	马明义	邢熙雯	肖启龙	单梦雅	袁倩	高丽	胡迎霞	张婵钰
	胡义贤	管琳菲	王子秋	高天冉	张睿	周琳	吕梦娟	曹冯志文	谢艳琦	陶硕华
	刘欢	韩睿	谢怡红	张晓青	郭紫萍	郝韵	惠策阳	冯玉茹	曾赟婕	程利敏
	劳伟城	李莎娜	左艺辉	谢丽琴	雷悦	付卓裕	谢祖梅	马姗姗	何蓉	汪彬洁
	任丽君	林小钰	常丽颖	贾宜衡	李敏瑞	王正洋	彭宗臣	拜合提古丽·阿力提普		
	蒋婷婷	舒亚丽	杜秋君	吴坤泽	周月	陈伊敏	张钇萌	范超奇	马俏娜	李丽
	颜宇	廖柠	郑紫彤	王雪芬	许小竹	张赛瑶	苏金平	宗英哲	李若楠	林思宁
	徐刘方	王清杨	郑慧忠	侯乃琪	王若瑜	王阳	李智远	黄京	赵宇	张曼蓉
	赵俊霞	叶浩	热孜娅木·艾哈买提		魏钰柠	何应林	陆一平	康倩	李媛媛	
	张长月	王少云	张尚怡	廖英博	韩笑笑	李学琴	张舒	聂榕	溥思雅	张甲元
	尹雪莹	林星延	余转青	何原	喻雯	付光	刘妍	苑会珍	郭若仪	白锦豪
	陈家康	王肖军	郝凡静	任馨蔚	白雪	徐萌	李一鸣	杨依	李星宇	王曼
	杨晓菲	张庆	李梦圆	程艺阳	程鹏	蒲嗣尹	王博	朱伟	丁维俊	卢欣宜
	黄妍	岳玉琦	马文华	苑颖平	钱宇	严双语	贺泽	温雅馨	陈如静	钱泽宁
	王彦蔺	蒲欣如	张礼	钟晓丹	陈曦	罗根庆	吴雨菡	王敬业	孙先勇	黄山松
	黄心羽	陈柳言	郑玉婷	房子威	吕沛芸	林志颖	王梦珂	刘婕	胡雪莹	王欢欢
	步小雨	侯欣阳	张依凡	苑艺	蒲菲	徐瑞璠	刘天佐	马睿涵	刘芸	贾炳春
	刘云晖	邢倩	靖昭蓉	刘安琪	叶燮睿	努尔阿力木·买买提		陈颖	汪方芳	
	董芮彤	胡紫懿	卢鑫	张令	李静榕	杨新妍	刘立杰	孙榕	范子文	马园园
	唐菁	何立强	刘方圆	翟悦	康慧慧	蒲欢	马越	刘炳鑫	张宣正	闫育玮
	邱纪翔	秦雪	刘一帆	张晓钰	朱哲思	王逸飞	刘思敏	张青玉	李欣蓓	魏超婕
	张田甜	邓怡凡	晏玮	靳梦圆	何明明	王瑛	高歌	张笑寒	张魁瑄	周振宇

续表

毕业年份	毕业生姓名									
2019	付苓苹	张茜茜	李家祥	马晓隆	杨蓦	白浩锋	鲁一鸣	王馨宇	李依迪	刘洪辰
	梁畅	张盛	杨冰	陈世琪	唐依澜	苏靖倚	刘佰成	薛文青	杨淑涵	王力
	骆佳	罗微	刘耕志	张大千	杨慧	贾珺中	张子慧	李京泽	郑添荣	杜存立
	贾淑淇	薛云	聂雅丰	刘嘉瑞	顾振杰	李艺昕	郜苏徽	王梓健	吴佳晖	李玉婷
	谢萌茵	苏佳林	贾天缘	郝晓萌	杜桥	王韵	孙虎铖	周华盛	王佳谈	孙徐图
	黄蕊	赵耀	李旭媛	孙家成	杨婉云	谢铭轶	勾红颖	李亚旋	张雨晴	杨晗雪
	马哲睿	胡钰涵	安琪	吴晨晖	苗萌	李巧	邓安琪	罗茜	李若冰	熊子椰
	李含	陈昌	王盈斐	王润泽	任世杰	何双	张柏林	岳毅坤	石凯博	郭婧
	陈作光	胡恒源	刘晓霜	陈思琪	张文婷	刘泽元	贾晓宇	陈雪妍	李星蓉	杨一鸣
	龚思淼	陈白露	刘大伟	赵立坤	杨志宇	时香凝	闫帅征	姬文哲	张楚婕	王欣歌
	糟虎夫叶	王淇	章仲文	薛伟瑜	左正德	黄玥	杜瑞瑞	伊冉	温彬妮	芦德香
	苏日乐	韩蕊圆	甘旭	张昕婷	江笔萌	张天然	刘容希	朱柯燕	李亚楠	王尹柔
	王剑君	李琦	姜珊	周润楠	李佩蓉	陆采瑜	黄尧	蒲美岐	王安琪	武晓璐
	姚志润	刘婧茹	高翔	柯馨怡	郑智钧	陈震磊	应新安	郭梦蝶	李家辉	李晨澍
	李姣	杜晨玮	王锝昊	匡晓雨	石宇杰	高旭	李颖	李越波	王昊	李佳钰
	冯宗邦	赵婧汝	刘江茗	崔若莹	徐元俏	罗贤刚	沈文锋	邓惟楚	王佳铭	郭晨浩
	赵凯	曹奥琪	吴晓文	何赵颖	范舒睿	朱俊达	李延茹	王瑞	刘文斌	许晨瑞
	陈郭榆	代启亮	张晓宇	袁嘉宏	赵启源	李为峰	程有芯	贾琪	张衷研	周超辉
	张朵	刘昊	王银曼	任建龙	赵小娟	吴湘浦	宋静宇	魏静远	王瑛瑛	徐天雷
	王子煜	王林芝	景致	王露	张朝凯	吴彤	郝蕴	乔俊霞	秦瑞洁	季金林
	程昕航	郭晨晓	孙一铮	张芷榕	孙潮悦	王书华	贾一琦	吕林娜	马学林	周自展
	刘艺洋	黄佩佩	和韩蜻	丁锐	冯博望	余倩倩	李甜甜	马樘	陈玉书	冯心悦
	张婉婷	王玲娟	米梓溪	黄远斌	孟凡洁	杨瑞莹	苏日娜	杨靓娜	阎晓博	孙嘉瑞
	王璇	李如愿	赵可心	何静	蔺晓霞	张子馨	吴奕乐	李金宇	刘喆	郭宇桥
	刘金甲	杨馥宁	朱嘉林	刘钰	王思佳	崔辰	齐银银	余科	段佳林	张群
	程淑俊	程楚璇	徐苗苗	原世颖	段景耀	梁悦	张倩	王浩浩	周丽丽	李豪
	赖奔	和浩渊	余翀	梅雨萌	聂泓玮	郭瑞	孟越	杨凤娇	杨彩林	马鑫禹
	李秀秀	陈丹芳	宋瑶	田文晔	曾韵涵	陈祖静	陈天明	朱戈	王嘉	张文华
	张慧妹	陈新康	胡新语	陈倩	王依凡	李鹤	勾思曼	刘微	赵李艳	邱芊溯
	蓝春暖	高增慧	郭雅婷	窦彬予	周鹏举	郑博	朱林涛	陶雷	斯嘎	任玮
	马金钰	雷岩	景慧鹏	吴爽	蒋薇	何长锦	魏永梅	陈茜	程晨阳	高国竣
	卢雨萌	孙文宣	李玉玲	吕杰	晁储政	李小雨	马林燕	永凯瑜	毛雪阳	张琦
	王欢	刘丹	王柯柯	陈文君	王兴涛	刘蕊	赵蕾	王灿	张婷婷	宣有乐
	刘欣悦	阿依努尔汗·买买提		徐鑫	杨静奕	邢秀梅	吴英昊	杨阳	李慧茹	
	刘佳明	李立仁	苏雅蓉	崔婉晶	钟盛龙	李蒙	宁思银	李美玉	陈少勇	马宇翔
	刘二娜	呼帅	吉星	王明钧	王巧玲					

毕业年份	毕业生姓名								
2020	高泽川	刘泽华	郭熙临	寇延芳	崔鹏栗	魏春乐	曹 峥	张 蓉	王雪明	李 倩
	谯 顺	李 亮	梁顺强	易忠博	任飞鸽	牛煜斌	李刘洋	原妍娜	刘欣然	申柏泉
	李奕心	薛博琰	万 森	肖 苇	程怡帆	王雅莉	于晨曦	田 雯	郭瀚文	廖 毅
	柴 琪	赵丰园	吴飞帆	赵雪蕊	刘冠宇	杜 阳	苟雨濛	姚怡彤	陶 佶	黄艺婕
	崔椿浩	于 浩	任 畅	韩双瑞	张勇超	李雅楠	范江雨	田宛灵	姜云森	王东北
	郭彬琛	林澍青	周腾飞	华天晨	曹质涂	吴 豪	冯海宽	唐群丽	石宇薇	赵露露
	陈晓婧	李 倩	何雨蔓	刘 倩	韦海燕	李 跃	罗 岚	买热艾依·沙吾列别克		
	杨学静	姚漪祺	李仰岳	黄诗轩	陈海鑫	赵雅雯	虎亚观	王文静	覃 朗	潘贵港
	杜亚庆	赵英楠	张绍民	王梦龙	王佳慧	王竹欣	杨信丽	王一名	张 雨	邓傢槐
	余 炎	蒋梦欣	陈 鹏	童佳南	毛宇星	张 雨	牛文浩	李晓婧	崔媛媛	刘宋楠
	陈 依	邹美琪	陆 浪	马 强	张蓝月	韩冬薇	徐小婷	冶小风	王欣然	鲁文海
	魏晓菲	陈玉梅	赵泓臻	左依伦	张博闻	程思雨	王立成	代珂源	刘 妍	叶雪雅
	邸玲玲	叶正同	石宁宁	邹 竞	谢 楚	谭茜文	刘佳豪	吴 迪	徐 怡	兰长洋
	窦佳文	唐一帆	陈 斌	刘 萍	钱 峥	张欣茹	许瑞娇	赵 含	蒲彦君	刘 姗
	吴仁杰	李沛熙	孙 航	敖买城	关山月	李玉枫	苏亦楠	赵 婕	王 妍	周明润
	王海燕	王子未	杨晓婷	董庆多	刘子宁	丁世航	袁安红	张 蔚	莫涛绮	李 辉
	徐 铭	王元敏	胡欣卓	袁熙文	刘家琦	黄星铭	马瑜鹤	黄怡祥	谢 铭	冉妮艳
	孙瑞璟	余天一	陈洛川	褚师畅	赵慧婕	贺尚文	彭 静	史欣恺	李 晨	王 聪
	牛 珂	林子涵	章尼佳	刘昕仪	李志菁	朱 婕	赵旭聪	许 宁	董优旭	汪妍君
	杨文瑾	袁煜嫦	余淼涵	蒋露瑶	屈妍圻	刘礼燕	洪慧中	何子赟	刘诗寒	刘德蓉
	颜玉艳	马钰萱	马茜茜	高 源	王 倩	李梦莹	裴 丹	印璐璐	黄雨柔	王威涵
	饶南希	田慧慧	史 瑞	钱德央措	孙 茜	张怡凡	易佳静	马莉莹	翟翊雅	韦梓楠
	李泽民	纪明昕	崔华阳	庞 宁	赵 越	刘广荣	牛佳越	魏湘美惠	郭文婷	赵丹丹
	梁文莉	宋东梅	邹 知	范赢月	王苗苗	冯明皓	吕昊卓	赵 莹	王翔宇	井 睿
	毕 晶	符浩鑫	陆人和	曹慧敏	张 雪	刘利娟	张济舟	周 静	张 晓	吴溪溪
	艾合麦提·吐尔孙	王 萌	孙 悦	胡馨予	常青青	谢守红	张来玥	罗鑫源	李 想	
	高越迪	姚金松	王柯然	蔡 彤	柯 研	邓舒允	程 悦	朱佳禾	姬 玉	单元凯
	马梦瑶	陈昊东	房 阁	张耀元	宁博文	张 翠	刘雨鑫	侯昭萌	杨雪蕾	马可馨
	符 慧	任超宇	关萌珂	闫仪尊	王琛睿	张 莹	吕丹洋	邱凌凡	谭雁翎	马勇钊
	苏 直	马雪怡	漆玖慧	陈宇祥	吴南南	岳相涛	陈 昆	史泽宇	李艺雯	米佳美
	何温馨	刘梦丝	谭乙林	周红艳	李洁敏	李 玥	康 森	丁艳芮	张 健	李成亮
	李凤懿	刘臻垚	王兆轩	王恩勇	王 桐	吴玫霖	蔡卓言	张馨月	国青云	郭洪均
	王 琮	王 腾	陶 鑫	袁峥嵘	曹衎衎	刘 洁	何睿瑾	肖斯泰	车若宁	朱心豪
	徐晨卉	杜建渊	麦田金穗	李双晶蓓	徐若晨	孙瑞昕	丁思怡	司枚子	刘亦娇	
	徐 慧	杜博洋	郭 振	王高欣	刘沛莹	石林林	康佳琦	欧阳佟鑫	刘津菲	孙逸群
	杜佳聪	孙博鸿	唐淑钥	孙钰欣	赵 俊	田钰琪	胡亚康	王佳薇	何晓敏	牛艺霏
	贾俊贤	郑 燚	张 欢	谢轶凡	杨 婵	曹啸林	田 雪	王蕴泽	李东阳	王柄淇

毕业年份	毕业生姓名								
2020	沈祺琪	刘志谦	崔兴文	杨怡新	王润东	徐天鸿	张一凡	汤书琦	王俐茹	阮利红
	刁银崧	陈铭	朱玉	孙天昊	薛冰冰	陈雪琳	张丽丽	相怡如	白星	戴寅睿
	万钥	钟睿	何佳怡	张萌	齐维	张巧	邱静媛	孙鸣桧	叶鹏	许闯
	张辉福	程芬芬	唐倩	石佳婷	冯妍	卫丽君	王乙番	史高喆	屈辉	李佳乐
	陈光宇	况月玥	孙琳琳	国子轩	李雪娥	韩如梦	薛凯芸	谢凡	胡欣怡	田子怡
	郑凯轩	董美含	祝琦鑫	廖梓凌	职慧芯	车宇萱	张博约	李守泰	陈静萱	赵雯璐
	王子昂	张嘉欣	骆蓉	瞿安宇	王乐	张心纯	安耘慧	马贤樟	唐宁	刘校铭
	葛升亮	徐瑶	张凯歌	李冰冰	李媛媛	王诗媛	尚晓彤	杨佳壮	郭依锋	郭丹阳
	王瑞娟	罗倩	龚子缘	刘颖哲	陈梦	吴越琪	李澜	李思韵	刘昊霓	冯郑宇
	张复天	张晓妍	王甘竹	冯浩澜	孙东	罗曦	盛开	郁浩	林洋	赵苗苗
	杨竹铃	唐琥	南霜恬	严越	朱春虎	崔越	刘阳	张宇炜	侯彦芬	田恒睿
	范玉心	梁敏	张翰喆	陈昊宇	张雅鑫	马笑月	李嘉淇	宋晨旭	张天问	王毅芳
	赵翊淞	谌璐	平雪瑞	贾晓妍	廖钎铅	赵怡婷	曹凌严	庞晓彤	刘民鹤	陈珂
	孙露	章霖	王露迪	李嘉琪	种盼欣	刘磊	朱国强	王越	蔡孟洋	郝博伦
	胡佳瑞	渠宇飞	张盼	张玉昕	邓涵议	张倩语	陈博	冯佳莉	马学志	张新宇
	朱怡琳	杨泽蓉	路正东	王顺	戴齐娜	王鑫	李坤	周虹臣	曾辉	程思健
	王瑜	方芷末	李少雄	张钰祺	曹淳轶	任津岐	张邈弘	黄博林	张泽华	胡永浩
	谭然	常婉玥	秦睿	单嵩生	任有鑫	任小锐	姚博文	纪晓凯	陈佳璇	石泳江
	刘雨晴	赵琳	高飞	李莹	闫相伊	丁雅岚	李强稳	张桂林	杜佳华	陈久章
	邹道元	陈亚丽	何菁	陈清扬	徐明庆	李园园	周正康	裴梦晓	何江梦	苏丫秋
	池书瑶	陈子晗	杨晓玉	沈悦	乔俊娇	余佳琦	陈泽茨	王吟	戴永祺	张思齐
	马忠萍	茹卓	李皓玥	彭文璐	杨小芳	王曼玉	乔鹭	陈健	张旭港	刘黎明虎
	李东伟	苟淑灵	陈淑琳	计宇宁	毛洁琼	高扬荣	邓施敏	陶思鸣	田义	贾思琪
	韦彩娇	王名宏	廖梦寒	邹宇琪	陆爽	张文轩	牛畅	张鑫	陈健	付建梅
	梁雪丽	次珍	谢春蔓	徐新	王君妍	张昱鹏	刘博蕾	李愿	甘煌	李姣姣
	刘美君	沐鹏胤	宋皓洁	马恒鑫	李婷	胡嫣然	张宗豫	朱志国	胥幸琛	石宇洋
	曾婷婷	阮婕好	张宇杰	郎诗铮	余蓉芬	康鼎荣	连心格	罗紫妍	陈刘硕	吴丽平
	霍然	尹宇清	李锐	王静	余嵘	杨文烨	杨婉静	靳童瑶	韦丽娜	罗雨晨
	李欢	李少伟	杨朔	李文妮	冯圣钊	张悦	邓子夜	张川	李楠	
2021	黄歆捷	王伯元	毛婷	尹诗雯	镡乐宁	王慧	王雯	王正宵	张智慧	马雪凡
	于诺	谷佳莹	王涛	赵欣雪	欧晓慧	任继飞	吴岩	梁艺腾	窦振坤	赵真真
	叶迪娜	牟展慈	施桑妮	徐培杰	吴禹豪	李欣伟	姚静园	丁艳	庞世贤	陈斌
	李玲	麦尔旦	陈郁暄	李宇熙	马元元	赛衣旦·衣米提	尼格拉木·海热提			付辰宇
	徐诗妍	赵雪嫣	刘彦伶	刘炜	易炜驰	王宇恒	周雨恩	陈伟	钟彬	孟绥澄
	张旭宸	闫帅光	刘静晖	邹煜炜	伍思雨	秦怡	李爱	宋宇佳	马晓静	林丽
	满素尔·阿不拉江		黄绚	齐甜	张韵亮	李通	吴婉青	徐萌	郭丁豪	王嘉仪
	孙安安	比拉力·哈依拜尔		惠李娜	董悦	佟映乔	王新鸽	覃芳茜	叶雅芳	崔翔

续表

毕业年份	毕业生姓名								
2021	谢宗愉	范政迪	曹萌珂	宋莎莎	王珂昕	朱静乐	赵以琳	林俊伟	程　钰	贺济朝
	郭沁怡	杨　硕	胡　宏	惠　珍	徐　乐	赵彩慧	张雪晴	熊转丹	王　聪	王嘉茜
	李佳慧	刘甘霖	付鹏飞	洪敏燕	王佩玥	毛新月	孙诗贤	吕浩麟	周皓玥	张　溢
	王念菲	徐怡欣	田秋月	秦　浩	唐力勤	麻庆裕	谢昂妮	黄千函	杨　豫	韩昊裕
	王丽君	马玉芳	裴引维	刘　爽	王可悦	王小凤	阳　彬	徐之琰	胡力元	朱岳松
	王冯帆	贺　婷	汤泓菲	李菱烨	如黑艳木·吾拉木江		李巨锦	阿尔曼·马木提		
	王靖夫	覃秀齐	王婷婷	滑睿瑞	王苏辉	吴昭鹏	董昭辰	姜国同	薛　甜	谢玲玲
	张梓萱	冯　昊	王　童	谢　毅	吴宜铮	吴　凯	柯燎昌	余浩然	张　清	田　颖
	弥尔汗	卢彦竹	张洋浦	李慧慧	陈　昕	宋韩伟	白　健	任晨阳	阿曼古丽·胡阿塔依	
	陈阳阳	张博疑	李仕楠	冯　毅	王子怡	覃伟峰	黄健彰	呼琳楠	刘　洋	李赛楠
	张诗静	方晓丽	张凯敏	杨晓妍	郭桂芳	王佳宁	阚嘉敏	杜冰焱	杨　茜	芦新华
	姜　雪	王子月	成雨婷	王心怡	田锦萱	毛宏强	孙国艳	田镕恺	车宁欣	赵　炜
	杨欣颖	潘岳昊	陈　溢	乔婷钰	贾雪莹	李维琦	刘雨苗	贾婉君	马　玲	武　鹤
	张悦媛	赵　杰	张娅菲	张可欣	林佳奇	韩子超	李卓璠	格列热布丹	徐庆红	
	拓亚丹	梁　元	段佳乐	贺恬婕	吴溢彬	李韵钗	郑阳怡欣	王　敏	刘艳花	赵婉萌
	关振宇	宋文静	李美昕	姬媛媛	杨　志	黄昌玉	吴　越	贺首璋	何江涛	陈雅兰
	陈　爽	王新旗	陈烨烨	何美颖	刘经天	王碧晗	侯春萌	张凯瑾	刘少卿	焦亚儒
	李梦青	范燕妮	牛艺潼	朱文瑞	董君明	刘　森	陈　曦	刘泽宇	徐锦涛	陈亚茹
	王堉茜	赵　曦	尹铭俏	武雨晨	王伟杰	郑乔元	王佳乐	陈璐璐	景丽潇	李竹青
	谢紫璇	宋炜明	魏京章	张晓燕	吴越楚	任云凤	张明明	王　靖	刘兵雪	张乃煜
	孙　琳	孟　真	张淑菁	贾乙丁	杨宇璐	郭太然	张竞云	何书杰	姚仟伊	晋浩伟
	王昊鹏	王新悦	刘文心	张　毓	温淑婷	杨　凯	李　维	邱　静	谷满仓	王瑞琪
	李俊妍	刘诗景	陈　欣	朱青欣	杨跃琪	郭嘉玲	王良卓秀	傅志诚	汪　杉	王子践
	樊子豪	吴然然	别莹莹	刘　福	赵晨曦	杨鑫宇	张传铭	赵　悦	尹子元	甘　沁
	刘晨橙	王婧瑜	孟雨菡	杨军燕	杜佳钰	刘禹含	王鑫瑶	纪　翔	张　墨	黄悦婧
	徐梦玥	尤佳艺	王瑜媛	刘益微	史晓烨	朱星行	袁欣蕾	王　瑜	庞晶尹	郭　颖
	田颖颖	罗锦源	姬淑艺	井昀琦	马郁雯	刘　睿	张文诺	赵李根	袁　丁	谷济民
	徐丽杰	赵瑞政	王　琪	郭稼煜	何婉婷	何　畅	丁铜立	刘姝君	程　灿	黄建青
	吴雨薇	魏海玥歌	范琪敏	芦轶璠	刘　卓	陈铮煜	朱尚培	王云飞	徐　达	余嘉琦
	刘　涛	张云安	袁雨馨	潘嗣同	赵钰霖	杨　琳	沈金龙	杜茜谊	常芳圆	于倩聿
	梁玉虎	葛俊良	赖亚荣	何晓军	李雪洁	刘　康	张钰焓	商竞宇	刘家玮	丁欢欢
	徐佳迪	李　颖	杨萌萌	陈柳谕	李晓雨	熊铭琪	黄　正	回婷婷	王毓茹	黄　娅
	尤文佳	赵飞宏	任朝玉	吕　宁	张　锐	张敏敏	林　锐	刘天星	陈泓江	罗　力
	许　亮	詹　盼	张文蝉	肖盛文	洪丽贞	买热木古丽·达吾列提		赵雪杉	高　娟	
	杜俊梦	高澍凡	罗嘉欣	李　飞	孔俊晴	姚玉婷	申国翔	王晞光	郭书宁	姬明月
	李　玥	邹禧怡	齐曼辰	王　晨	袁志浩	赵巧萌	陶向前	李婧璇	何昊喆	杨燕慧

毕业年份	毕业生姓名									
2021	胡昊东	杨静月	胡鑫	包职荣	康昭扬	王展鹏	赵赛菲	杨月珠	王满	闫欣怡
	张文英	田歆宁	黄怀玉	刘次芋	李佳宁	魏夕凯	肖婧	刘欣畅	成佳源	黄廷耀
	钱悦	李玥灵	高淑慧	陶颖	王悦	于夏丽	董艳霞	潘雨晗	何烨群	边淑婷
	褅峻岐	朱泽邦	何思雨	周馨怡	马煜伟	李司琦	陈佳仪	鄢然	崔涛	周宗文
	张雅倩	傅铎	牛雷	程煜	谢泉鑫	罗瑞琳	王丁怡	程凌云	曹毅伟	张稷璇
	李珏	胡翀	王苗苗	姜巧玲	刘泽琪	郭晓宇	黄静怡	李垚焕	周浩宇	夏雨晴
	王鑫歌	马嘉荣	杨诗琦	禚佳钰	郑改兰	向翔	罗慧敏	闫蕊	魏美涛	姜书怡
	王晓霞	臧宁宁	赵莹莹	张欣	方彤	杜惠洁	任智鹏	刘瑞	闫祥雨	王新月
	思阳	刘彦冰	翁泓山	冀朝铸	黄予蔷	刘颜	刘静	郭芬	王唯宇	许永政
	黄丹	张玉	唐园清	赵萌	任潇潇	陈亮	姚佳静	张祥薇	王静	张子晴
	王浩阳	霍康岷	孙雨薇	杨航	杨晰尧	玉孟先	陈宇辉	徐文硕	覃雪颖	康家宁
	邹亚逍	张姣	王阳	李爽	崔晓鑫	王瑶	张晓雪	王越洋	慕宗延	冯雪瑶
	马文华	薛鑫	李颖	雷田甜	李乐淳	潘季定	李梓龙	陈炜	蓝一川	康建
	吴雨洁	龙彦强	陈海洁	马瑜蔓	齐婧煜	淡霜逸				
2022	程蕊	张夏昕	董星言	黄若晴	陈胜华	张世杰	储梓梁	杨茹	杨娴	付涵涵
	杨锦昊	梁琦皓	曹熙慧	万鑫源	王晟旭	吴勇	闫瑞	刘冰哲	陈嘉莉	方文娇
	李敏	张文卓	苏欣钰	金鹏	焦俊恒	梁惠娟	张亚楠	陈泓伶	程俊杰	袁飞洋
	张千永	耿丽莎	吐列克·热合曼	王俊饶	赵增尧	贾烁	岳鑫	王馨雨	余勇	
	张琪琳	朱建丰	龙欣怡	宋晨晖	屈睿恬	马丁	杨金月	刘小青	何忠达	牛东东
	翟皓玥	梁丽娅	陈春华	李纳	刘文悦	刘儒	徐丽	薛雅楠	白先祺	孟繁升
	索朗拉加	黄淑敏	汪珍珠	樊登	于若晴	王帆	黄勤	黄志勇	刘慧颖	张依婷
	张鹤扬	冯钰沐	贺小赫	赵佳雯	潘智峰	吴会冬	周文宇	何雨欣	熊晓语	陈紫嫣
	穆燕	郑冰冰	韦松南	王钰凡	张思琦	张钰渲	周梦雕	麦治	王林杰	白英梅
	杨馥玮	陈培	汪银竹	陈泽楷	李一鸣	宋思雨	李程程	王璇	段绍汝	杨华丹
	许广庆	毛晶	侯广健	徐相茜	丁祖麟	宋大元	周彤雯	林诗博	万雨晴	徐妍
	刘妍	王佳艺	杨慧琪	廖金丞	汪天明	诸文涛	杨嘉龙	王亚欣	朱坤	张素桢
	杨金涛	覃池	林诗婷	李诗阳	谢璨久	张雅迪	何佳璇	梁欣妍	孙婷	杨敏
	张晓娇	钱杨辰轩	陈涵钰	刘纪丰	李梦寒	项旗	周李连洁	王语晗	司志泽	
	王旭瑶	张诗怡	吴欣彤	周雪	刘茜	张天雨	马喜洋	阿孜古丽·达吾提	袁婷婷	
	唐世龙	王中惠	岳鑫	唐哲燕	张亚蕾	杨攀	夏苗	刘玉娇	扈弋凡	李清阳
	安冰	尚东华	徐卓仪	兰凯	李彦翔	李晓雯	陈薛赟娴	高月驰	方贤慧	江霞
	薛莎	李子贤	马永强	段纪峰	郭博林	杜鑫鑫	何奕洁	熊文晖	邢源涛	吴悦
	卓艺帆	张斐	刘叶	刘子龙	左曼	石佳	陈淑涵	龚磊鑫	兰家昕	高俊豪
	刘瑞莉	张艺潇	梁雨菲	张新语	王果	吴晓宇	刘可可	张宇琦	孙宝华	刘暖暖
	王凯	韩昕喆	刘珊	陈玉蓉	郑焱之	宋婵媛	刘雅妮	刘洋	刘可欣	曹艳雨
	张鹤于	张入今	杨腾达	林世菲	申倩丽	张思瑶	马照森	谭雪	刘雪林	朱凯龙

毕业年份	毕业生姓名									
2022	张蓉	白秋诗	钟雅琳	韩梦婕	尚佳贝	张欣玉	王雪妍	王耿格	马莹清	张宸溪
	田震	袁思瑶	彭颖婕	谢凡	万俊贤	赵婉凌	曹钰颖	王政晰	吴佳轩	肖小芳
	张丁于	刘昭君	苏玉文	张煜桢	吴江	赵璇	刘诗谣	张集文	郭嘉欣	张文慧
	贾禹航	陈颖	聂乐	陈焱	李中航	肖雨茜	廖希文	朱彭德	张睿涵	俞杨晗嫣
	张留佳	丁海芝	周玉青	王一凝	唐彦龙	刘茜	王仁华	邱雅昕	孙琳	郭霄
	侯秋宇	廖雪英	杜金	张帅	张坤	谢小龙	孙阳	武佳怡	邹祎荻	朱昭宇
	蒋杨凡	张静	马靖萱	李娜	莫若鑫	白文静	王雨琨	赵友强	王雅迪	李研雪
	张开拓	郭雨妍	桑瑜杉	梁鑫	杨惠媛	曾嘉祺	何佳芮	刘恒龙	闫瑞萍	陈琳
	田文婷	谢远程	方定安	于高人	丁习一	杨芝玲	李夏昱	赖博炜	刘礼铭	田箫珂
	刘雅莉	刘千千	蓝镜蓉	王雨琴	李儒林	刘牧晨	宋天用	杜嘉隆	张赛雅	陆健一
	李沛瑶	贾惠岚	刘雅欣	叶平	李俊婉	杨骐跃	胡利琪	赵张煦	胡熠文	杜雨昕
	马钰洁	王梦珠	杨雨萧	黄秋香	樊冰洁	杨国威	刘世邦	杨涵	裴子昂	胡崇爽
	张勇	张旭	杜仲雨	陈雅琦	张萱	王耀梧	丁雪珂	朱柏承	赵清宇	刘焱
	陈佳美	周煊	高德德	陈小梅	汪肇蓉	肖雨佳	李虹萱	林宁	刘淑琦	殷博厚
	刘一锐	梁栋	陈芊芸	张博文	田佳玉	马岚昱	段壮	蒋彤	牛昱佳	孙嘉鸿
	孙嘉琪	魏晓菲	郭姝麟	陈昆湖	孟思贤	王嘉珊	刘浩源	王美乐	邢珂瑞	马铭彬
	任芷贤	徐志珍	李夏夏	王若瑜	张艺潇	雷博英	何迎澳	余沁珊	李奇峰	狄宇航
	张西楠	覃新莲	于峰浩	马德琴	刘聪	郗则森	高思悦	孙瑞玉	张宇洁	李耀宗
	朱薇敏	郭章栋	田景央	李春颖	邹宇	吴逸璇	李俊燕	豆若楠	陈小琪	姚萱
	华雪洁	崔茜	李璐	马丽	欧阳其斌	王晓荟	龚奕	宋志壬	呼恬	杨琰伦
	李飞	阳青书	程骁	张晓旭	李欣语	张宇萌	阮嘉桐	陈治宇	张鹏飞	谢一雪
	李品贤	刘晟铭	朱丰乐	刘佳欣	吴申魁	陈雨洁	周世杰	尹莹莹	许贝贝	刘照润青
	弋凡	赖波妮	汤婷婷	史倩倩	陈奕好	龙奕竹	邱德龙	苏诚璐	刘怿泠	杨家蕾
	徐锐谦	崔瀚豪	汪菲	朱梓萌	安舒心	贾丽娟	吴嘉乐	王云萍	王佳鹏	杨子凤
	张文成	蒋翠	柳乐	杨龙	胡亚宁	蔡亲峰	梁艳	王祎霖	路文洁	王赛
	邱光宝	李铮	杨鸿	管金融	孔文卿	沈育全	雷宏志	李欣欣	马钰莹	仲宇
	李明	石明昭	李昕阳	赵思敏	罗显林	张晓玉	俞延河	王成林	韩笑	
	巴合提古丽·居马	王伟泽	张靖依	王楠	张雨艨	赵震东	张丽君	余洋	孔雨欣	
	任静	李越	张悦洋	刘茜茜	李冰	刘旺来	付守婷	景梦琪	晋海韵	范润钰
	刘玉	李璐	金子涵	徐颖欣	苏锋	马嘉琳	林凌峰	温王天合	谢益宁	张博洋
	王容	杨琼	吕瑶	周思雨	赵则普	姚雯欣	朱赵飞	代睿	张千千	冯樱子
	李清华	付韶奇	李佳芬	江祖望	冯思雨	王欣雨	赵树远	金晨煜	冯艾	王亚楠
	盖英男	吴一荻	李贤	杨亚宁	井梦源	刘锐	刘畅	逯莹	白燕	胡锦乐
	晏丹	马玉芳	李志恒	刘婷婷	雷坤洪	陈文思	杨问世	郑洁颖	王瑞	许诺
	刘家宁	田华华	叶泰涟							

二、经济管理学院专科毕业生一览表

（1939—2000）

毕业年份	毕业生姓名									
1939	何代昌	王敬燮	杨月殿							
1941	宁安国	张克健								
1942	张印玺	张国维	张铎	赵玉璞	陈汉民	程芳兰	郑琪英	贾克明	贾志斋	贾仰嵩
	钟隆华	郝兆钧	徐禾夫	徐兰卿	郭垣	徐秉彝	郭士雅	李汝典	李间欣	李鸿滨
	李全虎	李勋唐	李桦	李俊儒	李锦标	李垣衡	李邦定	李志于	陆集英	陆福同
	马思忠	聂常庆	申道哲	施祖秀	薛藩	宋东杰	唐承春	崔庆笑	杜用毅	董五仁
	王丽泉	王圆岭	王阳僧	闫松文	杨树新	杨蔚卿	张永正	张福祥	张恂	张汝霖
	张德定	张文华	张兴彦	张永福	张秉乾	陈式序	秦淮	秦毓镐	柴天福	张庭钰
	张文斌	张天祥	张慕贞	金云璋	谈尚庸					
1943	程广才	程本善	冯建华	贺昌华	郭云霄	李文鼎	李宝麟	李紫阁	李贵权	李淑品
	林廷琚	刘玉栋	刘树夏	梁邦彦	马光勇	穆云超	宁祖舜	彭世禹	苏浩	薛珍
	杜圣训	杜代周	谈尚诚	谈尚孟	王光润	王阴桐	王鼎新	王宝敏	杨士宏	达应敏
	张宝珍	朱继培	张声赓	祝继昌	贾守智	形建勋	李绍堂	李志旰	李淋	
1944	鹿笃俊	白德修	孙其芳	邵杰	王湛	于净川	白鹤三	郭云平		
1945	张甲荣	张子英	张树典	赵远林	郭漆	郭永夫	葛明德	侯光祠	黄柄煊	朱猷梧
	牛惠人	李祥麟	李守成	李文彩	梁礎维	刘彰勋	卢增兰	石荫垡	萧孟侠	涂建河
	仝葆烜	崔珍熙	董华浚	丰子琳	杨泽田	闫毓士	元澄			
1946	卢英鼎	刘喜有	刘钧	冯晋昌	邓保定	负恩庆	吕丕周	董光华	骆凤翔	薛士俊
	孙启英	张孝忠	曹振欧	孙禄	杨凌榆	张力钊	史忠学	胡琛	孙忠诚	郭金城
	曹建	罗延琼	王逵基	杨维岳	沈荣江	胡启德	李安溪	吕世珍	武宝善	
1947	李光辉	金衮深	负止廉	王先文	宗海顺	程荣祖	张延年	刘宗英	孔宪莲	刘学孟
	范顺义	李殿成	林之梧	王志立	李景尧	吴叔厚	李舜华	王甦		
1948	胡淑英	周来宜	陈金兴	孙继忍	黄琇	于恒三	白选璋	薛志忠	张秉金	马培忠
	宋公信	成从莲	李思良	张家麟	黄体颖	袁世玉	雷振杰	王葆元	唐显恭	邓鹏翔
	丁澄	张爱兰	王金贵							
1986	张铁骨	胡志芳	蒲福贵	任臻平	张岩华	许洪宇	陈沂	张亚林	孙宏伟	李金忠
	刘厚喜	冯谦	张建成	刘明贵	王成跃	海根排	王秀艳	朱俊奇	闫晓荣	付文明
	苏耀中	王丽	李平明	蔺大庆	方忠恒	竺安	郑莉丽	王剑平	张国兴	刘连义
	王根世	付文毅	祝燕军	陈亚霞	徐小茸	刘燕	彭秋梅	吴春花	刘金萍	李菊兰
	高爱林	李金玲	张引娥	郑敏君	杨强	权俊峰	杨文杰	武殿平	陈平安	韦来振
	朱国栋	王万里	雒和忠	魏金平	王宏仪	张小红	张志强	胡根全	王小伟	王连国
	周建宁	熊武卫	晁教库							

毕业年份	毕业生姓名									
1987	田永明	司继勇	岳余之	张 涛	杨克忠	柴智隆	李永春	刘立智	牛彦文	李正明
	高永生	张本玉	杜治平	孙振忠	周雅昭	李富邦	路新胜	宋彩萍	仇殿军	宋效文
	石建平	郁建华	刘志岗	种发德	杨 剑	吴世忠	孙克智	王 平	马万才	冯建平
	毛维筠	李宏琴	陈鸿思	张鹏亮	陆洪廷	刘根宝	楼弼华	王靖毅	郑日耀	祁玉玲
	李冬梅	张业照	陈兴军	王淑花	汤效虎	蔡志杰	张 辉	王 军	刘 勇	闫学林
	白山红	朱智斌	南文博	胡仰明	左怀理	白泉峰	杨 勇	马应东	魏文祥	肖本华
	何 礼	赵新昌	史发庆	王新侠	孙建新	弘 戈	赵玉芳	汤瑞英	雷怀云	王明霞	栾晓平
	陈 霞	沈 红	戴小峰	丁永军	弘 戈	廉 兵	吴泽珠	李 文	黄伟民	尹先文
	邢社贵	张金雪	叶应多	崔 卫	朱小平	王治效	李彦桥	杨志强	姚鹏程	曾继达
	杨建兴	石军华	帅润生	万象栋	刘增潮	李园丁	卜春鸿			
1988	孔德新	余新民	赵士明	张凤启	肖春安	潘红建	牛梦州	王学民	孟 军	朱一凡
	姬铁军	王加明	于满武	侯宪俊	宋春波	赵学海	赵 勇	赵效德	吴德军	何顺教
	闫荣钦	王玉鸿	刘 啓	李 萍	彭 敏	张秋萍	绪丽敏	刘萃亭	徐玉钏	李宇春
	刘丽华	刘建礼	任 莉	李志英	周文革	蔺兴平	杜联军	吴德仓	吕志卿	陈祚羲
	许明山	杨建成	隋 军	张新华	张兴林	倪小平	李文兰	牟玉萍	杨宏祥	田顺云
	穆提拉	秦根宝	杨文中	刘早阳	林亚军	于 平	李齐民	栗俊忙	张武梅	赵纪录
	曹天启	晁学敏	李 清	李周侠	李宝峰					
1989	张 琳	荆 峰	罗延溟	戴文燕	吴小凤	卫业红	阎 雷	阎 红	徐 航	李 琳
	侯红英	吕 茵	徐 梅	李宏伟	郑美玲	闫志忠	尚 莉	赵剑颖	李亚峰	谢荣芝
	窦雪绒	张宏燕	陶延珍	靳玉红	梁 英	王玉梅	马常利	顾卫东	李红军	李建锋
	薛 颖	曹鲁革	温中兴	聂绪荣	袁思强	史旭国	焦 毅	万里春	徐仲毅	李 明
	宋学云	俞 平	肖海东	石文慧	薛玲芳	马凤珍	高小玲	郑玉华	潘志洁	杨 毅
	秦红英	左鸿鹏	任王民	张 猛	赵小宇	樊军社	李玉林	龙泽铭	马长江	李刚满
	路海云	李文卿	张兴龙	王 斌	刘 军	王小宁	星胜田	王元统	刘继胜	李江伟
	徐 培	周秦种	张红林							
1990	杜小兵	鲁莉英	曲红艳	宋爱武	单 绚	周娟莉	高素华	杨国红	林 卫	汪 雷
	苏文昌	陈 华	赵新玲	刘 颖	李 岗	李登科	张 辉	王 毅	贺晓鸣	贺怀记
	张同昱	张 欣	胡 刚	陈建卫	王晓亮	方有为	赵 维	张志宏	邢小宇	王桂英
	徐安平	屈萍利	史红绪	李宏民	李含舟	吕王俊	周凌洁	孙运动	刘肖贤	陈爱玉
	陈 峰	田丹涛	李永东	刘照河	李彩梅	张卫东	魏致旺	李晓靖	李 康	韩清平
	兰洁华	张红兰	张嘉彦	王锡军	赵永峰	张小刚	王仲平	雒莲花	谢贤蓉	师成祐
	刘英成	季全魁	王 斌	官 雨	孟丽萍	党万峰	石 强	马跃忠	赵 骥	王诗槐
	黄若兰	王玉强	魏 兰	薛文强	夏鸿斌	邓建江	岳建军	杨建军	郝向春	车日桃
	武 杰	周 丽	杨慧芳	孟 鹏						

毕业年份	毕业生姓名									
1991	梁爱丽	张云婧	王玉萍	麦　硕	王艳霞	刘　珊	张长菊	祁育香	杨　辉	马保平
	宋来海	赵建元	邓志毅	杨　忞	侯歧方	杨军胜	王昭民	康维东	杨　峰	柳建勤
	侯　华	李　粟	杨　文	李小强	陈小峰	李建锋	李　枫	梁　力	郑　江	杨立平
	朱金奇									
1992	葛文官	王跟民	胡守怀	张　霖	马新丽	武永军	刘红丽	黄青锋	冯　亮	刘军伟
	李志平	钞希忠	曹　正	夏晓丽	刘云峰	张华林	张美社	杨　睿	张　正	高海龙
	闫　萍	任学明	胡智旭	牛凯选	杨西平	王四胜	徐生福	王　啸	李芳萍	马　岚
	陈华良	宁优江	孙建平	李江燕	李飞龙	王一红	彭炳兰	林万里	袁正伟	周业齐
	徐　静	胡　伟	李　红	何泽录	和冠萍	田立功	王富军	李国杰	蒋学友	乔如明
	张建亮	连秀琴	李宏福	黄建平	李建兵	王振和	祝秀林	秦　伟		
1993	安　宇	白建军	白景卫	曹剑宁	晁　瑞	陈文艳	丁青叶	甘惠民	高贤宁	韩自全
	贾　荣	姜炳强	康　楷	康玉林	雷栋志	雷晓英	李彩虹	李　红	李宏刚	李　建
	李　健	李军刚	李世强	李艳艳	李云峰	刘昌用	马春红	潘子健	全晓波	唐纪勇
	田　剑	田　怡	同大勇	佟永斌	王茶香	王芳琴	王建久	王　蕾	王立群	王　瑞
	王毅兵	王振平	魏海平	闻　杰	吴　胜	颜　飞	杨　旭	杨志伟	姚立波	油　凯
	张径元	张克峰	张维国	张晓妮	张永锋	赵　琴	赵小华	郑彦江	周　宾	付品杰
	毛　梅									
1994	曹红梅	曹天成	常里兵	窦　可	段红军	高居坤	葛华平	何昌文	侯林周	解梦清
	雷瑜琨	李海燕	李银春	廉贵新	刘冬梅	刘海斌	刘化运	刘　杰	刘小菊	马　健
	潘　海	宋岩涛	王成虎	王敏婷	王文娟	徐凤江	严　超	张　宏	张　惠	张荣国
	张亚飞	赵　宇	朱成林	朱非白	朱海霞	朱生升	朱晓敏	崔　晔	董宝琦	董文华
	房丽华	冯军良	冯志辉	高蕊丽	葛　超	胡向东	吕建灵	王红玲	蒋国平	马雪峰
	师长缨	乔　敏	张春燕	王　宁	张　军	段军让	吴苏岑	马　荣	郭鹏博	郭全殿
	韩麦莲	韩亚勋	郝少英	贺庞海	贾永国	康　倩	李　东	李海阔	李　灏	李力勋
	李秀莲	刘　静	刘　萍	刘守峰	刘烨勋	乔永君	商春艳	尚　勇	孙耀丽	田志瑞
	王春峰	王春林	王恩石	王志伟	闻若媚	杨　宁	杨剑锋	杨理宏	杨亚青	杨有兵
	姚昭华	喻祥华	袁　月	张功望	张军伟	张　莉	张文辉	张晓寒	张永宏	张志卿
	赵　云	周文琴								

毕业年份	毕业生姓名									
1995	文敏	武忠义	王三好	任亚敏	杨永平	冯润锋	段增禄	姚志芳	陈文辉	祁虎林
	吕晓俊	曹梅梅	李洁	马晓红	侯文洁	马舰平	师建军	陈宝祯	柯明贤	曹克俭
	勾建党	杜修明	樊世军	赵跻	罗晓花	王旭东	黄红英	陶雯	白国梁	屈灏
	崔亚玲	强建敏	刘海红	方义龙	宋红珺	孙宏云	张云红	李筱云	王兴文	武彦平
	吕文彬	赵玉杰	赵丙中	张廷晨	李志芬	尹正兴	杨君位	齐武	赵新峰	杜琴
	庞安辉	郭鹏文	谢艳华	薛晓钦	刘颖	李捍东	胡炳华	张纯发	贾东虎	陈时英
	容秋霞	赵新刚	王晓丽	邹芳	张琼	李丽	闫彦梅	王文侠	吴彩祥	赵拴群
	雷桂忠	王友珍	石义勇	章晓丽	晏晓络	魏峪	耿荣	夏婵娟	谢盛	王晓枫
	马云峰	田庆雨	蒋泰成	马福俊	陈建华	关卫红	万延兰	唐燕	高雷	张强
	周智	衣永罡	杨成亮	董志青	杨洪波	张翠蓉	张育红	王战军	王宏	许艳蓓
	潘永武	张艳艳	毕亚静	柳宝华	张振海	苗新建	孙黎博	姚祎文	高产亮	许鹏
	赵国伟	南庚荃	王亮亮	王辉江	董红哲	杜林胜	闻凤	沈强	严瑞雪	张凤英
	张晓燕	何丽萍	张艳丽	董秋叶	李慧敏	黄英	曹李梅	李春红	黄海娟	钟录海
	张根远	任瑾	吕江芹	史江涛	晁亮	文俊华	王宏伟	党亚利	赵丹瑛	刘永丽
	庞竹丽	苏梦颖	刘佩娟	张宏图	胡炳华	孙粉粉				
1996	王玲	邹兵	黄峰	张静	张党群	任飞	彭爱珍	刘毅	李少锋	刘爱琴
	史卫军	徐桂兰	张丽丽	李万林	张蕊红	陈珉	黄蕾	王淑芹	张彩霞	王晓丽
	房秀琴	崔熙恺	唐雳	王开勇	郑京荣	陈鹏武	黄丹	乔小霞	蒲阿妮	李瑞群
	唐清茶	雷勇	惠晓红	蔡向东	任桂梅	王晓虹	胡军锋	刘国斌	陈永全	吴翼
	陶军辉	马江赞	王敏	李健保	杨彦	范青山	王华	徐国风	王秀洁	王晓宁
	弋爱妮	王莉	杨丹林	陈阿妮	左晓峰	罗玲	刘妍	刘清风	淡炳惕	梁涛
	赵韧	温军歧	党高军	任新芳	董美丽	田玲风	王煜	杨民旺	余建平	路战国
	李鹏	贾俊杰	霍拯周	周慧峰	桂勇	文利	赵建军	王琳	张健	聂喜科
	杨周社	梁利	褚蓄	席宝侠	张龙天	李联科	牛柏荣	郑小江	朱亚莉	刘永利
	许跃进	李华	路海东	王春利	李歆	黄珂燕	张君萍	姚晓红	张希	刘玉
	时俊丽	董桂学	蒲曦	应轶尘	杨军辉	竹风	张劲松	张奉胜	唐勇	马为国
	顾勇	符晓强	潘拥军	吴军文	杨东	潘江波	屈魁	李军恒	王诚	张林
	白予刚	赵崇武	董卫平	康玉成	吴雪晴	钟晓莉	王敏娟	张雪	宫洪志	袁选翠
	姜文秀	华爱萍	陈文波	刘卫华	张军委	李文祥	杨启	仝延刚	马征程	赵兴才
	王龙甲	张林杰	杨明辉	李爱民	张俊忠	魏继强	邓宗君	贺辉	任文元	张伟锋
	董交通	席明全	李锁团	张雪梅						

续表

毕业年份	毕业生姓名									
1997	刘彩宁	齐萍	薛宗利	胡汉春	贾兴伟	丁理明	杨瑞桃	乔和文	王红红	孟金陵
	殷兆林	任启	胡立芳	赵莉	牛月朋	李琰峰	江盘石	温万春	陈淦华	蔡素芬
	孟世萍	李鹏涛	芦维强	杨护鸽	段鹏博	任亚妮	梁琳	吕晓莉	王军芳	张冬栋
	兰千陇	宫军刚	周睿	王丽贞	杨鸿超	马爱琴	严璐璐	郑春玲	李亚莉	韩雪莲
	刘娟	杨林娟	罗冬梅	李淑英	薛金花	方玉萍	张凡	高清锋	肖冰洁	贺玮
	郝海英	徐群	逢增辉	王乃斌	万永田	鲁强	祖向东	吴佩鹏	李生魁	张忠伟
	周世杰	唐文建	田锁芳	文波	张其平	鲁海啸	周茂城	王震	刘涛	刘志东
	张小田	赵智新	杨俊才	冯娟	杨志孝	彭军仓	安志军	周麦盈	李涛	徐传鹏
	刘赛香	莫惠育	吴燕	杨杏有	彭晓春	罗倬	郝军	杨磊	李建权	张春霞
	高建	石飞娥	安波	王淑萍	兰岚	燕瑞勤	王德晋	任锐利	李亚军	李月萌
	张彩宁	秦辉	司马涛	郑红军	王忠良	刘焕平	吴福玉	王红芳	朱洪坤	张高波
	王强	吴鲁军	马家明	韦梅芬	邹金和	温会才	赵朗	曹法祥	魏博文	王恒
	牟新艳	楚亚恒	方蕊娟	张海枫	高松	席利平				
1998	白丽琴	黄育梅	马改娥	宋芳云	梁皓	王春燕	许敏	蔡顺好	刘文青	贺党会
	赵燕	闫晓彤	井院如	张蕾	景学峰	王纳	褚军	毛战新	黄天彪	叶桂侵
	李强	李军伟	何鹏斌	张钊	朱敏文	刘炜	张创	惠月玲	夏春萍	邵慧
	张群娴	王小凤	赵薇	乔奎	王霞	赵永妮	张春艳	赵美蓉	杨静宜	习巧玲
	何丽	韩海斌	陈家江	李丰学	曹永国	贺新耀	林继跃	畅盛	赵错	郭元元
	代文强	雷红	胡亚伟	高环	李茜林	郑兰	鲁巧绒	张夏	刘向宁	温俊华
	赵纳	韩少荣	王武	张瑞明	耿凯	王洪建	郭斌强	鲁海波	何新江	赵永生
	李涛	郭立中	刘建宏	刘剑勇	罗家松	谢永娟	邓军易	刘超	周晶	张建锋
	燕兵	常翼	丁芳	刘宁	任军勤	李锋	靳亚会	黄群峰	王伟强	杜凯
	袁华	沈春娟	郭玲							
1999	吕忠华	王建华	乔慧萍	郑晖	甘秋维	薛春莉	张引红	唐海英	张霞	欧阳凤艳
	王晓燕	段艳慧	王雁	黄祖军	彭保华	董堃	杨硕	张炜	李发仓	何元
	郭友	张卫杰	杨卫华	田伟勇	杨海波	温升逢	王建隆	高峰	马宏伟	吴昊旻
	谢茂龙	胡敏	王凌	蒋腾	于鸣	黄恒琪	李亚雄	薛雅蓉		
2000	吴灵辉	王蕊	黄俊	陈锦霞	邓奇峰	王晓秦	侯举儒	王浍林	李杰	何建军
	郭辉	王变君	刘芳菲	訾国栋	王红雨	张维娜	樊广宁	刘敏	赵润英	李宏东
	陈钒	杨小龙	袁方	唐莉	杨莉	付强	谢志坚	王昕	曹振宇	齐瑾
	张岩	余家军	陈艳伶	李阳	李小霞	陈玉斌	王广辉	阳德勤	王海丽	张进春
	金党国	孙生均	刘生彪	周铸文	冀爱芳	乔艳	范俐	杨华	谢晓丽	卢海峰
	史陈龙	王燕妮	廖传水	朱旭兰	张晋	刘娜	张丽	唐国立	张彦	韦昌翠
	马军									

三、经济管理学院 MBA 硕士学位研究生一览表

（2002—2022）

毕业年份	毕业生姓名								
2002	白　琛	王宇涛	赵亚莉	王　军	马　庆				
2003	刘永亮	董立民	黄树荣	郭建树	陈红卫	李文鹏	杨玉科	郭玉峰	陈　军	杨芳乾
	武　妮	张行勇							
2004	刘新林	张　洁	田学东	王希文	许照平	黄红星	习武朝	李文鹏	尚保亮	张永科
	吴艳侠	刘　超	陈胜明	罗银军	王永平	罗　岚	张保健	姜志维	马联明	邓建勋
	贾海员	齐小军	马秀娟	彭　磊	齐　雁	罗少军	申忠海	胡信生	武　妮	张晓燕
2005	邹　萍	罗　中	蒋纪安	田国政	王峰选	韩保平	王永平	陈　雷	叶江涛	贾晨萍
	王　玲	董胜利	张慧芳	呼俊奇	邓小宏	石汉美	张群教	朱四斌	吴晓勇	滑建青
	杨宏祥	卫都强	张正之	王　鹏	崔军智	张建光	赵运良	张军权	刘　煦	王　征
	齐　雁	罗　岚							
2006	陈靠伟	刘长富	刘新锋	王建伟	邵宝明	侯维新	王宏苍	张正之	李安宁	李剑歌
	李焕科	王　旗	张宗民	叶江涛	王云锋	徐向阳	段宇涵	张林海	黄引陆	王渝怀
	张晓红	王天宁	吴晓勇						
2007	魏西旗	王　东	娄　刚	白启军	叶铁锋	李建新	张亚琴	王　武	陈宏斌	罗春平
	翟晓峰	刘晓安	郭　睿	刘新锋	侯维新				
2008	朱讲卫	王耀斌	张达斌	彭万里	郑　伟	娄　刚			
2009	阎　杰								
2013	赵慧春	张继红	葛爱军	王　冕	武星侠	文天增	刘志明	刘建勋	朱　燕	赵浩宁
	石　昆	张刘军	孙海峰	岳小库	晏　华	刘宗文	叶庆梅	王智强	王　婷	梁　刚
	郝柯兰								
2014	沈小凡	张晓彻	姚　敏	孟小军	解崇晖	庞银鹏	刘红斌	张田颖	刘　翔	何增科
	张　杨	鲁　鹏	国小海	张宝泉	姚胜利	常　瑞	周宏源	沈小凡		
2015	许　力	赵　任	赵　琨	张卫峰	王　芳	杨　璋	王　鑫	张　博	井　乐	高　楠
	赵晓运	徐　骏	王东红	安　源	涂　岗	李建波	史　佳	乔青青	王宏亮	王君莉
	熊　颖	王　伦	刘艳花	吴锋彬	孙胜利	王飞艳	武　威	赵亚婷	王　华	师　剑
	刘　鹏	窦俊君	魏　捷	安　达	梁　娜	谢　静	王荣强	王　涛	白孟云	李　琼
	魏　涛	吴学民	孙　卉	张　萍	李　龙	卜　一	康　凯	何　悦	彭　婕	梁　晶
	李　鹤	唐　刚	周　雯	梁艳彬	孙小芳	黄壬君	郭志喆	冯国良	邱　婷	刘润东
2016	胡　辉	范超峰	杨　潞	谭　敏	高　民	巩文星	别继红	王　亮	郭　菁	薛　鹏
	姚　远	夏　添	苏　俊	刘信鑫	杨忠平	张　鹏	彭　昆	雷红亮	袁雪静	王　恒
	王子秋	乔晓刚	严峰磊	肖建平	段延民	纪永龙	黄　鹏	孟永峰	李思佳	刘　毅
	李艳梅	白　璐	段　领	秦继宗	蒲剑飞	韩丽娜	刘　啸	李　洋	魏立强	魏　洁
	岳桂香	王　剑	王延锋	薛建英					

续表

毕业年份	毕业生姓名									
2017	王　钊	孙学政	刘艳锋	成　智	周　杨	史　强	张博宇	邵　华	刘　晶	陈　浩
	狄建民	李云鹏	王　杰	刘　燕	魏　丹	杨　俊	雷锦玉	朱　莹	邱福全	张　盈
	张　超	刘　煜	赵保斌	曾月波	胡　牧	莘冉冉	莫斌彬	陈　函	王佳雨	孙志超
	田倩倩	孙　月	马　帅	刘惠媛	王娟娟	傅晓寅	潘东培	刘晓燕	旋　伟	马　莹
	尚继茹	张恒军	张锦程	吴涛涛	安国栋	孙　磊	赵保斌	吴翠翠	程启栋	梁春勇
	苏　瑞	党　莉	麻倩倩	胡　牧	唐　榕	蒋官村	马阳阳	莘冉冉	张　娟	马国保
	景　磊	子　淇	丰　鹏	孙　伟	王海沧	莫斌彬	李　媛	刘　惠	井爱敏	陈　函
	白宗英	倪永良	李　光							
2018	孙　铱	李文轩	韩树森	鲍泽伟	王　红	陈静远	王　宁	陈　曦	王雅恬	盖海霞
	郭程程	李瑞桢	艾洁新	张　杰	贺　宁	侯邦明	杨续才	石　骥	李　萌	陈　冬
	高曼曼	王文璐	隋　喆	宋　涛	王　娜	舒振梁	喻　彪	丁红敏	刘　伟	闫抒婉
	邹永洲	张　霄	魏春蕾	郭展辉	刘　翔	刘萌萌	陈光辉	边方塱	吕　慧	黄志恒
	王晨羽	靳秉鑫	杨　扬	陈　星	王晓飞	朱时昊	赵东波	贺紫倩	徐夏叶	刘静茹
	惠　琳	徐韶晞	刘明靖	吴晓卫	陈　建	赵智强	吴晓卫	李文壮	赵　炜	王振华
	王　龙	吴耀民	高晓楠	李　涛	王丽新	周　宇	赵海熠	张彦平	张　娜	李　辉
	孙　青	徐军敬	康　锐	徐丽娜	白军刚	胡书靖	韩　维	朱育方	祁晓强	
2019	许　达	宋　立	陈一诺	卢子轩	宋喆伦	何汪洋	曹俊鹤	王　蔓	宋华军	陈美娜
	张　爽	邓一晨	康　鹏	李晓飞	张经纬	张思捷	周　玮	邵　晨	严　妍	牛惜晨
	张自越	张建良	吉　楠	王　瑜	康冬冬	陈飞燕	杨彦龙	孙泽玺	范成成	杨其祥
	王富生	芦　鑫	郑玲艺	李　灏	周天泽	张王岩	许思琦	贾玉新	吴　丰	黄显鸽
	李雨宸	范存伟	连金亮	吕万虎	马文苹	白　耀	郑　雪	孙　琳	王　林	许　凯
	高　飞	杨权威	崔善斌	戴　骏	刘旭初	许丽君	李志强	李亚莉	隗　超	董永军
	王　琎	王　栋	柳　鑫	许梦雪	狄会强	田　斌	陈媛媛	陈贵强	商建红	薛　蕾
	刘世福	王雪敏	夏　金	易　莎	曹培磊	秦昊冉	祝汪青	张　维	李　猛	郭金栗
	车序滨	刘　帆	韦祖洲	张　瑞	蒋　浪	程丽娟	李延杰	周　燕	范　睿	杨维芳
	牛瑞发	王富生	邓一晨	雷　剑	李志敏	王斌锋	徐　嘉	成　程	伏晓兵	李甲明
	刘沛龙	姚　瑞	王国君	李云鹏	段　昊	赵　维	习　洋	宋　妮	王小亚	刘国庆
	雷　磊	周睿杰	冯中泽	刘　刚	王红娟	党　磊	田　琦	周艳萍	杨晓燕	辛亚兰
	袁　龙	翁　倩	杨　宁	杜建平	陈　强	赵菊玲	王延红	王　强	郭朋飞	丁　鹏
	张　承	李青益	吕　昕	谢　锋	连正强					
2020	燕　雨	陈养兵	刘　强	李　帅	刘　欢	崔　瑾	韩　翰	侯新新	陈籽优	方　颂
	韩　玮	聂来成	刘　冲	瞿田甜	管仁潇	张　璐	董丽莎	屈　凯	武俊伟	黄　涛
	刘子瑜	马回敏	卢　斐	侯　青	姚绪健	王文迪	董秀坤	乔　骏	张　倬	朱洪鑫
	袁照曼	王　超	魏　迪	段盼盼	孙佳君	潘晓娟	冯玉丽	马杰杰	韩　磊	芦　珊
	闫　雪	陈　森	杨庆丰	任海宏	李吉友	任昱光	孙笑然	蒋　斌	张　婷	王道成

西北农林科技大学 经济管理学院 院史 1936—2022

毕业年份	毕业生姓名									
2020	张嬉	杜文萍	程洁	赵菲	李艳红	赵甫	王少杰	折小军	贾学澍	陈展鹏
	赵洁	邢华	张泽艳	薛盼	毛永康	王博君	李姝琦	任楠薇	陈玲	孙苛寒
	张照楚	赵东洋	朱璞	申洁	吴文静	李晨	张爱辉	李旭妍	张颖	杨泽文
	刘洁	赵宁刚	于鹏	赵文杰	梁书春	张喆	梅茜雯	边来宝	杨解放	谭红凯
	牛淑卉	常祺祺	杨严严	田仕坤	杨京华	代丽芳	吉元虎	黄无忌	丰芸	张琳颖
	李沐阳	陈翠婷	马琳	张海慢	薛程	卜杰	黄海燕	李星	赵建彬	孙键钊
	于敏	职亮	李鑫	张婧	周時聿	张文凯	李依玲	涂启文	冯驰	刘红利
	陈捷	周夏时	张学全	徐永贵	刘红	宗雷	宁小朕	岳慧	张浩	刘正安
	赵苑宇	王霖	贾云刚	温鹏飞	陈文华	贺辉	杨波	寇雷	宋海燕	陈昌奇
	李德	张洪忠	张权	任杰	何丽君	黄秋石	郭立	邢娜	王芳	刘澎涛
	杨莹	张海燕	张艳君	赵冬丽	栗海涛	刘阳	吴宏辉	张立军	王勇	杨创辉
	冯雅嵘	曹丽	任珊珊	屈鑫	方博玮	刘燕	孙育冰	王青		
2021	张蒙	吕子超	魏佳丽	原伟浩	殷姗姗	韩晓青	黑艳霞	鱼璠	陈红梅	王筱娜
	宋芮	米梦琪	宋禄雅	朱俊	赵俊娜	程学颖	王莉	孙雅雯	张文倩	王鹏飞
	郑心怡	魏彬	马明	田鹤	张浩	单什	李洋	淡丹	张琳	齐勇
	张凯	史超	张玉龙	蔡珮蕾	刘银	齐贝贝	刘静	吕彤	赵鹏	刘乃铭
	刘伟杰	令狐鑫	张浩然	赵蕊	汤舒浩	张小利	盛宏林	李隽逸	杨冰	杨文青
	马萌萌	张贞	马兰	陈源	师伟哲	李芳	李芳	郭冰洁	白祥志	刘优
	赵涵	贺健	薛凯琳	袁博	曹明强	魏保建	张胜超	李宏威	马杨利	杨晓错
	刘赛鹏	高嘉炜	刘海军	王琳	宋玉芹	马瑾娜	崔璐璐	李金波	张亚茹	王莎莎
	刘朔	潘敏	王珍	佟超	李旭昌	林嘉禾	赵文亚	隗宙	张文忠	张璐
	刘小源	邸亚丽	陈小琼	王钊	王先立	徐艺芳	孙子雅	瞿睿	马丽	王雯婧
	陈思琪	孟健人	贾蕊泽	常思文	霍然	李子龙	李莹莹	郭永峰	仇甜	王靖宇
	赵琳	李磊	隋志发	李丹	王行明	李彤	邰宇	王友友	张超	韩晓晓
	王姣	田瑶	罗刚	王萌	张小利	张学鹏	孙昌浩	孙昌哲	白育春	曾菲菲
	沈涛	邢晓庆	马慧丽	刘敏哲	张卓	尹佳伟	任文琼	杨建民	王凯	刘建波
	崔毅刚	王晨鸽	王启国	戴新涛	高琳	姚俊强	高怀宾	马辉	高文辉	解晓盈
	滕龙	张春玲	池洋	王鑫	刘晓燕	黄鑫	魏頔	邢吉	马宁	鄢虹英
	杨坤	郝阳	樊航	颜静	郭荣	吴宛仪	朱思嘉	王建兵	姚普民	兰晓军
	李欣	杨玺	李晓峰	王辉	党莹娟	陈照鹏	吉童飞	武永飞	张梦雅	白雨鹭
	曹格妮	曹小丽	陈政江	达莹	董粮瑞	段仲亮	樊建涛	付彦璋	韩策	韩尚宏
	韩拴让	郝建云	郝永平	何喜元	贺小刚	贺亚平	侯永利	胡亚宁	黄丽益	孔维鹏
	李海霞	李江斌	李梅	李青	李霞	李怡馨	李英芝	李永辉	刘彩云	刘海广
	刘欢畅	刘鹏	刘玮	刘龔	陆鹤	罗春丽	雒伟	梅蕊	牛犇	欧阳文捷
	齐笑天	任小婵	施长城	史科武	陶青	王飞	王利平	王小燕	温峰	郗悦
	徐冬	杨颢	杨军民	杨苏粉	杨伟	袁晓霞	袁亚琼	张丞	张梦君	张树誉
	张伟	张晓蓉	张新	张兴	张晔	张泽莸	赵泓杰	赵婧	赵镰贻	赵士丽

毕业年份	毕业生姓名								
2021	周 维	郭仙菊	柴 凯	程 勇	党 鹏	江 涛	李国侠	李 慧	乔晓峰	李易泽
	王 晨	刘 婷	王鸿钢	王小亚	元炳皓	张晓莉				
2022	朱 杰	董 莹	焦 炀	赵 娅	浦静怡	刘 波	李粉朵	王 露	程 雷	白鹏程
	毕文婧	李晓前	姜玉晓	杨 艳	韦晓静	李博旭	杨佳文	赵 宇	冯 叶	刘旭冉
	赵莹莹	魏嘉敏	王美华	薛文鑫	田春艳	杜善武	沈 慧	王 轩	侯志刚	梁 印
	白 龙	孟 正	苏一行	宋 莹	王 珂	寇渊涛	李彦彬	焦文波	曹高飞	陈平丽
	李雪莹	朱凯奇	冯 炜	高文迪	赵若谷	杨子玉	徐 堃	凌丹阳	侯智怡	王培翔
	李 民	刘浩旭	张远慧	张 奎	吴 硕	王 莹	王 赞	张 龙	杨 琳	姚 远
	徐 斐	吴玉艳	宋文雅	常亮亮	王 璐	陈 瑶	周 雨	王 黎	敬 雯	申宇婷
	郑小迪	刘 菲	刘嘉欣	姬利利	刘 行	佘艳妮	张月莹	雷梦媛	白雪敏	党新艳
	马小宁	李雨熹	宋 花	谢宇霆	贺 森	卫 萍	赵 腾	闫 敏	何 斌	张江平
	蒋世超	李姣姣	陈 笛	张 旭	胡舒怡	曾 慧	赵丽珍	石运茜	张 盈	王小玉
	张育笙	董 瑜	张明珠	唐 鹏	左小亮	闫 石	苏鹏伟	赵远洋	段晨皓	陈 良
	饶 斌	董东升	胡 洁	左首璞	薛亚娜	胡 瑞	黄 慧	孙艺洋	邓亮红	曹武卿
	韩 玉	薛元正	马月旺	宋金华	付 萌	刘天锡	陈 黎	康 伟	韩 斌	王思思
	马晓锋	郭佳林	孙海天	袁 琨	谷沛雯	李 伟	宁亚锋	杨革平	王 琰	卢锐谦
	郭思嘉	李 强	闫凌鹏	王战荣	孙章波	王 宏	刘 婷	张万军	陈丙辉	朱 红
	张刚刚	杨晓明	张蓉建	李润丝	高 朝	杨龙龙	刘龙龙	魏连威	张少梅	白媛媛
	邓婵娟	邓 盼	方 园	高 航	苟春梅	郭宏红	何 渊	姜 芊	李 佳	李 攀
	李万龙	李一昕	梁 梁	刘 伟	鲁文涛	罗 寰	马 斐	强 博	史近都	思黛利
	宋 亮	苏 波	汪 洋	王 红	王 佳	王立群	王 萌	王 青	王文芬	杨小燕
	杨 莹	宇永航	张丹丹	张 涵	张 磊	张琼天	张 薇	张文博	张 燕	张 哲
	赵昕凯	周 静	白志岗	陈慧萍	成 翡	成昱颖	冯超超	高笠原	郭 策	郭 峰
	郭 娟	何治静	胡 宁	霍晖蕊	黎静怡	李苗苗	李 潇	李小艳	刘佰承	刘李鹏
	刘永宏	罗 鑫	吕 东	吕 龙	马秦龙	祁晓斌	乔 静	任 静	阮琛琦	邵婉雪
	苏 霞	孙文俊	谭 翀	唐卫广	唐 雯	陶建霏	田 豆	王 波	王馥蕊	王建安
	王旭烜	现 朋	徐 娜	许 婧	闫亮羽	闫文瑞	杨 梅	杨 薇	羽 珍	翟永强
	张 峰	张海清	张 磊	张 森	张 婷	张晓燕	张 烨	赵 康	赵小霞	郑 飞
	郑 楠	郑天添	史华雷	习睿智	郜超宇	黎 鹏	姜韶林	黄 亮	冯红英	陈 浩
	张雁飞	刘艳丽	时丽君	吉思超	唐 伟	程育欣	张万锋	刘荣林	马立黎	吴 萍
	何飞帆	白延英	樊锦玉	宋 波	王 晶	丁耀书	汪冠军	王毓凤	张建楠	何香平
	张 浩	刘 鸿	任艳霞	董小艳	苏 伟	刘 卓	马梦园	陈思浓	吕 敏	蒋东林
	刘逸楚	胡舒怡	石运茜							

四、经济管理学院硕士学位研究生一览表

（1963—2022）

毕业年份	毕业生姓名
1963	徐恩波　董海春
1967	杨为民
1982	庹国柱　吴伟东　代思瑞　陈大白　佟　仲　张　明　王　仗
1983	王成义
1984	杨彦明　冯玉华　曹二平
1985	熊义杰　江秀凯　韩立民　陈　彤　刘选利　郑少锋
1986	卢新生　毛志锋　韩　俊　张转时　贾生华　卢丙来　段林冰　同凤阁　张来玉　李　敏 段玉峰　景永平　徐　实　方德涛　黄尚勇　王广金　邹　燕　李世平　蔡振中　王志强 蔡厚清　徐璋勇　李　春　金彦平　辛绵绵　史清华　乔光华
1987	李发荣　庞　敏　王创练　王赵锟　任群罗　何独业　罗　刚　赵建仓　叶　敏　冯海发 姜学海　李　华　周红云　黄安娣　侯军歧　文拥军　张宏良　马文彬　杨玉璞　谭育祥 张全印
1988	王宽让　胡　平　叶　明　梁振思　卓建伟　王文博　王和山　王爱华　王　伟　翟正惠 霍学喜　李　杰　李铁岗　李桂娥　巴　力　王世军　孙文军　刘曦明　綦好东　罗剑朝 白光伟　王征兵　陆　迁　杨　勇　张永宏　杨海娟　毛加强　赵玉峰　贾金荣　高　强 田建玺
1989	杨伯政　吴艳平　吴懿寰　白菊红　李少英　刘金霞　王礼力　罗　静　姜长云　牛宝俊 负鸿婉　史金善　王志强　杨俊孝　曾福生　范恒森　朱海霞　齐保国　骆进任　石爱虎 张　琦　程方民　任安良　孙宏滨　张学琴　王变凤　梁建兴　潘田英　吕玲丽　杨洣洣 尹中立　张聪群　谢圣远
1990	郑清芬　张心灵　张俊飚　杨来谋　杨立社　王多福　刘建伟　杨满社　尹文生　王选庆 毛凤霞　吴　辉　丁少群　黄啸功　李民寿　乌竹木　岳玉贵　许　坚　石爱虎　王赵琨
1991	杨生斌　尚启君　和　蓉　李明贤　王玉钏　刘瀛洲　王雅鹏　桑晓靖
1992	王福林　邵海华　王克强　李忠智　张宏斌　汪爱武　边宽江　刘亚相　王养锋
1993	刘　晔　王　锋　张小莉　郭录芳　李贵卿　李淑萍　阎淑敏　张雪梅　尹中余　许朝霞 左两军　张海文　杨生斌　王雅鹏
1994	李明贤　和　蓉　尚启君　黄立军　吴世斌　赵寅科　刘亚相　边宽江
1995	王福林　邵海华　张宏斌　王　春　朱美玲　杜惠敏　杨文杰　车嘉丽
1996	郭海冰　马　丽　许朝霞　牛　刚　张雪梅　左两军　李贵卿　王　锋　张小莉　李淑萍 尹中余　刘　晔　阎淑敏　王志彬

续表

毕业年份	毕业生姓名
1997	刘燕　谢群　杨翠迎　刘水杏　郭录芳　周霞　赵丙奇　刘卫锋　陈来生　李延敏 杨亚会　刘红梅　皮立波　罗锋　陈秉谱　温民能
1998	赵凯　张晨晖　王文莉　鄢达昆　康虹　张琳　李燕霞　王俊　刘兴旺　吴孟珠 李磊　吕德宏
1999	朱晓霞　周婷　卢蜀江　邓俊锋　朱晓霞　张永良　朱礼龙　杨隆丰　罗丹　王静 邵清锋　李竹梅　阎永海　陈令军　吴丽民　彭艳君　黄丽　张志辉　王会锋　吴亚卓
2000	张峰　王燕妮　梁军　张建锋　费淑静　甘勇　马晓旭　张晓妮　山传海　宋迎春 刘毅　周芳　杨洪雷　皇甫翔华　吴琳芳　马述忠　刘晓星
2001	李桦　江东坡　刘利　张凤娜　安娜　翟雪玲　张亚丽　夏显力　王艳　胡迎春 肖维歌　张强莉　梁红　韦漫秋　蔡勇　刘君　李双元　赵巧英　张华
2002	母晓琴　崔岩　王光宇　赵治辉　杨军　李晓宁　高晓春　李嘉晓
2003	刘天军　张正斌　李剑峰　张萍　王玉生　吉文丽　李瑞青　安启刚　万占有　刘新生 畅小燕　白福萍　纪绍勤　秦宏　刘为军　谭亚荣　陈文燕　初佳颖　聂强　吴应华 马燕舞　崔百胜　韩菊敏　刘瑜
2004	王斌　刘敏芳　马永祥　李万明　赵一放　张锐　韩燕雄　侯波　王艳花　王亚红 姚忠臣　王黎萍　李甲贵　廖玉　张洁　倪国梁　李丽　李萍　王亚亭　高明 万桂林　岳欣茹　费振国　杨秀艳　耿文才　李平　王鹏翔　张静　郭亚军　卢东宁 赵晓锋　张社梅　高瑾　石志恒　谢倩　王丽萍　史建俊　房德东　车君　赵晓鹏 张永娟
2005	李洪　徐德乾　吴锋　王云江　赵延安　徐锋　姚铁柱　苏郁　李岩　任宣 高晓玲　谭文枫　孙明道　杨斌　孙越赟　王栋丽　庞晓玲　刘春梅　雷玲　屈小博 刘军彦　李松青　袁梁　武晓明　李文刚　于转利　吴后宽　邓颖　朱仙芝　王桂梅 柴浩放　李总　张海鹏　张运坤　陈秀芝　纪丽娟　柴斌锋　马静　张大海　何凤平 何艳桃　方伟　居水木　郝丽霞　宁泽逵　刘宪锋　彭林魁
2006	高媛　杜华　严永利　李治　吕新海　安聪娥　陆斌　赵军虎　陈小林　王文博 余欣　赵广东　董兆为　施俊香　李祖鹏　吴辉　薛三勋　雷伟　陈俊　王萍 胡宁　常国庆　邵砾群　王海刚　杨华　吴小凤　由建勋　王晓娟　王丽敏　李侃社 商晓丹　翟海鸥　柳海亮　姚天罡　吴清华　张琴　白亚娟　郑蕾　杨军芳　孙浩杰 刘宇翔　陈冲　谢方　赵洁　韩德军　刘晓英　王信　郭婵　李林　刘志峰 何学松　苗珊珊　李品　孙寒冰　江美丽　黄绍冰　唐学玉　刘军彦　姜雅莉　崔卫芳 苏蓉　周峰　王树娟　闫小欢　王燕　同海梅　徐志文　刘薇　程捍卫

毕业年份	毕业生姓名									
2007	张蓉	李强	杜斌	任岁涛	李春艳	张凌鹏	王薇	蒲武杰	傅朝荣	郝利
	杨彦勤	周文琴	朱萍	翟英	梁琪	卫景芳	南翔宇	吕建灵	何苗	韩申山
	付景元	张岳	史明霞	刘瑞明	王勇胜	李坤梅	上科望	白晓红	邓瑛	徐丽
	张彦君	李平	吴继茹	李晓春	李小梅	张兆胤	储伶丽	赵新伟	杨智杰	赵学平
	孙月	王敏	马引连	张勇	魏金鑫	侯芳妮	周秀娟	王佳	于晓晖	李静花
	任丽丽	吴万盛	祝兰芳	童莉莉	高德山	汪蕴慧	郭海丽	徐玉龙	廖正华	韦吉飞
	笪信仁	种胜兵	张坤	郭江	冯明侠	孙少茹	张迪	杨珽	刘雁	牛军让
	周蕾	赵娟	王冲	武宏文	崔亮	张丽雅	马新成	康秀梅	满明俊	郭斌
	郭韶青	牛荣	李林	杨高举	王兵	尹文静	程捍卫	毛飞	朱捷	
2008	孟斌	郭晋荣	薛林莉	王东晓	周美萍	张秀芳	李泓辉	马江涛	范晓怡	王宇涛
	齐海斌	杨广虎	宋晓强	冯征	杨耀荣	冯瑞银	魏景刚	段军华	边剑锋	乔麟
	康健	秦延辉	陈群辉	孙玉瑗	黄英锋	孙长海	王军智	王晓	赵锦域	李菊兰
	张雯佳	杜永峰	赵武军	石颖贤	汪勇攀	康继乐	李万强	何明骏	王绯	胡新峰
	程嫒	张永平	王帆	崔永健	陈草	井水	杨红梅	徐海	薛海霞	李贵德
	齐杰	邱威	徐彦	蒋舟文	杨智杰	王芳	王芳	高改英	王仙君	杨艳萍
	何瑞	黄强	邵飞	贺蕾	张悦	叶建洋	刘国霞	杨晓丽	郭平刚	刘婷
	杨艳芳	贾蕊	曹磊	李雪	张莉萍	李平女	孟金平	李红	徐团团	赵矜娜
	甘娟	王小磊	李岩	周楠楠	田平	李三虎	唐宗琼	黄钦海	陈京	张凤
	鲁明瑜	苏县龙	于小妹	阮班强	李艳玲	方瑞	刁艳	刘勤燕	常引	王正香
	黄增健	张淑英	寇明婷	余丽燕	郭海丽	赵红雷	吴朝宁	岳冬冬	胡阿丽	张爱国
	党红敏	邱慧	崔挺	李敏	王艳增	郭志勤	郭群成	魏丽红	李玲玲	付辉辉
	张宵慰	彭天佑	马彦红	康晓琳	杨福涛	董化伟	王公山	李沙	王健美	黎诚
	王莹	袁萍	杨耿	任方红	胡磊	王艺	张永康	罗文春		
2009	全靖渊	支晓红	李晓林	谢鹏	晁团光	姜志维	魏少峰	王治友	梁玺平	刘志强
	孙越鑫	杨建安	秦伟	王凯	李锁牢	张小宁	闫德忠	赵庆	王学军	罗海维
	郭文奇	张军林	刘有全	雷鹏	白鹤	胡杨	程雯蔚	房玉双	李博	张晓明
	范源	龚丽敏	张之峰	苏秋芬	李雅	毛友林	杜军宝	徐小英	郑军	欧文军
	闻海燕	陈兴平	邓淑红	张红霞	贾长安	刘淑萍	张平	张晓婷	吴锋	贾玉
	王艳静	张艳彩	王兴华	马平平	李耀华	张赵晋	沙瑞	张洁	郝学花	王浩君
	郁芄芄	沈姗姗	陈杰	张秀明	陈宗连	陈根生	车兴峰	于基从	孙毓	宋林静
	李良	宋磊	孙军	张学会	郭建波	袁飞	王瑞祥	黄建升	杨钊霞	刘帮正
	毕又真	张卫明	薛海舟	胡源	柴金福	陈小强	刘婧	蓝菁	薛继亮	高丽萍
	张灿强	申强	王建华	华春林	李志慧	林慧	宁攸凉	黄利欧	崔玉玲	李郑涛
	梁益年	孙亚微	耿宇宁	张芳芳	韩贵	杨军	晏阳	杨毅	孙晓辉	王健
	浦一飞	李杨	常敏	熊俊	孙杰芳	徐颖军	王文阳	刘丽娟	樊超锋	王家琪

毕业年份	毕业生姓名									
2009	雷　蕾	黄锦锦	贾　威	姚九平	石　缨	郭进莲	付　磊	张德荣	杜见暄	魏晓云
	孟祥南	华　婧	修凤丽	徐　维	王磊玲	李　纳	常　亮	李　凯	杨莉娟	尹晓丽
	马晓利	张文静	赵军丰	王　敏	王　鹤	王远洲	杨　光	魏毕琴	刘慧娟	李　娟
	郑丽娟	王阳崇	张晓蕾	刘建琴	徐建霞	孙利珍	梁　冲	徐　静	陈　俊	许观全
	王俊光	钟　华	巩敏焕	宋婷婷	朱兆婷	刘文波	梁　永	李亚成	赵　晏	宋连久
	倪细云	师学萍	冷　波	石　磊	陈云霄	张　敏	唐娟莉	党红敏	洪利辉	王丽佳
	杜文凯	刘　震	李　路	崔智华	熊　超	谭　璐	周　伟	张婷婷	韩锁昌	冯　颖
	李伟峰	杨慧卿	孙春阳	苏家明	赵　静	张传新	郑巧凤	余　琳	赵春娟	严　菲
	龚少如	丁丽丽	吴　蕾	刘　英	马文博	赵　青	张永康			
2010	王宝平	陈峰涛	冯　毅	王全在	弓卫东	李　华	成　瑶	周　斌	李　震	姜劲儒
	李晓红	冯延军	张丙周	张利原	张丽君	秦小军	黄牛虎	胡文莲	卢小雅	刘拥军
	邓亚丽	李　凯	任海卫	杜明生	苏永乐	陈淑芳	郑永琴	姚红义	宋　平	王　蕾
	罗雨国	卢　林	汪振明	金　琳	朱凤战	程京京	段月萍	刘　焕	王蕊娟	刘　玲
	马　茜	王　丽	丁　杨	尚宗元	孙礼辉	王　静	王晓婷	温　慧	张　娟	陈　雷
	冯　艳	乔　文	王　芳	王　蕾	王　拓	王　伟	殷　彬	范　嘉	郭莉莉	郭　婷
	康　宁	刘素兵	刘竹蓉	吕苗苗	马文勤	齐　燕	全斐尔	侍进敏	思元山	田斌田
	田雷海	张　静	卜旭辉	高雪梅	谷芳芳	季真珍	姜淑宁	靳　涛	亢　洁	寇丽丽
	李海远	李瑾卓	刘　欣	邱秋云	王仁伟	王　瑶	吴海霞	张　丹	张　蕾	张琳玥
	周婷婷	马　垚	马永春	于金娜	邓慧灵	林　刚	宋　露	杨　丽	代亭亭	汲剑磊
	贾　亮	李　刚	马卫强	唐莹碑	王焕弟	王　艳	魏　冉	魏玉玲	武绒绒	曾晓红
	张素平	赵　姜	赵晓蕊	赵　鑫	党秀明	牛克晖	高甲甲	郎旭辉	雷　婷	李换梅
	李转玲	梁磊磊	刘　婷	娄志涛	扶云涛	潘　璇	彭丽娟	孙春雨	王计强	王　静
	王　阳	魏彦锋	徐　立	颜淑芳	应　舜	张莎莎	赵金彦	邹子建	陈俊华	冯彬彬
	高　平	郝　圆	胡慧敏	李　凯	李作舟	刘　军	宁文波	沈庆方	孙保敬	杨　婷
	岳永胜	张　菲	刘　琪	吴俊成	王　跃	唐建军	汪阳杰	Ibrahima CISS		巩敏芝
	温小权	李　夏	李行萍	杨秀珍	崔少磊	袁　飞	邹　彦	程杰贤	邓晓旭	党养性
	王　佳	石建平	范　英	甘奇慧	李　佳	许　媛				
2011	包赫囡	曹建国	陈健芬	陈章朋	邓春林	邓金平	杜汉清	韩军利	何　毅	黄守新
	李海波	李树林	刘国才	刘立民	刘益东	刘　毅	罗　亮	罗小争	齐晓辉	任忠哲
	苏　诚	孙红叶	唐　刚	涂兴明	王会权	王　莉	姚晓涛	油顺禄	曾　鹏	曾衍生
	张　军	张丽文	张　萍	张养恩	郑晓坚	李　哲	任丽烨	方宏斌	武建勇	马福增
	孙　涛	赵建刚	刘立艳	郑小双	赵建东	王艳波	纪　萍	张洪刚	赵　冰	郝益芳
	王红霞	徐继中	王立学	杜志勇	丁爱辉	葛　兵	孙国明	吴兆美	王　岩	李红伟
	邢雪平	郭嘉沛	冀　耿	贾永彪	魏子淇	王一天	王琳茜	康　峰	刘　刚	高建勇
	罗增海	王晓燕	张　晴	刘卫军	蔡晓兰	陈冬梅	韩星明	郝　铭	郝晓辉	化小峰
	黄明学	塞　升	蒋　霞	李　曼	李写一	邹　芳	邹卫华	薛　欧	宋志华	王志晓

续表

毕业年份	毕业生姓名
2011	李志强 陈艳蕊 任洪浩 谢芒芒 袁南南 鲍巍 李永娟 董静 杨晓雪 乔楠楠 孙园青 曹俊 李明珠 白茹 张冬冬 刘慧 尹航 魏宇慧 齐彩云 张东 孔娟 赵宁 安丹 宋鹏 王冬圆 何然 刘丰云 阳玛莉 徐爱武 周莉 王立丰 郑姣 王治政 林建中 邬小若 孙江静 吴雪丽 魏云 张丽娥 梁妍 杨坤 冯敏 李瑞英 张华 吴立波 周政宁 蔡元汉 马步虎 高莹娟 李改玲 李鹏 王艳杰 梁海兵 黄四海 郑翠苓 王杏芝 于惠宁 孟芳芳 赵峰娟 武林芳 王莉 李永亮 袁榕 芦蔚叶 聂鹏 赵和璧 常钢花 贾筱文 征艳丽 陈晓钰 张宁 王笑卿 柳萍 王惠平 赵荣正 王薇 常婧 张伟 安玉然 张海洋 唐波 王佳婧 于淑敏 姚利丽 李静 任变玲 王亚军 和利娜 张京京 杨卫华 衣明卉 杨青芳 谢琳 颜焰熊 王媛 王瑾琳 郑真真 元媛 袁亚林 陈传梅 辛怀慧 胡刘芬 唐耀祥 毛海燕 赵倩倩 田楠 刘振宇 许峰 陈亚洲 谭杰 王浩同 乔蕊 王锋利 高纳会 王媛 韦珍
2012	张纯 郭永乐 丁少君 田争运 徐雄佐 崔汉涛 刘亚楠 张宁 韩燕 李小彬 曹国丽 乙萍 刘创社 谢沛玺 李玉杰 李大寨 徐萌 陈社通 陈肖坪 董四娟 霍友民 何朝林 霍渊 谢瑞芳 王麻林 党文萍 韩瑛 杨雪 潘莉 孙军锋 张浩 李晓彬 王竹云 蒋晓红 苗新建 丁健 周琨 王学磊 景晓宁 梁凯 罗启超 徐文岗 张艺军 赵梅梅 张云 贺新年 周岷 李爱民 郑新俊 蔡科友 孙旭珍 麻靖宇 刘婷 刘伟 高二平 王永飞 许世强 周洪竹 单伯俊 苏扬帆 张伟镔 郇庆伟 顾强 张孝强 刘新颖 马全臻 国增录 张镇之 朱润之 张鹏 唐勇 王新 胡明武 李飞 王孟丽 李晓东 隋华伟 王景涛 刘万亮 王国强 吴建全 张炜 李冰 郑伟 王媛媛 魏英凤 程艳琳 周健康 王新岩 杨光 叶茂新 李伟 庞振远 柴剑 王斌 杨春 姜言山 柴铁男 薛文香 纪誉 仉文静 刘莹 周伟 贾丽霞 李在亮 杨华 刘雅静 张广阔 李青 陈亮 张录红 孙强 石磊 张东东 韩广明 常万春 王春雷 张爱桥 孔玲玲 刘国先 陈艳霞 张文艳 李玉霞 董兰芳 马文鹏 刘晓宁 刘艳玲 王栋 周方 冉赤农 王超 姜转宏 申倩 杨胜利 杜长鸿 张庆华 汪月琴 张粉婵 贾学飞 徐文军 胡频 苏坤 王大江 李解 张晓红 于丽卫 唐玉洁 孙爱军 李延荣 秦培刚 田兢娜 闫文收 杨少青 张学慧 李馈云 祁丹丹 刘志兴 梁珏 张雁东 高晓东 侯卫星 牛晓琴 高慕瑾 杜建宾 冯晓丽 程爱华 甄静 王琪凤 陈晨 朱津祁 吴佳 朱晨露 郑红勇 罗艳 夏子云 李慧 刘浩然 谭超 谢虎 吴修乾 鲁丽 张召华 马永杰 马良首 刘烜孜 于卫平 朱满红 张海丽 杨杰 韩琳 周强 赵瑞芹 程红 逯志刚 靳聿轩 韩玉婷 赵金燕 陈霞 任凤敏 张玉娟 李阳 李阳 徐逞翀 吕飞 张新帅 徐丹丹 杨明彧 窦妍 刘瑞鹏 宋新峰 李聪慧 闫芃燕 牛赛飞 张兴龙 刘欣 鲁鹏飞 李崧 肖家翔 王晓旭 刘倩倩 石璐璐 杨希 陈咪 张钰 洪宇 向勤 欧玲 苏夏琼 罗建玲 彭见琼

毕业年份	毕业生姓名								
2012	肖 洪	贾丹花	蒋 红	孙 琳	杨文凤	任 倩	韩 蓉	肖 尧	唐霜红	宋海燕
	姚 芬	李 苗	屈蕊勃	杜江辉	李 静	甄丽琴	王格玲	尹璐娇	汤荣丽	吕京娣
	尚 进	张小筠	任彦军	王 玉	刘瑜婷	代创锋	乔 娟	穆 倩	王 宁	王桂波
	王丽娜	韦菲萍	李 佳	党佳娜	刘 敏	任健华	刘 佳	吴晓芬	郭月萍	折小龙
	麻丽平	拓庆阳	刘阳露	谷 湘	张雅丽	杨 琰	练 夏	赵强军	姜 波	孙小丽
	宋晓玲	范玲燕	蔡彩庄	曹 粲	陈 峰	陈海兵	陈 珺	程如文	丁峻岭	丁 铮
	杜绿叶	高佳佳	高雪雪	官 萍	桂 昊	郭胜利	韩飞燕	洪 涛	侯戴薇	胡 东
	胡琳铧	黄晓蕾	黄 玉	黄志彬	季 健	冀乃庚	姜华峰	蒋武军	金 红	靳冬梅
	孔翠红	李安柱	李 斌	李 媚	李 伟	李晓晨	林 磊	林 晟	林 涛	林小燕
	凌海燕	刘 姜	刘晶晶	刘 明	刘 璇	刘艳玲	吕小齐	马丽明	毛娅菁	蒲晓龙
	齐吉秋	齐 鑫	沈明辉	史晓河	宋慧娟	苏 冰	谭武林	唐益人	王 琛	王春山
	王 方	王京民	王 力	王丽娜	王青叶	王志兵	吴 振	徐东星	徐莉莉	徐亦斐
	许 磊	薛琳琳	杨晓锋	于 航	于洪波	于 燕	云 洁	曾 波	曾秋菊	张朝华
	张慧萍	张明斌	张 琦	张晓军	张志超	张忠杰	赵良深	赵雪琴	郑 州	
2013	张 云	周陈龙	李增伟	白瑞彪	王兆华	李肇清	刘广斌	张 霞	赵利娜	罗海燕
	刘雪艳	张 波	崔随轮	刘瑞君	杨 娜	魏振一	李永刚	刘 蕾	侯 越	吉力宏
	尹 洁	陈凤华	王 娟	王立华	曹庆山	张晓璇	周保君	杨 帆	盛 瑞	高 飞
	曹小宁	陈辉娟	娄力行	谢 彬	袁映奇	鲍二伟	张金鹏	苏 伟	唐纳军	王宝兰
	李 博	王永强	陈海涛	张亚囡	刘国强	王玉婷	杨玉帅	李坤成	王春梅	李兴华
	张慧倩	冯 琳	徐 静	李方舟	刘金蕾	王美娟	史加芹	赵 旭	刘 芳	张 鹏
	王 红	杨晓东	陶永军	游国勇	王 辉	郭天佐	李 颖	赵 丽	李晓蕾	陈丽丽
	郭 帅	董少君	魏 永	王 娜	高 伟	刘 强	白 玲	林俊凤	刘天英	董 彬
	付 彬	刘 林	王 静	耿艳丽	吕 刚	王继伟	岳 刚	牟 非	王学江	张凤霞
	王秋兰	张 宁	滕 晶	朱 敏	田中华	王瑞红	丁 蓉	成 琳	雒 尧	汪琦琦
	余振华	孙雪勤	张 怡	张 珩	李 青	李成成	王 超	张腾飞	唐维晨	张天阳
	费立胜	于瑞龙	温建华	崔玉洁	李立孔	申文龙	张 玮	王 欣	申珊珊	刘 浩
	马 凯	张 旭	刘 菲	王宝云	原和平	张海英	钱秀峰	王晓华	王忠俊	崔红梅
	张 婷	焦 锋	陈 彪	唐维晨	张腾飞	温建华	刘 菲	崔玉洁	马 凯	张 珩
	李成成	费立胜	张 旭	李 青	王 欣	李立孔	申文龙	王 超	张 玮	于瑞龙
	刘 浩	申珊珊	张天阳	林凯威	徐铁人	齐 川	申探明	高世宏	李林阳	吕 缙
	时 鹏	杨国庆	郑业军	聂桢祯	任伟帅	刘晓霞	徐永金	张小力	刘楠楠	王 聪
	郝晶辉	邓俊秀	陈厚涛	刘盈盈	张红梅	刘明月	华相方	林 颖	孙春波	窦婷婷
	李 浩	王倩玉	袁玉军	王 霞	马鹏举	吴洋晖	孟 迪	廖庆华	吴 豪	何超蕾
	王颖华	朱烨炜	李 瑾	赵 雯	李燕飞	刘 姣	宋兆君	路吊霞	邓慧婷	武丹妮
	杨鹏翔	陈 波	张桂丽	王 钰	胡敏荣	张 虎	刘 斐	刘 杰	鲜 倩	唐 芹
	张 博	孙丽华	王 媛	王雅楠	许 立	林丽阳	李 博	薛会长	陈 娜	张 然

毕业年份	毕业生姓名									
2013	王毅	彭昊	贾筱智	乔森	金华旺	张志强	冯晓雪	包月红	谢昕昕	魏李巧
	孙天合	戴薇	谭君	刘东南	翟秋	程静	秦治领	谷雨	杨竟慧	胡晓光
	陈琦	冯剑	谌飞龙	张桂新	谭贺	卫国强	史宝成	仲亮	姚宁	董娇娇
	唐轲	银杰	任斐	叶姗	徐艳	任静	陈娟	王乐	殷兆伟	郭雅雯
	王敏	郑银龙	张欣	张伟	蔡理铖	卢文曦	程娟	周大超	周胜男	刘维
	潘明远	刘雪丽	张文	毛玉凤	公娜	王丽红	张乐	吕霜竹	赵瑞娟	
2014	叶建利	宋珍花	路超	刘哲	张春光	刘喆	李林	张婧	钟鹏	张晓晖
	刘大庆	李海波	王伯元	张阳	郭争争	刘登	庞兴宇	马小遐	张敏	郭廷敏
	郭佳	刘旭	岳勇	白绪生	周媛	卢柳航	张晓辉	罗林	党亚萍	高飞
	冷阿海	韩申	任长江	梁均平	谢颖博	张军	李红金	靳科	马战军	邵伟强
	张轶	徐华	郭振宁	赵涛	史红梅	米强	聂超	李霞	李晓燕	徐振鹏
	钟乐平	乔春妮	刘冰	王旭东	王冠辉	雒婷婷	刘波	张皓逢	许惠菊	付秋丽
	李东昊	国明艳	李晓梅	信延东	王海	刘国章	张峰	丁培轩	高苗	王鑫
	霍聪	沙莎	于少波	耿显龙	田凯	李京芯	林榕	李璇	彭勇嘉	杨晨
	兰宁	王宁	袁斐	徐丽丽	曹婷婷	王冠玫	王娜	王隆	刘备	张振鹏
	高同卿	孙国芳	崔永华	张唯伟	田浩	张群	李振华	王希昌	潘玉凤	段辉
	朱明	师沛竹	王媛	刘利军	陈有云	周洪莉	李兵	邢涛	陈忠华	王兵磊
	李小双	党越	侯典同	吴熙用	褚玉玺	徐诗	孔雪萍	范能	孙欣	杨帆
	孙娜	张琳	颜丙占	刘云	侯海婷	陈宇龙	黄植	史瑶	吕恒	史堃
	郭丽园	王梦珏	田婷	谢恩	邓玄	郭琳琳	王萌	李可冰	杨宏博	陈长民
	李景景	刘伟	李鑫	魏姗	王月敬	古晓	苏顺海	安怡	张丹	李胜娟
	杨娇娇	汪海洋	刘晓宁	陈战运	邹润玲	于少磊	杨国力	张璇	高佩佩	樊迪
	龚瑗玮	雷娜	叶婷	郑文文	段娟娟	尹小蒙	石龙静	李生道	刘佳	杨清
	李建峰	文文	姚慧娟	冯春艳	杨黎明	郭荣	王丁一	赵紫薇	周晶	杨婷怡
	万红	杜静粉	王智恒	同璐	赵彩雲	田杰	党晶晶	于金娜	陈林	黄梦琳
	游龙	郑重	李劻	支勉	杨柳	豆常潇	王蕾	王妹娟	马男	刘博
	李昊	霍婷洁	李美丹	王宇	王敏	王悦	李丽丽	杨佳良	赵彩云	黄永利
	朱阵国	王姣	周丹	曹彤	冯烈	王建军	彭学敏	王彩凤	高小锋	宋少平
	温斐斐	闫格	危才计	刘小童	郎镐	刘会静	公莉	赵剑波	毕影	刘遥遥
	董子铭	赵磊	梁凡	王海忠	吕子文	周腾	刘文雯	徐飘	陈逸群	郝永录
	张佳静	李昕	安凯	贺妙	钟杨	刘惠芳	刘娟	任军营	程甜	李坚未
	刘凌冰	王晓霞	仇菲	钟媛	王丽娜	赵凯	白霄然	吴熙用	史瑶	侯典同
	范能	黄植	谢恩	史堃	王兵磊	李可冰	孔雪萍	徐诗	张琳	孙娜
	党越	李小双	陈宇龙	孙欣	郭琳琳	褚玉玺	王萌	郭丽园	邓玄	刘云
	田婷	侯海婷	颜丙占	王梦珏	吕恒	杨帆	刘宝玉	闫文静	刘军	潘杰
	马太航	齐晓芳	何桂莲	王东	王哲	庞瑞	闫宏艳	张兵	池润莲	徐宁

续表

毕业年份	毕业生姓名									
2014	高建秋	魏珂宇	王 冰	谢银生	郭 婧	张曦薇	郭 伟	凌文倩	朱 浙	王鹏鹏
	张 虹	周 强	李向阳	赵 瑞	唐国超	唐娣芬	魏 闻	冉宏旭	赵世龙	刘亚举
	徐 敏	张利峰	陆向武	宋 馨	姚子阳	郑俊英	安全民	黄高云		
2015	李忠洁	张晓亮	陈清华	王 涛	帼 华	杨楚杰	董晓勇	贾 瑞	杜 磊	李 湘
	王玉晨	张雪枫	张 亮	宋文娟	姜 鹏	刘英杰	卢 伟	王战峰	吴紫云	于 洋
	冯震宇	马丽娜	刘夏冰	奚文珺	许志强	武卓辉	王 燕	董海龙	王 飞	苗 莹
	胡伟伟	张新国	姚 瑶	王 健	杨 帅	徐 坤	马霄飞	张辉亚	成 洋	苗丽华
	才正辉	于 婷	刘 琼	蒙 超	周 略	薛 颖	倪 祺	马 飞	李亚东	唐秀艳
	焦 闯	康彦华	孙登云	张振中	彭 雁	白永平	马小艳	刘文秀	刘 雨	徐浩翔
	于丽萍	王 灿	赵甜甜	狄 青	李小盼	刘 慧	刘金昌	王丽娟	魏小慧	甘国强
	郑 玮	袁嘉弥	曹阳泽	岳 璐	王 伟	宋天航	李 颖	王文钊	高 洋	罗 菁
	王迎峰	康扬紫	吴美娟	周建荣	王 宁	胡 刚	魏嘉琪	张晓娇	张 倩	管蓉霞
	庞玺成	李翠翠	刘孟娜	王进进	郭 洋	周炽昊	李 敏	秦志伟	胡平潞	陈 波
	杨佳瑞	李婷婷	李 威	闫雅雯	王 波	马玲玲	李晓娟	张红妮	向小舟	胡明铭
	袁 麟	孟琳炜	李长水	孙 鹏	韩宗望	毛 毅	吴国强	王艳海	王中祺	张 萍
	陈世锋	李 龙	何恩鹏	刘 钊	王泽铎	卢 杰	陈 骄	郭笑飞	黄东兴	由海燕
	夏 冰	马文刚	何 悦	梁 晶	李 鹤	崔昱倩	刘健澜	郭英俊	张 峰	张晟铭
	德剑涛	梁艳彬	王超维	孙小芳	郭会珍	马传奇	郑 伟	刘 娜	赵元凯	黄壬君
	杨卫京	郑立昌	曹 兰	翟书蓉	陈 勇	冯国良	邱 婷	刘润东	魏柔云	邹 斌
	米雯静	刘晓红	刘梦璐	邓慧芳	于 森	孟 楠	李永超	冯中鹏	薄其皇	李业鹏
	李 阳	王 灿	赵甜甜	狄 青	李小盼	刘 慧	刘金昌	王丽娟	魏小慧	甘国强
	郑 玮	袁嘉弥	曹阳泽	岳 璐	王 伟	宋天航	李 颖	王文钊	高 洋	罗 菁
	王迎峰	康扬紫	吴美娟	周建荣	王 宁	胡 刚	魏嘉琪	张晓娇	张 倩	管蓉霞
	庞玺成	李翠翠	刘孟娜	王进进	郭 洋	周炽昊	李 敏	秦志伟	胡平潞	陈 波
	杨佳瑞	李婷婷	李 威	梁 月	杨 维	魏 娟	陈 欢	李 敏	武 臻	马 婷
	程 春	李金培	朱 莹	张广财	李 婷	庸 晖	徐佳璟	曹 慧	武德朋	李 添
	杨 昭	王 媛	袁 航	赵倩楠	郭玲玲	刘 影	张梦雅	李春燕	胡 娟	时卫平
	高 照	张晓辉	姚植夫	秦 丞	王海力	曾冠琦	金灵洁	蔺婷婷	张 荣	徐志红
	杨 雪	陈成功	张剑超	陈从军	米浩铭	庄皓雯	赵一哲	杨明洁	任 静	卢欣丹
	尚晓梅	刘彬彬	张晨曦	武少松	郭雅楠	毛谦谦	郭相兴	阿依提拉·图尔贡		
	谢 凯	王 倩	王云霞	程红继	燕姗姗	方 斌	高云婧	张 浩		
2016	闫 瑾	马玉莹	史雅多	高 辉	史 良	霍景慧	田 倩	何增栓	申秀霞	武奇峰
	王晓艳	谢 萌	屈 琳	巩 敏	苏改叶	孙银春	徐 梅	魏志华	张岳鹏	尚 懿
	党晓茜	付航舵	张一飞	罗 轩	孙 睿	汪敬渊	艾巧艳	柳大为	杜 靖	齐慧平
	黄晓玲	刘 佳	何文虎	伏晓利	张喜红	王 顺	王韶婷	李 艳	徐玉芳	李佳璐
	苏志敏	刘 飞	李 莹	冯金龙	张 萌	焦宇航	许 洋	夏子龙	杨 薇	张 杨

毕业年份	毕业生姓名									
2016	王恒	王宇	王玲	王亚	陈媛	王玥	郭雷波	张梦娜	钱春玲	芮芳媛
	李梅	信鑫	侯淑曼	杨丽红	张建伟	管翊婷	任旭雅	卢施羽	苗雅楠	刘璐
	任梦	韩筝	芦洁	邹汇雨	慕书静	吴少锋	李鹏	张琼	熊爱珍	淡振荣
	苏明	朱宝	陈作娇	田欣然	马娴娴	王艳蕊	周琳	张滨	黄伟伟	迟超楠
	肖桂春	周帅	董静	王菲菲	白杨	王婧	耿欣	张萌	韩叙	荣金金
	王一雯	吕琳	赵子谊	李雅静	薛璇	刘庆	李豆	赵岑	王晶昕	聂金玲
	姚华超	陈祥民	安莉	孙方玉	王秀嫚	丁焕明	陈丹	贺茂斌	王荧	郝晓燕
	解建蕊	焦晶洁	陈力华	邓丽萍	陈颖	杨慧莲	韩珊	张单	吴昊	靳亚亚
	邢文强	许彩华	王立敏	徐晓玲	张云娜	贺国健	张倩倩	刘惠桥	刘千溶	龚颖楹
	许佳	孙路珊	李莹	冯金龙	张萌	焦宇航	许洋	夏子龙	杨薇	张杨
	王恒	王宇	王玲	王亚	陈媛	王玥	郭雷波	张梦娜	钱春玲	芮芳媛
	李梅	信鑫	侯淑曼	杨丽红	张建伟	管翊婷	任旭雅	卢施羽	苗雅楠	刘璐
	任梦	韩筝	芦洁	邹汇雨	慕书静	彭丽霞	解强	谢刚	宋博	冀丽
	祝波涛	高晓红	畅志辉	李艳梅	韩义	刘云涛	骆刚	郭峰	段成龙	白璐
	贾英姿	段领	孔博	徐敏	蒲剑飞	韩丽娜	徐文峰	刘啸	李洋	郭宇峰
	刘继累	魏立强	魏洁	张杰	罗斌贤	梁芙蓉	鹿升	张嫄	岳桂香	郭海波
	王剑	王聪	陈云建	高江	王延锋	李金玉	李科	李多全	薛建英	颜志宏
	高生	张海英	张超	陈彬	齐思琦	张宪涛	任丛丛	王伟	雷蕾	韩久保
	张云娜	贺国健	张倩倩	宋博	冀丽	高晓红	畅志辉	李艳梅	韩义	刘云涛
	骆刚	郭峰	段成龙	白璐	贾英姿	段领	孔博	徐敏	蒲剑飞	韩丽娜
	徐文峰	刘啸	李洋	郭宇峰	刘继累	魏立强	魏洁	张杰	罗斌贤	梁芙蓉
	鹿升	张嫄	岳桂香	郭海波	王剑	王聪	陈云建	高江	王延锋	李金玉
	李科	李多全	薛建英	颜志宏	高生	张海英	张超	陈彬	张宪涛	任丛丛
	王伟									
2017	刘荣华	王东洲	苏长江	张驰	谢瑞英	杨祺	袁聪颖	王婷	魏小珍	杨旭来
	刘书汝	杨天啸	管美佳	张瑞	樊腾腾	杨超伟	苏丹	袁月	雷云	钟敏
	聂钰	张金玺	常星	张臻雨	王晓蒙	丁丹	王青文	张长生	万宇涛	孟楠
	张无坷	孙金建	冯菁菁	温海蓝	程国龙	邢妮	王晔	张逻	周瑜	谭梅云
	田秀	陈洁	宫晓琴	李朋轩	李亚蓉	陈雅莎	林梦晴	冯梦涵	徐晓璐	李浩
	张城博	李经纬	范江燕	李春霞	孙冉	韩艳青	刘明国	樊海灵	苏煜	李云峰
	丁屹红	郑寒松	杨豆	姚晚春	李如意	刘冰洋	鲁欢欢	吴枚烜	颜俨	王向婷
	徐婷婷	卿龙	李鹏丹	纪潇	肖戈	张佳丽	高旭	卢卫芳	贾书楠	李冬青
	赵保斌	曾月波	麻倩情	党莉	苏瑞	吴翠翠	梁春勇	程启栋	赵思瑀	扶婷婷
	邓剑锋	赵帝焱	刘岩	白琳	张池	范真真	李嘉琦	李俊卿	王太云	赵鹏飞
	马心谊	罗丹	王爱华	彭婧婧	张云莹	荣彩慧	冯学良	张燕	谢镕泽	付来琳
	徐宝石	刘荃钦	翟祥祺	吴芝琳	陈亚会	吕燕	思代慧	杨秀君	方原	韩晓婷

毕业年份	毕业生姓名									
2017	王晓旭	葛传路	冯宇雄	任丽苹	王慧玲	白晓艳	桑蕊	贾静	王学仁	王静
	高敏	赵保斌	曾月波	麻倩倩	党莉	苏瑞	吴翠翠	梁春勇	程启栋	胡牧
	孙月	唐榕	蒋官村	马阳阳	马帅	莘冉冉	刘惠媛	张娟	马国保	景磊
	剡子淇	丰鹏	王娟娟	孙伟	王海沧	莫斌彬	李媛	傅晓寅	刘蕙	潘东培
	刘晓燕	井爱敏	陈函	白宗英	倪永良	王佳雨	旋伟	李光	马莹	尚继茹
	李玉婷	张恒军	张锦程	孙志超	田倩倩	吴涛涛	安国栋	孙磊	柴振尧	李媛
	王倩茹									
2018	黄浩恒	李萍	陆文昊	聂赟彬	程健	郭格	凡路	张晨	叶拯	刘忆兰
	肖芳	李娇	于林霞	李曼	黄露	牛利民	李玉玲	李玉贝	孙晶晶	陈钇涵
	梁虎	李金玲	王怡	常露露	李远光	杨彤	闫啸	郭一江	王欣欣	刘俊
	杨丹丹	梁晓琦	乔琰	王雷雷	黄志刚	李健瑜	莫艺坚	蒋伟	张波	赵燕
	宋晶	闫迪	谭丹丹	李师	曾琼	陈静	于婧瑶	高永灿	张倩倩	王清清
	孙悦	周艳	田爽	丁梦雅	郭嫚嫚	戴潇	范倩文	张伟	李梦萍	王洋洋
	梁淑雯	杨晓英	冉高成	常成	王静	李增榜	谢智慧	彭月	刘淞林	承帆
	任卫芳	王丽	薛姣姣	屈佳欣	施凡基	赵佳	韩敬敬	白月影	黄腾	翟黎明
	李根丽	黄蕊	度阳	韩利丹	刘春玲	李河	吴爱娣	麻小婷	赵健	何岩岩
	牛影影	祁静静	马婧	辛翔	李亚青	张洁	贺亚美	邸英	张丹	明柱
	张洁	宗睿	张杰	潘明明	舒志强	陈婷婷	焦爽	王彦卿	孙嘉愫	吴煜宇
	刘金	黄晨龙	杨青	李艳芳	邢燕	焦卓	杨配玲	彭丽娜	冯小娟	崔欣杨
	刘书文	芮雪霏	李晓宇	卢玮楠	雍双渠					
2019	申图腾	刘传	王珍	王思琪	李洪吉	苏秦	杨苘哲	李雅玲	陈小娟	杨子坤
	娄月	郑璐	冀思媛	吕亦忻	陈俊秀	陈学招	汪兴旺	唐丽丽	董丹阳	孔学平
	马崇文	李一琛	王海峰	王文君	胡广翰	任静	曹宇姝	吴娅	张紫钰	魏思佳
	凌良宇	王丽媛	熊建	王诗豪	任朗朗	曾梓沛	唐颖杰	王曼卿	刘帅	邱俊杰
	刘少宁	吴晓萍	刘佳鸣	欧春梅	钟媛	林甜甜	葛泓希	苏美蕊	董莹莹	王乾行
	赵爽	刘鹏伟	崔亚兰	贾辉辉	常筱瑶	高桂珍	朱文瑶	许星	李佳欣	刘军华
	李晴	何雪雯	李宗	时培源	胡心阁	吕卓洋	陈悦	焦晓萌	张洁	李丹丹
	脱潇潇	钟琼林	郭欢欣	李林杰	康诗佳	晁柳	肖大悦	赵亚	景文奇	胡婷
	裴羚孜	张梦	耿林浩	董玉溪	王增强	王喜鹊	樊佳欣	张娇	傅斐祥	陈欣如
	郭悦楠	温小洁	王奥华	张丽	李静菡	白瑶	杨娜	刘志慧	徐婵娟	刘旋
	孙娅晴	范帆	种蕾	相立宾	常丽博	柳建宇	刘则君	廖沛玲	刘相宏	朱雪明
	耿士威	常亮	赵连杰	刘妙品	段约红	魏佳兴	刘晶	李晓庆	程娟娟	

毕业年份	毕业生姓名									
2020	王祥	何丽娟	夏杰	孟晓会	高新会	童锐	王欣	付文昊	肖业虹	高虹
	陈铭	丁坤	闫颢芯	李晨	王俊瑶	杜建娥	水光辉	王佳楠	陈升	魏紫柏
	王聪	邵禹华	王亚利	姚凯淇	王奇琰	李芸	周伊萌	惠涛	孙可人	刘庆
	刘林	孙嘉馨	唐玺年	薛娜	谢可意	张倩	张若焰	敖雪	王丹	张博雅
	江叶静秋	李超	郑雪	彭柯	鲁亚楠	池玲	韩育霞	杨海蕾	刘倩倩	王婧斐
	万素晨	叶子	李华	陈瑗	毕梦琳	廖梦婷	王瑛	李筱丹	刘正阳	杨文意
	高菊琴	崔悦	刘亚楠	李佳	张畑	杨雪苑	赵铭杨	李金星	薛文田	周宇
	王美知	贾彬	贺婧	伍晶晶	程倩	董理	丁舒娜	杨烁晨	袁佳冀	杨梦茹
	梁劲松	谢凯宁	高苑博	罗诗艺	李蓉	杨晓彤	刘胜科	高萌	刘淑祖	武卓仪
	李叶	张翼飞	陈瑶	赖博爱	马雪峰	杜维娜	刘银	周晓	史亚雯	勾乙吉
	王昆鹏	章永侠	余芳芳	许时蕾	李萌	张丹	丁秀玲	张院霞	周雪	黄明珂
2021	代昌祺	李晓宇	张亚新	闵亚希	易小楠	王瑜	神慧	张凯心	罗根庆	马田
	乔康平	黄昱	后华	张云峰	姚晓玮	杨亚蒙	王淇	胡芬芬	孙国伟	郭书岐
	卢敏	熊慧芳	王月依	刘丽媛	刘启发	赵璐	武朝	赵恬	张一凡	李雅男
	高晴	张蓉	张静	牛瑞瑞	马橙	谢怡凡	钱琛	胡杰	李林霏	张一珠
	张乃凡	王倩	卢小花	吴佳星	叶秋妤	刘宏杰	闵义岚	朱俊	吴晓雨	孙颖毅
	白桦锐	朱玉鑫	李进洁	王转弟	张宁	刘志颖	杨程方	罗秀婷	李艳	黄畅
	贾弘兆	杨涛涛	王瑞	惠晓华	罗刚	顿珠加布	李梦竹	杨宁	朱赛林	胡佳慧
	熊悦伶	刘亚航	申静	潘丽群	张子涵	杜盼盼	范慧荣	惠婷	郭娇阳	李春华
	韩晨	韩今晶	任家明	胡嘉豪	宋亚楠					
2022	任舒霞	杨美娟	田文苗	赵欣怡	鲁郭民	徐欣然	崔文静	邱星皓	魏子涵	刘万里
	罗浩文	刘水	冯静薇	陈叶	赵清明	张希远	沈松林	王琳	李晓旭	蒋明琪
	刘昊	蔺明第	王晨	周溢	吴彦好	车永	方旭	娄良波	张小康	贾筱曼
	姚荣敏	张笑寒	杨莹	常丽颖	万谊霖	潘雨荷	沈钊	郑雪蓉	王一鸣	史伟
	邓李甜	郝悦琪	奚之兰	郭小娴	聂雅丰	唐霜玉	李琦	景恬	李鑫芝	王艳珍
	吉星	冯叶	王韵	张雨萌	东皓远	陈作光	程钰	王维杰	路菡	陈艳
	周自展	郭鹏宇	杜晨玮	丁锐	宁嘉晨	高嘉祺	马慧慧	刘二娜	张玲	杨靓娜
	徐蕾	黄尧	师琴	陈如静	赵鑫	程艺阳	郑东晖	侯英英	李天驹	贾磊
	唐静思	胡德胜	张昕婷	任鸿燕	孙滢展	黄佩佩	赵果莉	杜睿	唐坤	李鸟鸟
	薛文	田路	吴爽	阎晓博	徐鑫	范元	李超群	李兴霞	刘芳	杨琦
	许世圆	刘戴娆	孔学研	张思阳	李蓉	蒲欢	阮文婕	陈柳言	强紫薇	王嘉
	张惠茹	郭显	王娟	杨添翔	付苓苹	袁嘉宏	张笑	王天福	李一星	张洲林
	张鹏飞	魏一卓	胡汪汪	郭进	张晓钰	郑慧忠	刘宇薇	陈静怡	郝净净	李家祥
	谢艳琦	王江雪	边启章	陈世琪	苏玥	郭晨浩	杨蓉	韩晶		

五、经济管理学院博士学位研究生一览表

（1988—2022）

毕业年份	毕业生姓名
1988	韩立民　陈　彤
1989	韩　俊　贾生华　冯玉华　冯海发
1992	李　薇　罗剑朝
1993	霍学喜　许　坚
1994	曾福生　王敬斌
1995	杨生斌　罗　静
1996	牛宝俊
1997	王雅鹏　尚启军　高　强　陆　迁
1998	朱海霞　张海文　王征兵　侯军岐　李世平
1999	周　咏　李贵卿　姜爱林　肖映林　王国军　熊义杰　张　国　杜为公　李敏生　赵寅科 李录堂
2000	闫淑敏　杨　宜　温波能　李寿山　袁山林　姜志德　朱玉春　晁群卉　刘亚相　王养锋 惠富平　同春芬
2001	杨翠迎　谢　群　赵敏娟　卜凤贤　郑　林　寇全安　杨　宏　王志彬
2002	吕德宏　孔　荣　吴丽民　樊根耀　黄德林　李中东　吴亚卓　郑少锋
2003	孙联辉　刘　洋　陈遇春　赵　凯　王燕妮　牛　刚　王新利　王长寿　施宏伟　王关义 尹　洁　李培文　王礼力
2004	张永利　姜法竹　陈至发　费淑静　宋迎春　吴琳芳　宋文献　李爱喜　赵　昕　曹　芳 王晓燕　张　琳　王胜利　许　玲　杨海娟　王文莉　赵晓林　林　伟　刘科伟　王　强 党夏宁　桑晓靖　夏维力　杨学军　员晓哲　陈　俊　李君甫　高雷虹　姬便便　王选庆 王　静　邓俊锋　尚　娟　安增龙　崔　彬
2005	吴　好　刘玉来　陈新锋　王亚新　于学江　李延敏　董银果　姚顺波　窦鹏辉　吕洪霞 张荣刚　安增龙　王　锋　夏显力　颜玉怀　王晓燕　高建中　桑晓靖　王文莉　郑传贵 史振厚　陈大鹏
2006	靳　明　魏　梅　于金镒　崔卫东　邓国取　王玉环　刘　珺　赵选弋　孙养学　袁建岐 何　军　樊瑛华　肖　焰　张永军　张永良　马　骊　冯立奇　彭　鹏　王青锋　武忠远 孙冰红　杨文杰　陈来生　陈心宇　韩曙平　秦　宏　张　军　瞿艳平　伏晓东　王君萍
2007	德力格尔　张颖慧　张藕香　张显宏　刘为军　费振国　秦　泰　李　平　高志杰　程　默 高雄伟　计军恒　谭亚荣　王文军　梅　花　李全新　吴孟珠　王朝辉　郭永萍　肖湘雄 马晓旭　李双元　李嘉晓　杨秀艳　房德东　高彦彬　郝晓雁　李小健　崔　岩　史向军 聂　海　张建平　睢党臣　黄天柱　聂　强　李晓锦　李　瑜　姬雄华　冯　飞　卢东宁 张　晓　尤利群　张聪群　阮锋儿　李　桦　庞晓玲

毕业年份	毕业生姓名									
2008	柴斌锋	陈昌洪	甫永民	高 波	郭 晖	郭新明	韩 红	何凤平	何艳桃	胡求光
	纪丽娟	姜晓兵	马 静	聂仲秋	潘洪刚	屈小博	孙浩杰	谢 方	杨焕玲	杨俊凯
	杨 文	张晓艳	张学军	赵 昶	安建明	曹敏杰	邓武红	葛文光	郭亚军	韩 娜
	何剑伟	贺宁毅	黄 雯	景 为	李竹梅	刘天军	孟全省	王丽萍	王伟强	邬雪芬
	殷红霞	杜 伟	张雅丽	赵永军	刘 难					
2009	朱 捷	刘宇翔	贺晓英	施文鑫	宋东风	阚先学	王金安	徐 辉	余 鲁	文拥军
	苏振锋	姜宝军	梁邦海	王竹林	胡 钢	王 雄	王志彬	高海清	毛 飞	于欣华
	田鹤城	王 进	田祥宇	赖作莲	杨 爽	张永辉	王恩胡	刘录民		
2010	黄 河	蒋满霖	尤利群	甄 东	马博虎	沈 渊	杨 爽	王益锋	刘宓凝	李娟娟
	郑 蕾	孙善功	张美珍	黄 丽	谌立平	韦吉飞	刘巧绒	陈令军	杨天荣	马乃毅
	宋 敏	尹文静	徐 敏							
2011	姚增福	周文丽	寇明婷	郎付山	毕玉平	付青叶	郭 斌	贾海涛	李尧远	戴 芳
	李 林	梁高峰	黄建强	刘中文	余景选	陈江生	国 亮	王金照	王 谊	郑英宁
	司马文妮	赵晓林	张传时	张晓慧	郭群成	齐 涛	黄庆华	罗文春	郭志勤	孙志红
	贺 蕾	叶晓凌	Assem Abu Hatab		岳冬冬	张 静	邵 飞	杨 朔	王玉龙	郝金磊
	李尧远	毕玉平								
2012	郝 婷	吕向公	韩剑锋	张 平	Rahman MD. Wakilur		宁泽逵	石志恒	段兆雯	
	薛继亮	王建华	唐娟莉	Rania Ahmed Mohamed hmed			常 亮	徐 维	熊智伟	
	雷 玲	闫惠惠	倪细云	余丽燕	杜君楠	Lovely Parvin	侯媛媛	杨 峰	景琴玲	
	祁绍斌	于转利	王磊玲	李广科	孙玉娜	刘 婧	吴 丹	李海舰	MD. Shajahan Kabir	
	崔永红	刘 飞	彭源波	胡阿丽	刘俊霞	张大海	吴 耀	陈晓阳	王宇红	王秀娟
	张 会	李志慧	虞小强	吕 洋	王永强	马文博	姜冬梅	王艳花	王 芳	张晓妮
	蒋兴红									
2013	郭海丽	赵晓锋	张晓妮	苗珊珊	张学华	李 翔	马金龙	姜雅莉	冯 颖	华春林
	韩红梅	赵晓罡	刘 倩	刘春梅	孙宗宽	张云燕	李春霄	牛 荣	杨军芳	高 帅
	曲小刚	李 楠	万生新	薛彩霞	赵红雷	王 静	唐延海	王 心	李志珍	毕颖华
	李宏军	王建军	甄 铭	杨家敏	刘 雯	王振锋	刘全通	楼林海	马艳仪	张 鹤
	郝英翠	晁 斌	张 君	李嘉强	周新兴	王 贺	高 静	高 毅	赵玉贝	高世宏
2014	王丽佳	余 勃	李 雨	吕 波	唐学玉	蒋兴红	张丽娜	苏 蓉	曹志艳	张毓雄
	魏 欣	于金娜	钟术龄	党晶晶	田 杰	王 昕	王 蕾	王 欣	李甲贵	吴海霞
	孙佳佳	何 瑜	Lkhagvasuren Togtokhbuyan（福星）			Sommalath Sisavath（史蒙）			杨秀丽	
	邓 锴	王 鹏	张学会	刘亚举	闫宏艳	庞 瑞	王 冰	池润莲	刘 军	王鹏鹏
	魏珂宇	张曦微	朱 浙	魏 闻	郭 婧	郭 伟				

毕业年份	毕业生姓名									
2015	董春柳	张勇	陈小平	王云	李立群	周开宁	彭文静	党红敏	孙保敬	荣庆娇
	张宁	朱海娟	王佳楣	刘红瑞	刘宗飞	姬军荣	邵砾群	崔彩贤	刘燕	黄昌阳
	倪雪	韩宗望	李敏	张军平	杨晓燕	尹生飞	张选民	石红燕	李论	程捍卫
	田朝晖	陆大奎	武晓明	庞晓玲	聂敏	姜晗				
2016	魏杰琼	樊辉	同海梅	李阳	马海燕	张莉	孟英玉	王芹	付榕	古南正皓
	商文莉	任燕妮	许婕	王格玲	彭艳玲	孔令成	徐文成	贾小虎	杨希	占治民
	段小燕	史恒通	高佳	文龙娇	任劼	徐志文	许增巍	王磊		
2017	赵小峰	刘璞	付焕	成哲	胡逸文	苏珊珊	胡炜童	房引宁	张文静	侯建昀
	麻丽平	牛晓冬	房启明	刘媛	韩锦	张彦君	马燕妮	冯娟娟	蔡起华	冯晓龙
	刘明月	刘越	曹砾	张珩	王波	雷磊	付焕	张小刚	苏珊珊	胡炜童
	曾月波									
2018	张琳娜	薛宝飞	杨雪梅	王毓军	袁梁	王博文	王恒博	曹燕子	乔志霞	张颖
	程杰贤	姚柳杨	卓日娜图娅	段培	徐涛	李昊	尤亮	梁凡	乔丹	
	耿宇宁	孟樱	赵越云	杨柳	任洋	杨扬	温权	何学松	贾蕊	王博文
2019	胡伦	王丹	陈儒	邸玉玺	亓红帅	李晓平	王倩	张华	王惠	王怡菲
	马兴栋	李赵盼	王文略	张炜	郝一帆	黄晓慧	李先东	苏岚岚	袁雪霈	曹慧
	曹军会	郭振华								
2020	张旭锐	李敏	杨均华	张连华	罗超	刘斐	王博	于艳丽	崔冀娜	李星光
	赵佳佳	周升强	韩叙	刘丽	张静	司瑞石	郭清卉	王恒	刘文新	张聪颖
	米巧	崔冀娜	罗超							
2021	黄华	丁振民	黄颖	崔红梅	赵秋倩	王华	闫迪	侯孟阳	李立朋	秦国庆
	孙淼	雷红豆	盛洁	谢先雄	魏娟	倪琪	孙鹏飞	郭晓莉	贾亚娟	马莺
	昝梦莹	李晓静	吴璟	张强强	崔红梅	王华	贾亚娟			
2022	孙熠	李宝军	李晋阳	胡广银	王洪煜	邓元杰	畅倩	王亚萌	史雨星	杨莲
	崔瑜	闫啸	晋荣荣	王雨格	陈哲	闫贝贝	曲朦	张瑶	谭永风	徐戈
	王慧玲	褚力其	刘霁瑶	郎亮明	许彩华	管睿	邓悦	赵佩佩	陈光	张慧利
	时鹏	张涵	刘振龙	权长贵	侯晓康	张涵				

六、经济管理学院博士后名录

（1988—2022）

姓名	性别	导师姓名	进站时间	出站时间	退站时间
石怡邵	男	魏正果	1993.7	1995.6	
樊志民	男	魏正果	1996.12	2001.10	
牛飞亮	男	王忠贤	2000.10	2004.5	
王双怀	男	张波	2000.11	2003.12	
崔玉亭	男	张襄英	2001.6	2008.5	
马腾	男	郑少锋	2004.12	2006.10	
韩峰	男	李录堂	2005.12	2012.3	
李尽晖	男	霍学喜	2009.4	2012.4	
常伟	男	罗剑朝	2010.6	2013.7	
段利民	男	霍学喜	2010.6		
汪红梅	女	薛建宏	2010.11	2014.6	
陈蓉	女	罗剑朝	2008.7	2011.7	
邸元	男	赵敏娟	2011.9	2013.3	
石春娜	女	姚顺波	2010.6	2013.7	
傅振中	男	赵敏娟	2011.12	2014.3	
石宝峰	男	王静	2014.6	2018.1	
徐春成	男	王征兵	2014.6		2020.12
阎岩	男	霍学喜	2014.6		2020.12
石健	男	罗剑朝	2015.1		2021.3
张兴	女	赵敏娟	2015.5	2021.4	
张道军	男	姚顺波	2015.7	2019.9	
陈晓楠	男	余劲	2016.6	2022.4	
王兵	男	罗剑朝	2016.10		2023.3
李鹏	男	赵敏娟	2016.11		2023.3
胡振	男	罗剑朝	2017.9		
张蚌蚌	男	赵敏娟	2017.9	2020.7	
侯现慧	男	赵敏娟	2017.11		
袁亚林	女	孔荣	2018.1	2022.12	
周博洋	男	赵敏娟	2018.1	2020.11	
江大成	男	霍学喜	2018.7	2020.9	
赵玮	女	赵敏娟	2018.7	2020.5	

姓名	性别	导师姓名	进站时间	出站时间	退站时间
陈 伟	男	赵敏娟	2018.12	2022.11	
杨 欢	女	霍学喜	2018.10		
王雅楠	女	赵敏娟	2019.1	2022.7	
孙 蕾	女	石宝峰	2019.1		2020.6
薛 敏	女	王 静	2019.5		
Arshad Ahmad Khan	男	罗剑朝	2019.6	2021.6	
张永旺	男	赵敏娟	2019.10		
杨 斌	男	朱玉春	2019.10		
杨克文	男	赵敏娟	2020.1		
冯晓春	女	霍学喜	2020.3		
黄毅祥	男	赵敏娟	2020.7		
郑永君	男	罗剑朝	2020.8		
李 想	男	姚顺波	2020.9		
胡卫卫	男	赵敏娟	2020.9		
邱 璐	女	赵敏娟	2021.1		
李 奇	男	夏显力 寇晓梅	2021.1		
姚利丽	女	罗剑朝	2015.1		
张 琦	女	赵敏娟	2015.5		
李根丽	女	罗剑朝	2019.6		
郑伟伟	女	夏显力	2022.10		
孔繁晔	女	石宝峰	2022.12		
靳亚亚	女	陆 迁	2020.12		
Ghulam Raza Sargani	男	阮俊虎	2020.6	2023.3	

参 考 书 目

［1］《西北农学院史料》,1964

［2］《西北农业大学校史》(1934—1984),陕西人民出版社,1986

［3］《西北农业大学校史》(1984—1994),陕西人民出版社,1995

［4］《西北农林科技大学经济管理学院史料集》,西北农林科技大学出版社,2014

［5］《西北农林科技大史稿》(1934—2014),西北农林科技大学出版社,2014

［6］《西北农林科技大学年鉴》,西北农林科技大学出版社,1999

［7］《西北农林科技大学经济管理学院年鉴》(2000—2020)

［8］《中国农业经济教育史》,1997

后　记

　　《西北农林科技大学经济管理学院院史(1936—2022)》(以下简称《院史》)的编辑出版，是给学院建院86周年暨合校23周年的重要献礼。也是帮助师生员工和校友全面了解学院发展历史，不断总结办学经验，大力弘扬办学传统以及在学生中深入开展院史、院情教育的重要参考资料。

　　《院史》以中国近代农业经济史和农业经济管理学科发展为历史背景，以院史为主线，依据学院不同的发展阶段和重要标志事件划分为四个部分。简史部分分为三篇八章，对合校前原三个科教单位按章分述，基本完成了对学院86年办学历史以及不同阶段办学成就的全面梳理叙述。其中，合校前的内容，首先通过走访老教授、老领导，探讨农经系"八大教授"等重大议题，拓展院史编写的深度和广度；再是依据学校档案、学院史料及相关资料汇编梳理编写。合并组建后的内容，主要依据学院年鉴、学科建设规划、教育教学改革、年度工作总结、校内新闻报道等资料撰写而成。

　　《院史》从开始编写到定稿，得到了学院领导的支持。学院领导通阅书稿，对院史编撰提出了重要指导意见，学院教授委员会成员参与了《院史》审读，学院党政办公室、经济管理信息资料中心、经济管理实验教学中心、学校档案馆等为院史编撰提供了相关参考资料。学院教授，党政办吴清华、朱敏、白晓红、杨维、刘海英、张静等老师，离退休老师、校友为编写提供了本科生教育、研究生教育、科研推广及党政工作等信息和资料，使编写工作得以顺利进行。

　　出版社负责同志及编辑人员为《院史》编印出版付出了辛勤劳动。在此，表示感谢。

　　《院史》编写，时间跨度大、内容覆盖面广、涉及文献资料多，编写任务艰巨。编写过程中，虽有一些史料基础，但史料积累不充分，收集整理资料占用了大量时间。由于系统梳理学院从1936年农经组到2022年的经济管理学院历史尚属首次，面临的实际困难很多，这些都给编写工作提出了比较高的要求。因此，尽管我们付出很大努力，但由于种种原因，加之编者水平所限，书中难免存在不足和遗漏甚至错误之处，敬请师生员工、广大校友及读者批评指正。

编者

2023 年 12 月